地質学 2

地層の解読

地質学 2

地層の解読

平　朝彦

岩波書店

『地質学』(全3巻)について

われわれが本当に驚嘆せざるを得ないのは，自然の秘密が次から次へと解明されていくことではなかろうか．宇宙の生誕から100億年の一瞬間とも言うべき現在の時期に，その中の物質の一部をなすわれわれが宇宙の法則を見出し，その歴史を知り，物質自身も有限の寿命をもつ一時的存在かもしれないと悟るのは，まことに不思議だと言わねばならない．

(南部陽一郎『クォーク』(第2版)，ブルーバックス，講談社(1998))

世界を，私たちの希望的観測ではなく，自然界の事実から導かれた新しい観点から見ることは，少なからず痛みを伴う．しかし，人類が自分自身について知ろうとしない限り，来るべき時代への挑戦はありえない．

(カール・セーガン，アン・ドルーヤン『はるかな記憶』，朝日文庫(1997))

少年時代に初めて海をみたときのことを思い出す．松林を通りすぎるころから，ドーン，ドーンという響きが聞こえてきた．何の音かわからず混乱した私の目の前に，太平洋が広がった．茫然と，そして自然に対する畏怖の思いに圧倒されながら，立ちすくんでいた．

海に対してこれほどの想いをもつのは，私たちが「はるかな記憶」，すなわち生命が海から誕生し私たちが羊水の中から生まれたためだという人がいる．そうかもしれない．

私たちは，宇宙誕生後150億年後のこの一時期に，地球という星の上に存在している．私たち自身を作っている物質は，宇宙の歴史の中で誕生したものである．私たちがここに存在しているのは，宇宙の誕生から始まる壮大で複雑なドラマの1シーンに過ぎない．しかし，私たちは，そのドラマの筋書きを知りたいという大いなる好奇心に満ちみちている不思議な存在であるということができる．

「私たちはどこからやってきたのか，なぜここにいるのか，これからどこへ行くのか」．

自然界の事実に導かれて，これらの疑問に対して新しい観点を与え，人類の生きる指針と来るべき時代への挑戦の糧を提供するのが自然科学，とくに地球科学の役目のひとつである．

地球科学は地球の構造，ダイナミックスそして進化を探求する学問である．地質学は最も伝統的な地球科学の分野として古くから発達した．地質学は野外調査によって岩石や地層の産状を明らかにし，それらの時代や起源を探り，地球の歴史の解明に努めてきた．したがって地質学は「物証」に基礎を置く学問である．だが物証を探すのは容易ではない．そこに学問の力量が問われている．深い洞察力と鋭い観察眼，たゆまぬ好奇心，そして幅広い知識が要求される．過去の復元は容易ではない．しかし同時にそこにはどの学問にも負けない面白みが存在する．

この本の目的は「いかにして地球の歴史を調べるのか」ということについての基礎と考え方を述べることである．その中で特に「地球の歴史は堆積物(地層)に記録されている」との考えから，地層の記録とそれをどのように読むのか(これを堆積学と呼ぶ)について多くの部分が割り振られている．本書の一部は，10年以上前に堆積学の本として書き始めた．その後に，私の研究の中心が，海洋地質学，大陸の進化，地球環境の変遷など，多方面にわたってきたために，次第に変化して，このような形となった．

本書は大学生の教科書とくに独学書として書かれた．本書を大きく3つの部分から構成した．第1巻は，地球の歴史解明の中心課題について概説し，その基礎となる現在の地球のテクトニクスと環境について基礎知識および考え方を解説した．第2巻は，堆積学を中心に地質学的な手法にもとづいて地層に残された記録をどのように読んでいくのか，「物証」はどのようにして得られるのか，を記述した．第3巻は，とくに地質学的な証拠に基づいて地球の歴史について解説する．第1巻で基礎を学習し，第2巻で記録の解読方法を会得し，第3巻で地球史についての考え方を学ぶという一連の筋書きを構成したつもりである．

野外調査は大きなインパクトを個人の考え方に及ぼす．その経験は貴重であるが，しばしば，その経験に縛られて，地域的，独善的，排他的になりやすい．本書では，このような私自身の「経験」に基づいて，第1巻では，グローバルな問題を扱っている．これは個々の問題に取り組む前に，大きな視野を養って欲しいと思ったからである．

急速に発展する地球科学の中で，以上のような広範囲の内容を1人で執筆するのは，ほとんど暴挙といってよい．敢えてこれを行なったのは，独習書としては，1人の著者が自らの理解の範囲で体系化したほうが，読者にとっては一種の追体験ができるために読みやすいのではないかと思ったからである．本書を執筆中に，岩波講座「地球惑星科学」(全14巻)が刊行された．著者自身も編者の1人としてその編集に加わった．本書では，岩波講座「地球惑星科学」の内容も積極的に取り入れて，それ以前に書いた原稿の書き直しも行なった．したがって岩波講座「地球惑星科学」とは相補的に活用していただけるとさらに深く内容が学習できるであろう．

本書を読み進むには，地球科学の基礎科目(高校での地学も含めて)の履修を前提とはしないように配慮した．しかし，高校と大学における基礎物理学と化学の知識はある程度必要となる．できるだけ平易にまた常に現象の根本に立ち返って記述するように努めた．したがって一般教育の課程教科書や教養書そして他分野の研究者が地質学を知ろうとするときの入門書としても読まれることを希望するものである．

本書が完成したのは，岩波書店の名取湧子氏(現在は退社された)，岸本登志雄氏の弛まぬ励ましのおかげである．とくに岸本登志雄氏には，粘り強く私の遅筆に付き合っていただき，また原稿の隅々まで目を通していただいた．深くここに感謝する．本書の初期の原稿作成は，犬養美恵子氏が手伝ってくれた．また木下千鶴氏の助力も大きい．さらに，本書の最大の功労者は，金原富子氏で，図の作製，原稿の校正，レイアウトを得意のマックで行なってくれた．

この本が，地質学の面白さを広め，それに挑戦する意欲ある研究者を育て，そして私たちの自然観の発展に少しでも貢献できれば，それ以上の喜びはない．

2001年2月1日

平　朝彦

はじめに

本巻は『地質学』全3巻の第2巻である．第1巻『地球のダイナミックス』では，地球の全体像について学んだ．その目的は，地球の歴史の学習と研究に必要な「グローバルな視野」を養うことであった．さて，第1巻で幅広い視野を身に付けた諸君は，野外に出て，地球の歴史が記録されている書物，すなわち地層と向き合わなければならない．だが，地層から記録を読みだすのは決して容易なことではない．それは地層との対話をくり返しながらの作業である．その基本は自らの独創的な思考であって，決してマニュアルに頼ることではない．しかし，それでも，何を見たらよいのか，そして，観察された事象についてはどのような考え方がなされているのか，については十分に理解しておく必要がある．本巻は，野外調査に必要な基礎的な知識と考え方について解説したものである．といって，野外調査そのものの方法や地質学的な分析のやり方を述べたものではない．それは他書にゆずるとして，むしろ，地層には何が記録されているのか，ともに考える本としたい．

本巻は全6章から構成されている．第1章，第2章では，堆積物の運搬と堆積，地層生成のメカニズム，堆積岩や火山砕屑物の起源，埋没後に起こる続成作用，などについて学ぶ．以上で，読者は地球の記録を貯蔵する書物の成り立ちについての基本を学ぶ．さて，その書物は多くの場合にそのままでは保管されない．しばしば，折り曲げられたり，ページが破られたり，時には火事にあったりしている．これはそれ自体が，地球の歴史そのものであるので，書物の作成後の履歴の解読も重要な課題となる．第3章では地層の変形の仕組みとテクトニクスを学ぶ．さらに第4章では，地殻の主要な構成要素である付加体の形成過程とその中でおこっているさまざまな地質現象について概観する．第5章では，これらの全体のつながり，すなわち，地層の形成から変形そして地殻の成り立ちまで，変動帯ではどのようなことがおこっているのかについて学ぶ．さらに第6章では，変動帯としての日本列島の発達史を概観し，地層の解読によって何がわかるかの具体的な例とする.

本巻と第 1 巻および第 3 巻との関連について，簡単に述べておく．本巻に関連した記述の基礎は，第 1 巻の第 3 章，第 4 章，第 5 章，第 6 章でも扱っている．第 1 巻について，とくに関連する部分は引用してある．したがって，第 1 巻で定義されていたり，詳しい記述のあることについては省略してあるが，重複を避けるあまり，記述がわかりにくくなることに留意し，重複や反復ということにとらわれずに執筆を進めた．また，本巻の第 4 章，第 5 章，第 6 章は，第 3 巻の導入部ともなっている.

太字で示す重要語句については，巻ごとに内容が変化することを考え，各巻で重複があることを承知いただきたい.

本巻の主要なキーワードは「フィールド」であり，もう一つのキーワードは「観察力」である．読者においては，本書を読み進む間に，ぜひ，フィールドに出かけて，観察し考える習慣(観察力の養成)を身に付けていただきたい．本巻によって読者のフィールドに出る楽しみがさらに増えれば，執筆の目的は達成された.

2004 年 7 月 1 日

平 朝彦

謝 辞

本巻は，粗稿の段階で水谷伸治郎，広井美邦，徐垣，木下正高，田近英一，金川久一の各氏に査読していただき，多くの有益な御指摘を頂戴した．ここに深く感謝いたします．

また沖野郷子，佐々木智之，青池寛，山田泰広の各氏には図の提供や作成をしていただいた．さらに図面のほとんどは金原富子氏が書き直したり新たに作図してくれたものであり，清水恭子氏にも手伝っていただいた．これらの方々に御礼申し上げます．なお，本書で使用した写真は引用のないものはすべて著者の撮影によるものである．

岩波書店の岸本登志雄，永沼浩一の両氏には終始激励をいただいた．著者の職場移動などで第2巻は刊行が大幅に遅れてしまったが，両氏の粘り強い励ましがなければ，今どうなっていたかと思うと，恐いものがある．両氏に深く感謝申し上げます．

なお，第1巻(第1刷)の本文および図に誤植があることを読者の方々よりご指摘いただきました．この場を借りてお詫び申し上げます．

目　　次

1　堆積過程と堆積環境

この章のねらい

地層には地球の歴史が記録されている．陸地の侵食によって生産された砕屑粒子は流水や風などによって運搬され堆積し地層を構成する．本章では粒子の運搬や堆積などに関しての力学的過程を解説し，さらに地層が形成される現場である堆積環境について学ぶ．

1.1　フィールドでの観察

私たちがフィールドに出て露頭(outcrop：崖や海蝕台など岩石や地層が露出している場所を指す)を観察すると，すぐに目に付く事象の一つに岩肌の層状の縞模様がある．この縞模様は，堆積岩の場合には，しばしば岩石を構成している粒子の粒径や色の違いなどを反映したものであることがわかる．堆積岩の重なりを**地層**(strata)と呼ぶ．地層を構成する粒子の性質から，一つの堆積過程の単元と考えてよい部分を**単層**(bed)と呼んでいる．例えば，厚さ 30 cm の砂岩層が一連の堆積過程で形成されたと考えられる場合には，その砂岩層は単層である．また単層中には粒子の粒径や鉱物組成などの違いを反映した縞模様がしばしば認められる．これを**葉理**(ラミナ：lamina)と呼ぶ．また単層と単層の境界などでは，堆積時や堆積直後の状態を表すさまざまな形態の構造が認められる．ラミナを含めたこれらの構造を総称して**堆積構造**(sedimentary structure)と称する．

地層を研究して地球の歴史を解読する学問を**層序学**(あるいは**層位学**：stratigraphy)と呼ぶ．層序学のうち，岩相層序学(lithostratigraphy)は，露頭やボーリングの調査から地質図に表現できる広がりをもつ岩相単元である**層**(あるいは**累層**：formation)を認識して，それに基づいて地層を対比し，その空間分布を明らかにし，さらに相対的な新旧による編年を行なって地層の解読を行なってゆく．層序学の基本的な考え方や用語については日本地質学会地質基準委員会編(2003)にまとめてあるので，さらに勉強を進めたい諸君はこれを参照されたい．また，地質調査のやり方などについては章末の文献にリストされている著作を参考にするとよい．地球史研究の基本はまず，自らフィールドへ出ることであり，そこで実地に経験を積んでゆくことがもっとも大切である．

本章では，地層中に観察される事象について学んでゆこう．すなわち単層の認識の基礎となるような構成粒子の分別がなぜおこるのだろうか．また堆積構造はどのようにして形成されるのだろうか．堆積構造の観察から堆積した場所についてどのような情報が得られるのだろうか．まず露頭の観察から始めてみよう．

(a) 宮崎日南海岸と室戸半島にて

宮崎県日南海岸油津付近や高知県の海岸には砂岩層と泥岩層が何枚も重なった地層(これを砂泥互層という)が露出している(図1.1(a)).まず,地図や航空写真で自分のいる地点をよく確認し,まわりの地形全体を見渡し,また,露出している地層全体の様子,例えば地層の傾斜,褶曲,断層の存在などについて把握しよう.すなわち,いきなり木を見るのではなく,森を見ることから始めるのである.それにゆっくり時間をかけて,全体的な地層の関係を理解してから,くわしい観察に入ろう.

注意深く観察すると,これらの場所では,砂岩層を構成する堆積構造に一定の規則性があることに気がつく.まず,砂岩層とその下部の境界部は凸凹しており,砂岩層の底部には,粗い砂が集まっていることがわかる.砂岩層の下部から上部にかけて砂が粗粒から細粒へと変化している.このような構造を**級化層理**(graded bedding)と呼んでいる.級化層理部の上位には,葉理の発達した部分があり,**平行葉理**(parallel lamination)や**斜交葉理**(cross lamination)と呼ばれる模様がよく発達する(図1.1(b)).さらに上部は,より細粒となり,上位の泥岩層に漸移している.砂岩層の中に泥の礫が含まれており,一部では,泥の礫が下部の泥層から剥ぎ取られている様子も認められる.また,いくつかの砂岩層は,内部の葉理が乱れて,褶曲したりしているが,上下の境界は乱れていないことが観察される.これは堆積直後に砂が変形したことを示している.砂岩層の底面には,渦巻き状の構造が一面に認められる場合がある(図1.1(c)).この構造は**フルートキャスト**(flute cast)と呼ばれている.地層の全体と砂岩層の構造をくわしくスケッチしておこう.

宮崎県と高知県のこれらの砂岩層は,同じ堆積構造を持っているので,同様な堆積メカニズムで形成されたと考えてよいと思われる.実際にこれらの砂岩層は**タービダイト**(turbidite)という名称で記載される.タービダイトとは何物なのだろうか.このような砂岩層の構造はいったいどのようにしてできたのだろうか.日南海岸と室戸半島にタービダイトが広く分布するということは何を意味しているのであろうか.

諸君らは,さまざまな疑問をもって,露頭との対話を始めるだろう.ここから地層解読の第一歩が始まる.

(a)

(c)

図 1.1　(a)高知県南西部の海岸に露出した砂泥互層．左側には，厚い砂岩層が認められる．砂泥互層中の砂岩層には，級化層理や，リップル葉理がしばしば認められる．栗栖野層(始新統〜漸新統)．(b)高知県安芸市の海岸で観察される砂岩層の堆積構造．下部の級化層理とその上に重なる平行葉理部とからなる．スケールは 10 cm．大山岬層(最上部白亜系)．(c)宮崎県日南海岸油津付近の海岸露頭で認められる砂泥互層中の砂岩層底面の堆積構造．定方向に配列した渦巻き状の模様が見られる．これをフルートキャストと呼んでいる．日南層群(始新統)．

図 1.2　(a)アメリカ，コロラド州グレートサンドデュ
丘群と手前にはリップルフィールドが見える．(b)同
ールのカメラキャップは 5 cm．(c)同上における砂丘
約 4 m．(d)砂丘中にみられる斜交葉理．山刀が 40

ーン国立記念公園の景観．比高 200 m にもそびえる砂
上に見られるリップル(しばしば風紋と呼ばれる)．スケ
の下流側斜面の粒子流の流れた様子．砂丘斜面の比高は，
cm.

(b)　コロラド州の砂丘にて

アメリカ・コロラド州南部アラモサ(Alamosa)の町近くに巨大な砂丘群が存在する．グレートサンドデューン国立記念公園(Great Sand Dunes National Monument)である(図 1.2(a))．雪を頂いた 4000 m 級のサングレ・デ・クリスト山脈(Sangre de Cristo Range)の麓，100 km² にわたって砂丘群が発達している．ここでは，それぞれの砂丘が独立に存在するというよりは，比高 200 m に達する巨大な砂の山を作っており，その大きさと景観のすばらしさに圧倒される．**砂丘**(dune)に近づいていくと，砂丘の麓に波長数十 cm の波状の砂面(これを**リップル**：ripple と呼ぶ．図 1.2(a)のリップルフィールド)が現れる．この砂面を観察してみるとよく円磨された粒径 1 mm 程度の砂粒が主体となっていることがわかる．一方，砂丘群を作る砂は粒径が約 0.3 mm 程度であり，麓の砂より小さい粒子から構成されている．砂丘群を登ってゆくと，風によって砂がさかんに飛んでくる．砂丘の風上側の緩やかな面を観察していると，飛んできた砂が砂面に激しく衝突し，それにともなって砂面の砂がはじき飛ばされ，また砂面近くでは砂がじゅうたん状になりながら転がり飛んでいく様子が見えた．砂の面には波長 10 cm 程度のリップルが一面に認められる(図 1.2(b))．

砂丘の頂上に立つと，飛んでいる砂とじゅうたん状になって動いている砂が風下に吹き飛ばされ，急斜面に落ちてゆく様子が見える．風下側の急斜面を足で押すと，砂がサーッと流れ下る．砂丘群の他の風下斜面を見ると，自然にこのような砂の流れがおこっていることが観察された．このような斜面の砂の流れを**粒子流**(grain flow)と呼んでいる(図 1.2(c))．

スコップで，頂上付近を掘ってみると，風下斜面と同様の傾斜を示す葉理面の存在が確認できた(図 1.2(d))．明らかに**斜交葉理**(cross lamination. 規模の大きいものについては，**斜交層理**：cross bedding と呼ぶことがある)が形成されていた．

この砂丘の観察から，砂の運搬にはさまざまな様式があることがわかった．また，砂丘では斜交層理が形成されていることを知った．堆積作用が現在進行している場所を直接に調べることは，地層解読の理解に大変役立つことがわかる．読者にもぜひ，海岸や川，砂丘などへ出かけて，堆積構造のでき方を調べることを勧める．

さて，砂丘の観察を終えて，この巨大な砂の山を振り返ったときに，素朴な疑問が湧いてきた．いったいこれだけの砂がどこから集まってきたのだろうか，そもそもどうして「砂」なのだろうか．なぜ細粒の粘土丘ではないのであろう．もし，これらの砕屑粒子が周辺の山地から侵食され，河川などで運ばれた物ならば，礫や砂，粘土など，種々の粒径の粒子が混ざっていたはずである，他の粒径の粒子はどうなったのだろうか．

以上の2つの野外観察の例を通じて，砂岩層の構造や砂の移動や運搬などについて問題意識が生まれてきた．

1.2　砕屑性堆積物と堆積環境

(a)　砕屑性粒子の分類

海岸や川などで砂や土砂などが流されてゆくのを目撃することがある．とくに洪水のときにはすさまじい勢いで濁流がながれ，多量の土砂が流される．また河原に遊びに行くと，「いったいどのようにして運ばれたのか」，と驚嘆するような大きな石がころがっていることがある．陸から海へと物質の供給が営々として続けられている．

岩石の風化によってもたらされた物質は，水に溶けてイオンの状態となって運ばれるものと，固体の粒子となって運ばれるものに分けることができる(第1巻5.4節を参照)．これらの物質は，再び沈積して堆積物となってゆく．イオンの状態となって運ばれたものは，生物活動に利用されたり，またときには，無機的に沈殿する．一方，固体粒子のほうは，主に，流体の運動(風や流水，波など)によって，あるいは懸濁してそれ自身が密度の重い流体となって流動したりして運搬され堆積する．このような岩石の風化によって生成された固体粒子を**砕屑性粒子**(clastic particle)と呼んでいる．砕屑性粒子が集まったものを**砕屑性堆積物**(clastic sediment)あるいは**砕屑物**という．

砕屑性粒子のほとんどは，陸地で形成され，さらにそのほとんどが山地で作られる．第1巻図5.8において，現在，砕屑粒子が生産されているところは，ヒマラヤ，雲南，チベット，インドネシア，パプアニューギニアなどのアジア地域に集中していることを示した．これは，降雨の多い山岳地帯，とくに急流河川が直接に海に流れ込むような地域が存在し，多量の砕屑物が海へと供給されるからである．

山地の露岩の風化によって生成される砕屑物は，割れ目(たとえば節理．第3章を参照)などが作った岩石塊からなる大きな粒子群，石英などの鉱物や破砕された小さい岩片を中心とする粒子群，粘土鉱物を中心とする細粒の粒子群に分けることができる．これらの粒子群の境界は目安として粒径 2000 μm と 62 μm をそれぞれ採用し，**礫**(gravel)・**砂**(sand)・**泥**(mud)に(さらに 4 μm を境に泥を**シルト**：silt と**粘土**：clay に)区分する．礫岩・砂岩・泥岩はそれぞれに相当する粒度範囲を重量にして 50% 以上含む堆積岩について与えられた名称である．表 1.1 にこれらの粒径区分を示した．

砕屑粒子という言葉は，広く火山噴出物や貝殻やサンゴの破片などにも用いることがある．例えば火山砕屑岩(volcaniclastic rocks)，生物起源砕屑粒子(bioclastic particles)というように用いる．

堆積物が形成されるのは，砕屑粒子がそのまわりの流体より一般に密度が大きいからである．砕屑粒子中もっとも普通にみられるのは石英と粘土鉱物であり，前者は密度が 2.65，また後者は密度が 2.0〜3.3 とさまざまな値をとるが，代表的なものとしてイライトの 2.8〜2.9 があげられる．

いままで，砕屑性粒子の大きさに粒径という言葉を用いたが，これを粒子の直径と読み替えると，砕屑性粒子は完全球体ではないので，正しい表現とはいえない．従来から粒子の大きさを測定する方法として，フルイ(篩)が用いられてきた．フルイの目の大きさ(正方形の一辺)によって径を測定し，砕屑性堆積物の大きさの表現においてはしばしば ϕ(ファイ)というスケールを用いる．これは，次のように定義できる．

$$\phi = -\log_2 d \tag{1.1}$$

ここに d は粒子の大きさ(フルイの目の大きさ：mm)であり，しばしば**粒度**(grain size)と呼ばれる．粒度 2000 μm(2 mm)は $-1\,\phi$，62 μm(1/16 mm)は $4\,\phi$，4 μm(1/256 mm)は $8\,\phi$ に相当する．表 1.1 には ϕ(ファイ)スケールによる粒度にもとづく堆積物の区分を示してある．

粒度分布の測定には，大きく見てフルイなどを用いて形状そのものをはかる

表 1.1 堆積粒子の粒度区分．公文・立石編(1998)による．

ϕ	粒径 (mm)	円磨した粒子 碎屑物	円磨した粒子 集合体	角ばった粒子
		巨礫 (boulder)	巨礫岩 (boulder conglomerate)	角礫岩 (breccia)
−8	256			
		大礫 (cobble)	大礫岩 (cobble conglomerate)	
−6	64			
		中礫 (pebble)	中礫岩 (pebble conglomerate)	
−2	4			
		細礫 (granule)	細礫岩 (granule conglomerate)	
−1	2			
		極粗粒砂 (very coarse sand)	砂岩 (sandstone)	
0	1			1 mm
		粗粒砂 (coarse sand)		あら砂 (grit)
1	1/2			1/2 mm
		中粒砂 (medium sand)		
2	1/4			
		細粒砂 (fine sand)		
3	1/8			
		極細粒砂 (very fine sand)		
4	1/16			
		シルト (silt)	シルト岩 (siltstone) / 泥岩 (mudstone) / 頁岩 (shale)	
8	1/256			
		粘土 (clay)	粘土岩 (claystone) / 泥岩 (mudstone) / 頁岩 (shale)	

方法と，沈降速度を測定する方法がある．粒子の沈降速度については，後に学ぶこととする．

(b) 堆積環境

第1巻図1.3で地球には大きく2つの平坦面，大陸平原と深海平原(海洋底)が存在し，高い山岳域と水深の深い海溝そして2つの平坦面をつなぐ大陸斜面の3つの斜面域が存在することを示した．

さて，この高度区分を基礎として，砕屑粒子の運搬経路を大局的に見てみると，斜面では重力による斜面方向への運搬が卓越し，平坦面では分散・再集積がおこる．砕屑粒子は，運搬・堆積の過程で流れや波の条件に応じてさまざまな地形を作る．粒子が堆積する場所の地形と水理学的な状態を総称して**堆積環境**(depositional environments あるいは sedimentary environments)と呼ぶ．図1.3には山脈から海溝にいたる地形と堆積環境の様子を概観してある．

まず山岳地帯の急斜面では**地すべり**(land slide)，**岩石なだれ**(rock fall あるいは rock avalanche)，**土石流**(debris flow)そして**氷河**(glacier)などが主な運搬過程であり，粗粒な岩塊が生産される．地すべりや岩石なだれによって谷に堆積した土砂は，今度は土石流などによって運ばれ，平坦地に出たところで**扇状地**(alluvial fan)を作る．扇状地は，山麓や断層崖などに沿って連なり，そこから地下水が滲みだし**河川系**(fluvial system)を構成する．大陸の平坦面では，**蛇行河川**(meandering rivers)が広く堆積物を分散させ**氾濫原**(flood plane)からなる平野を作る．乾燥地では，しばしば砂丘群が形成される．砂丘には気流の主流向に対して直交する**直列砂丘**(transverse dunes)，**三日月型砂丘**(バルハン：barchan dunes)や平行にならぶ**縦列砂丘**(longitudinal dunes)の3類に区分できる．

氷河が発達した山岳や大陸氷床域の周辺でも独特な堆積環境が存在する．氷河の末端では，とくに氷河が退いてゆくときに，先端に集中していた土砂が堆積し**モレーン**(moraines)を作る．また削られた岩盤の上に擦跡(ストリエーション：striations)を残し，さらに筋状の堆積物や孤立した「迷い石」を残す．また氷河からの多量の融水は氷河性の湖沼を産み出しそこには**氷縞粘土**(ヴァーヴ：varves)が堆積している．氷河やその融水によって堆積した土砂の一部は風によって運ばれ**風成土(レス**：loess)となって各地に堆積する．このように氷河の流動とその融解は大量の砕屑物を生産し，地球表層における物質循環の一つの重要なシステムを形成している．

沿岸域では，**三角州**(delta)，**バリアーアイランド**(barrier island)，**干潟**(tidal flats)などの地形が作られ，さらに大陸棚にも陸上の砂丘群に類似した**サンドウェーブ**(sand waves)などの地形ができあがる．バリアーアイランドは，大陸地域の海岸線に特徴的で長大に延びた砂州の島列を作り，世界の海岸線の 10〜15% を占める．北海沿岸など潮位差の大きいところでは，潮間帯に幅数 km にもわたる広い干潟・潮流チャンネルなどからなる干潟堆積環境が見られる．日本でも有明海には大きい干潟が存在する．ここでは，流水，波，生物などによる複雑な堆積作用が認められる．

水深 200 m ぐらいまでの**大陸棚**(continental shelf)に属する海域では，主として波浪と潮流によって，河川から供給された堆積物の分散・集積が広く行なわれている．浅海域での堆積作用に重要な役割を果たしているのは，台風などの荒天時におこる強い波浪とそれにともなう流れである．また，潮流の強いところでは定常的に砂の移動がおきており，海底の砂丘状の地形であるサンドウェーブからなる特異な堆積場を形成している．

以上のように，大陸から大陸棚の平坦面では，風，河川，波，潮汐，海流が運搬の主役となっている．

大陸斜面(continental slope)では，懸濁した粒子を含む密度の大きい流体が重力によって流れ下る密度流(総称して**堆積物重力流**：sediment gravity flow と呼ぶことがある)が運搬作用に重要な役割を果たし，**海底谷**(submarine canyon)を侵食し，斜面の麓では時に巨大な**海底扇状地**(submarine fan)や**海底チャンネル**(submarine channel)を作る．

深海平原(abyssal plane)では，プランクトン遺骸や粘土などの粒子の沈降が堆積作用の主体となるが，底層流などによる運搬が大規模におきている場所もある．

以上の堆積環境の中で，河川-三角州-海底チャンネル(海底峡谷)-海底扇状地は一連の相互に関連した堆積環境(**堆積システム**：depositional system と呼ぶ)をなしていることが多い．この堆積システムは，地球上でもっとも卓越したものである．地層は，以上にのべたような堆積環境と密接に関連して作られる．

本章では，粒子の堆積過程についてまず学習し，それから次第に視野を広げながら，河川-三角州-海底チャンネル(海底峡谷)-海底扇状地の堆積環境について学んでゆこう．

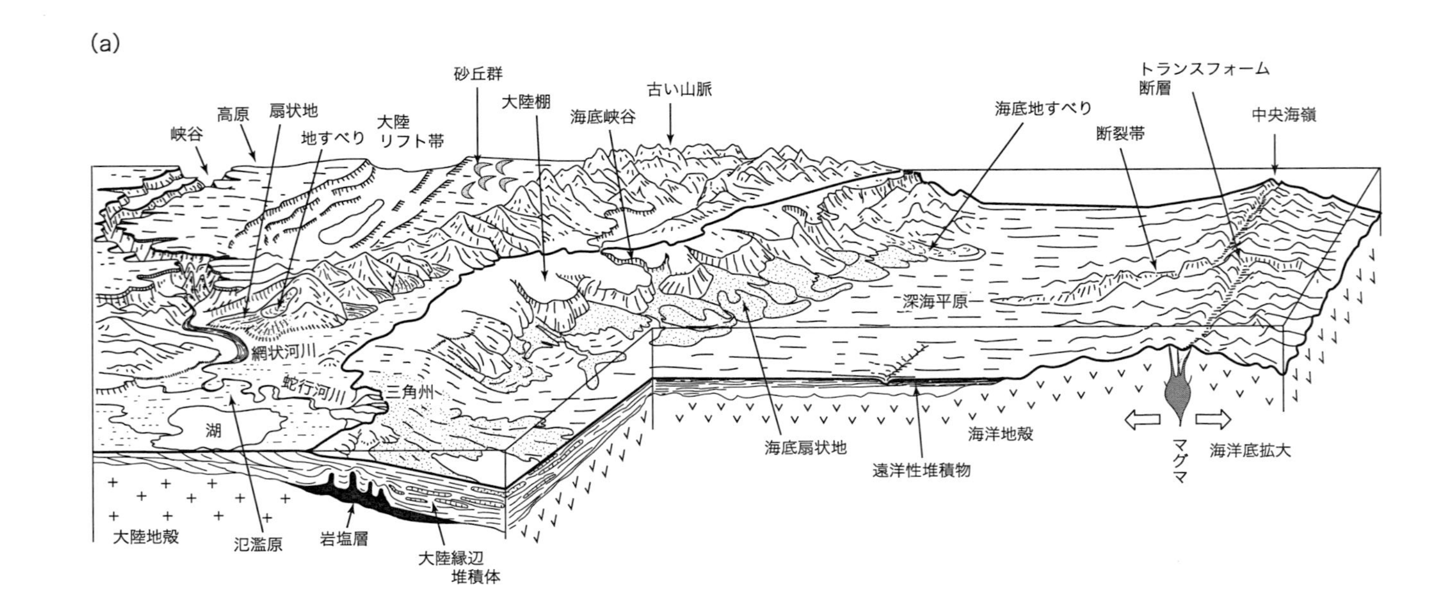
(a)
峡谷
高原
扇状地
地すべり
大陸
リフト帯
砂丘群
大陸棚
海底峡谷
古い山脈
海底地すべり
トランスフォーム
断層
断裂帯
中央海嶺
網状河川
蛇行河川
三角州
深海平原
湖
大陸地殻
氾濫原
岩塩層
大陸縁辺
堆積体
海底扇状地
遠洋性堆積物
海洋地殻
マグマ
海洋底拡大

(b)

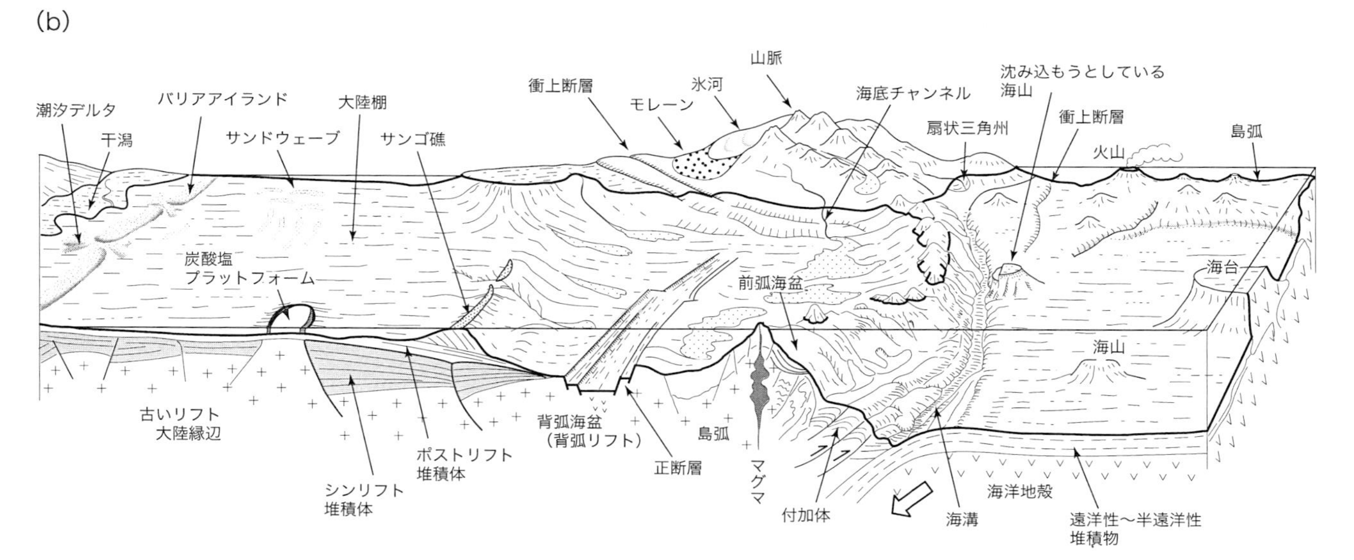

図 1.3　(a) および (b) は地球表層における大地形，堆積環境，地殻の構造の概観．スケールは無視してあり，形状の概略が示してある．勘米良・水谷・鎮西編 (1991) の口絵に加筆．

1.3　堆積過程を調べる

(a)　小型水路でリップルを作る

砂丘の観察で，砂は転がったり飛んだりして運搬され，砂丘の風下斜面ではまき散らされるように広がって落下している様子が見られた．では，流水の中では，砂がどのような運動をするのだろうか．流水の中に入って観察を行なうのは容易ではないので，実験水路で観察を行なうことにしよう．

簡単な実験水路を作って，砂の運搬される様子を観察することができる(章末の図を参考にせよ)．中粒砂を敷きつめて水深を約5 cmとし，平均流速を次第にあげてゆくと，約20 cm/sほどで砂が動き始める．このときの砂の粒子を見てみるとやや大きな粒子の一部は，コロコロと転がり出してまた止まる，というように間欠的に動いている．これを**転動**(rolling)という．さらに流速をあげてゆくと，粒子の一部はブルブルと振動を始めたかと思うと急に上方にとび出し，また着地し，さらに別な粒子をはじき出したりする．これを**躍動**(saltation)という．急に上方にとび出したのは，流体のもたらす揚力によるものと想像される．したがって実際には，粒子の始動には，流体の抗力の他に揚力も重要であることがわかる．

さらに流速を上げると砂面の凸凹により水流中に渦ができ，それが成長して砂面が波打ってくる．リップルができてきたのである．水流での渦の発達やリップルの形成過程についてさらに観察するため，流れの様子を見る目的で，アルミ粉を流しスリットから光を当てて連続撮影を行なってみた．また，光の前に回転シャッター(単なる回る羽根)を置いて連続撮影を行ない，砂の運動軌跡を調べた．このように流れの様子を目でよく見えるようにする方法を**流れの可視化法**(flow visualization)と呼ぶ．

まず，砂の面は完全に平らではないので，30〜40 cm/s程度の流速では既存の起伏のうしろに小規模な渦ができる．この渦の発生により渦のすぐ下流側に乱れがおこり，局所的に底面に向かう流れが形成され，その部分の侵食が進行する(図1.4)．侵食によりへこんだ面はさらに低くなり，渦の大きさはそれに応じてさらに大きくなる．侵食で運び出された砂は凹みの下流側にすぐ蓄積し，

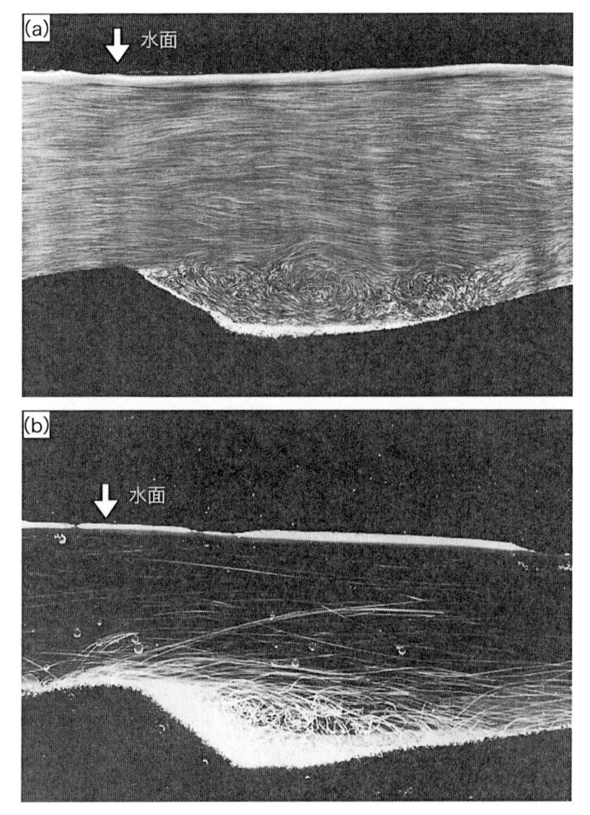

図 1.4　水路で形成されたリップルの周りの流れの可視化実験．平均流速は 30 cm/s．砂は中粒砂．写真の横幅は 15 cm，縦は 10 cm である．スライドプロジェクターにスリットを差し込んで作った平行光線を上から照射して撮影．1983 年の高知大学における三宅・平の共同研究による未発表データ．(a)アルミ粉による流れの様子の可視化．(b)砂の飛跡の可視化．

別の高まりを作る．このように，対になったへこみと高まりが次々と作られて次第にリップル群に成長するのである．

アルミ粉で流れを可視化して観察すると，このようにリップルの生成には流れの剝離(flow separation)による渦の形成が大きな役割をはたしていることがわかる．十分に成長したリップルでは，流れの様子と粒子の運動から見て，

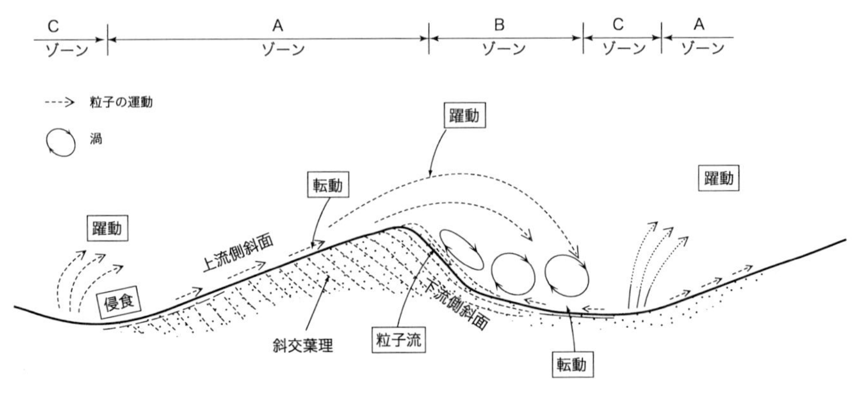

図 1.5 リップルの周りの流れ，粒子の運動，ラミナの形成の概念図．主に図 1.4 で示した流れの可視化実験にもとづく．

大きく 3 つのゾーンに区分できる(図 1.4 と図 1.5 を参照)．図 1.5 に示した A ゾーンは，リップルの上流側斜面であり，主として転動によって粒子が斜面を上ってゆく．このゾーンは侵食域に相当する．B ゾーンはリップルの下流側斜面の上にある流速の遅い部分あるいは反対方向への流れを持つ領域で定常渦が存在する．A ゾーンのリップルの頂点部を転動で運ばれてきた砂粒子の多くは，ここに捕獲されて斜面に堆積する．また粒子の一部は頂上部から飛ばされて B ゾーンへと落下する．このゾーンは，2〜3 の渦列がたえず形を変えながら存在している部分で，主として躍動粒子の堆積が行なわれる．C ゾーンでは，B ゾーンからの渦が運搬されるたびに大きな流速の脈動がおこり，砂粒子が舞い上がり下流へ運搬されている．

リップルでは上流側斜面での侵食と下流側斜面での堆積のマスバランスが平衡な状態ではじめて安定に移動できる．安定したリップルは，形状を同じく保ったまま下流へと移動してゆくことができる．

さて，リップルの内部構造を水槽の壁面から見てみると，リップルの下流側斜面における堆積作用によって斜交葉理が形成されている．地層中でしばしば認められる小型の斜交葉理はリップルの移動によってできあがったことがわかる！　斜交葉理を構成するラミナ 1 枚 1 枚の形成過程を観察すると，それが C ゾーンでの渦の運搬と流速の脈動に起因していることが読み取られる．脈動に対応して，砂が一挙に運搬されて下流側のリップルの頂上部に運ばれ，下流側斜面に粒子流として堆積したり，あるいは自由降下で堆積する．このプロセスが間欠的におこるために，厚さや粒度の異なったラミナが形成される．

(b) 実験水路でのベッドフォームの形成

章末の図に示したような簡易水路では，50 cm/s 以上の平均流速は出すことが難しい(それだけの流水量を確保できない)．したがって，それ以上の平均流速領域は，もっと本格的な実験水路が必要となる．大型実験水路による実験では，リップルより早い流速，例えば，水深 5 cm 程度で流速約 80 cm/s になると，底面上で厚さ 1 cm ぐらいのゾーンの中を砂粒が激しく飛びはね，また砂の表面では粒子が転がりながらゾロゾロと移動していくのがわかる．また，細粒の粒子はこのゾーンの上を浮遊して運ばれてゆく．このように粒子の運搬形式には，底面を転がって移動する転動，底面上を飛びはねながら移動する躍動の他に浮遊しながら移動する**浮動**(suspension)がある．堆積物表面の様子は流速によって変化し，また粒度によって移動の状態も変化する．堆積物の運動によって形成される底面の形状を総括して**ベッドフォーム**(bed form)という．

ベッドフォームについては，いままでにさまざまな実験が行なわれてきた．大型水路の実験では，ベッドフォームとして，リップルの他に，**砂堆**(dune)，**平滑床**(plane bed)，**反砂堆**(antidune)が区別されている．すでにリップルで見たように，ベッドフォームからさまざまな堆積構造が形成される．それらは図 1.6 にまとめてある．

リップルの形状にはクレスト(嶺)が直線的なものや三日月型のものなどバリエーションが大きい．三日月型と舌状型とは組合わさって存在し，これを**リンゴイダルリップル**(linguoidal ripple)と呼んでいる(図 1.7(a))．

リップルからは小型の斜交葉理(これを**リップル葉理**：ripple lamination と呼ぶ)が作られることはすでに述べた．斜交葉理の形状は，運搬されてくる粒子の量にも依存している．たとえば水槽実験においても水流に多量の砂を導入してやるとリップルは上方へと積み重なってくる(図 1.7(b), (c))．このようにして形成された葉理を**クライミング・リップル葉理**(climbing ripple lamination)と呼んでいる．

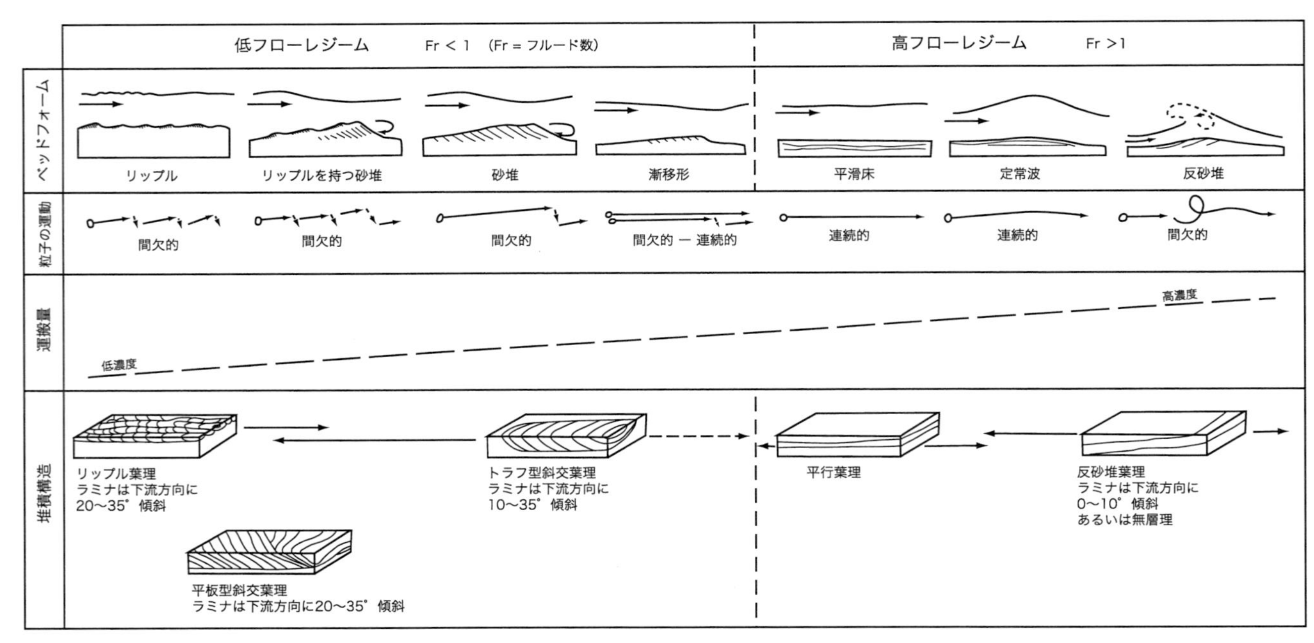

図 1.6 ベッドフォーム，粒子の運動，堆積構造の関係をまとめた図．Harms and Fahnestock (1965) による．フローレジーム (flow regime) は流れの状態を表す用語でフルード数 (本文参照) で定義される．

砂堆は，リップルと相似な形をしているがより大型で，波高が 10 cm 以上，波長が数十 cm 以上のベッドフォームである．砂堆の形状に対して水面の形は逆になるので，これを異相波(out-of-phase wave)であるという．これは，砂堆の上流側の斜面で，水流が底面からの抵抗によって停滞し，頂上では流速が速くなるためである．上流側では，粒子が侵食され，下流斜面では渦ができて，粒子流が斜面を流れて前進してゆく過程は，リップルと同様である．砂堆の上にさらにリップルが重なることもある．砂堆には，図 1.8 および図 1.9 に示したように下流斜面が平板状をなすものと，湾曲しているものとの 2 種類がある．平板をなす砂堆(トランスバース砂堆)からは**平板型斜交葉理**(tabular cross lamination)，湾曲した砂堆(リンゴイダル砂堆)からは**トラフ型斜交葉理**(trough cross lamination)が形成される．砂堆の下流斜面では，転動で移動して粒子群が頂上付近から粒子流として堆積し，また躍動で移動してきた粒子群は，頂上から飛ばされて，下流斜面の麓に堆積する．すなわち，砂堆の下流斜面では 2 つの粒子群が分別され混合する．砂堆の下流斜面のようにベッドフォームの前面に堆積する層のことを総称して**前置層**(fore-set beds)と呼んでいる．

前置層は水中ではほぼ 25°～30°，空中の砂丘では 30° 以上であることが多い．この傾斜角は粒子群の摩擦角と一致している．じょうご(あるいは砂時計)から砂を落としてゆくと円錐上の砂山ができる．このときの砂山の傾斜角は粒子間の接触から作られる内部摩擦による．この角度を**安息角**(angle of repose)と呼んでいる．ある粒子群の安息角を α とすれば，その内部摩擦係数 μ は

$$\mu = \tan \alpha \tag{1.2}$$

で表すことができる．

粒子流が下流斜面を流れている場合に粒子と粒子の間にせん断力が働いている．粒子流が停止するのは，内部摩擦力がこのせん断力より大きくなった場合と考えることができる．

さらに流速が速くなると砂堆の頂上が侵食されて波高が小さくなり，平らな面となり，砂粒は，じゅうたん状に躍動と転動が一体となって移動する．このじゅうたん状の運搬形態を**トラクション・カーペット**(traction carpet)と呼び，それから形成される平面状のベッドフォームを**平滑床**(plane bed)と呼ぶ(図 1.10(a))．平滑床からは，**平行葉理**(parallel lamination)が作られる(図 1.10

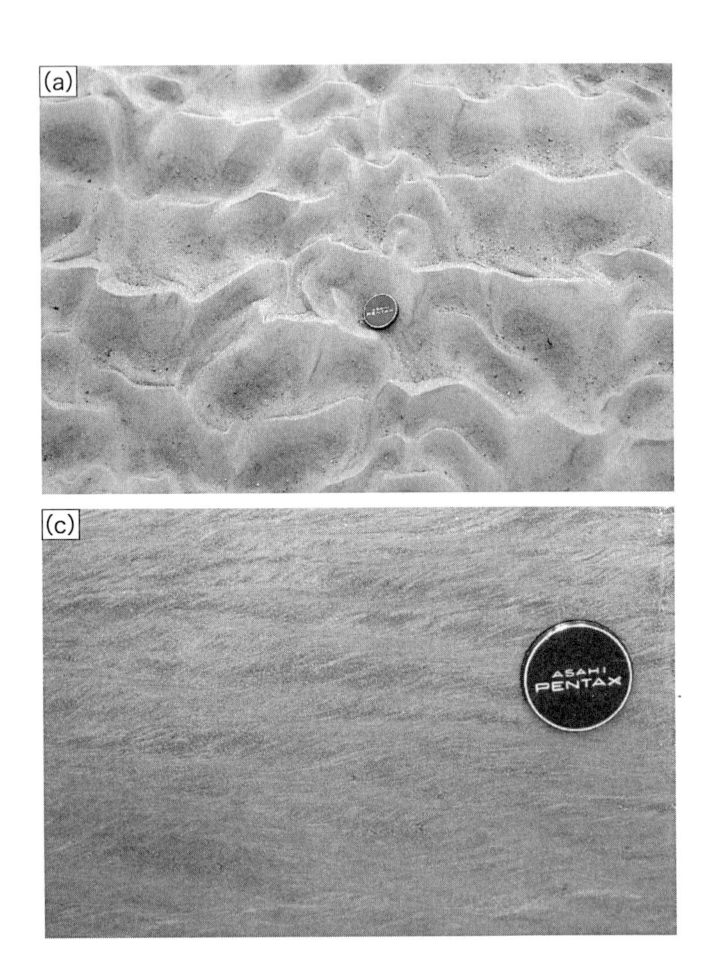

(a), (b))．平滑床では，一部に波長が大変長く，波高が 1 cm 以下のベッドフォームができることがある．これを**低波高サンドウェーブ**(low amplitude sand wave)と呼ぶ．トラクション・カーペットの中をよく観察すると，流れが脈動しているのがわかる．ちょうど「風の息」のように流れが強くなったり弱くなったりしており，そのたびに堆積と侵食がくり返される．平行葉理はこのくり返しによって形成される．また，平滑床の上には，しばしば流れに平行ないくつもの**条痕**(parting lineation)が認められる．

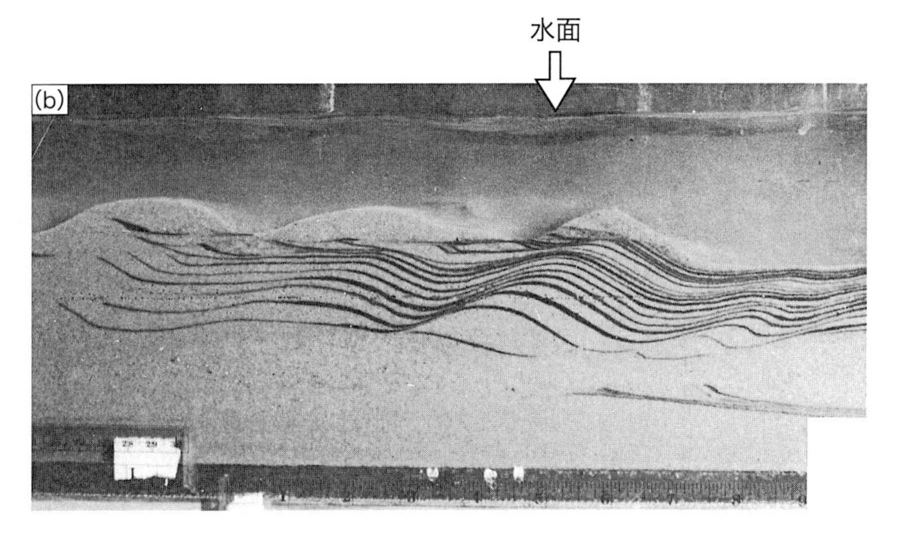

図 1.7　リップルと堆積構造．(a)砂層上面に発達したリンゴイダルリップル．流れは下から上へ．スケールのカメラキャップは 5 cm．米国・オクラホマ州アーカンソー川にて．(b)実験水槽で作ったクライミングリップル葉理．写真の横幅は 50 cm．平均流速は 40 cm/s で左から右への流れ．中粒砂を用い，黒いラミナは砂鉄粒子を流して作った．1974 年のテキサス大学においての著者の実験．(c)細粒砂からなるクライミングリップル．カメラキャップは 5 cm．流れの方向は右から左へ．米国テキサス州のブラゾス川のポイントバー上部．

さらに流速が大きくなると，砂面は再び波打ってくるが，砂堆と異なって対称形の波形をなす．今度は水面が砂面と平行であり(このようなベッドフォームを総称して同相波：in-phase wave と呼ぶ)，粒子は絨毯状になって流れていく．ときどき上流側で波が崩れて堆積がおき，そのときに上流側に傾いた葉理が作られる．これは砂堆の移動と葉理の傾きとは逆であるので，このようなベッドフォームを反砂堆と呼び，葉理は**反砂堆斜交葉理**(antidune cross lamination)と呼ばれる(図 1.10(c))．

図 1.8 砂堆(デューン)と堆積構造．(a)リップルを伴
ー川にて．スコップがスケール．(b)リンゴイダル砂
る．マーカーペン(12 cm)がスケール．同上地点にて．
と平行に作られた前置層がよく観察できる．ラミナの
同上地点にて．(d)実験水槽で作った前置層．中粒砂
流れは左から右で平均流速は 40 cm/s．テキサス大学

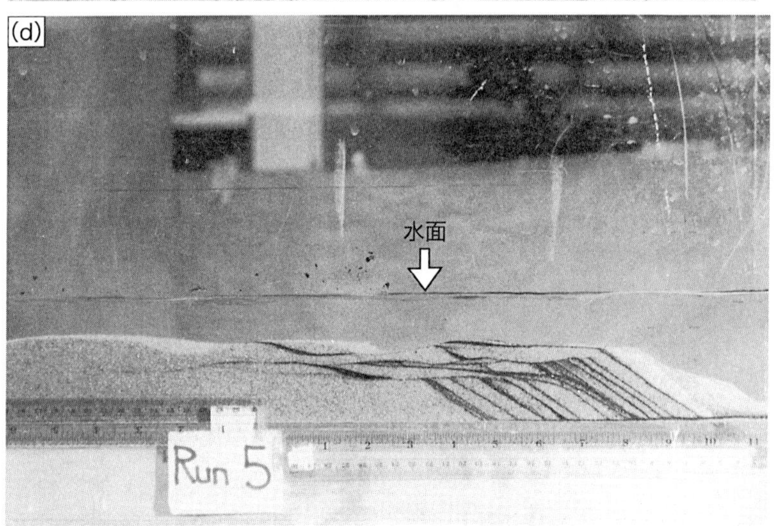

ったリンゴイダル砂堆．米国・オクラホマ州アーカンソ
堆の流れに直交する断面．トラフ型斜交層理が観察でき
(c)リンゴイダル砂堆の流れに平行な断面．下流側斜面
下部に粗粒な物質が堆積している．断面の深さは 40 cm.
を用い黒いラミナは砂鉄の粒子．砂層の厚さは 6 cm.
における 1974 年の著者の実験.

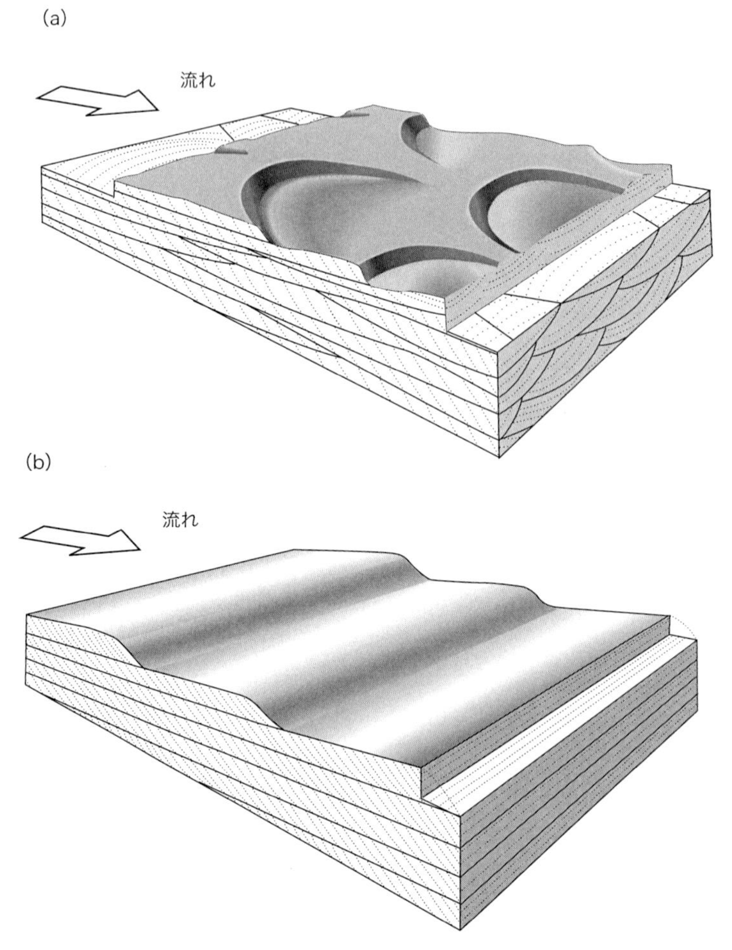

図 1.9　(a) リンゴイダル砂堆とトラフ型斜交層理の模式図．(b) トランスバース砂堆と平板型 (タビュラー型) 斜交層理の模式図．両図とも Reineck and Shingh (1973) による．

反砂堆において，流れの表面は底面の波形と同じ形状を示すのは，重力の影響に対し流速が十分に速いからである．平均流速 U の流れにおいて水の深さを h とすると，その深さでの水の水平往復振動(長波)のつたわる速さは $V=\sqrt{gh}$ である．ここで

$$Fr = \frac{U}{V} = \frac{U}{\sqrt{gh}} \tag{1.3}$$

なる無次元数を定義する．これをフルード数 Fr という．$Fr>1$ のときには，長波の速度より流速が速いので重力により水中におこった水の振動は上流には伝わらない．ベッドフォームの上流側で水が逆巻いても $Fr>1$ のときには，その振動は上流には伝播しないでやがて下流へ押しながされる．したがって，反砂堆は $Fr>1$ の条件のときに形成されるベッドフォームである(図 1.6 を参照)．

以上のベッドフォームが存在する領域は，底質の粒度と流速によって異なる．平滑床には，水流が低速度のとき，粒子の運動がほとんど転動状態にある場合に形成されるものもある．これを低流速平滑床(low-velocity plane bed または lower plane bed)と呼び，さきに述べたトラクション・カーペットからできる平滑床を高流速平滑床(high-velocity plane bed)と呼んで区別することがある．

図 1.11 には種々の水槽実験のデータから求められた水深 20 cm 程度の流水中での粒度と平均流速をパラメータとしたベッドフォームの変化の例が示してある．まず，粒径 0.2 mm 以下では砂堆(dune または large ripple)は存在せず，流速の増加とともに，リップル→高流速平滑床→反砂堆と変化する．0.2〜0.7 mm 程度の粒径では，リップル→砂堆→高流速平滑床→反砂堆，さらに 0.7 mm 以上の粒径では，リップルは形成されず，低流速平滑床→砂堆→高流速平滑床→反砂堆と変化する．

まとめてみよう．いままでの水路実験での種々の観察で，いくつかの点が明らかになった．

1)　砂粒は，転動と躍動という 2 つの様式で移動していることが多い．
2)　砂粒は，流れの中で種々のベッドフォームを作る．
3)　ベッドフォームは移動して斜交葉理，平行葉理などの堆積構造を作る．

(c)　堆積構造と粒子の配列

砕屑粒子の形状は一般には球形ではなく例えば長軸，中軸，短軸をもつ楕円体に近似することができる．このような粒子群が移動し堆積する過程において，

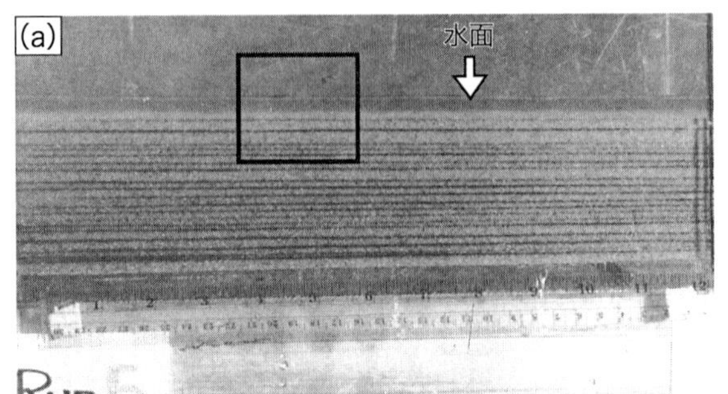

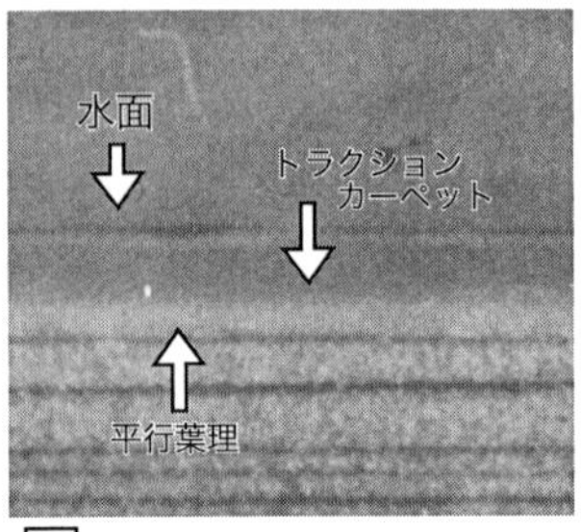

□ 部分の拡大図

堆積する面にかかるせん断力や流れの抗力に対応して特有の配列を示すことが多い．このような粒子群の示す配列の構造を**粒子配列**(grain orientation)あるいは**粒子ファブリック**(grain fabric)と呼んでいる．粒子配列の測定にはさまざまな方法があるが，粒子の大きさによって異なる．例えば礫岩の粒子配列は一つひとつの礫についてコンパスなどを使って方位を測定することが必要となる．一方，粘土鉱物の配列には走査型電子顕微鏡の画像解析などが用いられる．砂からシルトサイズの粒子においてもっとも威力を発揮するのは，**帯磁率異方性**(anistropy of magnetic susceptibility)の測定である．

いま，砂やシルトサイズの砕屑粒子を楕円体として近似して，粒子配列の生成について考察してみよう(図 1.12)．まず，砕屑粒子が静水中(あるいは静止した空気中)を自由沈降して水平な面に堆積した場合を考えよう(図 1.12(a))．この場合は，平面(これを堆積面と呼ぶことにする．実際の堆積物では，これが葉理面になる)に垂直に短軸がならび，そのまわりに長軸と中軸は自由に回

図 1.10 平行葉理と反砂堆斜交葉理.(a)実験水槽で作った平行葉理.砂層の厚さは 12 cm.中粒砂を用い黒いラミナは砂鉄の粒子.流れは左から右で平均流速は 70 cm/s,水深は 1 cm.テキサス大学における 1974 年の著者の実験.右に表層部を拡大してある.最上部で粒子の粒々が見えず霞んで見えるのがトラクションカーペットの部分.(b)米国テキサス州コロラド川(オースチン近傍)の砂州に見られる平行葉理.上方に細粒化しており,流れの減衰してゆく様子が推定できる.山刀は 70 cm.(c)実験水槽で作った反砂堆斜交層理.流れは左から右で,上流に傾いたラミナが形成されている.反砂堆の砂層の厚さは頂上部で 4 cm.平均流速は 100 cm/s で水深は 1 cm.中粒砂を用い黒いラミナは砂鉄の粒子.テキサス大学における 1974 年の著者の実験.

転できるので,ランダムな配置になるだろう.いま,短軸に垂直で長軸と中軸を含む面をフォリエーション面(foliation plane,略して F 面)と称する.水平な堆積面に自由沈降した堆積物について,短軸と長軸の方向を測定して統計を見れば,堆積面に対して統計的に求められた F 面は平行(すなわち短軸は垂直方向),長軸はランダムな配列を示す.

さて,次に自由沈降の状態で傾斜した面上における堆積の場合を考えてみる(図 1.12(b)).F 面は重力に対して垂直になる傾向を示すので F 面と斜面との間に斜面の傾斜角程度の角度が生じる.この F 面と斜面との角度を**インブリケーション**(imbrication; β)として定義できる.水平面への堆積ではインブリケーションは 0° である.長軸はせん断力の方向(斜面の下方)に平行に向きやすい.というのは,せん断方向に対して粒子の断面積が一番小さくなる配列が安定であるからである.このような斜面への粒子沈降は,砂丘や砂堆の下流斜面でおきているので同様なファブリックの形成を期待できる.

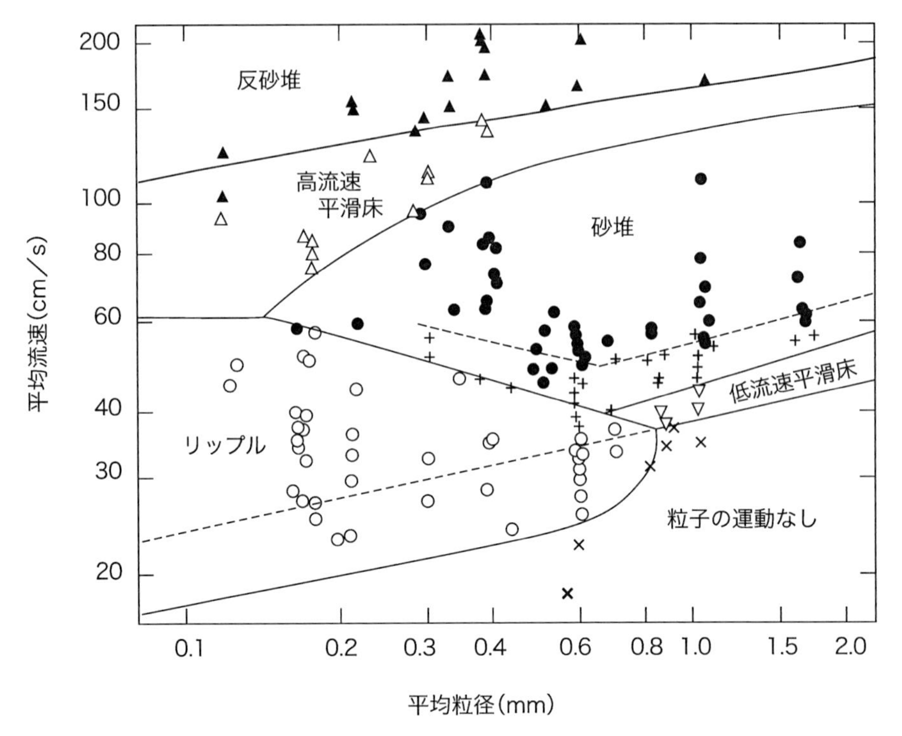

図 1.11　水槽実験にもとづく，水深 20 cm における平均粒径と平均流速(一定方向の定常流)に対してベッドフォームの生成領域をプロットした図．Southard and Boguchwal (1990) による．

また砂丘や砂堆の下流斜面でおこる粒子流について考えてみよう．粒子流の中では，粒子どうしの衝突がおこっており，流れは最終的には，内部摩擦がせん断力より大きくなったとき(安息角)に停止する．粒子流中ではせん断力が強く働いているのでインブリケーションは大きくなり，長軸も斜面方向へ配列する(図 1.12(c), (d))．

流水下では堆積面の粒子にはせん断力が作用している(図 1.12(b), (e))．このせん断力によって，F 面が上流側に傾いてインブリケーションが形成され，長軸は流れの方向へ向く．

以上のようなモデルに対して，帯磁率異方性の測定結果はよい一致を示す．

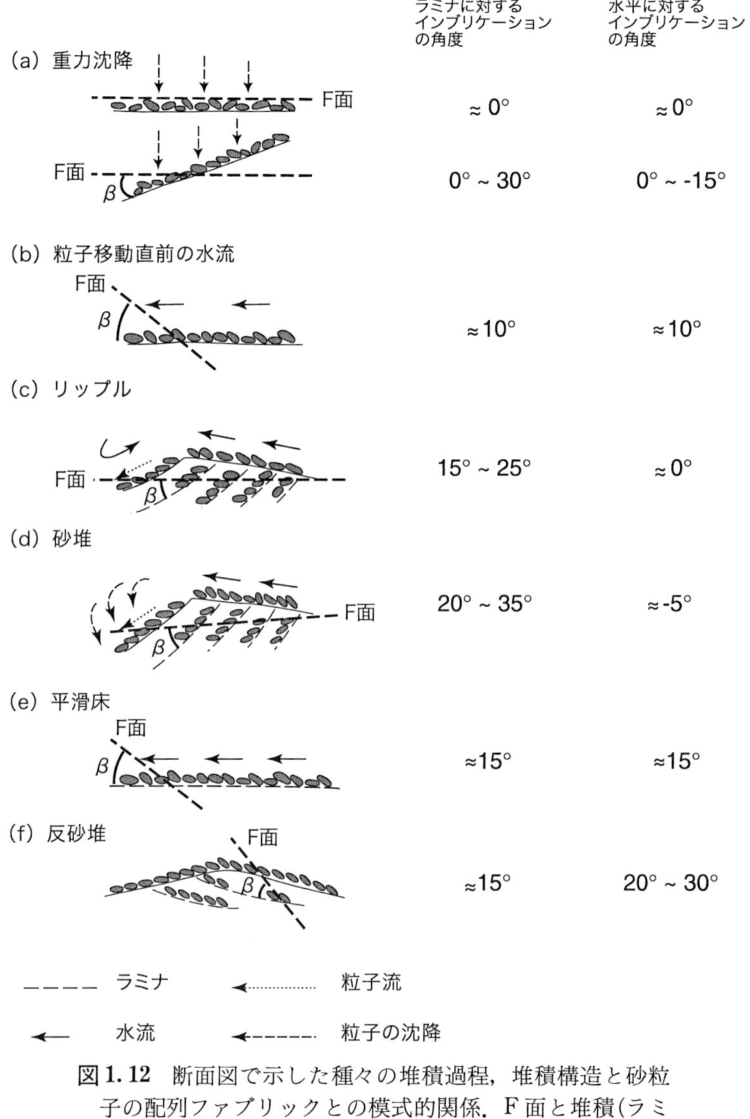

図 1.12 断面図で示した種々の堆積過程，堆積構造と砂粒子の配列ファブリックとの模式的関係．F 面と堆積(ラミナ面)とインブリケーション角(β)を表示．Taira (1989) による．

堆積岩中にもっとも普通に含まれる砕屑性強磁性鉱物であるマグネタイト，あるいはチタノマグネタイトの帯磁率は，弱い磁場中では粒子形に依存した異方性(shape anistropy)をもっている(小玉，1999を参照)．形状異方性は一般に2次の対称テンソルで表され，6つの独立した成分，すなわち最大(K_{max})，中間(K_{int})，最小(K_{min})帯磁率(単位は普通 emu/cm³)の大きさと方向で表示できる．一般にこれらの方向は，磁性鉱物粒子の形状を楕円体で近似した場合の長・中・短軸の方向とそれぞれ一致する．さらに，このような磁性鉱物が一定の方向に配列する傾向をもつ堆積物全体の帯磁率異方性もやはり，最大・中間・最小帯磁率の大きさと方向で表され，それぞれの方向は磁性鉱物を含む粒子全体の形状楕円体の長・中・短軸の配列の方向とほぼ一致する．帯磁率楕円体の形を**磁気ファブリック**(magnetic fabric)と呼ぶ．K_{int} と K_{max} を含む面(K_{min} に垂直な面)を磁気フォリエーション面(磁気F面)と称する．

自由沈降による堆積が水平面上で行なわれる場合には，K_{min} は水平面と垂直であり，磁気ファブリックは円盤型となる．堆積が斜面上で行なわれる場合には，磁気F面は斜面(堆積面)とある角度をなし，磁気ファブリックはインブリケーションを示し，K_{max} の傾斜方向への配列は斜面の角度を増すほどよくなり，傾斜角が30°～35°の安息角に近い斜面では，傾斜方向へ集中する(以下の磁気ファブリックの記述は Taira, 1989を参照)．それと同時に傾斜方向と直交する方向へも多少集中する傾向が見られる．これは斜面を一部の粒子群がコロのように回転したためと思われる．

安息角以上に傾斜した斜面では粒子流がおこる．砂丘風下(下流)斜面上では，粒子流が常時みられる．砂丘の斜面粒子流堆積物の磁気ファブリックを見ると，磁気F面は斜面に対して大きなインブリケーションを示し，K_{max} は斜面方向に集中する．水槽実験によって作った平行葉理や河川の平行葉理堆積物の解析結果では，K_{max} 方向が流れの方向によく一致しているのが見られる．磁気F面のインブリケーションは普通10°前後程度である．

また反砂堆では，粒子は上流側にインブリケーションするが，ラミナもまた上流側へ傾いているので，砂堆などの前置ラミナとはインブリケーションとラミナの傾きの関係が反対となる．これによって砂堆と反砂堆のラミナを区別することが可能である(図1.12(d)と(f)を比較)．

このように堆積構造の形成過程について粒子配列は有用な情報を提供してくれる.

1.4 砕屑粒子の沈降過程

いままで,観察と実験で,砂粒の運搬と堆積の過程を見てきた.これらの現象についての定量的な解析には,流体力学的な扱いが必要である.しかし,読者にも直観的にわかるように現象は簡単ではない.それは,堆積物の運搬・堆積する領域では流体は乱流状態にあり,また流れと粒子の運動が相互作用をするからである.粒子が移動すれば,流れの様子が変化し,その流れの変化が,粒子の運動に影響する.乱流領域は統計的な現象であり,解析的な扱いが大変難しい.運搬・堆積過程の流体力学的な扱いについては本書の範囲を越えており,また著者の力量がそれに追いつかない.ここでは,読者が地層に残された運搬・堆積過程の記録について,より定量的に考えるためのごく初歩的導入について解説し,諸君がさらに学習を進めるための基礎としたい(章末の文献を参照).

(a) 砕屑粒子の沈降速度

砕屑粒子の地層が形成されるのは,粒子が流体中を沈降して,最終的にはその場所に集積するからである.したがって,堆積過程の基本は,粒子の沈降運動にある.

流体における粒子の沈降速度には,流体の粘性および流体と粒子の密度差が大きな役割をはたしており,また粒子の形状も影響してくる.一般的なケースとして,密度=2.65(石英)の完全球体の沈降について述べよう.

粒子は速度ゼロの状態から沈降を始めると,重力によって速度は加速されるが流体からうける抵抗とつり合うと等速運動となる.このときの速度を一般に**(終末)沈降速度**(terminal settling velocity)と呼ぶ.粒子の沈降過程には粒子のまわりの流れの状態が関係している.図1.13には水中におかれた円柱のまわりの流れの状態を示してある.流れの速度が遅いときは,円柱のまわりをとりまくような流れの軌跡(流線)が可視化できる.次第に流速をあげると円柱の

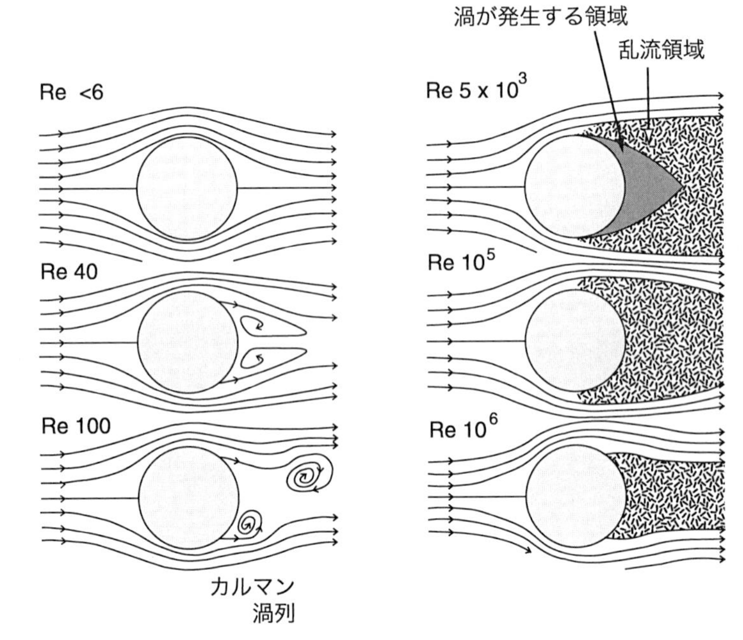

図 1.13 円柱のまわりの流れの様子(層流から乱流へ)とレイノルズ数(Re)との関係．Re$=10^5$ 以上では全体が乱流となり，円柱背後は特に乱れが大きい．種々の文献から．

うしろに渦ができはじめ，さらに互い違いに渦の並んだ渦列(これをカルマン渦列：Karman vortex street という)ができる．さらに流速が上がると流線は乱れ，円柱の背後にはたくさんの渦が不規則に発生してくる．流速が遅く，流線が乱れておらず，流れの横方向への変動がない流れを**層流**(laminar flow)と呼ぶ．流線の乱れた横方向への変動成分のある流れを**乱流**(turbulent flow)と呼ぶ．

流体が層流状態にあるか乱流状態にあるかは，流体の粘性抵抗力と流体の慣性力との比によって決まる．すなわち粘性抵抗力の大きい流れでは，それだけ乱れがおきにくく，流れの慣性力が大きくなると粘性抵抗力の効きめが小さくなる．流体の粘性は図 1.14 のように定義できる．2 枚の平行な板の間に流体があって，上板を下板に対し U の速度で動かすと，流体の長方形の小部分は変形して平行四辺形になる．すなわち，流体の小部分にせん断応力がはたらい

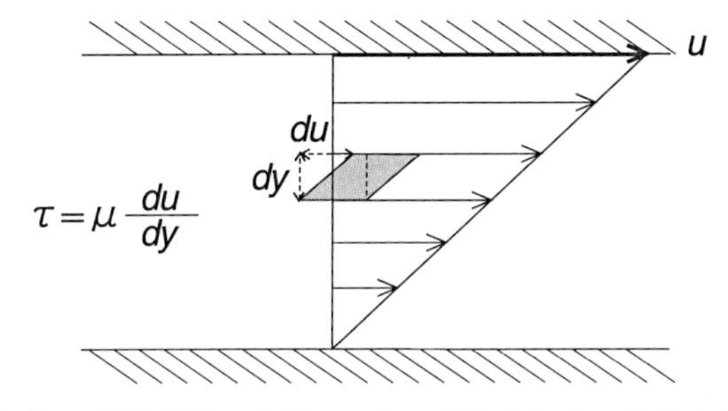

図 1.14 粘性係数の定義．いま，上下を 2 枚の十分な長さを持つ板にはさまれた流体を考え(紙面方向に単位幅を仮定する)，上板を速度 U で定常運動させたとすると，流体の微小部分には粘性係数 μ と速度勾配 du/dy に比例するせん断応力 τ が働く．

て歪を生じたことになる．応力とは面に働く力のことであり，第 3 章で詳しく定義する．このせん断応力の大きさを τ とすると，τ は歪，すなわち du/dy に比例するので

$$\tau = \mu\frac{du}{dy} \tag{1.4}$$

と表され，ここに μ は粘性係数と呼ばれる．

粘性係数の大きさによって流体粘性の程度を表すことができる．流体の粘性は基本的には流体の分子の衝突に起因するエネルギーの損失に相当する．したがって，μ は分子粘性とも呼ぶ．乱流で渦が発生している場合には，渦のもたらす運動量の交換による効果が大きく，これを渦動粘性と呼ぶ．

いま流速 V の一様流中におかれた直径 d の球がうける粘性抵抗力を見積もってみる．du/dy に相当する速度勾配は V/d 程度であるのでせん断応力は式(1.4)より $\mu V/d$ の大きさの見積もりになる．粘性抵抗力は球の表面積にかかるせん断応力の総和として見積もることができるので，これが球の表面積全体にかかっているとして，粘性抵抗力の大きさは $\mu(V/d)d^2=\mu Vd$ に比例する．

一方，流体の慣性力は(質量)×(加速度)である．ここで質量は $\rho_0 d^3$ で見積もることができる．ここに ρ_0 は流体の密度である．一方，加速度は速度の時間的変化の割合であるから，直径 d の距離を V なる速度で流体が運動する時間 $t=d/V$ を代表的時間として，加速度は $V/t=V^2/d$ で見積もることができ

る．したがって，流体の慣性力の大きさは $(\rho_0 d^3)\cdot(V^2/d)=\rho_0 d^2 V^2$ の程度となる．ここで，慣性力と粘性抵抗力の大きさの比 Re をとってみると

$$\mathrm{Re}=\frac{\rho_0 d^2 V^2}{\mu V d}=\frac{\rho_0 V d}{\mu} \tag{1.5}$$

となる．また μ/ρ_0 を動粘性係数といい，これを ν で表すと

$$\mathrm{Re}=\frac{Vd}{\nu} \tag{1.6}$$

となる．Re を**レイノルズ数**(Reynolds number)と呼び，流体力学でもっとも基本的な無次元パラメータの1つである．レイノルズ数が大きいときは慣性力が主役となり，小さいときは粘性抵抗力が無視できない．

さて，物体のまわりの流れの様子は層流と乱流で異なることは前に述べた．図1.13には流れの様子と対応するレイノルズ数も示してある．レイノルズ数が1桁のときは粘性抵抗力が十分に働いて層流であるが，10^2 以上で渦を生じ 10^5 程度では完全な乱流となる．

ストークス(Stokes)は慣性力が無視できる場合に球のまわりの流れに対する解を求め，終末沈降速度の式，

$$V=\left(\frac{1}{18}\right)\frac{(\rho-\rho_0)gd^2}{\mu} \tag{1.7}$$

を得ている．ここに ρ は球の密度，ρ_0 は流体の密度，d は球の直径，μ は流体の粘性係数，g は重力の加速度である．これを**ストークスの公式**(Stokes' law)と呼ぶ．すなわち慣性力が無視できる場合には沈降速度 V は d^2 に比例する．

一方，慣性力 $\rho_0 d^2 V^2$ と球の重さの見積もり ρd^3 がつり合っている場合(粘性力が無視できる場合)は

$$V=k\sqrt{d} \tag{1.8}$$

となる．ここに k は比例定数である．これは**ニュートンの公式**(Newton's law)あるいはインパクトの公式と呼ばれており，V は $\sqrt{d}$ に比例する．

(b)　沈降速度の測定

さて，実際に石英球の沈降速度の測定例をみると図1.15のように直径100

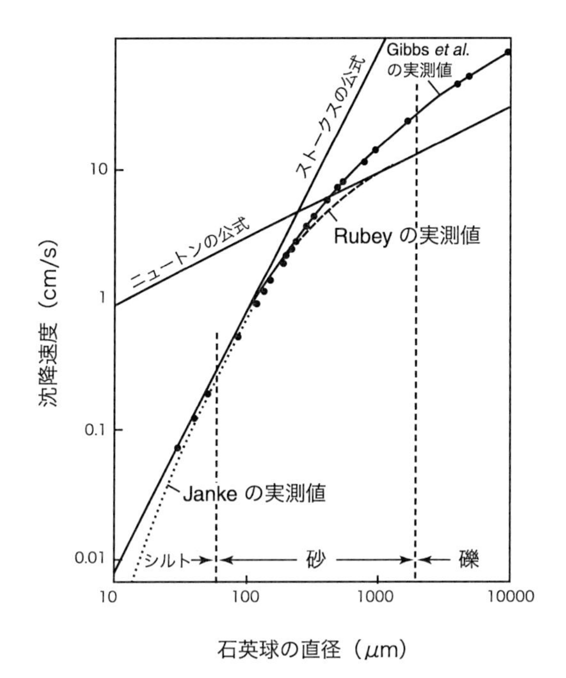

図 1.15　水中における粒子(石英粒子)の粒径と沈降速度の関係．Gibbs *et al.*(1971) による．

μm まではほぼストークスの公式がなりたち，1 mm 以上ではニュートンの公式がほぼなりたっている．砂の大部分の粒径は両公式の成り立つ中間の領域にある．このことは砂の粒径の大きな特徴であり，砂の流体力学では慣性力と粘性力が相互作用する領域を扱っている．一方，粘土鉱物はストークスの公式の領域にあり，礫はニュートンの公式の領域にある．

石英球の沈降速度の大きさの意味について考えてみよう．直径 100 μm の石英球の沈降速度は水中で約 0.88 cm/s であるが，空気中では約 455 cm/s となる．したがって空気中の沈降速度は水中の約 600 倍となる．砂丘の砂を動かす風速は水流の 10 倍以上の速度をもち，また空気は粘性も水よりずっと小さいので，レイノルズ数が大きく乱流状態となっている．したがって砂粒は，空気中でも，風の乱流エネルギーによってやすやすと運搬される．

以上は，主として単独の粒子の沈降についてであるが，多数の粒子が一度に沈降する場合には，一般に単粒子より沈降速度が遅くなる．これは，粒子の沈降にともなって周囲の流体が乱れ，この変動成分により流体に分子粘性とは別の渦動粘性が発生するためである．ところがさらに濃度が増加するとキノコ雲のように粒子を含む流体全体がモクモクと密度流状態となって沈降する．この場合にはシルト以下の細粒粒子においては，単独の粒子の場合よりもずっと速く沈降する．このことは，水中に多量の粒子が放出された場合の堆積過程に重要な役割を演じている．

1.5 砕屑粒子の移動

一般に底面をおおう粒子はさまざまな粒度分布をもって分布している(図

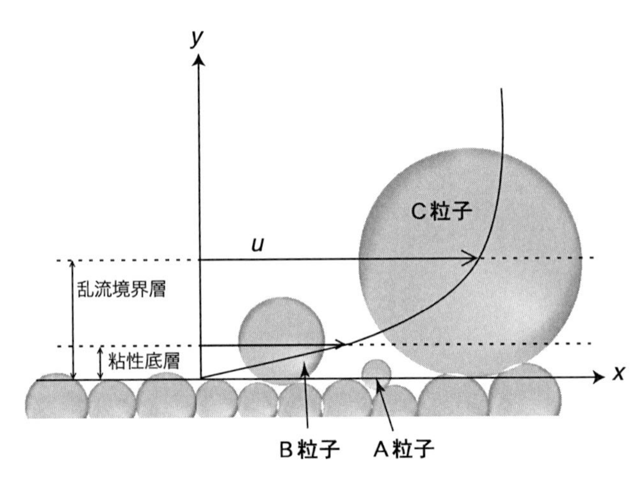

図 1.16 乱流境界層とその底部に発達する粘性底層，およびそれらとさまざまな粒径の粒子との関係を示す図．小さい A 粒子は，粘性底層と粒子の間に隠れてほとんど動かない．中間の大きさの B 粒子は速度の変動が大きい乱流境界層の中に上部が出ている．B 粒子は，また，底面の粒子からの摩擦も少ない．C 粒子は，乱流境界層よりさらに大きいが，質量が大きいので，なかなか運動できない．この図から，乱流境界層，底面の粗度，粒子の質量などの関係によって，動きやすい粒子群(B 粒子)が存在することがわかる．

1. 16)．このような粗面上では，乱流による流速の変動が大きく，その乱れが粒子の始動に大きな役割をはたす．

堆積物の移動はほとんど層流から乱流への遷移域あるいは乱流状態でおこっており，とくに乱流における堆積面との境界付近の流れの様子が重要である．底面との境界部の流れは**乱流境界層**(turbulent flow boundary layer)と呼ばれており，その速度分布をみてみると，図 1. 16 のように境界面近くでは高さ y に比例するが，それより上では対数分布をなす．高さと比例する部分は粘性がよく働いている部分なので，**粘性底層**(viscous sublayer)と呼ばれている．すなわち，底面におかれた粒子のまわりの流れは粘性の効いている粘性底層と，その上にある粘性が無視できる乱流境界層主部の 2 つに分けられる．

粒子が乱流境界層の最下部にある粘性底層の中にすっぽりと隠れてしまうと流れの乱れによる変動を受けないのでなかなか移動しない(図 1. 16 の A 粒子)．シルトサイズなどの粒子がこのタイプに入る．直観的には，細粒の粒子はすぐ移動してしまうような気がするが，実際はなかなか動き始めないのである．しかし一旦浮遊して乱流に巻き込まれると，遠距離浮遊して運搬される．一方，粗粒な粒子は，乱流境界層の中に入るが，今度は質量が大きいので，底辺部の摩擦が大きくなり動きだしにくい(図 1. 16 の C 粒子)．0.2〜0.5 mm 程度の直径を持つ砂は，この中間の性質をもち，粘性底層の上に頭を出しており，乱流境界層の変動を受け移動しやすい性質をもっている(図 1. 16 の B 粒子)．それと同時に質量も小さい．0.2〜0.5 mm 径粒子のこの特性は沈降速度においても現れており，粘性則(ストークスの公式)と慣性則(ニュートンの公式)の漸移領域に位置し，流れの変動を受けやすい．もし周囲も同様な粒度の粒子群に囲まれていると，大きな粒径の粒子の影響を受けないのでさらに容易に移動しやすい．すなわち，砂は動きやすく，他の粒子群から選別され，群れとして移動を始める．いちど動きだすと，同じ粒径同士では，底面の摩擦が小さいので同時に移動するようになり，砂が砂を呼んで，砂丘や砂州を作るのである．

残存している部分ではより動きにくい粒子がだんだんと表面をおおって「よろい」をかぶったようになる．これを**アーマードコート**(armoured coat)という．グレートサンドデューンでの疑問と観察(なぜ砂丘なのか？)は，乱流境界層の性質で説明できる．

1.6 乱流の構造とベッドフォーム

リップルや砂堆を作る定常的な渦列の存在する流れの状態(Re<1000〜5000)から，さらに流速が増加してくると，平滑床へと移行することはすでに述べた．平滑床では，堆積構造として平行葉理が形成されているが，ラミナの成因に乱流内に見られる構造が関与している．

乱流境界層の平均速度分布についてさらにくわしく見てみよう．流れの可視化法を用いた一連の研究によって，乱流境界層中にはバースト現象と呼ばれる渦の発生・剝離・崩壊・消滅の一連の現象がとらえられている．この過程は次のようなものと考えられる．まず乱流境界層は上から見ると，流れの遅い部分と速い部分が筋状をなしていて，一種のらせん状の渦列を形成していると考えてよい(図1.17)．この流れの遅い部分には上部のより流れの速い部分との間に摩擦が生じ，流れの一部がはぎとられて速い部分の中にとりこまれる．この

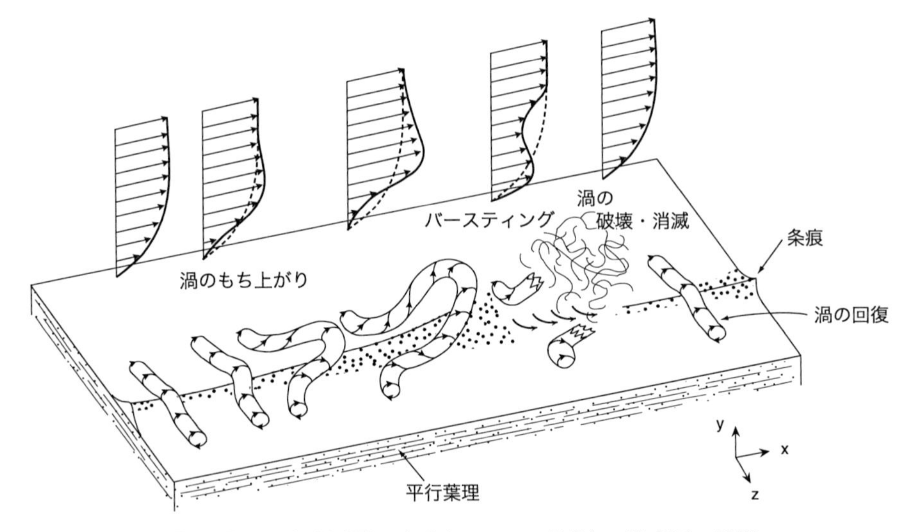

図1.17 乱流境界層の変動(バースト現象)の模式図．周期的な境界層での渦の発生と崩壊が流れの変動を励起し，ラミナの形成要因となっていることを示す．また，この図では，渦による条痕の生成の様子も示してある．Allen (1985)より．

際，とりこまれる流れの一部は直線状の渦からバナナ状の渦になり渦の上部がひきちぎられて消滅すると考えられる．これがバースト現象である．このとき，瞬間的に底層でのせん断応力の増加がおこる．このようなバースト現象の発生と底面付近のせん断応力の増減は周期的におこっている．

乱流境界層が以上のような構造をもち，底面の粒子が主に躍動状態で運動している場合には，バースト現象によりせん断応力の一時的増加がおこり，その部分で侵食が強くなり多くの粒子が下流にはこばれる．次にせん断応力が低下するとこれらの粒子は堆積し，1つのラミナを形成する．実験水槽で観察された流れの脈動はバースト現象の現れと考えられる．平行葉理はこのようにしてできると考えられ，また平行葉理上にみられる条痕はらせん状渦によると推定できる．

1.7　河川と三角州の堆積環境

(a)　堆積環境の研究――ブラゾス川のポイントバーの例

アメリカのメキシコ湾岸域は，広大な平野となっており，大小の河川が**氾濫原**(flood plane)を形成している．ミシシッピ川はその中で最大のものであり，河口には巨大な三角州が認められる．テキサス州のブラゾス川(Brazos River)は，小河川に属するが(それでも全長600 kmを優に越す)蛇行地形がよく発達し，堆積学的研究がしばしば行なわれてきた．

1960年代から70年代にかけて，現世の堆積環境についてくわしく調べ，地層の堆積環境推定に役立てようとする活動があった．この研究の流れは，主に石油探鉱に貢献するのが目的であった．当時，石油探鉱は，石油を胚胎するような大規模な地質構造の発見がほぼ完了し，一連の地層の中に堆積過程によって作られた石油貯蔵層，例えば三角州の流路を埋積した砂層など，いわゆる**層序トラップ**(stratigraphic trap)の発見に力を注いでいた．このために各地の現世堆積環境においてトレンチを切り，ボーリングを行ない，**物理検層**(あるいは孔内計測(logging)：地層の電気抵抗やガンマ線強度などを測定して地層の性質を探査する手法)を実施して，堆積物の特徴を把握し，それが地層となったときにどのような構造を示すのか推定していった．このような研究の成果

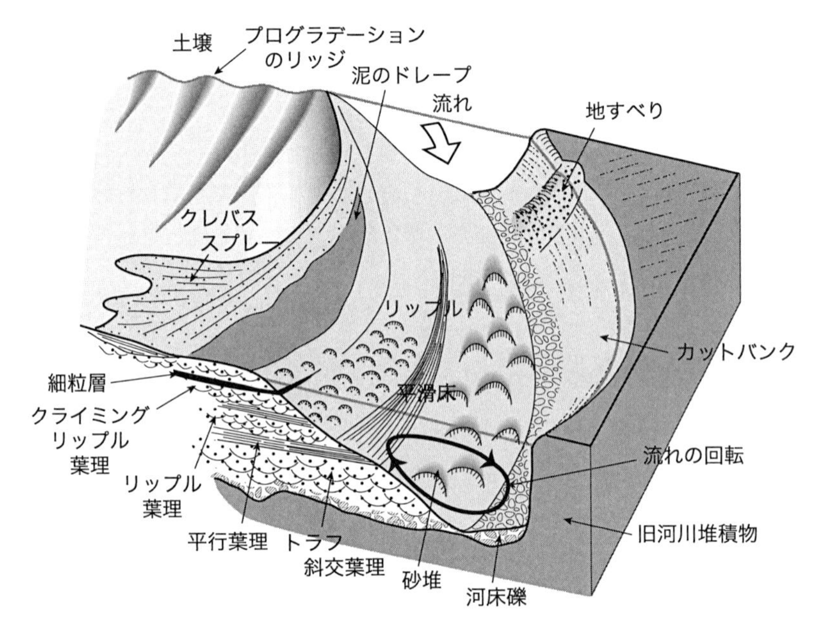

図 1.18　ポントバーにおける堆積相の生成．ポイントバーの側方への移動によって独特な堆積構造の組合わせを持ち，上方に細粒化する堆積相が作られる．Allen(1970)などと著者のブラゾス川での観察結果をまとめてある．

は現在も地層の形成に関してもっとも基礎的な知識を提供してくれている．以下，まず，ブラゾス川のポイントバーについて見ながら，堆積環境と堆積物の特徴について述べてゆこう．

ポイントバー(point bar)とは，河川の蛇行の内側に張りだした砂州地形のことである(図 1.18)．河道(あるいは流路)のことを**チャンネル**(channel)と呼び，チャンネルをはさんでポイントバーの対岸にある崖を**カットバンク**(cut bank)と呼ぶ．航空写真などで見るとポイントバーは，チャンネルの蛇行曲率の増大とともに，カットバンク方向に年輪のように形成されてきたことがわかる．まず，ポントバーの地表を観察してみよう(図 1.19 を参照)．

水量が減ったときには，チャンネルの底が見える．そこには小，中礫が堆積しており，また多量の泥塊が分布している(図 1.19(b))．この泥塊はカットバンク側の土壌の侵食によってもたらされたと推定される．河床の底部に蓄積している礫層を**河床礫層**(channel lag deposits)と呼ぶ．ポイントバー最下部には砂堆フィールドが広がっている(図1.19(a))．ここにトレンチを掘ると平板型斜交葉理あるいはトラフ型斜交葉理が発達している(図1.19(c))．さらにポイントバーの中腹では，平らな砂面があり，ここでトレンチを掘ると平行葉理が発達しているのがわかる(図1.19(d))．この付近では，場所によってはトラフ型斜交葉理が認められ，また泥の薄層とリップル葉理の交互に重なる10 cm程度の層(リップル・泥互層)がはさまれる．ポイントバーの上部を見ると，リップル葉理が発達し，ラミナが斜め上に上昇するように連続するクライミングリップル葉理も認められる(図1.7(c)を参照)．また細粒葉理層が最上部に重なっている．全体としてポイントバー下部から上部へと粒度が小さくなる特徴がある．この様子は図1.18に示してある．

さて，このような堆積構造の組み合わせは，各地のポイントバーでも類似しているので，これを一般化して考えることができる．**ポイントバー堆積環境**(point bar depositional environment)では，チャンネル基底は流速が早く，また水流はらせん状に流れているので，砂はポイントバー側へ寄せられ，河床底は砂粒に乏しく礫が蓄積する．ポイントバー下部は比較的粗粒で水深が深く，ポイントバー中部は下部よりは細粒で水深が浅い．ベッドフォームの生成領域について見てみると，もし，流速に大きな差がない場合には，水深が深くて，粗粒な場合には砂堆が安定である(図1.10参照)．

一方，その反対では，平滑床が優勢となる．したがって，ポイントバーの下部で斜交葉理ができやすく，中部で平行葉理が卓越する．上部は細粒で流速が遅いためにリップルができる．また，水量が減ってゆくときには全体に細粒なリップル・泥互層が被う．

さて，ポイントバーが蛇行曲率の増大にともなって，カットバンク方向へ成長してゆく場合には，以上のような堆積構造の組み合わせを持ち，上方に細粒化を示す礫と砂を主体とする地層が形成される．このような地層の特徴を**ポイントバー堆積相**(point bar depositional facies)とよぶ．また地形が側方に移動することを**プログラデーション**(progradation)と呼んでいる．したがって，上に述べた地層の形成の仕方は，ポイントバーのプログラデーション堆積モデル(progradational depositional model)と称する．

図 1. 19　米国テキサス州ブラゾス川のポイントバーで
(a)ポイントバー下部に発達する砂堆．波長は約 3 m．
カットバンクの侵食物質から構成されている．山刀は
理．細粒のリップル葉理層をはさんでいる．(d)ポイ

観察されるベッドフォームと堆積構造．図 1. 18 も参照．
対岸はカットバンクの崖．(b)河床に見られる礫．主に
70 cm．(c)ポイントバー下部に発達するトラフ型斜交葉
ントバー中部に発達する平行葉理．

以上をまとめてみよう．ある堆積環境において堆積構造など堆積物の特徴を調べて，形成されている地層の**堆積相**(depositional facies：堆積過程の特徴を示す顔つき)の特徴を抽出しておく．そして，その特徴を説明する堆積学的なモデルを考察する．このモデルを用いて類似な堆積相を示す過去の堆積物の堆積環境を推定することができるのである．

以下，現世堆積環境での堆積相と堆積モデルを概説してゆこう．

(b)　河川堆積環境の分類

河川は，供給源となる山地から砕屑粒子の運搬を行なう第一次運搬者として，堆積物の拡散にきわめて重要な働きをしている．急傾斜の山地では，地すべりや岩石なだれ(崖くずれ)などによって多量の土砂が崩壊し，それが河谷にそって運搬される．ここでは，堆積物が厚く蓄積するような場所は少なく，数百年程度の時間でみれば，河谷に一時蓄積した土砂も，ほとんどが，山地から排出され平野部(あるいは盆地部)へと流れ出る．平野部において，初めて長期的な堆積物の蓄積が始まる(あるいは長期的な蓄積によって平野が形成される)．主要な河川環境は**扇状地**(alluvial fan)，**網状河川**(braided stream)，**蛇行河川**(meandering stream)，**三角州**(delta)に分類できる(図 1.3 を参照)．このうち三角州は河川と海洋(あるいは湖水)環境の相互作用であるので別項であつかうことにしよう．

山地の河谷を思い浮かべてみよう．谷川には巨大な岩塊がみられ，川床には露岩がしばしば磨かれ，あるいは亀穴(ポットホール：pot hole)のような侵食構造を作っている．「点滴岩をもうがつ」という格言がある．実際には点滴による侵食はきわめて微量である．同時に河川が岩を磨き削る量もたいしたことはない．河川によって運ばれる土砂の大部分は大雨などのとき，一度に崖くずれや土石流となって崖や斜面が崩壊したものから構成される．河川の水はこれらの土砂を運搬する役割をしている．

図 1.20 には，著者がアルプス山中で目撃した崖くずれ堆積物の例を示してある．家ほどもある巨大な岩塊が，崩れ落ちており，それによって河川の流路が閉ざされている．全体が三角錐のような形をしているので，このような崖くずれ堆積物のことを**崖錐**（がいすい）(talus cone)と呼んでいる．このようにして，河床に

図 1. 20 スイスアルプスのツェルマット付近で観察された崖錐．下の木の高さが約 4 m．

くずれ落ちた土砂は，洪水などのときにさらに押し流されて平地に達し，そこで堆積が始まる．

(c) 扇状地

山地の河谷では土石流が主要な運搬力であり，洪水や地震時などに土石が多量に流出する．**土石流**(debris flow)とは，高い濃度の礫，砂，泥の混合流体の流れを指す．泥がとくに多い場合には**泥流**(mud flow)と呼ぶこともある．土石流は通常のニュートン流体と異なり，非ニュートン流体としての性質を示す．

ニュートン流体(Newtonian fluid)とは，せん断応力と速度勾配が比例する(式 1.3 が成り立つ)流体を指す(図 1.21 の直線 A)．水や空気はニュートン流体である．一方，**非ニュートン流体**(non-Newtonian fluid)とは，せん断応力と速度勾配の関係が線形ではないものを指す．粉体や高分子化合物を含む流体などは，しばしば非ニュートン流体の性質を示す．図 1.21 のように非ニュー

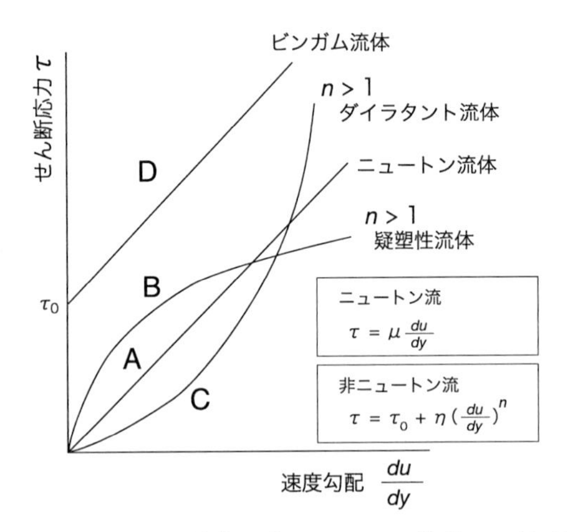

図 1.21 ニュートン流体と非ニュートン流体における速度勾配とせん断応力との関係．ニュートン流体における速度勾配とせん断応力との関係の定義については図 1.14 を参照．平井(1978)より．

トン流体には，大きく見て速度勾配が大きくなるほどせん断応力の増加の割合が小さくなるもの(すなわち流動しやすくなる．図 1.21 の曲線 B)と，その逆にせん断応力の増加の割合が大きくなるもの(流動しにくくなる．図 1.21 の曲線 C)とがある．前者を疑塑性流体(pseudoplastic fluid)と呼び，後者をダイラタント流体(dilatant fluid)と呼ぶ．またある大きさのせん断応力まで流動しないもの(降伏強度)をもつものをビンガム流体(Bingham fluid)と呼ぶ．これらの流体においては，密度が高い場合には時に弾性体としての性質を示すものもあり，これらは粘弾性体と呼ばれる(第 1 巻 4.1 節も参照)．

非ニュートン流体は次の式で記述できる．

$$\tau = \tau_0 + \eta\left(\frac{du}{dy}\right)^n \tag{1.9}$$

ここに τ はせん断応力，τ_0 は降伏強度，du/dy は速度勾配，η は非ニュートン粘性(non-Newtonian viscosity)，n は定数である．$\tau_0=0$ において $n<1$ は疑塑性流体，$n>1$ はダイラタント流体，τ_0 が一定の値をもつ場合はビンガム流体である．この式は η が粘性係数としての正しい次元を持っていないので流体の挙動を記述する近似式と考えてよい．

砂礫を含んだ高濃度の泥水は，一般に擬塑性流体の性質を示す．このような流体は，せん断応力が大きく流れが速いほど粘性が低くなり，逆にせん断応力が小さく流れが遅いと粘性が高くなってくる．したがって，急斜面を高速で流れるが，平地に達してやがて流速が落ちると粘性が急速に増加して急停止する．停止した土石流堆積物は舌状の形態を示し(**舌端部**あるいは**ローブ**：lobe と呼ぶ)淘汰の悪い無組織な礫岩層が形成される．また時として**逆級化層理**(reverse graded bedding)を示す場合もある．これは，簡単な実験で確かめることができる．ペットボトルに種々の粒度の混合した砂礫を入れて横に振ってみると粗い粒子が上に上がり，細かい粒子が下に落ちる．これは，粗い粒子の透き間に細かい粒子が入って粗い粒子を浮き上がらせるからである．土石流では，先端に粗い礫が集中し，これらの礫が火花を散らしながら激しく衝突して流れる様子が目撃されている(章末の文献を参照)．同時に流れの底部に粘性の比較的低い細粒な層が形成されることは流動性をより高める．このような状態のまま流れが停止すると逆級化層理を持つ堆積物が形成される．

扇状地は，扇頂部，扇央部，扇端部，と分類できる．扇頂部は谷の出口から土石流の主チャンネルが継続している範囲をさし，扇央部は多くの土石流が停止する舌端部を含む部分，扇端部はそれから先の粘性に低い泥流などが堆積した部分をいう(図 1.22)．

いま，ある場所で断層崖が形成されはじめ，背後の山地がどんどん隆起していった場合(盆地が低くなっていった場合も同じ)について見てみよう．最初は山地の起伏が少ないため流出する土石流も比較的少なく，たとえば網状河川を形成している．次第に隆起が増加していくと小さな扇状地が作られるが，扇状地は次第に成長していく．また流出する土砂も次第に粗粒になっていく．ある地点での変化をみてみると扇端部・扇央部・扇頂部と順序に重なり上方に粗粒化していく堆積相が作られていく．これを扇状地の単純プログラデーションモデルという．一方，扇状地が衰退していく場合にはこの逆の上方に細粒化していくタイプの堆積相が形成される．

(a)

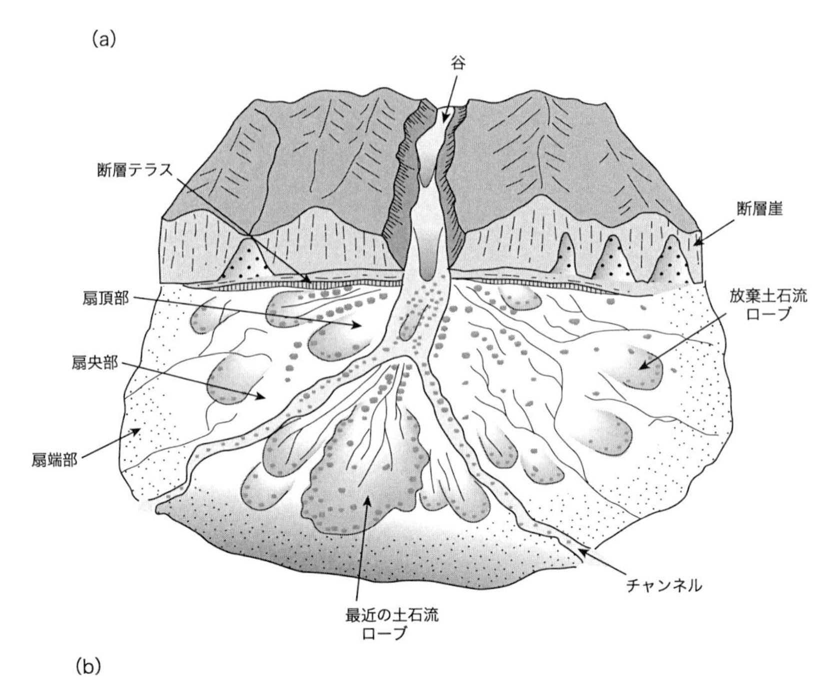

(b)

図 1.22 (a)扇状地の堆積相モデル．この図では細粒物質を相当に含む扇状地についての例を示してある．Leeder (1999) の Fig. 18. 1a を改訂．(b)米国カリフォルニア州ソルトレイク付近に発達した扇状地．地形は古いもので侵食が進んでいるがローブとメインチャンネルが残されている(矢印)．

(d)　網状河川と蛇行河川

河川堆積環境は，図1.23に示したように構成する堆積物の主要な粒径，(ベッドロード)/(サスペンジョンロード)，流れのエネルギー，(堆積物運搬量)/(流量)をパラメータとして分類することが可能である．

ここで**ベッドロード**(bed load)とは転動や躍動を主体として底面付近を運搬される堆積粒子の量を指し，**サスペンジョンロード**(suspension load)は浮遊状態を主体として運搬される粒子の量を示している．粒径が大きく，ベッドロードが多く，流れのエネルギーが大きく，堆積物の運搬量が多い場合には礫質網状河川が形成される．このタイプの河川は乾燥気候帯や氷河の周氷域など，植生が乏しく洪水のおこりやすい場所などで広域に発達する．河道は一定せず，網状砂州(braided bar)の移動によって地層が作られる．

網状河川の河道では砂堆を主とするベッドフォームが頻繁に見られ，河床礫を含む斜交葉理層が形成される．礫質の網状河川では，河道と平行あるいは垂直方向の礫州や低波高の砂礫堆が認められる．砂質の網状河川では砂州は洪水時などの流量・流速が増加したときに移動するので表面は平滑床となる．砂州は下流部で前置層状に斜面を作って前進するので，平板型斜交層理が形成される．網状河川ではこのような河道・砂洲が移動と消滅をくり返すので，河床礫・トラフ型や平板型の斜交層理・平行葉理などが次々と重なる堆積相ができあがる．一般に泥質層の部分は少なく，たまに洪水など水がひいたときにできたプールで泥が薄くドレープ状(**マッドドレープ**：mud draping)に沈積する場合がある．

蛇行河川は，大陸の海岸平野などで広大な堆積層を形成することがある．例えばアメリカ南西部の平野をみると，ミシシッピ川だけでなく多数の河川が全域にわたって同時に蛇行河川となって流れ，河道・氾濫原の堆積物を形成している．

蛇行河川の堆積作用は，主としてポイントバーでおきている．河川は蛇行しながらカットバンク側は侵食し，ポイントバーに沿って堆積層を作っている．その一例としてすでにテキサス州のブラゾス川で解説をしたのでここでは要点をまとめておく．蛇行河川では，下位より，淘汰の悪い礫層，トラフ斜交葉理を示す砂層，平行葉理砂層，リップル砂層が重なり，次第に上方に粒度を減じ

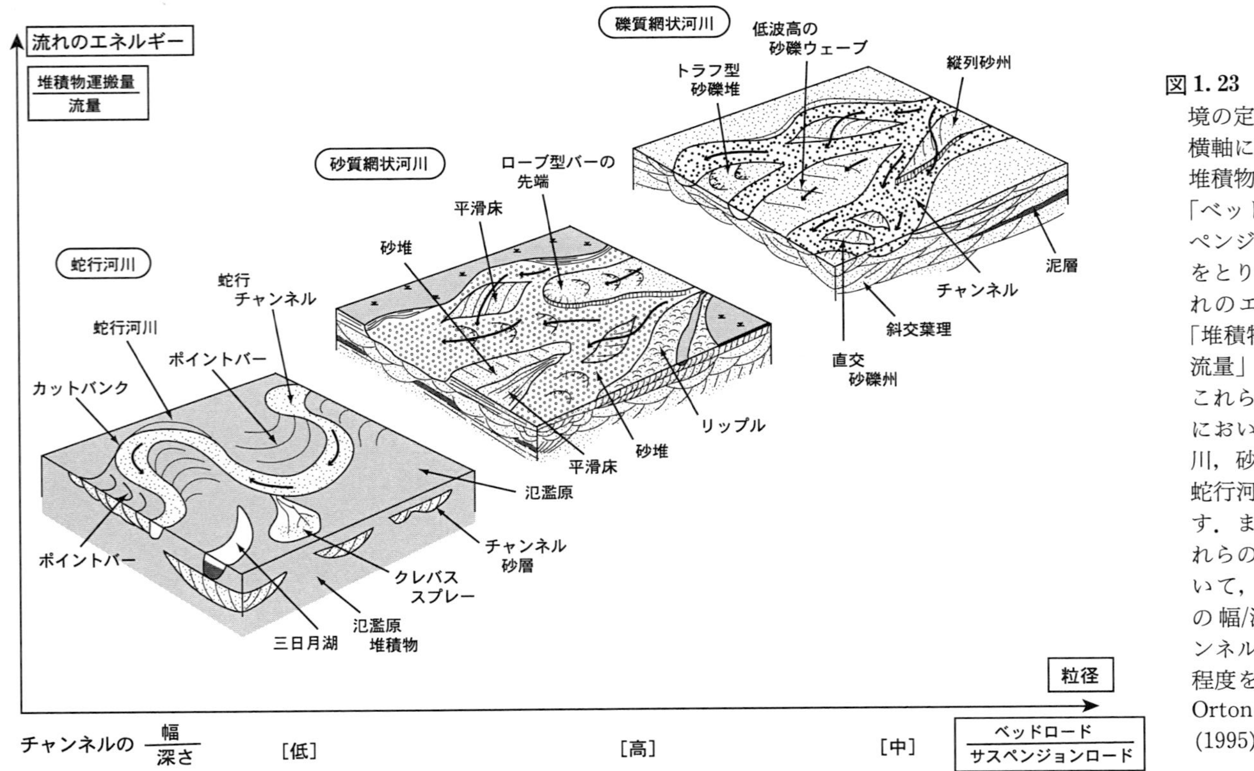

図 1.23　河川堆積環境の定性的な分類．横軸に「運搬される堆積物の平均粒径」，「ベッドロード/サスペンジョンロード」をとり，縦軸に「流れのエネルギー」，「堆積物運搬量/河川流量」にとってある．これらのパラメータにおいて礫質網状河川，砂質網状河川，蛇行河川の位置を示す．また，下段にこれらの河川環境において，「チャンネルの幅/深さ」，「チャンネルの安定性」の程度を示してある．Orton and Reading (1995) を改変．

る堆積相が認められ，1つのポイントバーから上方に細粒化の堆積相ができあがる．全体として見ると，ポイントバーは氾濫原の泥層や泥炭層の中にレンズ状をした砂層がたくさん分布しているような堆積相を作る(図1.23)．

河川環境ではチャンネルの外側に自然堤防，氾濫原といった堆積環境が存在する．これらの場所は主に洪水時に堆積が行なわれる場所であり，細粒の粒子から構成されている．洪水は始まりからピーク時を経て終了まで，チャンネルを流れ下ってくる長大な波と考えてよい．水位の上昇にともなって運搬されてくる粒子の粒度が増加する．水位の下降してくるときには粒子の濃度が減少しているので堆積の量は少ない．したがって，洪水時の氾濫原堆積物は逆級化層理を示す(Iseya, 1989)．

(e) 三角州(デルタ)

河川が海に流入すると，そこではきわめて複雑な現象がおきる．いま停滞水を考え，そこに河川が流入する場合には，流水はジェット流(噴流)となって広がり，拡散していく．この拡散過程を見ると，例えば，湖に河川が流入する場合には，一般に堆積物を懸濁した河川水の方が湖沼水より重いので密度流となり湖底を流れ下る．海に流入した場合には密度に応じて表層や密度躍層上，さらに底層を流れる．河口では河川水の流速が急に低下するので比較的粗粒な物質は河口のまわりに堆積し，**河口州**(mouth bar)を作る．懸濁物質もやがて河口のまわりに堆積を始め，次第に細かいものが遠くに降り積もる．このようにして三角州は平面ではジェット流の拡散の形に応じた「扇状」の形態をなし，断面では**頂置層**(top set)・**前置層**(fore set：前置層という名称は，砂堆などのベッドフォームにおいても使われる．1.3節参照)・**底置層**(bottom set)に区分できる．断面で見るとクサビ形の地層が形成されている．

しかし，実際の場合，例えば大きな湖沼や海では，波浪やそれによって引きおこされる沿岸流，さらに潮流などが存在し，河川からの流入とそれらのプロセスが複雑に相互作用をしあって，上記のような単純ジェットモデルは成り立たないことが多い．すなわち，河川からのジェット流堆積作用と波浪や潮流の運動による堆積物の再分配の作用が「勝負」しあっていることになる．海の作用としてもっとも主要なものは，波浪とそれにともなう沿岸流である．図

表 1.2　三角州の水理学的パラメータによる比較．Allen (1997) より．

		ミシシッピデルタ	ニジェールデルタ	ナイルデルタ
月平均の沿岸ウェーブパワー (erg/s)	最小	0.002 (7 月)	0.43 (1 月)	4.51 (7 月)
	最大	0.057 (11 月)	3.23 (7 月)	13.35 (2 月)
月平均の河川流量 (河口の 1 フィートの幅における値 ft^3/s)	最小 $\times 10^3$	279.8 (10 月)	63.7 (4 月)	0.8 (4 月)
	最大 $\times 10^3$	1086.9 (4 月)	932.6 (10 月)	205.8 (9 月)

1.24 にミシシッピ，ニジェール，ナイルの 3 つの三角州の地形を示す．このうちミシシッピデルタは河川の作用の卓越したデルタであり，ナイルデルタは波の作用の優勢なデルタである．ニジェールデルタはその中間に存在する．表 1.2 に波と流量のデータを示した．

ナイルデルタに代表されるような「三角形」のデルタを**ロベート三角州** (lobate delta) と呼んでいる．ここでは見事に発達した半円形の沿岸線がみられる．東地中海南部は波浪の強いところで，ナイル川の運搬した土砂は沿岸流によって再分配され，三角州の前面には砂浜や砂州をともなった弧状の海岸線をなしている．このタイプの三角州は河道・自然堤防・氾濫原・河口砂州・海岸砂洲・デルタ前縁泥底 (プロデルタ泥底：prodelta mud) から成り立っている．このような三角州が海へ海へと前進 (プログラデーション) していった場合には，プロデルタ泥底から砂州相へと積み重なった地層が形成される．これは地層の重なりの上方に粗粒になってゆく上方粗粒化サイクルをなす．これをロベートデルタ単純プログラデーションモデルという．

ミシシッピデルタに代表される河川優先のデルタは**エロンゲート三角州** (elongate delta) と呼ばれている．ナイル川と比べてみると，鳥の足先のように河道が自然堤防を作りながら海へ海へと伸びていっているのがわかる．ここでは，活動的な河道の運搬する堆積量が海の再配分作用に勝っている．一方，活動的な河川が直接伸びていない古い三角州の部分では，侵食が進んで海岸砂洲の形成がなされている．エロンゲート三角州の活動的部分は，河道・自然堤防・氾濫原・河口砂洲・プロデルタ泥底が基本となる構造要素であり，やはり

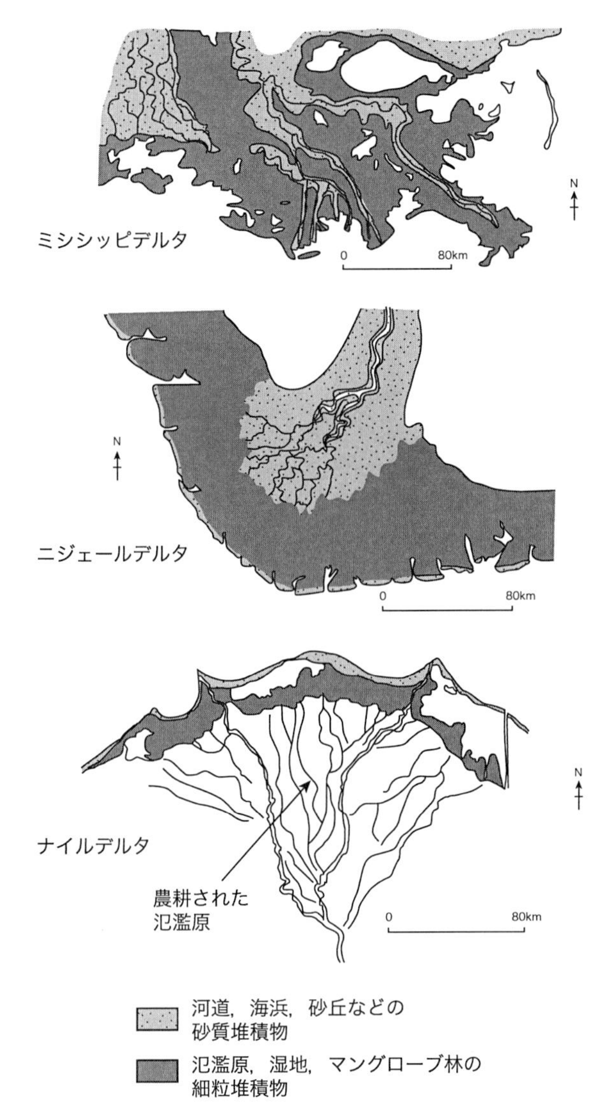

図 1.24 代表的なデルタの形状と堆積環境．同じスケールで描かれている．河川卓越型(ミシシッピ)，中間型(ニジェール)，波浪卓越型(ナイル)でデルタの形態が変化することを示す．Allen(1997)より．

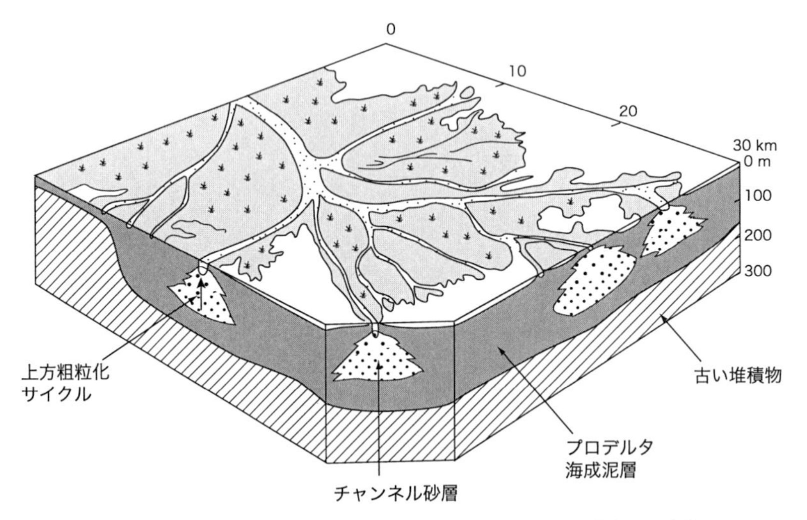

図 1.25 ミシシッピデルタのローブにおける堆積相の形成の模式図．プロデルタ海成泥層の上にチャンネル砂層が重なり，そこでは上方粗粒化サイクルが形成されている．Leeder (1999) の Fig. 22.9 より．

プログラデーションによって上方粗粒化サイクルを作る(図 1.25)．ロベート三角州にくらべると，

1) プロデルタ泥底相が厚い
2) 河口砂洲がよく発達する
3) 海岸砂洲相の発達が悪い
4) 氾濫原相と河道間の湾入海成相が頻繁に交わる

などの特徴をもっている．

一般に，三角州は比重の軽い泥相の上に比重の重い砂層が重なる不安定な状態にあるため，軽い泥層が**ダイアピル**(diapir)となって貫入してくる場合が多い．また，斜面では**海底地すべり**(スランピング：slumping)が頻繁におきている．

以上の記述は，主として河川勾配がゆるやかで比較的細粒な物質を運搬している大河川の三角州についてであるが，日本の河川は河口勾配が大きく，粗粒な物質を洪水時に多量に海へ流し込んでおり，また海も一般に波浪の強い環境

図 1.26　富山県の黒部川扇状三角州の航空写真．メインチャンネルを構成する黒部川は礫質網状河川の環境をなす．国土交通省，黒部河川事務所提供．

にある．図 1.26 は黒部川の扇状地が富山湾に直接注ぎ込んでいる様子を示す．このようなものは**扇状三角州**(fan delta)と呼ばれている．その特徴を見ると 1)河道は礫質網状河川相を示す，2)粗粒な礫質・砂質海岸がとりまいている，などからなる．富山平野では，飛驒山地からいくつかの河川が流れ出し，扇状地から扇状三角州の連続する地形を作っている．

扇状三角州は深海チャンネルと直結している場合がある．黒部川扇状三角州は，海底に向かってさらに扇状地形が広がる形をなしており，いくつかのチャンネルが分岐して富山深海長谷に流れ込んでいる．

富士川河口では，扇状三角州から海底チャンネルへの接続の様子がよくとらえられている(図 1.27)．ここでは，最大幅 7 km の扇状三角州が発達しており，現在の活動的な河道(礫質網状河川)の他に 3 つの放棄された旧河道の後が認められる．扇状三角州は海岸から急な斜面をなしており，斜面方向に平行に発達した溝(グルーブ：groove)と高まり(リッジ：ridge)の地形が認められる．この斜面は 1 km で 200 m 近く下る(傾斜 1/5)急角度をなし，200 m 水深から

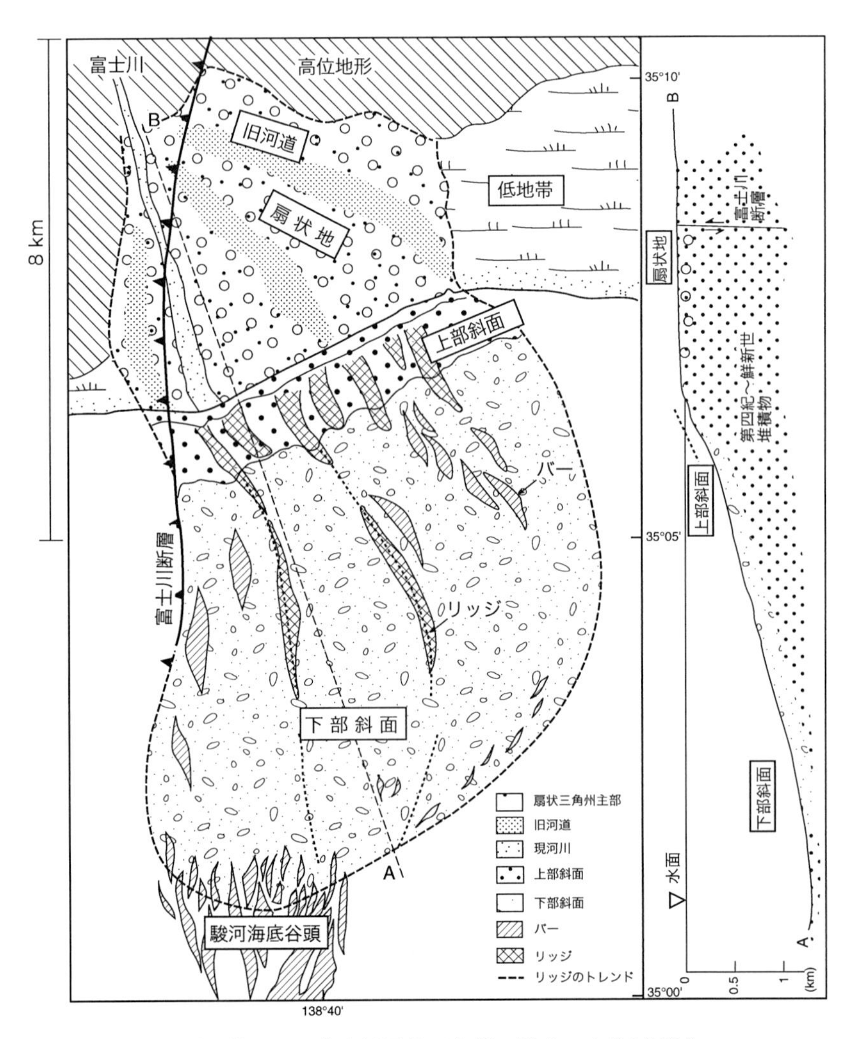

図 1. 27　静岡県の富士川扇状三角州の陸上から海底部分の堆積環境．Soh, Tanaka and Taira (1995) による．

は傾斜がゆるくなり，さらに 8 km 程度下ると 1200 m 程度の水深となり，斜面はトラフ状の地形に収れんする．200 m より浅い急傾斜の部分を上部斜面，1200 m までを下部斜面と呼ぶことにしよう．上部斜面に発達しているリッジの一部は下部斜面にも連続している．海底写真などやコアリングによる観察によって，これらの斜面は主に礫質の堆積物からなり，リッジの上には泥が被覆していることがわかる．また下部斜面には砂州状地形が発達している．富士川扇状三角州は，さらに駿河トラフから南海トラフの深海チャンネルへと連続している．

1.8 沿岸の堆積環境

海岸や潮間帯では主として波や潮汐の作用によりさまざまな地層が作られている．とくに三角州の海岸線では，活発な堆積が行なわれる．海浜は波浪のエネルギーレベルや潮汐の大きさ，堆積物の供給量などによりさまざまに変化するが，大きく見ると波浪エネルギーの卓越した沿岸環境と潮汐の卓越した干潟環境に分けることができる．

海岸の打ち寄せられる波は海底が浅くなるにつれて，とくに磯波帯から内側では波の振動が対称な単振動から非対称な振動に変化し水塊の移動が生じる．表面の水塊は海岸方向へ流れ，岸に押し付けられた水塊の一部は強い離岸流(リップカレント：rip current)となって沖合へ流れ出す．さらに，波の寄せてくる方向は岸とは斜交する場合が多いので沿岸流を引きおこす．すなわち，海岸での堆積作用は，1)波の振動と流れの複合した波浪運動，2)沿岸流によってコントロールされている．

波の振動によって形成される堆積構造の代表的な例として**振動リップル**(oscillation ripples)がある(図1.28と図1.29)．振動リップルではリップルの両側に交互に渦が生じて対称な波形が形成される．流れと波が同時に存在する場合には，流れの方向により非対称な**複合リップル**(combined ripples)が作られる(図1.29)．

(a) バリアーアイランド

大陸地域の海岸線には長大に延びた砂州の島列(バリアーアイランド)が存在し，重要な堆積環境を形成していて世界の海岸線の10〜15%を占めるという．そこでは，海浜の堆積物の他，砂丘・ウォシュオーバーファン・潮汐デルタ・ラグーンなどの複合した堆積相を示す(図1.30)．

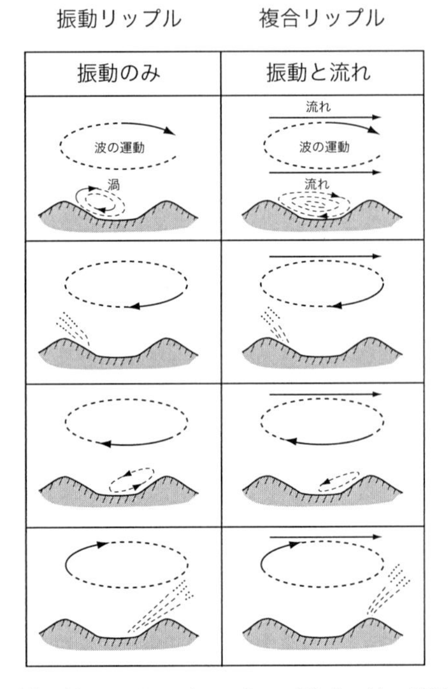

図 1. 28　波と流れによるリップルの形成．波の運動による振動はリップルの斜面の両側に渦を作るために対称な形状を示す．流れがある場合には流れの方向に一致する振動のときに大きな渦ができる．Komar (1974) による．

バリアーアイランドは陸域とは**ラグーン** (lagoon) によって分けられており，ラグーンには気候帯によって異なるが，泥，炭酸塩，蒸発塩などが堆積している．時折の荒天時には高潮によりバリアーアイランドの一部がやぶられ，ラグーン側に砂を扇状に運び入れることがある．これが**ウォッシュオーバー・ファン** (washover fan) である．一方，通常の潮流によってバリアーとバリアーの間には潮の出入りのするチャンネルができ，干潮時と満潮時の両方に砂の移動があり**潮汐デルタ** (tidal delta) が形成されている．

バリアーアイランドは図 1. 30 に示したようにその断面をみるとプログラデーションによって海側へと移動してゆく場合には，沖合泥層の上に外浜・前浜・後浜-砂丘から構成されるバリアーアイランド本体が重なる．

図 1.29 振動リップルの例．クレストが比較的連続しており，断面は対称形を示す．西オーストラリア，フォルテスキュー層群(Fortescue Group)．約 27 億年前．

テキサス州ガルベストン島では約 4000 年間に 3 km にわたるバリアーのプログラデーションが知られている．コア(柱状試料)でみると，垂直方向の堆積相は，沖合泥の上に外浜(shoreface)に堆積した生痕によって攪乱された細粒砂が重なり，その上により粗い前浜(foreshore)や後浜(backshore)のクサビ状平行葉理を示す砂層，そして砂丘の斜交層理および風化した無層理の砂が重なっている．これらは全体として 10 m ほどの厚さを示す．これをバリアーアイランドのプログラデーションモデルと呼び，上方粗粒化の傾向を示す．

(b) 干潟・潮間帯

北海沿岸など潮位差の大きいところでは，潮間帯に幅数十 km にもわたる広い干潟・潮流チャンネルなどからなる堆積地形が見られる．日本でも有明海には大きい干潟が存在する．潮間帯では，流水，波，生物などによる複雑な作用が認められる．

北海の例を中心にして干潟の堆積相の実際を見てみよう．この地域の潮位差

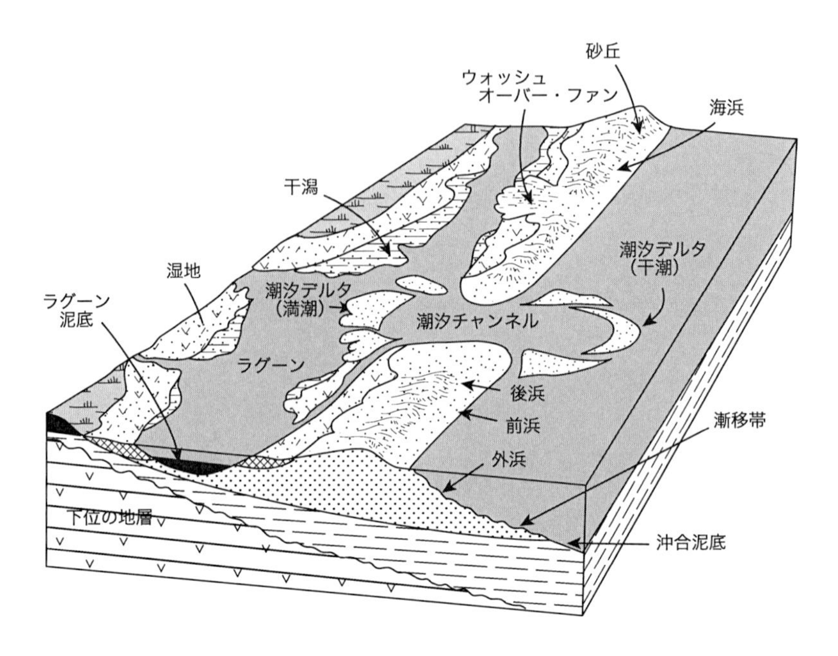

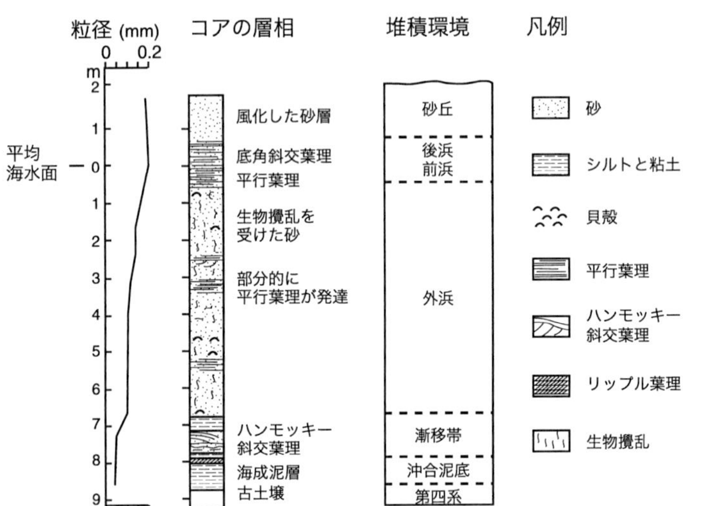

図 1.30 バリアーアイランドのプログラデーションによる堆積相モデル．上の図は，いくつかの図をもとに著者作成．下のコア柱状図はテキサス州ガルベストン島における実例を示す．Bernrd, Le Blanc and Major (1962) による．

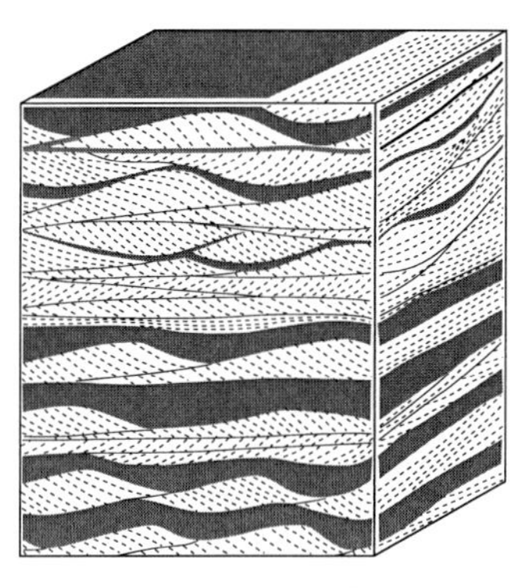

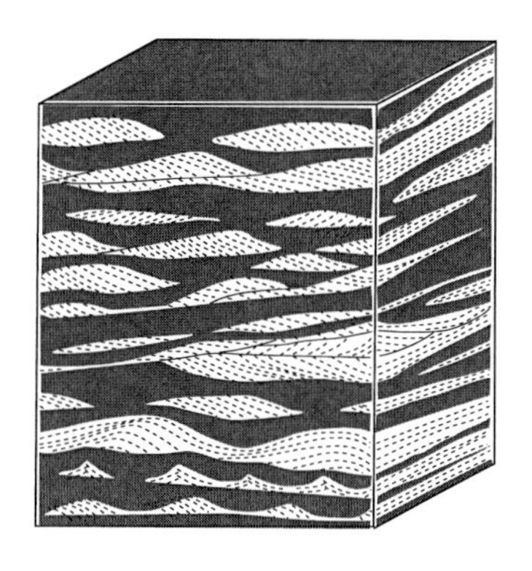

図 1.31 泥質堆積物の多い干潟環境で形成されるリップル葉理の例．Reineck and Singh (1973) による．

は 5 m ほどあり，干満の動きは非対称である．干潮時の停滞時間は満潮時の停滞時間より長く，また引き潮の方が時間が短く引き潮が強い．干潮時の汀線は，したがって，よく発達した海浜相を示し，より粗粒な砂粒が濃集している．一方，満潮時は汀線は未発達であり，浅い干潟で波浪が減衰しているので泥質な海浜を示す．すなわち，低潮位の粗粒部から高潮位の細粒部へと粒度が変化する．

干潟の表面はリップルを主体とし，全体としてはゆるい波曲を示している．干潟上のリップルは，振動，複合，流れリップルが微地形により複雑に分布している．また，一般に泥の量が陸側に増すので，沖側のレンズ型リップル葉理から陸側のフレザー型リップル葉理へと変化している (図 1.31)．また沖側の砂質部や潮流チャンネル近くでは砂堆が発達している．潮流チャンネルには，貝殻などを主とする粗粒物質の残存礫がチャンネル床を形作り，また砂堆がよく発達し，これらが蛇行にともなって側方へ付加した「ミニ」ポイントバーの堆積物が見られる．

潮汐による流れの強さはしばしば非対称である．そのような場合には，1 つの潮汐サイクルによって特徴的な堆積構造が作られる．図 1.32 には，砂堆における潮汐サイクルと堆積作用の例を示してある．主要な流れのステージにおいては砂堆の移動と前置層の形成が行なわれ，また砂堆の下流側では，しばし

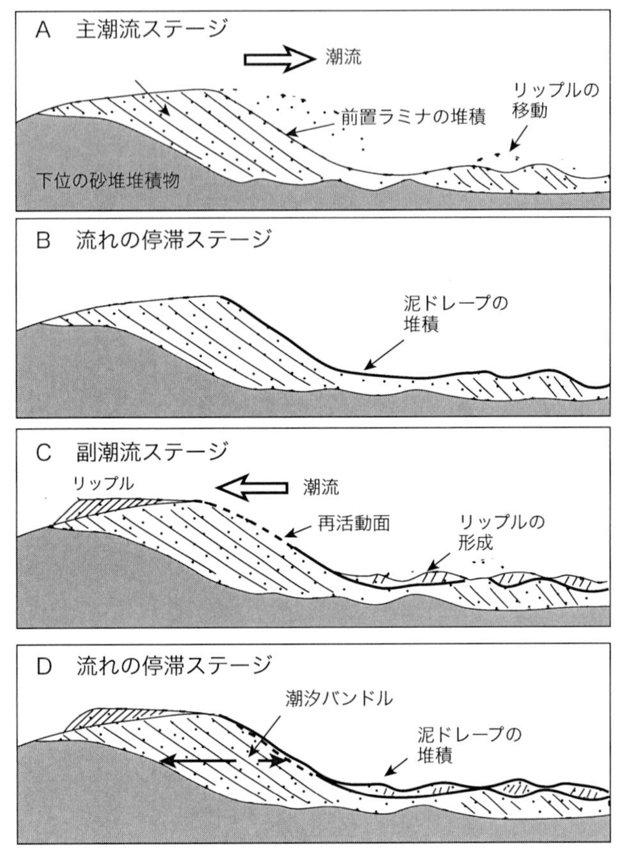

図 1.32　潮汐による砂堆での堆積と潮汐バンドルの形成. Visser (1980) より.

ばリップルが形成されている. 流れが停滞すると潮流の運んできた泥が砂堆の下流側などの澱みの部分に薄く堆積し**マッドドレープ**(mud drape)を作る. 再び潮流が今度は反対方向に動きだすと, 反対方向に向いたリップルが形成される. 砂堆の前置斜面ではマッドドレープが侵食されたり, 破壊され, また前置層の一部は侵食され, 砂堆の頂上部が削られたような形状となる. この侵食面を**再活動面**(reactivation surafce)と呼んでいる. 再び流れが澱んでくるとマッドドレープが堆積してくる. その後に新しい潮汐サイクルによる同様な堆積構造のセットが作られる. この一連のセットのことを**潮汐バンドル**(taidal bundle)と呼んでいる．

1.9 浅海・大陸棚の堆積環境

水深100〜200 mぐらいまでのいわゆる大陸棚に属する海域では，主として波浪と潮流によって河川から供給された堆積物の分散・集積が広く行なわれている．現在の大陸棚は，第四紀の海水準変動の影響を強く残している．

浅海域での堆積作用に重要な役割を果たしているのは，台風などの荒天時におこる強い波浪と，それにともなう流れである．また，潮流の強いところや大規模な海流(例えば黒潮)の影響を受けるところでは定常的に砂の移動がおきており，独特な堆積場を形成している．したがって，大陸棚は1)波浪，2)潮流，3)定常的海流の支配している環境に区分できる．

波浪卓越型の大陸棚(wave dominated shelf)では，荒天時に引きおこされる強い流れが重要な役割を果たす．その一例として，まずオレゴン沖の大陸棚の例を見てみよう(図1.33)．ここは180 mの等深線が岸から6〜15 km沖にある幅の狭い大陸棚をなしている．季節的にみると，夏と冬で大きな違いがある．夏は，一般に天候が安定し波高は低く波の影響は前浜の浅いところだけに限られており，そこではリップルが形成されておりその沖合には泥が沈積し，それに含まれる栄養分をねらって多くの生物が活動し生痕がさかんに作られる．

一方，冬の間は長波長の波が南西方向からやってくる．また，荒天時には北西方向に向けて大変強い流れが引きおこされる．また雨量も冬の方が多く，河口より堆積物が多量に供給される．河口からもたらされた泥は，表層・中層の密度躍層境界，および底層にそって流れ，また底層は少なくとも水深200 mほどまで波によって引きおこされる流れの影響をうける．底層のリップルは沖側へ進出しており，夏に堆積した泥の多くは侵食され，底層に沿って密度流となり，大陸斜面へと流れ出している．このため，底生動物もより沖合へと移動している．

一般的には，大陸棚のおよそ水深20 mより浅いところは，通常の荒天も含めて波の振動流の影響を受ける．何年に1度というような激しい荒天時には，波の影響はさらに水深の深いところに及ぶが，200 mより深いところまで影響

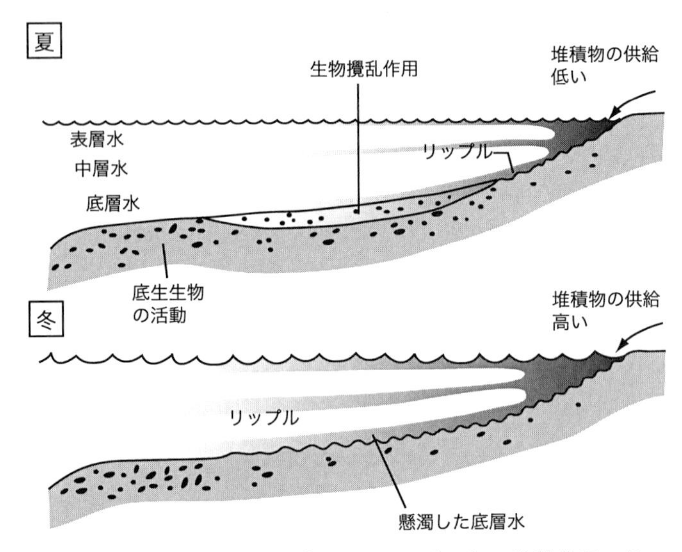

図 1.33　オレゴン沖大陸棚における夏と冬の堆積作用の比較．夏は堆積物の供給が少なく，波浪も低い．一方，冬は堆積物の供給が多く，波浪も高い．Kulm *et al.*(1975)による．

を及ぼすことはほとんどない．一方，荒天時の強い風にともなって海流が引きおこされ，50～80 m の深さで 50 cm/s 以上の流れが観測される．このような荒天時には，波や流れの方向が嵐の進行とともに変化すると考えられる．浅海の砂質の地層中に低角度のラミナを示し，ラミナの面が波打つような形状を示す**ハンモッキー斜交層理**(hummocky cross-stratification)や**スウェーリー斜交層理**(swaly cross-stratification)と呼ばれる堆積構造が認められる．これらについては，大陸棚の堆積環境において荒天時の強い流れと波により形成されたと考えられている．しかし，現世の環境において同様なベッドフォームの存在と形成プロセスは報告されていないので，その起源については今後の研究が待たれる(増田編，2001 を参照)．

潮流卓越型の大陸棚(taidal current-dominated shelf)の例としてもとっもよく知られているのが，北海域の大陸棚である．北海は最終氷期には広く陸化し，氷堆石や氷河のアウトウォッシュ(outwash)堆積物が蓄積した．現在，これらの土砂はところにより 200 cm/s に及ぶ潮流によって移動・集積をくり返して

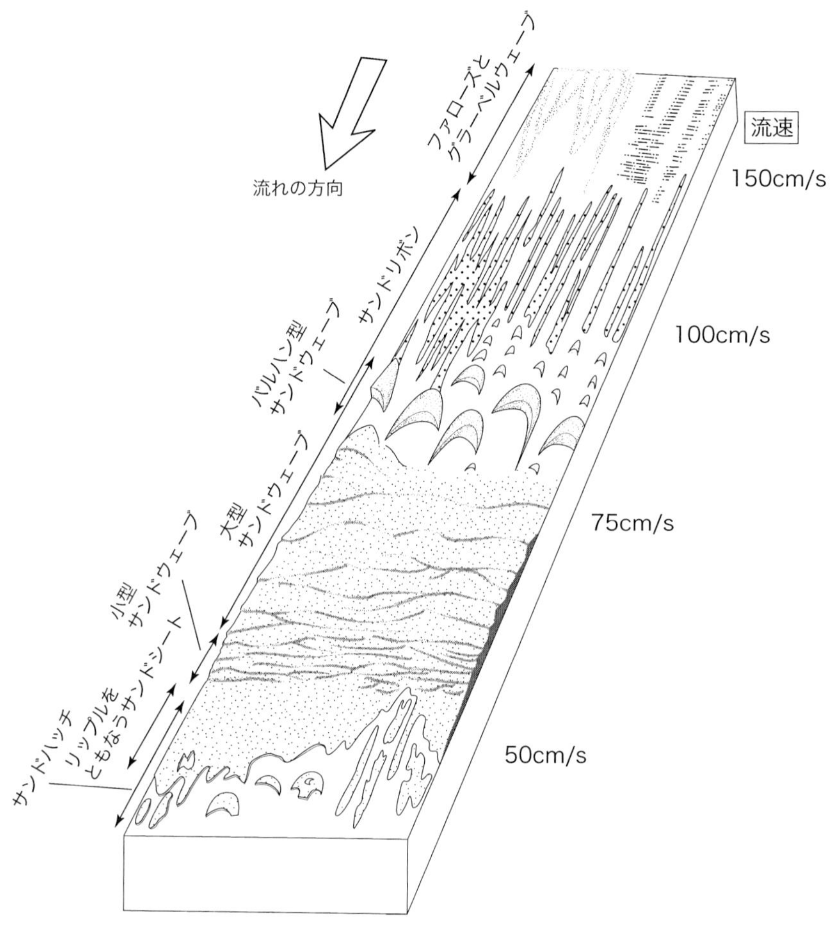

図 1. 34 北海におけるサンドウェーブ，サンドリッジの形態の変化の標準的なモデル．流れは奥から手前への方向である．さまざまな名前がつけられているがかならずしも統一されてはいない．Belderson, Johnson and Kenyon (1982)による．

いる．北海の潮流はイギリス海峡，アイルランド海峡でとくに強く，そこでは長さ 65 km，幅 5 km，高さ 40 m に及ぶ大きな海底砂丘群(サンドリッジ：sand ridge)が発達している(図 1. 34)．

北海のサンドリッジの発達は水深 20〜40 m 程度のところに限られており，

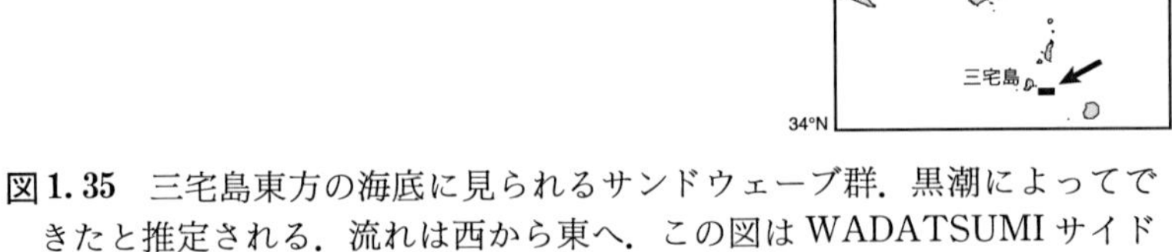

図 1.35 三宅島東方の海底に見られるサンドウェーブ群．黒潮によってできたと推定される．流れは西から東へ．この図は WADATSUMI サイドスキャンソナーによる音響反射強度図であり，反射の弱い所が白，強い所が黒となっている．この場合，サンドウェーブは，周囲の溶岩や火山砕屑物からなる反射強度の大きい硬い岩盤に比べて反射強度が小さい．久保ら (2002) による．

水深と流速に依存している．2 ノットから 1 ノット程度の流速へと減ずる間に，平行型リッジ→バルハン型砂浪→直交型リッジへと形を変えるといわれている．また，アイルランド海峡では水深の増加と流速低下とともに，侵食域→平行型リッジ→バルハン→直交型リッジ→リップル→泥底へと変化している．図 1.34 には代表的な海底砂丘群のベッドフォームが示してある．このように，潮流型大陸棚では，海底砂丘群を形成する「砂だまり」が砂漠の砂丘群のように移動している．

強い定常的な海流に晒されている大陸棚(oceanic current-dominated shelf)

図 1.36 千葉県市原市に分布する第四系市宿(いちじゅく)砂層にみられる大規模斜交層理．間氷期に黒潮の分流が進入して形成されたと考えられる．

にも海底砂丘群が発達する．そのような大陸棚の例として南西アフリカ沖があげられよう．大陸棚は幅 10〜15 km 程度とせまく，アガラス海流が大陸棚と平行に南西に向かって流れており，1〜2 m/s の流れの影響下にある．

ここでは，大陸棚の堆積相は岸に平行な 3 帯に区分される．岸側は水深 40〜50 m 程度までの陸源砕屑物からなるシート状の砂だまりを作っている．大陸棚の中部は最終氷期から残存した石灰砂よりなり，波高 1〜17 m で直交型バルハン型の海底砂丘群を作っている．沖側でさらに流れの強いところでは平行型のサンドリッジやサンドリボン(リッジより波高のずっと低いもの)になっている．一番沖側の海底では礫や砂の粗粒物質が集積し，海水準低下時の残存堆積物(relict sediments)を作っている．

日本周辺においてもいくつかのサンドウェーブの発達する場所が知られている．たとえば，大隅海峡では黒潮の流れに沿って水深 80〜100 m のところに残存礫，サンドストリーマー，サンドリボン，サンドウェーブ，メガリップル，リップルの発達する場所が知られている．黒潮の影響は，三宅島の北部の水深 200 m ほどの海底においてもサンドリボンやサンドウェーブなどからなる海底砂丘群を作っている(図 1. 35)．また過去における同様な例として房総半島の市宿(いちじゅく)砂層があげられる(図 1. 36)．市宿砂層は大規模なトラフ型斜交葉理から構成される第四紀の地層で，黒潮あるいはその分流の影響下で堆積したと考えられる．

1. 10　海底扇状地と堆積物重力流

三角州から大陸棚に堆積した物質は，しばしば大陸斜面から深海底にかけて再堆積をおこしている．**海底チャンネル**(deep-sea channel)や**海底扇状地**(submarine fan)はその過程でできあがったものであり，その規模は想像を絶するものがある．例えば，富山深海長谷(富山深海チャンネルとも呼ぶ)は，700 km 以上の長さを持っており，ガンジス三角州に直結するベンガル海底扇状地には 3000 km の長さのチャンネルが存在する．その主要なメカニズムは周囲より密度の大きい懸濁流体が流れる**堆積物重力流**(sediment gravity flow)による流動と考えられているが，実際には，多くのことが未解決である(成瀬ら，2001 を参照)．ここでは，著者が堆積物重力流においてもっとも重要な役割を果たしていると考える海底土石流—乱泥流のシステムを中心に述べてゆく．

(a)　水-粘土-砂混合流体の流動

海底の堆積物は，一般に**粒子**(sedimentary particles)と**間隙**(pore space)からなり，間隙には**間隙水**(pore water)が存在する．粒子は粒子同士での相互作用という面からは，**粘着性粒子**(cohesive particles)と**非粘着性粒子**(uncohesive particles)の 2 つに分類できる．粘着性粒子は主として粘土鉱物からなり表面が負に荷電しており，陽イオンを介して粒子どうしが結合し，**粘着力**(cohesion)を持つ．一方，石英などの非粘着性粒子は粒子間の結合力をほとんど持たない．

粒子を懸濁状態にしておくと，やがて粒子が沈降し，粒子濃度が大きくなった部分では粒子同士の粘着や摩擦が大きくなって流動するのが困難になる．したがって，粒子が懸濁状態にあり周囲より密度が高くなった流体が，流動を継続し海底を長距離にわたって移動するには，粒子の沈降を防ぎ粘着抵抗や摩擦抵抗が増加することを阻止するような何らかの機構が必要である．

例えば，粘着性粒子として粘土鉱物のモンモリロナイトを使用し，水・粘土・砂の混合物の粘性特性(レオロジー：rheology)を検討した例について述べてみよう(平，1985)．一般に，水に懸濁物質が浮遊していると，粒子との摩擦によって運動エネルギーが消費されるため流体全体の粘性が上がる．次第に粒子の量がふえると流体としての挙動が変化し，ニュートン流体から非ニュートン流体となる場合がある．

非ニュートン流体はすでに図1.21のように擬塑性流体，ダイラタント流体そしてビンガム流体に区分できることを示した．ニュートン流体では du/dy と τ は比例するが，式(1.9)のように非ニュートン流体では du/dy のベキ乗に比例する関係，あるいは降状点をもつ．

いま，水とモンモリロナイトを混合してその流動持性を検討すると，重量比にして粘土が4% ぐらいまではほぼニュートン流体的にふるまうが，それ以上になると擬塑性流体としての特性を示す．擬塑性流体を示すモンモリロナイト懸濁流体は放置しておくと，粘土鉱物同士がくっつきあい，さらに粘性が上がり，ゲル状になる．このように粘土鉱物が互いに粘着し，全体としてフレームワークを作って形成される粘性を構造粘性と呼んでいる．

粘土と水の混合液に砂粒子を混合してみると奇妙なことがおこる．砂の重量比が40% ぐらいまでの混合液体では純粋に粘土だけの懸濁液より粘性が低い擬塑性流体としてふるまう．これは粘土だけの混合液に比べて，砂が含まれることによって，砂粒が「攪拌剤」としての役目をはたし，粘土の構造粘性を破壊しやすくするためと思われる．

このような水，粘土，砂の混合流体(密度が1.1～1.4程度)が水中を流れる様子を実験水路で観察してみると，頭部，中部，尾部の3つに分かれることがわかる．頭部は流れが一番厚く粗粒な物質が下部から上部へと循環してゆく様子が認められる．頭部の背後から中部にかけては，流れの上部境界層に渦列が発

(a)高密度２相流

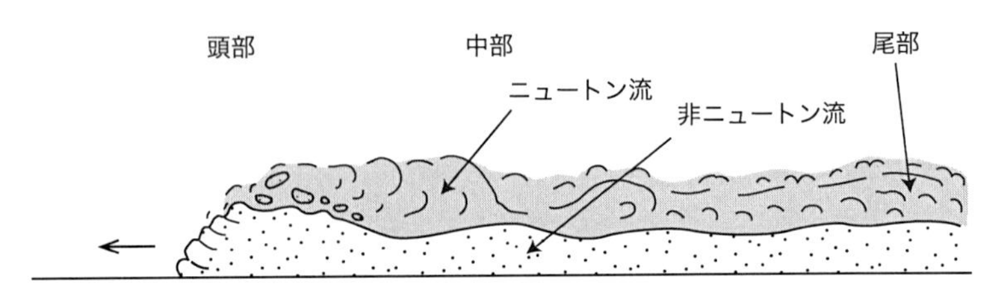

(b)中密度２相流

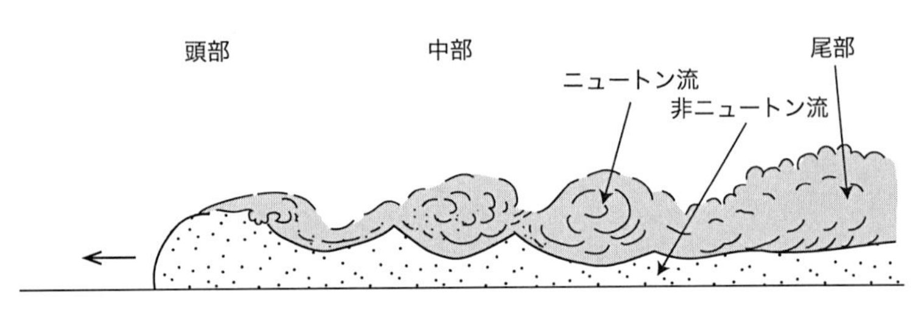

(c)低密度１相流

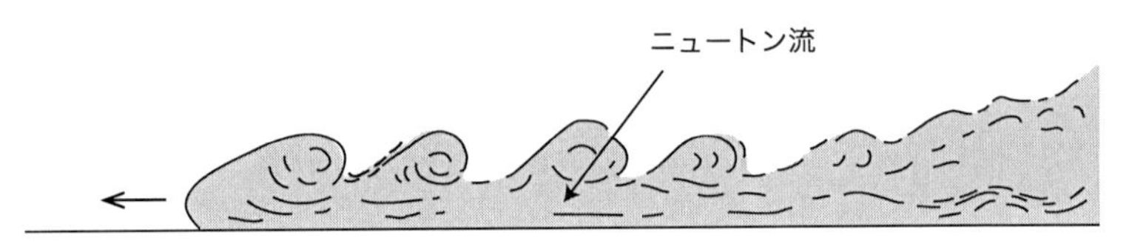

図 1.37　実験水槽の中で作られた水中堆積物重力流の流動の様子を示す写真(図 1.38 を参照)から起こしたスケッチ．平(1985)による．

達し，渦周囲の流体と混合し，密度の小さい懸濁流体を生成してゆく様子が認められた．この懸濁流体は，尾部を構成し，頭部と中部を追走してゆく．すなわち，水，粘土，砂の混合流体は 2 つの異なった流れを作り，頭部から中部は非ニュートン流体であり，尾部はニュートン流体の性質を示す 2 相流となる(図 1.37)．

以上の観察をもとに，水-粘土-砂の混合流体の流動を考察してみよう．流動する混合流体では，その底面と上面に明らかに境界層が存在し，そこでは大きな速度勾配が存在する．境界層では，砂粒は衝突や回転をおこし，粘土鉱物の構造粘性は破壊されて低粘性層となっている．流体の内部は高密度・高粘性部となっており，粒子は浮力と粘性で支持・運搬される．上面の境界層で水と激しく混合した細粒懸濁物は，ニュートン流体の性質をもつ密度流となって付随して流れ下る．

(b)　混合流体の海底での流動

ここでは，水-粘土鉱物-砂に代表される粘着性粒子と非粘着性粒子の懸濁混合流体が，三角州前面から深海へと流れ下る様子を再現してみよう．このような懸濁流体の流れを総称して**堆積物重力流**(sediment gravity flow)と呼ぶ．

いま，浅海のデルタが斜面の上部に発達しており，そこから海盆底に向かってつづく海底面を考えてみる．

デルタ前縁では，主に2つのメカニズムで懸濁混合流体が形成される．ひとつは，堆積物の液状化による大崩壊である．一般に三角州前縁では下位に泥質(軽い)の堆積物，上位に砂質(重い)の堆積物が重なる上方粗粒化の堆積相を形づくっているので，上下で密度の逆転があり重力不安定現象がおきる．また場所によっては巨大地震などもトリガーとなって，海底地すべりが発生しやすい．海底で一挙にすべりだした部分の下には海水が補足され，高圧水となってトラップされる．この高圧水はそれが拡散する過程で地すべり体をさらに液状化し，水と混合する役目をはたすであろう．

また，大洪水の際に発生する高密度の濁流が直接に海に流れ込む場合には，長時間にわたって，堆積物重力流が海底に供給されるであろう．では，海底でのこのような堆積物重力流の規模としてはどの程度のものが考えられるだろうか．

現在，堆積物重力流の直接の証拠として考えられるものに海底ケーブルの切断事故の記録がある．1929年11月28日，北米北大西洋岸のグランドバンクス(Grand Banks)で地震がおこり，ひきつづいて海底ケーブルが次々と切断されるという事態がおこった．この事故は後になって地震によってひきおこされた乱泥流の流下によると考えられた．切断時刻の記録の解析により流速がもとめられ，勾配1/10～1/30の大陸斜面で時速90 km，深海平坦面で時速20 km

という値が得られた．さらに地震後この海底で採られたピストンコアでは表層に級化層理を示す厚さ 1 m 以上のシルト層が発見された．

このような海底ケーブル切断記録はカリブ海にそそぐ南米コロンビアのマグダレナ(Magdalena)川の河口，地中海の例などが知られている．マグダレナ河口の例では 1935 年 8 月 30 日に海底地すべりが発生し，海岸の防波堤が沖へ 480 m ほど移動し，砂州が 10 m 以上の深さに崩壊した．同夜，河口から 24 km 離れた水深 1400 m の地点で海底ケーブルの切断がおきた．後にケーブルを引き揚げてみると，青草がまきついていたという．翌年になってくわしい測深調査を行なったところ，地すべり跡は 10^7 m^2 の面積に広がり，地形がえぐられたところは最大 60 m の深さにおよび，地すべりの体積は 3×10^8 m^3 と推定された．

海底における堆積物重力流の実体についての手がかりは，海底地形の解析からも得られる．とくに深海チャンネルについてみると，深さ $10\sim10^2$ m，幅 10^3 m，長さ $10^5\sim10^6$ m のオーダーである．このような深海チャンネルが堆積物重力流によって形成されたと考えると，流れの大きさとして同様なオーダーが推定できよう．

さて，実験(図 1.38)で確認された混合流体の流動の特性を復習すると，

1)　先端部には密度の大きい粗粒物質を含む部分が形成される．

2)　非ニュートン流体とニュートン流体部の 2 相流からなる．

3)　底面と上面に境界層ができる．

著者は，本章の冒頭で観察した宮崎日南海岸や高知県の砂層は，同様な性質を持った堆積物重力流から形成されたと考えている．露頭で見た砂層のことをタービダイトと呼ぶことはすでに述べた．タービダイトは下から級化層理，平行葉理，リップル葉理，細粒平行葉理からなる．典型的な例を図 1.39 に示した．この基本構成は，最初にこのような単層の構成について系統的に記述した A. Bouma の名前を取って**ブーマシーケンス**(Bouma's sequence)と呼ぶことがある．タービダイトと呼ぶ理由は，多くの研究者が同様な地層が turbidity current(懸濁した流体の流れという意味．**乱泥流**という訳を充てている)から堆積したと考えたからである．しかし，実際には，未だに乱泥流の実態については十分に解明されていないが，著者は非ニュートン流とニュートン流の 2 相

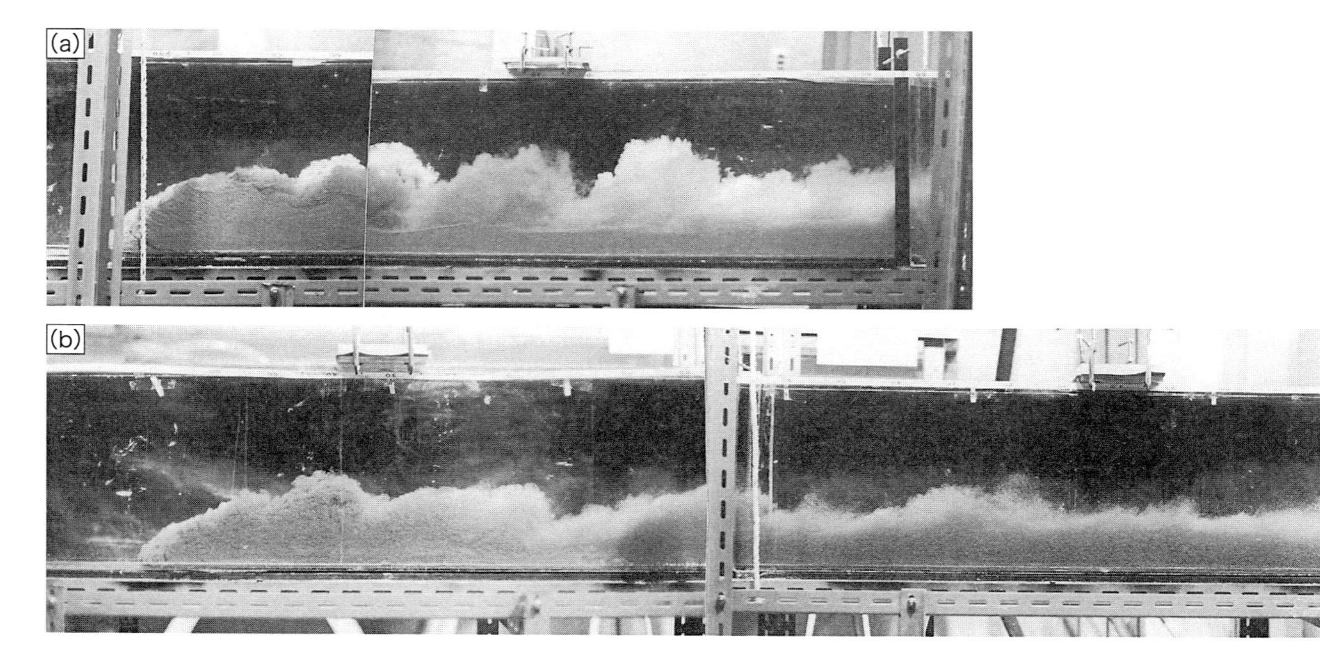

図 1. 38　実験水槽の中で作られた堆積物重力流の流動の様子を示す写真．水槽の高さは 40 cm．図 1. 37 も参照．著者が 1977 年に高知大学で行なった実験．(a) 中密度 2 相流(ベントナイトと砂の混合液)．(b) 低密度 1 相流(塩水にアルミ粉を混入)．

図 1. 39　カリフォルニア州ベンチュラ盆地の第三系砂泥互層に見られるブーマシーケンス.

流からタービダイトが堆積したと考える．タービダイトの堆積モデルは次のようである(図 1. 40).

まず水-粘土-砂の混合流の底面の境界層は粘性が低くなり，流れの速度から見て乱流となっている．流れの底では，海底のわずかな凸凹からその背後に洗掘跡であるフルートキャストなど渦をともなう底痕が作られる．境界層の一部からは粗粒物質が沈降堆積し，とくに洗掘した凹地を埋め，さらに先端から尾部へと粗粒物質から細粒物質へと変化し積み重なる．したがって，非ニュート

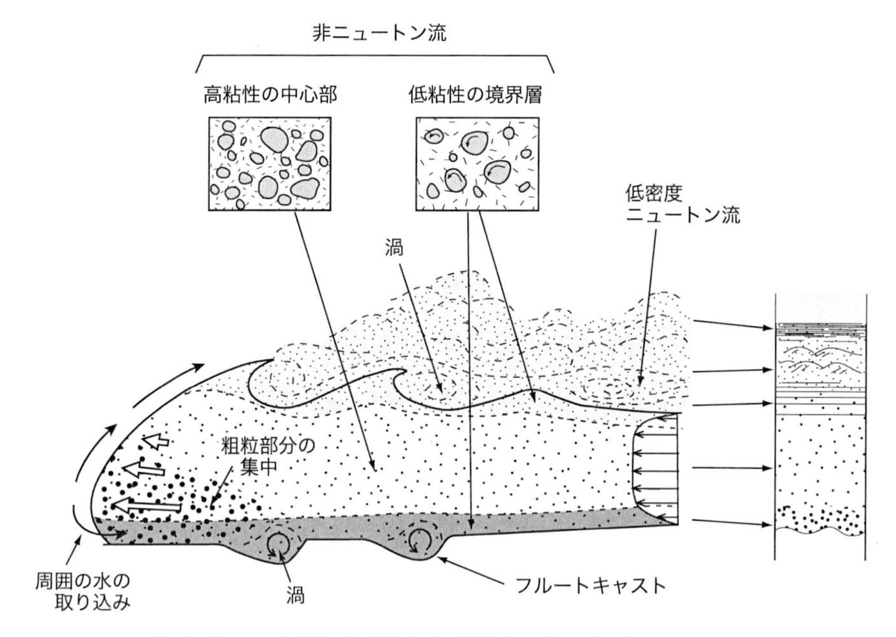

図 1.40　水中堆積物重力流の 2 相流モデルとボーマシーケンスの堆積．非ニュートン流は，低粘性の境界層を上下に持ち，上部は周囲の水と混合してニュートン流を作る．非ニュートン流から級化層理部が堆積し，ニュートン流からはその上部が堆積する．平(1985)による．

ン流体の部分から級化層理を示す部分が堆積する．

一方，ニュートン流体の部分は非ニュートン流からの混合拡散によって形成され，後続して流れてくる．この部分は河川などの堆積作用と同じと考えてよい．流速がしだいに減じていくので，平行葉理→リップル葉理→細粒葉理が形成されていく．

(c)　海底扇状地

典型的に発達した海底扇状地は陸上の扇状地と地形的に類似しており，**扇頂部**(inner fan)，**扇央部**(middle fan)，**扇端部**(outer fan)に区分できる(図 1.41)．一般に扇頂部では，海底斜面の海底谷からつづく谷が扇状地谷(fan valley)を形成する．扇状地谷は下流では分岐していくつかのチャンネルとな

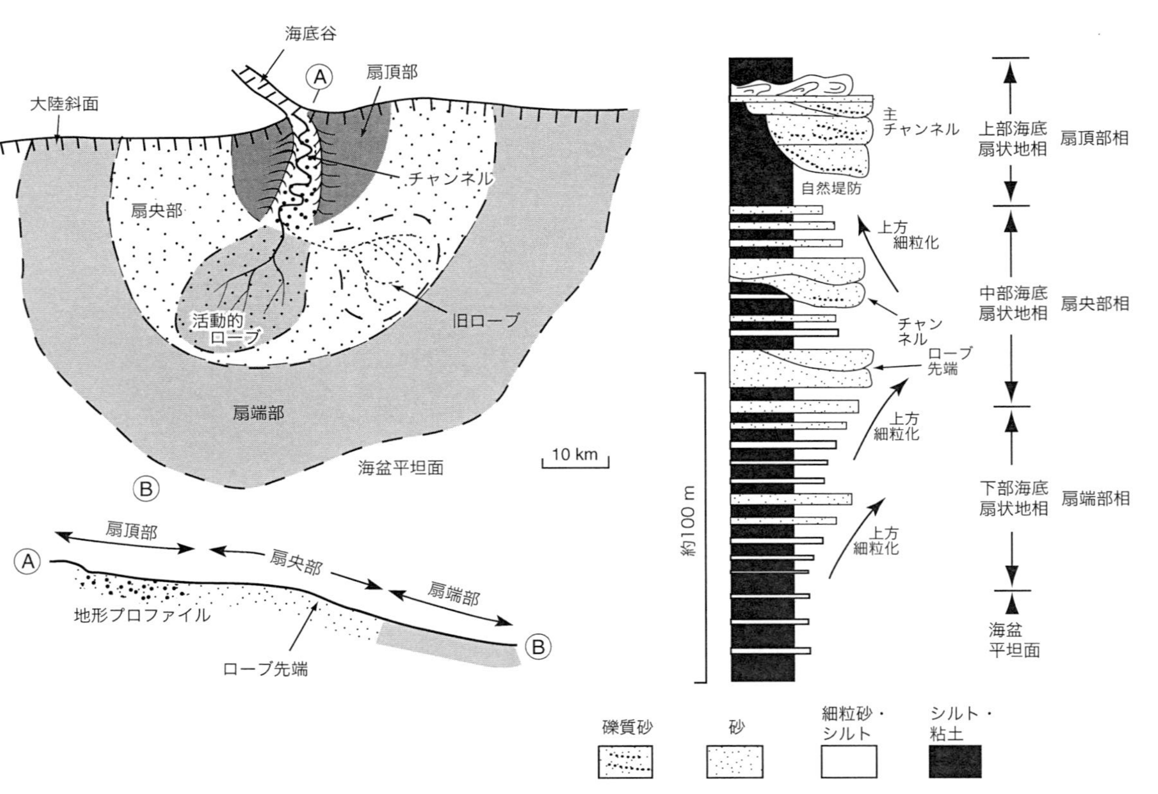

図 1.41　海底扇状地の堆積環境と全体として上方細粒化を示すプログラデーション堆積相モデル. Normark (1974), Ricci Lucchi (1975) などをもとに著者が改変.

る．扇状地谷の分岐点までを扇頂部とよぶ．チャンネルの下流では三角州のような堆積体を形成する．これを**舌端部**(lobe)とよび，分岐点から舌端部までが扇央部であり，それより外側が扇端部である．

例えば，アマゾン川河口に発達するアマゾン扇状地は長さ600 km，幅500 kmにわたり，扇頂部・扇央部・扇端部の3つの部分に区分されている．扇頂部では，勾配は20〜10/1000程度で，チャンネルの幅2000〜1000 m程度，深さ100 m前後で1〜3本の卓越したチャンネルからなる．扇央部では，勾配は5〜3/1000程度でチャンネルの幅1000〜500 m，深さ70〜20 m程度で，蛇行チャンネルが見られる．扇端部は3〜2/1000程度の勾配で，チャンネルはほとんど認められない．

このような扇状地の地形も水-粘土鉱物-砂の混合流体の流動特性によって説明可能である．扇頂部-扇央部では，チャンネル内を非ニュートン流が流下し，比較的粗粒な物質が堆積するが，ニュートン流の一部はあふれ出て，チャンネルの外側に細粒なタービダイトが堆積する．したがって，一般にこのようなチャンネルとその氾濫原において形成された重力流堆積層は，上方に粒径が細かくなり(上方細粒化：fining upward)，単層の厚さが薄くなる(上方薄層化：thinning upward)傾向をもつ堆積サイクルから構成される．

非ニュートン流は速度が遅くなると急激に停止する性質があり，舌状堆積体を作る．舌の前縁は，三角州前面の前置層のように前面へ前面へと堆積相を形成し，ニュートン流はさらに流下して舌状堆積体前面に広くタービダイト層を堆積させ，扇端部を形成する．このように扇央部から扇端部にかけては細粒な扇端部相の上に舌状堆積体が重なり，上方粗粒化(coarse-ning upward)，上方厚層化(thickening upward)のサイクルを作る．1つの海底扇状地全体が前進(プログラデーション)し，堆積体を形成する場合には，扇端・扇央・扇頂部相が順に重なって，上方粗粒化・上方厚層化の大サイクルを作る．

(d)　海底チャンネル

以上述べたような海底扇状地のモデルにはいくつかのバリエーションがある．例えば，扇状地全体にわたって長い海底チャンネルが存在する例(例えばベンガル海底扇状地)や長い海底チャンネルの先端部に海底扇状地が存在する例(例

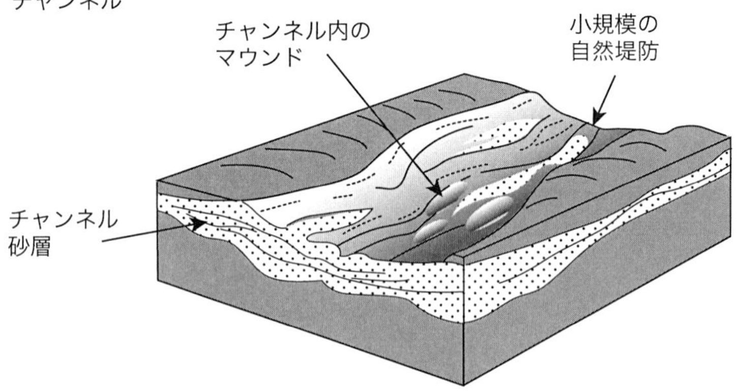

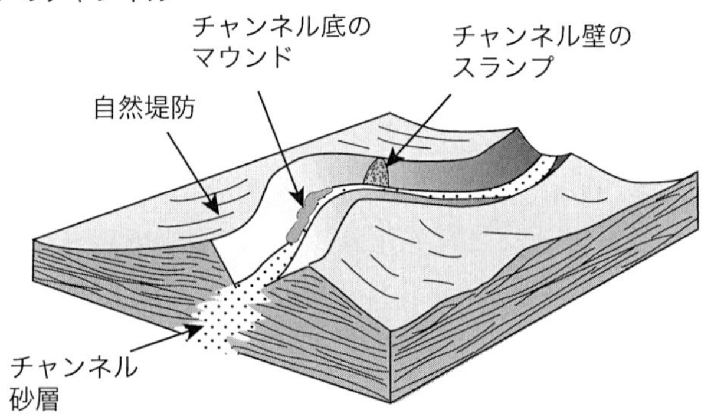

図 1.42 深海チャンネルにおける 2 つの堆積相モデル.
Clark and Pickering (1996) による.

えば富山深海長谷)である．いずれの例においても堆積物重力流の流路としての海底チャンネルの役割が大きい．

海底チャンネルは，河川のチャンネルと多くの点で類似している．海底チャンネルも蛇行することが知られており，三日月湖のような流路の変化が認められる．また，蛇行の曲率(これを sinuosity と呼んでいる)が小さいチャンネルでは，網状河川に類似した堆積過程が想定されている．図 1.42 には，非蛇行型と蛇行型の 2 つの海底チャンネルのモデルが示されている．低曲率チャンネル(low-sinuosity channel)においては自然堤防が低く，チャンネル内部はマウ

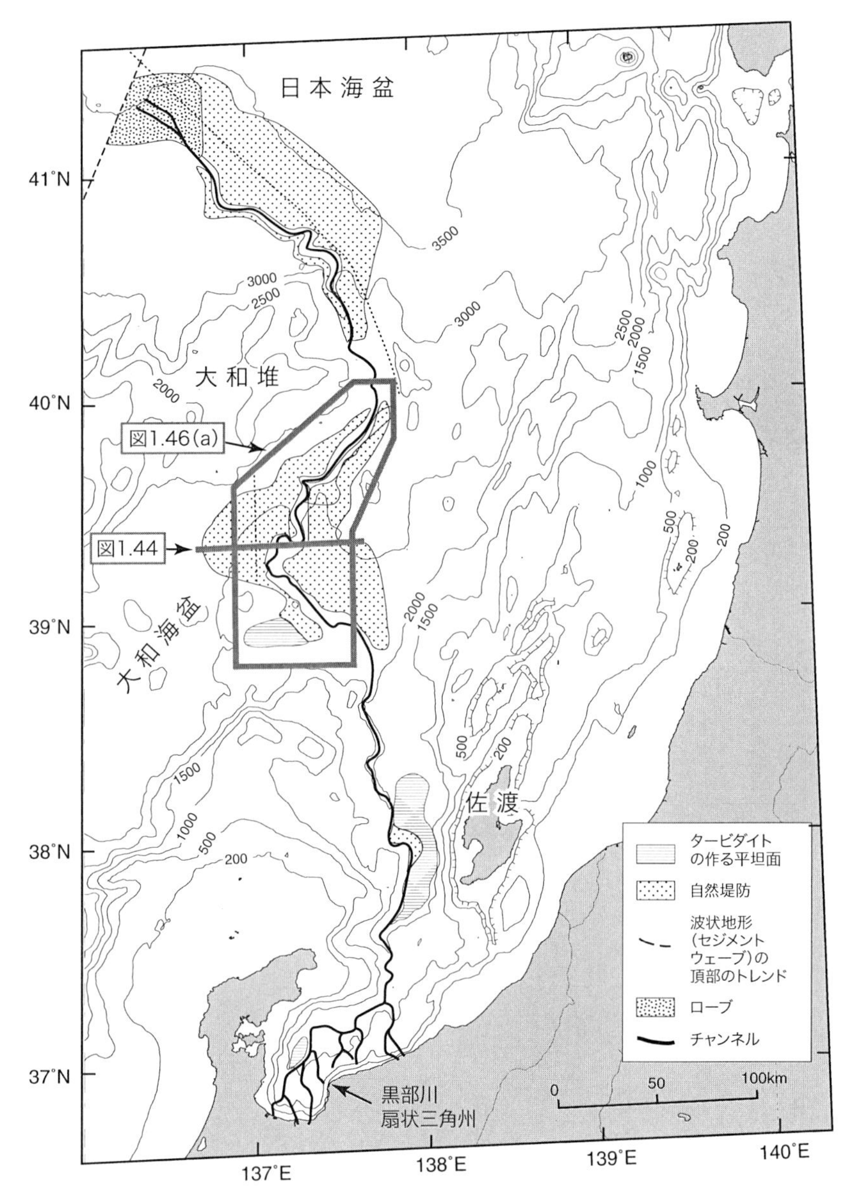

図 1. 43　富山深海長谷の地形．約 550 km にわたって続き，日本海盆で扇状地へと変化する．Nakajima and Satoh (2001) より．図 1. 44 の断面と図 1. 46 (a) のサイドスキャンソナー画像の位置も示してある．

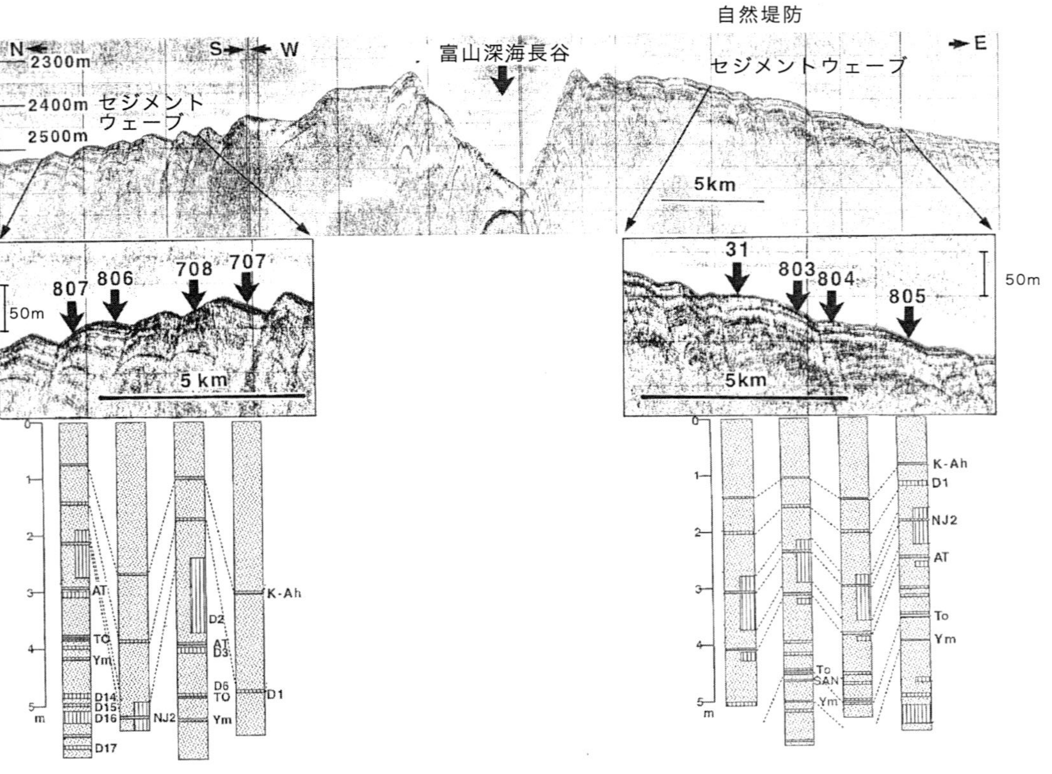

図 1.44　富山深海長谷およびセジメントウェーブの断面(3.5 kHz 地層探査記録)とピストンコア柱状図．柱状図には火山灰鍵層が示してある．Nakajima and Satoh(2001)より．

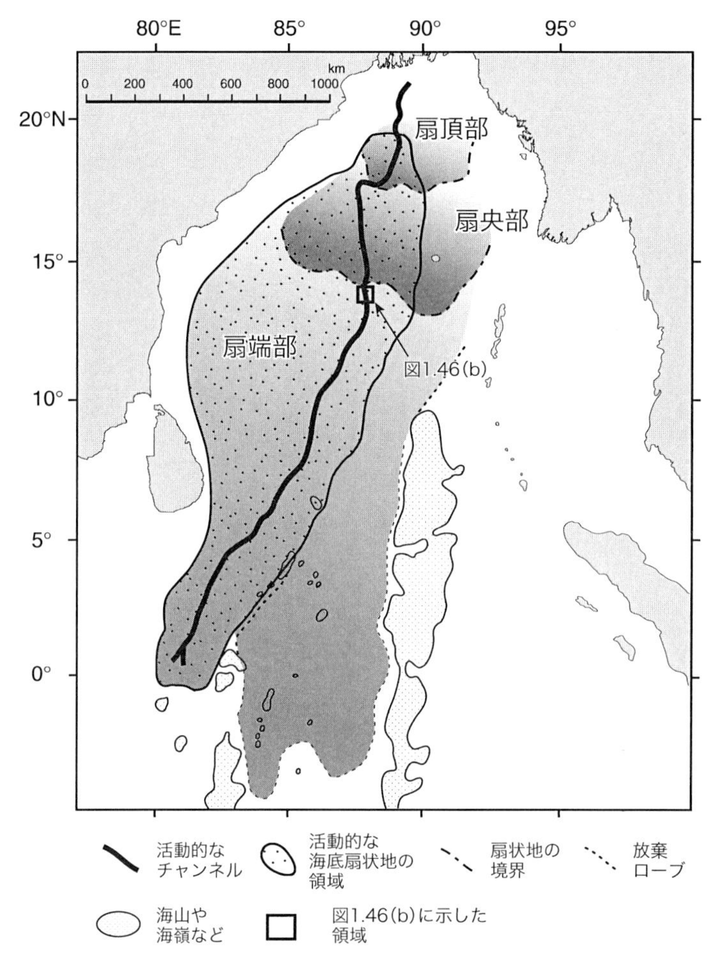

図 1.45 ベンガル海底扇状地とその深海チャンネル．ベンガル海底扇状地は広大で十分には解明されていない．Emmel and Curray (1985) より．図 1.46 (b) の位置も示す．

ンド状の地形に分かたれた複数の流路が存在し，チャンネルの流路の変化にともなってシート状砂層を堆積させる．一方，高曲率チャンネル (high-sinuosity channel) では，高い自然堤防をもち，チャンネル内部はチャンネル壁の地すべり (スランプ) が発達している．チャンネル砂層は上方に積み重なる構造を示す．

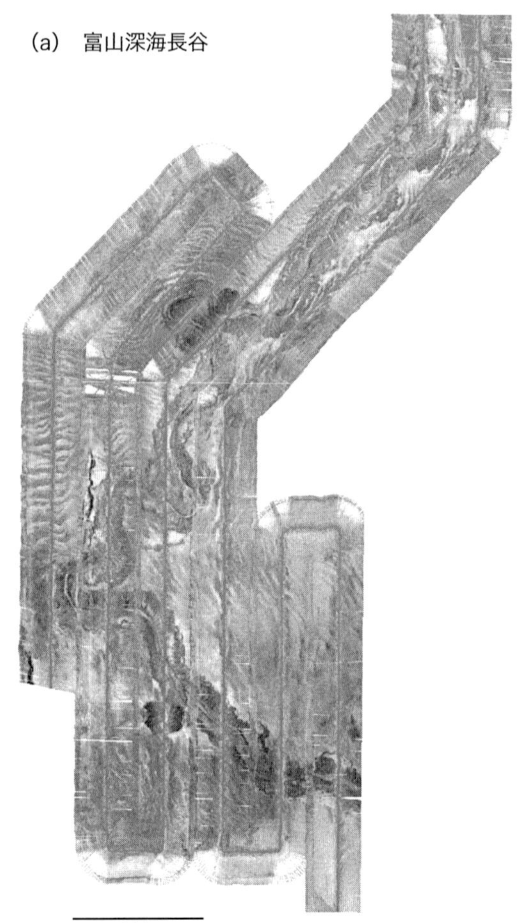

図 1. 46 (a)富山深海長谷の IZANAGI サイ
地すべりや氾濫原のセジメントウェーブが
庁海洋情報部提供. (b)マルチビームエコ
扇状地のチャンネル地形. 放棄された三日
谷と同縮尺である. ベンガル海底扇状地は
驚かされる. 東京大学海洋研究所提供.

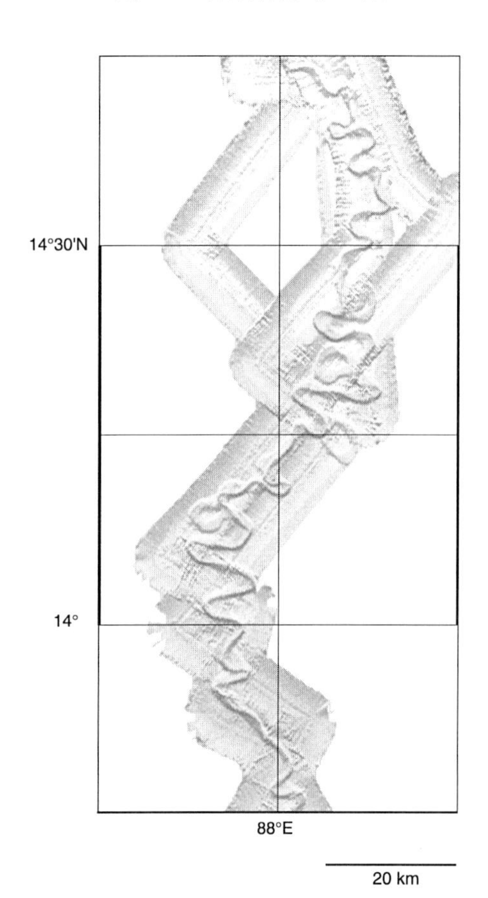

ドスキャンソナー音響画像．チャンネル壁の
認められる．東京大学海洋研究所・海上保安
ーサウンダーによって得られたベンガル海底
月状のチャンネルが認められる．富山深海長
巨大であるが，チャンネルの幅がせまいのに

富山深海長谷は富山湾と周辺域に流れ込む複数の河川と連結している(図1.43)．その河川の一つが黒部川であり，黒部扇状三角州は富山深海長谷へと複数のチャンネルで連結している．富山深海長谷は幅が2〜6 kmであり，上流部では深さ500 mにもなる谷を作っているが，中流部ではよく発達した自然堤防をもち，さらに日本海盆の平坦部では海底扇状地へと変化している．チャンネル壁にはしばしば地すべりの跡が認められ，また自然堤防には波長1 km程度，高さ10〜30 m程度の波状地形が認められる(図1.44と図1.45(a))．この成因としては，これは堆積性のベッドフォームとする考えがある(Nakajima and Satoh, 2001)．

高曲率チャンネルの例としてベンガル海底扇状地を見てみよう．ベンガル海底扇状地は，ガンジス三角州から約3000 kmの長さでインド洋の深海底に広がっている．活動的な部分は，より西部にあり，そこでは扇頂部，扇央部，扇端部を通じて長さ2500 kmの深海チャンネルが存在する(図1.46)．扇央部と扇端部の境界付近でのチャンネルの地形は，チャンネルの幅にして1〜2 km，深さ200 m程度であり，曲率の大きな蛇行をしている．三日月湖地形も認められ，チャンネルの移動がおこったことが示される．図1.46(b)には富山深海長谷との同縮尺での比較も示してある．両者は大きさにおいてきわめて類似しているのに驚く．このチャンネルでの堆積作用や地層の形成プロセスについてはまだ十分にわかっていないが，このような長大な海底チャンネルの存在はまさに自然の驚異である！

もう一度，本章の最初に述べた宮崎県日南海岸と高知県における露頭観察の例にもどってみよう．これらの砂泥互層中の砂層の構造は，ブーマシーケンスと同じであり，タービダイトと呼ばれる．タービダイトを堆積させた乱泥流と呼ばれる堆積物重力流は，おそらく水-粘土鉱物-砂の混合流体の流動を表していると推定される．露頭の観察と実験そして海底の研究を密接に結び付けながら未知の堆積メカニズムについて一つの合理的な説明ができることが理解できたと思う．しかし，3000 kmもの距離を流れる堆積物重力流とはどのようにして作られるのか，考えれば考えるほど深い謎でもある．

問　題

問題1　本章では流れや波の方向が変化した場合のベッドフォームについてくわしくは述べなかった．ペットボトルを用いて振動リップルを簡単に作ることができる．どのような斜交葉理ができるのか各自試してみよう．

問題2　中粒砂以下の粒径を主体として級化層理を示すタービダイトには，砂堆から形成された斜交層理が少ない．なぜだろうか．さらにこの観察事実はタービダイトを堆積させた堆積物重力流について何を示唆するだろうか．

文　献

◎地質調査と堆積岩の記載や研究方法については，

藤田和夫ほか：新版地質図の書き方と読み方，194p., 1984.

Griffiths, J. C.：*Scientific Methods in Analysis of Sediments*, McGraw-Hill, 508p., 1967.

狩野謙一：野外地質調査の基礎，古今書院，148p., 1992.

公文富士夫・立石雅昭編：新版砕屑物の研究法，地学双書 29，地学団体研究会，399p., 1998.

日本地質学会地質基準委員会編著：地質学調査の基本，地質基準，共立出版，220p., 2003.

Tucker, M. E.：*The Field Description of Sedimentary Rocks. Geol. Soc. London Handbook Series*, The Open University Press, 112p., 1982.
（堆積岩の記載ハンドブック，とてもよくまとまっている.）

八木下晃司：岩相解析および堆積構造，古今書院，222p., 2001.

◎堆積学の歴史は，

岡田博有：堆積学——新しい地球科学の成立，古今書院，219p., 2002.
（堆積学の歴史を概観，多くの人物写真があり興味深い.）

◎堆積学の一般的な教科書としては，

Allen, P. A.：*Earth Surface Processes*, Blackwell Science, 404p., 1997.

勘米良亀齢・水谷伸治郎・鎮西清高編：地球表層の物質と環境，岩波地球科学選書，326p., 1991.
（岩波講座地球科学 5 巻として出版されたものを後に単行本とした.）

Leeder, M.：*Sedimentology and Sedimentary Basins*, Blackwell Science, 592p., 1999.

Reading, H. G. (Ed.)：*Sedimentary Environments : Processes, Facies and Stratigraphy (3rd Edition)*, Blackwell Science, 688p., 1996.

Reineck, H. E. and Singh, I. B.：*Depsotional Sedimentary Environments*, Springer-

Verlag, 439p., 1973.
Scholle, P. A. and Spearing, D.：*Sandstone Depositional Environments*, Mem. Am. Ass. Petrol. Geol., 31, 410p., 1982.
(論文集である．)

◎堆積過程の水理学は，

Allen, J. R. L.：*Physical Processes of Sedimentation. Earth Science Series 1*, American Elsevier, 248p., 1970.
(堆積過程の流体力学をまとめた名著．)
Allen, J. R. L.：*Principles of Physical Sedimentology*, George Allen & Unwin, 272p., 1985.
(Allen, 1970 をさらに発展させた本．)
Harms, J. C. and Fahnestock, R. K.：Stratification, bed forms and flow phenomena, *Soc. Econ. Paleont. Mineral., Spec. Publ.*, no. 12, 84-115, 1965.
Middleton, G. V. (ed.)：*Primary sedimentary structures and their hydrodynamic interpretation*, Soc. Econ. Paleont. Mineral., Spec. Publ., 12, 1965.
(堆積構造の水理学全盛時代の論文集，その中でとくに，Simons, Richadson and Nordin と Harms and Fahnestock は古典的な論文となっている．)
Southard, J. B.：Presentation of bed configurations in depth-velocity-size diagrams, *J. Sediment. Petrol.*, 41, 903-915, 1971.
Southard, J. B. and Boguchwal, L. A.：Bed form configurations in steady unidirectional water flows, Part 1. Synthesisof flume data, *J. Sediment. Petrol.*, 60, 658-679, 1990.
高山茂美：河川地形，共立出版，304p., 1974.

◎粒子の沈降と配列に関しては，

Gibbs, R. J., Matthews, M. D. and Links, D. A.：The relationship between sphere size and settling velocity, *J. Sediment. Petrol.*, 41, 7-18, 1971.
Taira, A.：Magnetic fabrics and depositionalprocesses. In *Sedimentary Facies in the Active Plate margin*, Taira, A. and Masuda, F. (eds.), Terra Scientific Pub. Co., 43-77, 1989.

◎岩石磁気や帯磁率に関しては，

小玉一人：古地磁気学，東京大学出版会，248p., 1999.

◎砂丘の堆積作用は，

McKee, E. D. (ed.)：*A Study of Global Sand Seas*, Geological Survey Professional Paper 1052, U. S. Government Printing Office. 429p., 1979.
(砂丘と砂丘堆積物に関しての論文集．宇宙からの画像を解析した初期の論説が含まれる．)

◎河川や三角州，陸棚環境に関しては，

Belderson, R. H., Johnson, M. A. and Keyon, N. H.：Bedforms. In *Offshore Tidal Sands : Processes and Deposits* (Stride, A. H. ed.), Chapman and Hall, 27-57, 1982.

堀和明・斎藤文紀：大河川デルタの地形と堆積物，地学雑誌，112, 337-359, 2003.

Iseya, F.：Mechanism of inverse grading of suspended load deposits. In *Sedimentary Facies in the Active Plate Margin*, Taira, A. and Masuda, F. (eds.), Terra Scientific Pub. Co., 113-129, 1989.

Komar, P. D.：Oscillatory ripple marks and the evaluation of ancient wave conditions and environments, *J. Sediment. Petrol*., 44, 169-180, 1974.

久保雄介・徐垣・町山栄章・徳山英一：伊豆海嶺を越える黒潮によるベッドフォーム——神津島・新島・三宅島周辺でのサイドスキャンソナーによる海底調査，地質学雑誌，108, 103-113, 2002.

Kulm, L. D. *et al.*：Oregon continetal shelf sedimentation：interrelationship of facies distribution and sedimentary processes, *Journal of Geology*, 83, 145-176, 1975.

増田富士雄(編)：波浪堆積構造，堆積構造入門シリーズ(1)，堆積学研究会，176p., 2001.

Nemec, W. and Steel, R. J. (eds.)：*Fan Deltas, Blackie*, 444p., 1988.

Orton G. J. and Reading, H. G.：Variability of deltaic proceesess in terms of sediment supply, with particular emphasis on grain size, *Sedimentology*, 40, 475-512, 1993.

Soh, W., Tanaka, T., and Taira, A.：Geomorphology and sedimentary processes of a modern slope-type fan delata (Fujikawa fan delta), Suruga Trough, Japan, *Sedimentary Geology*, 98, 79-96, 1995.

Visser M. J.：Neap-spring cycles reflected in Holocene subtidal large-scale bedform deposits：a preliminary note, *Geology*, 8, 543-546, 1980.

Whateleley, M. K. G. and Pickering, K. T. (eds.)：*Deltas-Sites and Traps for Fossil Fuels*, Geol. Soc. Special Publication 41, 369p., 1989.

◎堆積物重力流については，

Costa, J. E. and Wieczorek, G. F. (eds.)：Debris flows/Avalanches：Process, recognition, and mitigation, *Reviews in Engineering Geology*, v. VII, The Geol. Soc. America, 239p., 1987.

(土石流のメカニズムに関するよいレビューが含まれている.)

平井英二：化学技術者のためのレオロジー，科学技術社，248p., 1978.

(コンパクトにまとめてある好著.)

Mulder, T. and Alexander, A.：The physical character of subaqueous sedimentary density flows and their deposits, *Sedimentology*, 48, 269-299, 2001.

(水中重力流の最近のレビュー．概念の混乱を正すとしているが，さらに混乱を招いたように見える論文．しかしこのような論文を読むことによって問題のありかをつかむことができる.)

成瀬元・田村亨・久保雄介・増田富士雄：重力流堆積物とその構造，堆積構造入門シリーズ(2)，堆積学研究会，147p., 2001.
(よくまとめられている.)
Shanmugam, G.：High-density turbidity currents：are they sandy debris flow, *Journal of Sedimentary Research*, 66, 2-10, 1996.
Simpson, J. E.：*Gravity Currents* (*2nd Edition*), Cambridge Univ. Press, 244p., 1997.
(重力流の写真を豊富に入れたユニークな本.)
平朝彦：堆積物重力流のレオロジーと流動過程，月刊地球，7, 391-397, 1985.
武居有恒監修，小橋澄治ほか著：地すべり・崩壊・土砂流，鹿島出版会，334p., 1971.
テルツアギ・ペック(星埜和ほか訳)：土質力学(基礎編)，丸善，248p., 1978.

◎深海の堆積作用や深海チャンネルに関しては，

Clark, J. and Pickering, K. T.：*Submarine Channels*. Vallis Press, 231p., 1996.
Curry, J. R. and Moore, D. G.：Growth of Bengal Deep Sea Fan and denudation in the Himalayas, *Geol. Soc. Am. Bull*., 82, 563-572, 1971.
Emmel, F. J. and Curray, J. R.：Bengal Fan, Indian Ocean. In *Submarine Fans and Related Turbidite Systems* (Bouma, A. H., Normark, W. R. and Barnos, N. E., eds.), Springer-Verlag, 107-112, 1985.
Nakajima, T. and Satoh. M.：The formation of large mudwaves by turbidity currents on the levees of the Toyama deep-sea channel, Japan Sea. *Sedimentology*, 48, 435-463, 2001.
Normark, W. R.：Submarine canyons and fan valleys：Factors affecting growth of deep-sea fans. In *Modern and Ancient Geosynclinal Sedimentation* (Dott, R. H. Jr. and Shaver, R. H. eds.), Spec. Publ. Soc. Econ. Palent. Miner., 19, 56-68, 1974.
Bouma, A. H., Normark, W. R. and Barnes, N. E. (eds.)：*Submarine Fans and Related Turbidite Systems*, Springer-Verlag, 107-112, 1985.
Peakall, J., McCaffrey, B. and Kneller, B.：A process model for the evolution, morphology, and architecture of sinuous submarine channels. *Journal of Sedimentary Research*, Sec. A, v. 70, 434-448, 2000.
Pickering, K. T., Hiscott, R. N. and Hein, F. J.：*Deep Marine Environments*, Unwin Hyman, 416p., 1989.
Ricci-Lucchi, F.：Depositional cycles in two turbidite formations of northern Appenines (Italy), *J. Sediment. Petrol*., 45, 3-43, 1975.

◎サイドスキャンソナーについては，

徳山英一ほか：広域測深型サイド・ルッキングソナーによる海底探査—— IZANAGIW を例として，日本音響学会誌，47, 57-62, 1991.

◎本書では取り上げなかったが，粉粒体は種々の興味深い性質を持ち，その挙動は現在も重要な研究対象となっている．例えば次の本は面白い．

Bak, P.：*How nature works*, Copernicus/Springer-Verlag, 212p., 1966.
(自己組織化の話．砂山の実験や米粒の実験など面白い事がたくさん書かれている.)
田口善弘：砂時計の七不思議，中公新書，198p., 1995.

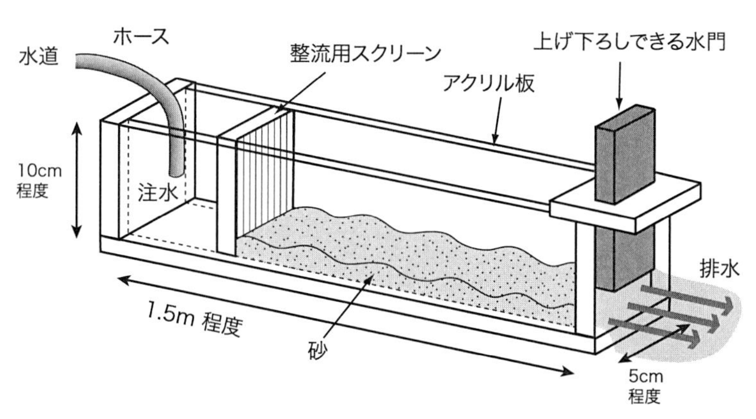

◎簡易実験水路

問題のヒント

問題1　図1.28，図1.32を基礎として考察してみよう．また，くわしくは，参考文献，たとえば増田編(2001)を参照せよ．

問題2　図1.11を参照して考察し，図1.40のモデルがこの観察事実に適応できるか考えてみよう．粗粒な部分は級化層理をなし，ニュートン流体となって流れる部分のほとんどは細粒砂(0.25 mm)以下となり，砂堆ができにくい．

2 地層とそれを構成する岩石

この章のねらい

堆積物が地層として残されるには特殊な条件が必要である．また，地層を構成する岩石もその供給源や堆積する環境を反映し，さまざまに変化する．これらの記録は，地球の歴史を知る上で重要な情報を提供する．本章では，地層の成り立ちとそれを構成する岩石について学んでゆく．

2.1　驚異の塩沢礫岩

前章では，さまざまな堆積環境において堆積構造と粒径の観点から，堆積物の特徴の事例で見てきた．多くの場合に，ある堆積地形があって，それが側方に移動したり，あるいは，そのまま上方へ積み重なったりして，特徴ある堆積相(堆積構造の組合わせ)を示す地層が形成されることを示した．しかし，このようにしていったんできた地層が，将来，保存され，地質記録として残されるとはかぎらない．それは，海岸を例にとって考えてみればよく理解できる．

数年前まで，広大な砂浜であった場所が，なんらかの理由で，砂浜が失われ，護岸堤防がむき出しになった場所に変わってしまった例は，各地で知られている．砂浜があった当時，そこには低角度斜交葉理を示す中粒砂を主体として貝殻を含む地層が形成されていた．しかし，環境の変化とともに，その場所は侵食の卓越する場となり，地層は消失し，そこにあった砂は，別の場所に移動あるいは拡散してしまった．

このようにしてみると，第1章で述べたような各堆積環境を構成している堆積物が，実際に地層として保存されるためには，ある条件が必要であることが解る．その条件としては海水準の変動やテクトニクスが重要である．

東名高速を大井松田インターで降りて山北町方面に向かうと，大きな採石場が見えてくる．水平に堆積した火山灰の地層の下位に約70°傾斜した厚い礫岩層が認められる．この地層は塩沢礫岩層と呼ばれ，年代は70～50万年前のものである(図2.1)．層厚4000 mと驚くほどに厚い．まず，2つの疑問が湧くだろう．このような礫岩はどのような環境でどのようにして堆積し地層となったのだろう，そしてそもそもなぜここに堆積したのだろうか？

この礫岩層は，堆積環境としては種々の研究から扇状三角州が考えられている．その理由としては塩沢礫岩の下位の地層(全体を足柄層群と呼ぶ)は化石の証拠から深海から浅海への変化を示し，粗粒堆積物による急速な埋立てを示しているからである．この状況はたとえば，富士川扇状三角州と類似している．

なぜここに堆積したのか，という疑問については，礫の種類がヒントを与えてくれる．この礫岩には比較的円磨された直径5～30 cm程度の礫が多数含ま

図 2.1 神奈川県山北町の採石場に見られる塩沢礫岩の大露頭．矢印は層理面で約 70° 傾斜している．上部は不整合が重なったローム層．下にブルドーザが写っている．

れる．礫の岩石の種類を検討してみると系統的に変化しているのがわかる．下部は変質した火山岩がほとんどであるが，だんだんと花崗岩質の岩石が多くなり，上部ではほとんどが花崗岩質の礫から構成される．このような礫を構成する岩石の種類の割合を礫の岩石組成あるいは礫種と呼ぶ．これらの礫は検討の結果，多くは丹沢山地から供給されたものであることがわかっている．丹沢山地は主に火山岩からなるが，その中心部には花崗岩質岩石が露出している．塩沢礫岩の礫種から，丹沢山地は70～50万年間の20万年程度の間に急激に隆起し，激しい侵食を受けたことがわかる．丹沢山地を構成する岩石は，塩沢礫岩を含む足柄層群の上に衝上断層でのし上がっている．この断層運動が丹沢山地隆起の原因であり，実は本州島弧と伊豆・小笠原島弧の衝突テクトニクスの一過程を見ていることになる(第5章を参照)．

第1章では，砕屑性堆積物は，単に粒子の集合体としてとらえられ，その運搬・堆積に関する物理過程を中心に記述を行なってきた．しかし，砕屑堆積物に関して，それがどのような岩石や鉱物から構成されているのか，鉱物組成の違いは何を語るのか，また堆積物は堆積岩にどのように変化したのか，などについては記述してこなかった．本章では，これらの点についても学んでゆこう．さらに陸源砕屑岩だけではなく，炭酸塩岩など他の堆積岩の起源についても見てゆく．

2.2　地層の形状と重なり方

(a)　反射法地震波探査

地層は3次元的な形状をしており，また隣接する地層とさまざまな様式で接している．このような複雑な地層の形状を正確に把握することは容易ではない．陸上の地表調査からは，通常，地層の断片的な形状の知識しか得られない．石油探鉱などにおいては，3次元的な地層の形状を描き出すことが重要となるので，ボーリング調査などが用いられる．しかし，もっとも有効に地層の形状を探査する方法は，**反射法地震波探査**(seismic reflection profiling. 以下，地震探査と呼ぶ)である．

地層は一般にさまざまな種類の岩石が層状に積み重なったものである．これらの岩石はしばしばその物理的性質(**岩石物性**：rock physical property)が異なり，その性質を用いて地層の構造を描き出すことができる．

地層中を伝播する地震波は，**音響インピーダンス**(acoustic impedance)の異なる地層境界において反射される．音響インピーダンス AI は，

$$AI = \rho V_p \tag{2.1}$$

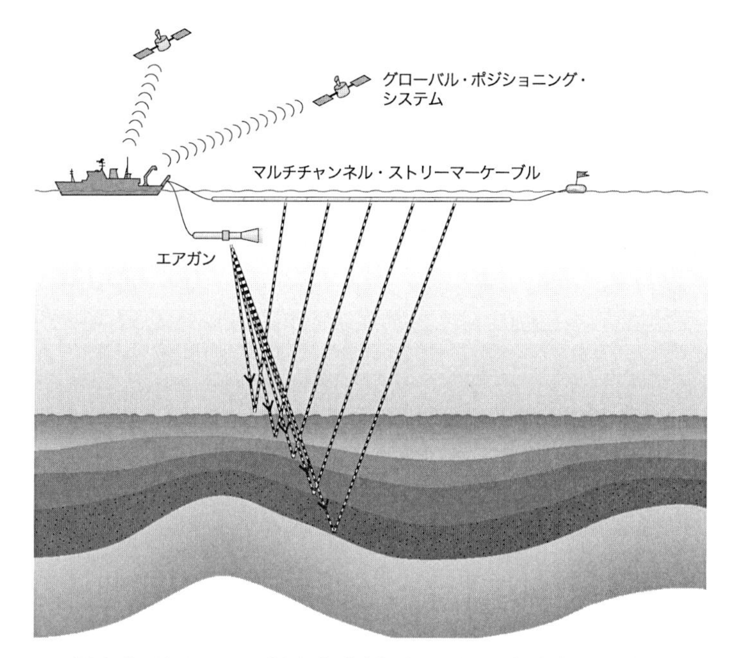

図 2.2 海上での反射法地震波探査の手法．探査船から多数のハイドロフォンを仕込んだストリーマーケーブル(長いものは 8 km 以上になる)を曳航する．エアガンに圧縮空気を送り込んで一定距離間隔で通常数十 Hz の音波(地震波)を発信する．この図ではエアガンの大きさを強調して描いてある．エアガンの大きさは長さが 0.5〜1.5 m 程度であり，多くの場合，種々の容量のものを組み合わせて使う(エアガン・アレー)．

で表される．ここに ρ は地層の密度，V_p は地層の弾性波(P 波)速度である．

地震探査は陸地表面あるいは海面付近で人工的に地震波を発生させ，地層からの反射波を受信して地質構造を探査する方法である．地震波の発生装置としては，地面を振動させる起震車や船から曳航する**エアガン**(air gun)などがあり，受信装置としては，ジオフォンやハイドロフォンがある．海洋の地震探査ではエアガンを一定の距離に対応して発信して，地層からの反射をハイドロフォンを装置した曳航ケーブル(ストリーマーケーブル)を用いて連続して受信する(図 2.2)．

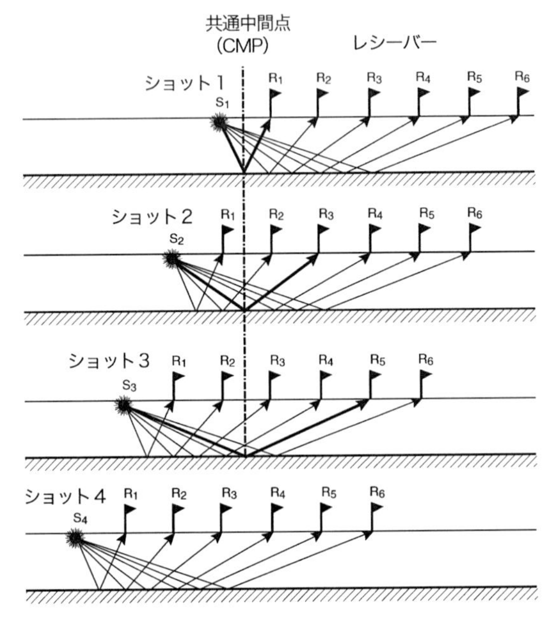

図 2.3　共通中間点における地震波の発信，反射と受信との関係．いま，発信部(例えばエアガンや起震車)と受信部(ハイドロフォンあるいはジオフォン)が一定間隔で移動し，発信が一定距離において行なわれたとすると，共通中間点(CMP)からの反射波が図の場合には 3 回受信される．Lillie(1998)による．

いま，エアガンを曳航して地震探査を行なう場合を想定してみよう．図 2.3 に示したように，ある時点で発信された地震波の海底からの反射は，各ハイドロフォン・レシーバーにある時間をおいて次々と到達する．海底のある地点を定点として，その上をエアガンと複数のハイドロフォンを装置したストリーマーケーブルが通過してゆく場合を考えよう．各エアガンのショットに関して，その定点で反射し，レシーバーに到達する波の経路を考えることができる．例えば，図 2.3 では，S_1/R_1, S_2/R_3, S_3/R_5 の組合わせである．このような海底の定点を共通中間点(common midpoint：CMP)と呼んでいる．

さて，ある CMP に関して各 S_1/R_1, S_2/R_3, S_3/R_5 の記録をならべて(これを CMP gather と呼ぶ)，さらにこれに到達時間の補正を加えると(これを NMO

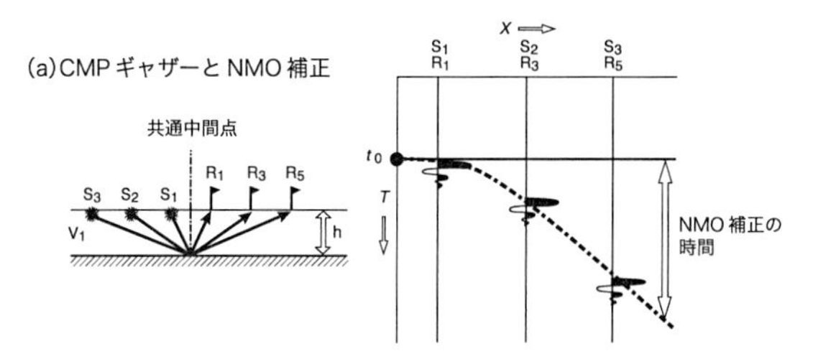

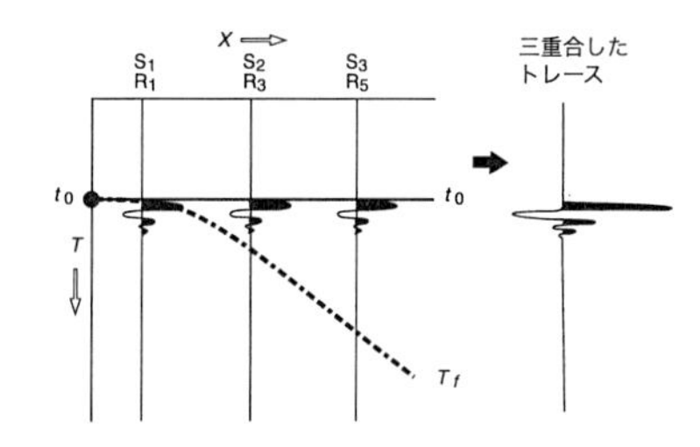

図 2. 4 (a)共通中間点における反射波の収集(ギャザー)とNMO補正．図 2. 3 に例示した 3 個の発信と受信の関係を左の図に示した．縦軸に時間をとり，横軸にそれぞれの受信波形を並べると，S_1 の発信時間(あるいは R_1 の受信時間)を t_0 とした場合に，S_2/R_3 と S_3/R_5 の受信波形は t_0 より時間が遅れるので，それを t_0 まで移動する．これをNMO補正と呼ぶ．(b)左側はNMO補正をした波形で，右側はこれを重ね合わせ(スタック)た波形．いずれの波形でも波の右側の部分を塗りつぶしてある．これは，反射の波形を見やすくするためである．Lillie(1998)より．

補正：normal moveout correction と呼ぶ)，その CMP からの反射波の記録を 3 つ足しあわせることができる(これを重合と呼ぶ．この場合は 3 重合．図 2. 4)．実際には，同様の手法で多数のエアガンのショットとハイドロフォンの記録を重ね合わせることができる．このデータ処理によって，信号とノイズの比率を格段に向上することができるのである．このようにして処理した CMP ごとに重合した波形を探査測線に沿って集めることにより地層構造の断面記録を作ることができる．これが地震探査データ処理の基本である．

地層は実際には水平ではなく，褶曲したり断層で断ち切られたりしている．ここでは，傾斜した地層面を考えてみよう．ショットポイントから発信した波

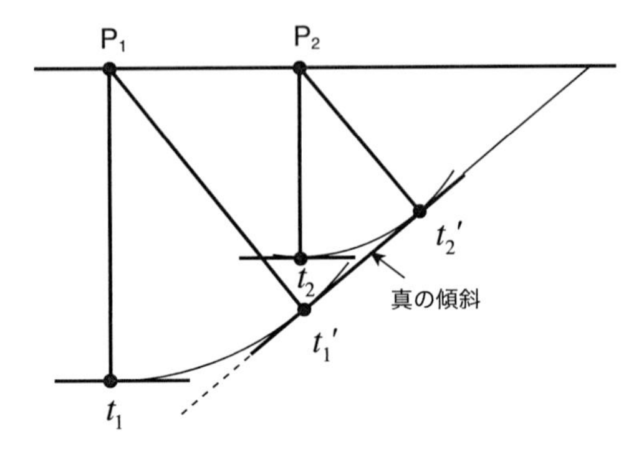

図 2.5　地層の傾斜を補正するマイグレーション手法の原理．いま，考える地層は均一の地震波速度を持っており，連続した反射面が存在するとする．各地点 P_1，P_2 で，発信と受信が行なわれたとして，P_1 から t_1，P_2 から t_2 のそれぞれの往復走時で反射波が記録されたとする．反射面が真下に水平にあると仮定するとその反射面は連続しないので，反射面は，P_1 から t_1，P_2 から t_2 で描いた円の共通接線（t_1' と t_2' を結ぶ線）によって描くことができる．これをマイグレーションと呼ぶ．Lillie (1998) より．

は，地層中の地震波は伝達速度が一定なら，波面は円を描いて伝搬する．傾斜した地層面からの反射は波面が傾斜面に垂直に到達したときに反射する．しかし，傾斜した地層ではハイドロフォンの記録においてこれが真下から到達したと仮定すると，実際より浅い場所に地層面が決定されることになる（図 2.5 の t_1, t_2 点）．ショットポイントから t_1, t_2 までの伝達時間で円を描くと実際の地層はこの円周上にあるので，各点からの円周の包絡線が実際の傾斜面を表す．したがって，反射面をこの包絡線に移動し，傾斜した地層の形状を正しく表す補正を行なう．これを**マイグレーション**（migration）と呼ぶ．

マイグレーション補正を行なった地震探査記録と補正をしていない地震探査記録では，見え方が違っており，読者において地震探査記録の見方を勉強しておくとよい（章末の文献リストを参照）．

反射法地震波探査においては，基本的には波が発信されてから反射してくるまでの往復の時間（往復走時）がわかるだけであって，反射の記録だけでは，地層中の地震波の伝達速度が決定できないので正確に深さを決められない．地層の地震波伝達速度は，さまざまな手法を用いて最適な速度を決めてゆく方法が用いられる．これを**速度解析**(velocity analysis)と呼んでいる．

地震探査においては，どの程度の地層構造の解像度があるのだろうか．エアガンや起震車から発信される地震波は周波数が50〜200 Hz程度である．この周波数は波長が数mから数十mあるので，厚さ数十cmの単層の内部構造は通常分解することができない(例えば図1.39に示したタービダイト単層の内部)．露頭レベルでの観察と通常の反射法地震波探査では分解能に大きな差があることを認識してほしい．

(b) 地層の形状

河口から三角州にかけての海底下の様子を見てみよう．このような場所での地層の形態がくわしくわかってきたのは，ここ20年以内のことである．とくに比較的高い周波数の音源からの反射を短い時間間隔でサンプリングすることによって分解能のよい記録が得られるようになった．

図2.6はその一例である．この地震記録からはまず反射面の重なりの種々の形状が認められる．この反射面は地層の層理面に相当するものと考えてよい．この場合注意しなければいけないのは，先に述べたように反射面の分解能は，音源の周波数によって異なり，この場合は数m程度の厚さの岩相変化(音響インピーダンスの変化)を表している．

さて，このような反射面を側方へ追跡してゆくと，それが途切れている場合がある．ある反射面を追跡して，それより下位にある地層との境界で不連続となり途切れている場合には，2つの基本的な形態が認められる(図2.7(b))．それは，オンラップとダウンラップである．

オンラップ(onlap)は下位の地層に対して，新しい地層が上へ次々と重なっていったときの形態である．一方，**ダウンラップ**(offlap)は傾いた地層が主に横方向に重なりながら前進したときの形態である．これらは，いずれも地層の不連続境界での重なり方であるので，上下の地層は**不整合関係**(unconformity)にある．

一方，ある反射面を追跡して途切れるところで上位の地層との関係を見てみると，これには主に2つの基本的な形態があるのがわかる(図2.7(a))．それ

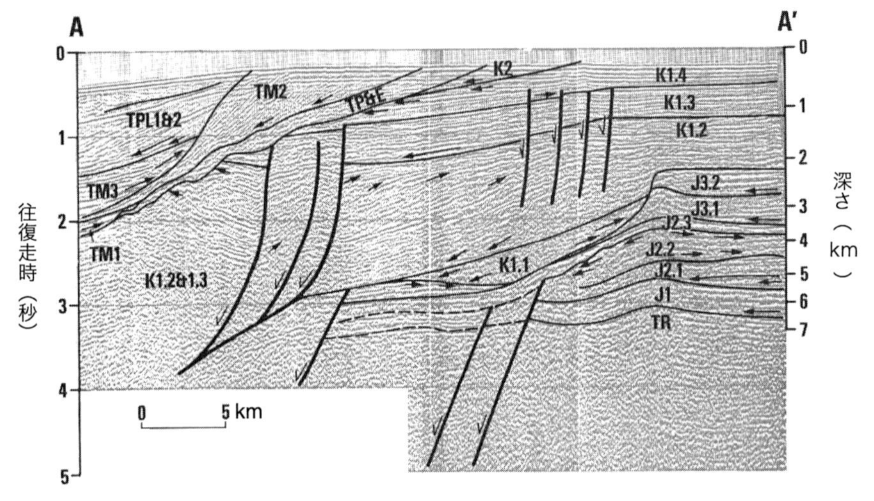

図 2.6　西アフリカ大陸棚から大陸斜面にかけての地層の反射法地震波探査記録の例．図には断層も示してある．細い実線は不整合面であり，それに対して反射面が接する方向を矢印で示す．また太い実線は断層であり，断層の変位を片矢印で示す．Mitchum, Vail and Thompson (1977) による．

らはトップラップと侵食トランケーションである．**トップラップ**(toplap)はダウンラップとしばしば対になって現われる形態である．地層累重の原理からトップラップは上の地層が重なる前に作られたものであるから，傾斜した地層の上部で無堆積になったり，小規模な侵食をともなって地層がほとんど堆積しなかったことを示している．一方，**侵食トランケーション**(erosional truncation)においては，広域的あるは局所的な侵食作用によって地層が削り取られており，その上に新たな地層が堆積した境界をさす．これらもすべて不整合関係に相当する．

地震探査の結果，河口から三角州や大陸棚そして大陸斜面にかけての堆積システムでは，これらの不整合境界にはさまれた地層群が存在していることが明らかになってきた．不整合境界にはさまれた地層群の内部では地層境界は整合一連であり，地層の重なり方がある規則性をもって，同様な形態を保ちながら堆積したことがわかる．このような不整合境界に挟まれた一連の地層群を**シー**

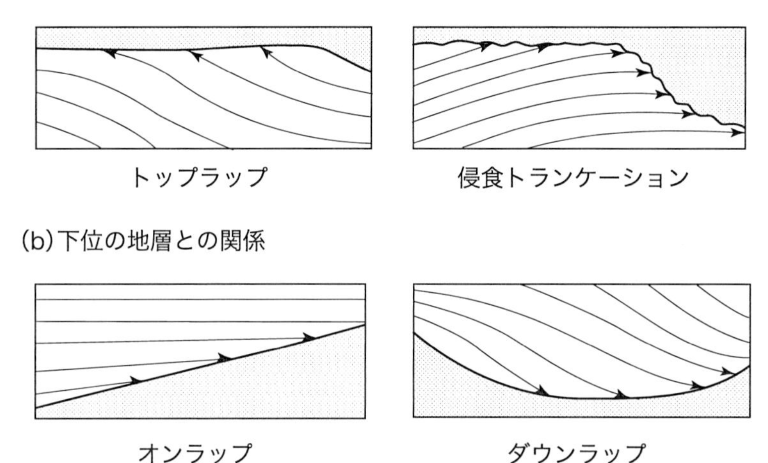

図 2.7 反射面の末端の形状．(a)は上位の地層との関係，(b)は下位の地層との関係を示す．この図では反射面が途切れる場所を矢印で示してある．上位と下位の地層の境界はいずれも不整合である．Mitchum, Vail and Thompson (1977)による．

ケンス(sequence)と呼んでいる．また，ある時期に，堆積システムにおいて関連したシーケンスが形成された時，これ全体を堆積体(systems tract)と称する．

(c) シーケンスの成因

シーケンスを作る成因は何であろうか．そのためには，まず，不整合の起源から考える必要がある．不整合は，地層の削剝や無堆積の期間の存在によって形成される．このような現象を引きおこす原因を考えてみよう．地層が削剝される原因としては，例えば，海水準の低下によって，海底が陸地に変化し侵食がおこる場合が考えられる．相対的な海水準の低下は，氷床の形成によって海面そのものが低下する場合や地殻変動などによって海底が隆起する場合によっても引きおこされる．実際にはその両方がおきている場合が多く，場所によっては複雑な変動となる．無堆積現象とは，どのようなものであろうか．ある場所を考えてみると，そこに供給される堆積物とそこから運搬され移動する堆積物がほぼ等量であれば，全体としてそこでは堆積物の蓄積はほとんどないことになる．また，陸地の地形変化や河川流路の変化などによって，堆積物の供給がきわめて少量となる場合などが考えられる．この場合に海底では，時に数千年以上にわたって堆積物がほとんど蓄積しない状態が続くことがある．

以上をまとめてみると，不整合境界形成の原因としては，

1)　海水準の変動
2)　地殻変動
3)　気候変動や海況変動などによる堆積物供給量や堆積環境の変化

があげられる．

(d)　シーケンス層序学

シーケンスの重なり方を基礎として地層の形成過程を調べる分野を**シーケンス層序学**(sequence stratigraphy)と呼んでいる．ここでは，シーケンス層序学にもとづいた地層の形成モデルについて学ぼう．

いま，一定の速度でゆっくり沈降している場所で三角州が発達する場合を考えてみよう．そのような場所の候補としては，分裂した大陸縁辺部が冷却とともに沈降してゆく場合があり，ここでは長期的には堆積物が蓄積されてゆく傾向にある(第5章参照)．このような場所において例えば氷河性の海面変動がオーバーラップして周期的な海水準の変動がおこっていると考えよう．図2.8には，このような場所での地層形成のモデルを示した．以下，各々の場合について，解説してゆこう．

海水準の低下進行期(図2.8(a))

高い海水準の時期から海水準が氷河性変動によって下がっていく過程においては，いままで海岸や浅海域であったところが陸化し，河川が流路を広げ，陸化した陸棚や扇状地は下刻(incision：侵食によって下方に削られること)が進み，侵食域となり，場所により谷地形(開析谷)が発達する．海水準がより低下して，以前の大陸棚外縁より低下した場合には河川の流路は直接海底谷に流れるようになって海底扇状地がとくに発達する．

海水準の最低下期停滞期(図 2.8(b))

やがて，海水準の低下は停滞し，この場所の特性である長期的沈降傾向の効果が現れて，徐々に海水面は上昇に転じる．開析谷は埋積され(侵食トランケーション面が作られる)，低下進行期に海底峡谷が発達していた場所で三角州がダウンラップを作りながら前進(プログラデーション)を始めるようになる．その三角州と対応して斜面に比較的小さな海底扇状地ができる．ダウンラップがさらに進み，大陸棚縁辺が前進する．この時期の堆積体を**低海水準期堆積体**(lowstand systems tract)と呼ぶ．

海水準上昇期(図 2.8(c))

やがて氷河性変動によって海水準が上昇に転じた場合，陸棚には堆積物はほとんど供給されなくなり，堆積場は浅海に限られ，その沖側では，大変堆積速度の遅い地層であるコンデンス・セクションが作られる．このときの地層面を**最大海氾濫面**(maximum flooding surface)と呼ぶ．この間，いままで陸化した面では，河谷がおぼれ谷となりやがて埋積され，さらに海の侵入とともに波の作用などで侵食がおきる．この不整合面を**ラビーンメント面**(ravinement surface)と呼び，その上位に薄い浅海相が堆積する．この時期までの堆積体を**海進期堆積体**(transgressional systems tract)と呼ぶ．

海水準最上昇期停滞期(図 2.8(d))

氷河性の海水準変動の上昇が停滞すると，再びゆっくりした地域的沈降の影響が現れてくる．この時期には三角州がダウンラップを作りながらプログラデーションし，斜面域ではコンデンスセクションの堆積が継続する．これを**高海水準期堆積体**(highstand systems tract)と呼ぶ．

海水準の低下進行期

相対的な海水準が停滞から再び低下に転じてくると，低下進行期のサイクル(図 2.8(a))に再びもどる．

以上のモデルは，大西洋岸やメキシコ湾周辺での地震探査記録を強く意識し

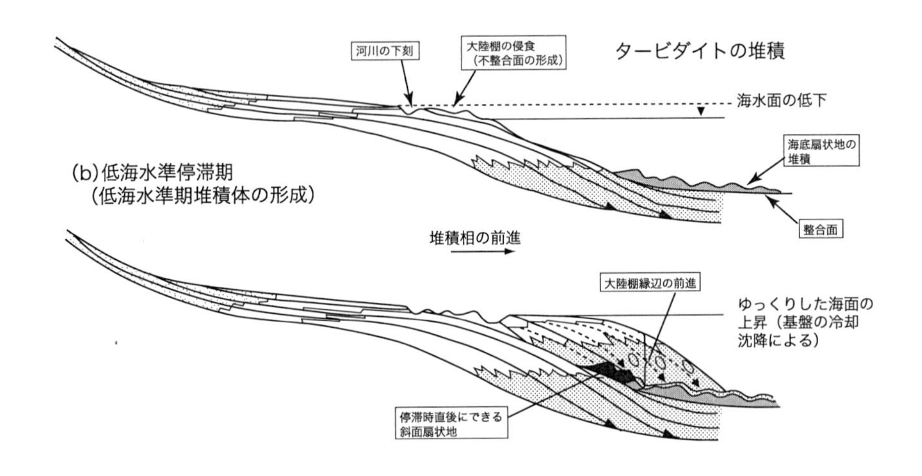

図 2.8 長期的な沈降傾向(例えばリソスフェアの冷却
動が重なった場合のシーケンス層序. (a)海水準の低
は侵食域となり，場所により谷地形が発達する. 海水
する. (b)海水準の最低下期停滞期. 谷は埋積され,
なる. 低海水準期堆積体が形成される. (c)海水準上
ど供給されなくなる. 沖側では，大変堆積速度の遅い
ともに波の作用などで侵食がおきる. この不整合面を
この時期には三角州がダウンラップを作りながらプロ

て組立てられたものであり，実際には，堆積物の供給量の変動や地殻変動の影響があり，バリエーションが多々ある. 例えば，日本列島のように地殻変動が常時おこっている場所では，このような周期的な海水準変動を考慮したモデルは成り立つのであろうか.

(e) 房総半島における層序学

房総半島および銚子域には，第四紀の半深海堆積物(陸源物質の影響を大きく受ける深海の堆積物)が陸上に露出している. これは深海域の急激な隆起を表しており，世界でもめずらしい例となっており，第四紀の海水準変動のシグ

(c)海水準上昇期
（海進期堆積体の形成）

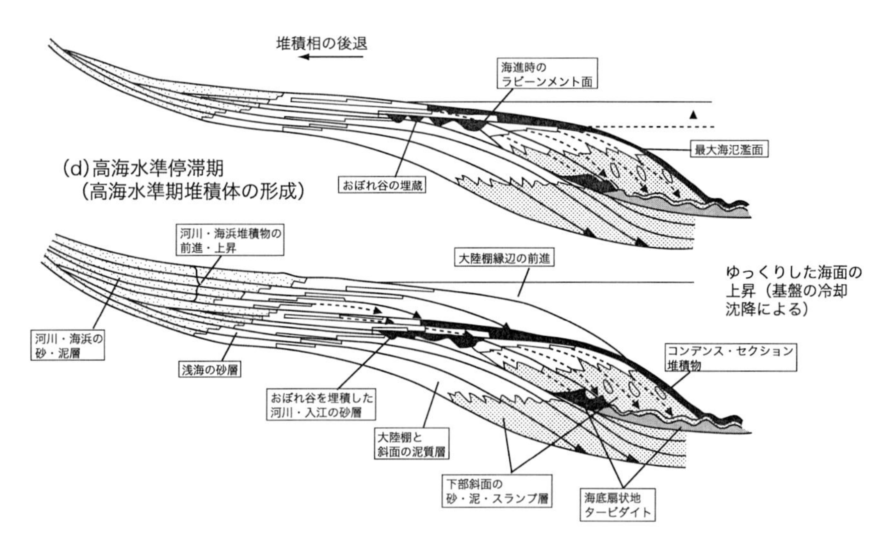

による)にある大陸縁辺において，海水準の周期的な変
下進行期．陸化によって河川が流路を広げ，沿岸や浅海
準が大陸棚外縁より低下した場合には海底扇状地が発達
三角州がダウンラップを作りながら前進を始めるように
昇期．海水準が上昇に転じ，大陸棚には堆積物はほとん
地層，コンデンス・セクションが作られる．海の侵入と
ラビーンメント面と呼ぶ．(d)海水準最上昇期停滞期．
グラデーションする．Van Wagoner *et al*.(1988)による．

ナルと堆積体の変化を対比できる貴重な場所である．

房総半島に分布する地層は，大きく上総(かずさ)層群，下総(しもさ)層群の 2 つに分けられている．上総層群の基底は，黒滝不整合であり，その年代は約 280 万年前である．上総層群は，フィリピン海プレートの沈み込みによって形成された前弧海盆(第 5 章参照)で堆積したものであり，次の特徴を持っている．

1)　火山灰層が多数含まれており，それを対比することによって地層を側方へ追跡することができる．各火山灰層は，同一時間面と考えてよいので，これによって地層の側方変化の様子を知ることができる．

2)　環境や時代の指標となる化石を豊富に産出する．

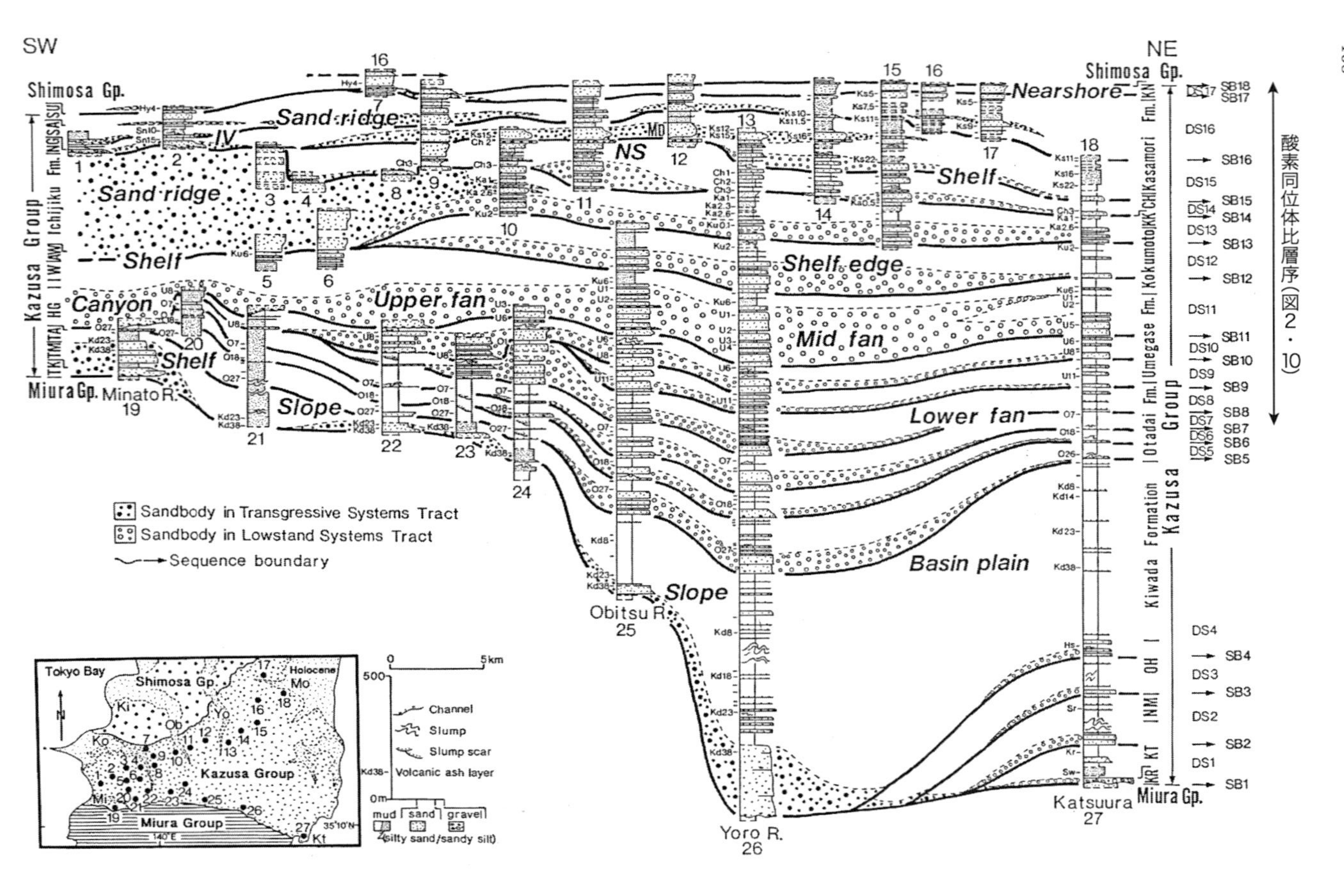
SW
NE
Shimosa Gp.
Kazusa Group
Miura Gp.
Ichijiku Fm.
Kiwada Formation
Otadai Fm.
Umegase Fm.
Kokumoto
Kasamori
酸素同位体比層序(図2・10)
Sand ridge
IV
Shelf
Canyon
Upper fan
Slope
NS
Shelf edge
Mid fan
Lower fan
Basin plain
Nearshore
Minato R.
Obitsu R.
Yoro R.
Katsuura
Sandbody in Transgressive Systems Tract
Sandbody in Lowstand Systems Tract
Sequence boundary
Tokyo Bay
Shimosa Gp
Holocene
Kazusa Group
Miura Group
Channel
Slump
Slump scar
Volcanic ash layer
mud
sand
gravel
silty sand/sandy silt
5km

図 2.9　房総半島上総層群の主要な堆積環境とシーケンス境界．Katsura and Ito(1992)による．上総層群では，大きく西方から東方へ浅海から深海の堆積物が分布する．左下の図は，それぞれの柱状図の位置と凡例を示す．Channel(チャンネル)，Slump(海底地すべり)，Slump scar(地すべりの滑り侵食面)が示されている．Kd23 などの番号は火山灰鍵層を表す．砂目は，塗りつぶしたのが海進期堆積体の砂質堆積物，塗りつぶしていないのが，低海水準期堆積体の砂質堆積物である．図中のうち，Sand rdige は，図 1.36 に示した市宿砂層の浅海砂質堆積相を表す．また，英語の説明との対応は，Nearshore は前浜や外浜など，Shelf は陸棚，Shelf edge は陸棚縁辺，Slope は斜面，Upper fan は扇頂部，Mid fan は扇央部，Lower fan は扇端部，Basin plain は海盆底の堆積相を示す．DS は Depositional Sequnce で 1 つの Sequence のユニットを指し，その境界 Sequence Boundary は SB で示す．太田代層から笠森層にかけては，図 2.10 の酸素同位体比曲線が得られている．また，房総半島の地質については『千葉県の自然誌』(千葉県史料研究財団編，1977)によいまとめがある．

3)　地層はほぼ東西の走向を示し，5〜10°程度で北へ傾斜しているので地層の断面が見られる．東側に深い海で堆積した地層が分布し，西側に浅い海で堆積した地層が分布する．したがって，陸棚から海盆の堆積体の断面が現れている(図 2.9)．

火山灰層と有孔虫の酸素・炭素同位体比の曲線(第3巻を参照)，微化石(有孔虫，ナンノプランクトン，珪藻などの化石)および古地磁気層序(地球磁場の逆転パターンにもとづいた地層の対比方法．第3巻を参照)にもとづき，過去90万年前〜40万年前の地層について，氷期-間氷期サイクルと岩相の対比を見てみよう(図 2.9 と図 2.10)．海盆に堆積したと推定されるタービダイト層および海底斜面から陸棚の堆積物へと見てゆくと，次の特徴が認められる．

1)　氷期にはタービダイト砂層(海底扇状地堆積物と推定されている)が堆積している．

2)　間氷期には海盆堆積物は泥勝ちとなる．

3)　氷期から間氷期への移行期に海底地すべり堆積物が作られている．

4)　斜面では，氷期に海底谷が発達する．

5)　陸棚では，サンドウェーブ堆積物が発達するが，とくに間氷期によく発達する．

当時，黒潮の支流と思われる海流が上総盆地の陸棚に流入してサンドウェーブ群を作っていた．その地層が市宿砂層であり，首都圏の山砂資源として採掘されている(第1章参照)．このサンドウェーブは，間氷期に海水準が上がったときに，黒潮の流入が進み活発に移動したと考えられる．

上総層群では，砂がちな地層の基底にもとづきシーケンス境界が提唱されている．これらのシーケンス境界と酸素同位体比の層序を対比すると，シーケンス境界は氷期の始まりと一致する(図 2.9，図 2.10)．このことは上総層群のような地殻変動が活発な地域においても，氷河性海水準変動が堆積体の発達に大きな影響を与えていることを明瞭に示している．

上総層群では，火山灰層を用いた正確な地層の対比と，酸素同位体比との比較など他の地域では得られない重要な情報にもとづいたシーケンス層序を作ることができる．その意味で，上総層群は，地層研究の世界的なフィールドであるといえる．

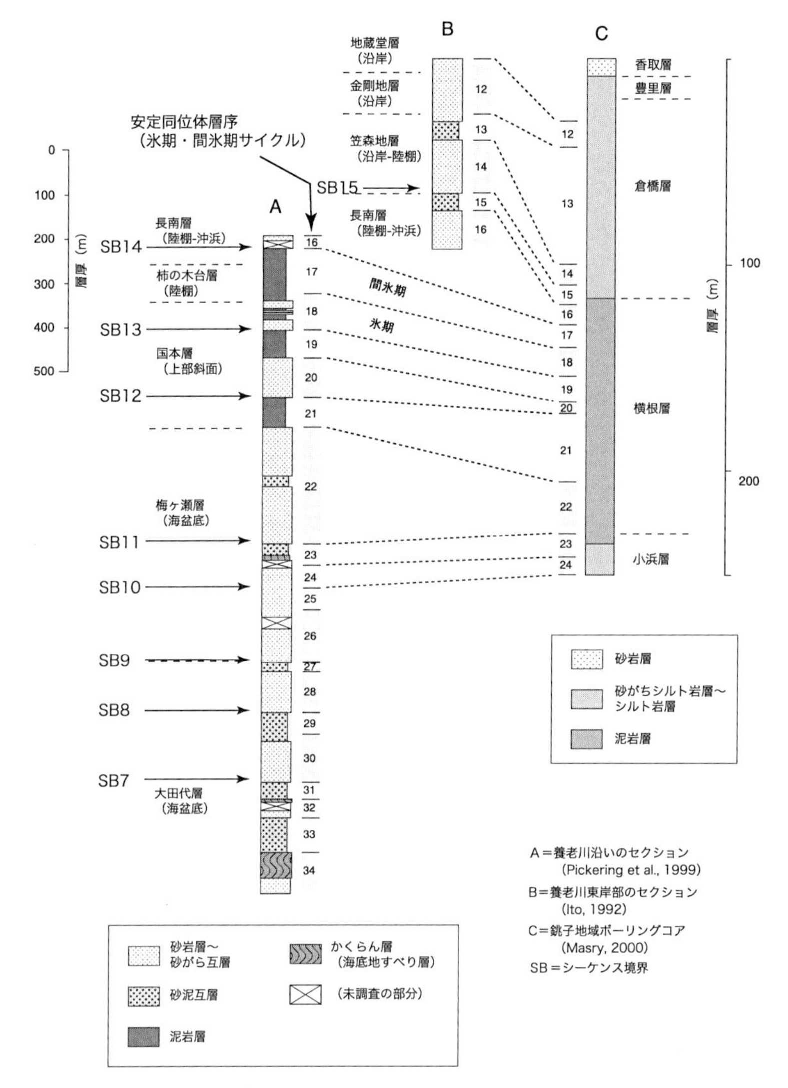

図 2.10 AとCは房総半島上総層群および銚子付近の第四系において得られた浮遊性有孔虫の酸素同位体比にもとづく氷期-間氷期のサイクル(Pickering *et al.*, 1999; El Masry, 2001 MS)．Bは Ito(1992)による岩相と氷期-間氷期サイクルを対比した．A, Bは同じ厚さのスケールでCとは異なる．CはA, Bよりずっと薄い地層を表す．左側には図2.9に示したシーケンス境界も入れてある．Itoらによって同定されたシーケンス境界は海洋同位体ステージ(marine isotopic stage)の偶数期すなわち氷期の始まりと一致している．

以上をまとめてみよう．河川-海岸-三角州-陸棚斜面-海底扇状地にいたる主要な堆積システムにおいては，地層は不整合面によって境されたシーケンスから成り立っており，それらは主に海水準の変動によって作られたものである．

2.3　堆積岩の組成

地層を構成する堆積物はさまざまな粒子から構成されている．堆積物や堆積岩の分類の概略については，第1巻ですでに述べてあるが，ここでは礫岩，砂岩，泥岩について，その特徴およびフィールドでの観察や記載の考え方を学ぼう．

砕屑性堆積岩は，**粒子**(particles)，**マトリックス**(matrix)，**セメント**(cement)から構成されている．マトリックスは，粒子の間を埋めた細粒の物質であり，セメントは粒子やマトリックスの隙間に析出した鉱物結晶を指す．

(a)　礫　岩

礫岩(conglomerate)については，あまり確立した記述分類体系はできていないが，注目するのが，礫の粒径と形，礫種，マトリックスである．マトリックスとは，礫と間の部分を埋めていて，含まれる礫より明らかに粒径の小さい物質のことである．例えば，泥や砂，あるいは両者の混合物などである．礫と礫がお互いに密接に接触しているものについてはこれを**粒子支持**(grain supported)と呼び，礫と礫の間をマトリックスが埋めている場合にはこれを**マトリックス支持**(matrix supported)と呼んでいる．

いくつか例を示そう．よく円磨された丸い花崗岩中礫を主体として，粗粒砂がそれに混じっているような岩石に対しては，花崗岩質・粒子支持・砂質マトリックスで淘汰のよい中円礫岩と記載する．このような礫岩は，花崗岩質の岩石を主体とする後背地から，川によって運ばれ円磨され，堆積した可能性が指摘できる．また，角張った淘汰の悪い火山岩の巨礫から小礫が泥質のマトリックスに散在しているような岩石に対しては火山岩質・マトリックス支持・泥質マトリックスで淘汰の悪い角巨礫岩と記載する．この礫岩に対しては，例えば火山体の崩壊にともなう土石流の堆積物の可能性が指摘できる．

礫岩の堆積構造としては，礫の配列とくに一定方向への傾きを示す**インブリケーション**(imbrication)，大きな斜交層理，礫岩と下位の層との侵食関係，例えばチャンネル構造(図2.11(a))などがしばしば認められる．

(b)　砂　岩

砂岩に関してはいくつかの分類が提案されているが(勘米良ら編(1991)など章末の参考文献を参照)，まず，その意味について考えてみよう．堆積岩の分類というのは，粒子の供給源となる後背地，堆積過程，堆積環境を知るために行なうが，これらの要素をすべて1つの分類体系の中に入れるのは容易ではないし，混乱のもとにもなる．

例えば，砂岩を構成する粒子に対して石英，長石，岩片の割合を分類の考慮に入れることがしばしば提案されている．石英は，もっとも風化に強い鉱物である(第1巻参照)．したがって，石英粒子のみからなる砂岩は，供給地での風化作用や運搬過程に対して大きな意味を持っているはずである．長石は，化学風化によって粘土鉱物に変わりやすいので，長石を多く含む砂岩は，後背地の化学風化の度合を表現しうる．また，岩片は一般には鉱物より機械的強度が小さいので，運搬のされ方や運搬の距離を表現しうる．また岩片は後背地の地質を示す直接の手がかりとなる．砂岩はしばしばこれら三成分と泥質マトリックスの量によって分類する．石英質砂岩を**オルソクォーツァイト**(orthoquartzite)，長石質砂岩を**アルコース**(arkose)，岩片質砂岩を**グレイワッケ**(greywacke)と呼んでいる．さらに岩片は，火山岩，堆積岩，変成岩の岩片に分けて分類することも可能である．

砂岩の記載の例としては，例えば，貝殻片を含む淘汰のよい円磨石英質中粒砂岩，泥質マトリックスで淘汰の悪い変成岩片質粗粒砂岩(グレイワッケ)などと称することができる．前者は，大陸の浅海の砂州などで再堆積(既存の堆積岩から再び風化，堆積した)起源の石英が集まる環境を，後者は変成岩の露出する山岳地帯などの麓の扇状地で堆積したものというような類推を可能にする．また，粒子間の間隙を後に析出した石英や炭酸カルシウムなどの結晶が埋めているものもある．この充塡物をセメントと呼ぶ．砂岩の記載にセメントの種類を含めるのも着目点の一つとなる．

図 2. 11　種々の堆積構造．(a)粗粒なタービダイトの基
房総半島．(b)ピラー構造．室戸層群(四万十帯始新
ながって太くなる様子を示す．(c)タービダイトの上部
リューションは上位の地層に侵食されている．カリフ
リーション(左)と生痕化石(右，カメラキャップがス

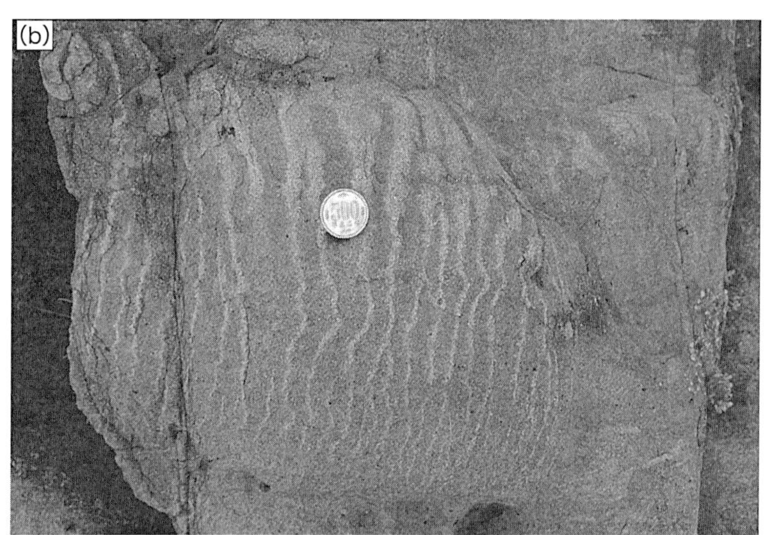

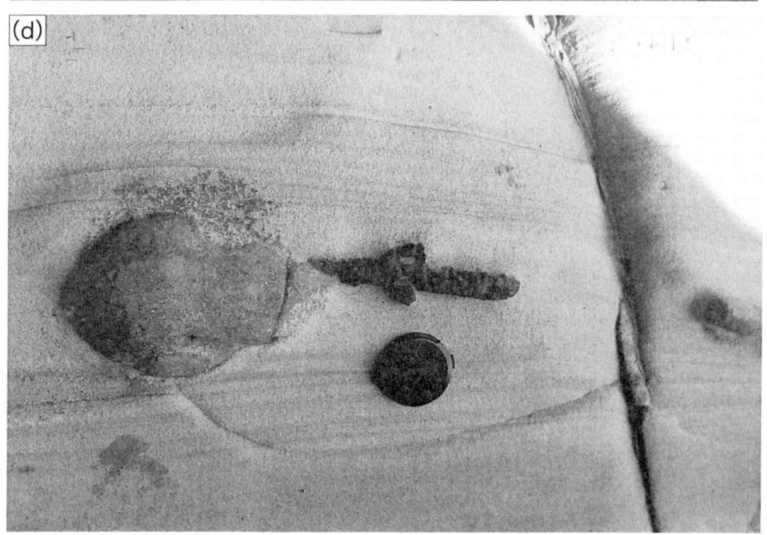

底に発達した侵食構造と級化層理．上総層群大田代層，
統)，高知県行当岬．砂岩層からの排水痕が上部へとつ
に発達した層内変形であるコンボリューション．コンボ
ォルニア州ベンチュラ盆地第三系．(d)砂岩層中のコンク
ケール)．第三系三崎層群，高知県竜串．

砂岩には，第1章で述べた堆積構造の他に，種々の変形や脱水構造などが見られる．例えば砂岩層の中だけで褶曲ができていたり，葉理が変形，湾曲したりする構造は，急激な堆積時の不安定現象，地すべりなどや振動(例えば地震など)時の液状化現象であることが多い．これらには**皿状構造**(dish structure)，脱水痕が柱状になった**ピラー構造**(pillar structure, 図2.11(b))，**層内褶曲**(intra-formational fold)，**コンボリューション**(convolution：図2.11(c))などがある．また液状化によって**砂岩岩脈**(sand dike)ができたりする(第4章を参照)．これらの物理的な作用でできた構造の他に，生痕化石，続成過程で作られた**コンクリーション**(concretion：方解石や石英の結晶が成長してできた核状の構造)などがしばしば認められる(図2.11(d))．

砂岩の中で特徴的なものとして，**赤色砂岩**(red sandstone)がある．これは，粒子の間に赤鉄鉱の微粒子が存在していて赤色を呈している砂岩である．このような砂岩は酸化的な環境(酸素大気の量や乾燥気候など)を表しており，とくに先カンブリア時代において，その出現と分布は大気の組成の変化を考える上で重要な意味を持っている．古生代には，赤色砂岩の分布が広がった時期があって，旧赤色砂岩(old red sandstone：シルル紀末〜デボン紀)，新赤色砂岩(new red sandstone：二畳紀)と呼ばれている．赤鉄鉱は続成過程で形成されたと考えられている(本章の後半参照)．

(c)　泥　岩

泥岩については，フィールドでよく使われる分類というのは存在していない．というのも泥岩はフィールドでは，その内容について簡単に知ることができないし，一般に堆積構造などの特徴が顕著でないからである．泥岩は堆積岩の50% 以上を占めていると推定されており，物質循環などでは，砂岩や礫岩とは比べ物にならないくらい重要な役目を果たしている．泥岩を構成するものは，粘土鉱物，シルトサイズの砕屑粒子，難溶性有機物，微化石(珪藻，円石藻，有孔虫など)，続成過程で生成された2次的鉱物などである．

堆積構造としては薄い葉理，コンボリューションなどの変形構造，生痕化石などが認められ，また続成過程で作られたコンクリーションもめずらしくない．

泥岩の記載ではしばしば色を強調する．海底の泥は表面を除いては，大抵の場合は青灰色(英語の記載では olive gray と称する)を呈している．これは後に述べるように還元環境において鉄が二価鉄となっているための色である．また有機物を多量に含むと有機物および硫化鉄(パイライト)の色で黒色となり，また赤鉄鉱ができるような酸化環境では，赤色泥岩となる．

したがって，泥岩の記載としては含有孔虫シルト質青灰色泥岩，あるいは含パイライト有機質黒色頁岩などと称する．前者は大陸斜面や海盆などで堆積しているもっとも普通の海底の泥であり，後者は酸素の少ない特殊な海底で堆積した泥が固結したものである．頁岩(shale)は泥岩のうち，粘土鉱物などが配列して薄くはがれやすくなったものであり，それが変成作用によってさらに進むと粘板岩(slate)になる．

(d)　生痕化石

海成の地層の中にはほとんど葉理の発達していない**塊状**(massive)な泥岩やシルト岩がしばしば認められる．注意深く観察すると，このような泥岩中にはチューブ状やらせん状などの構造が発達して，ラミナが攪乱破壊されていることがわかる．チューブ状やらせん状の構造は底生生物の補食跡や巣穴の跡であり，これらはまとめて**生痕化石**(trace fossils)と呼んでおり，生物によって攪乱された過程を生物攪乱作用あるいは**バイオターベーション**(bioturbation)と称する．生痕化石には堆積環境に特有なものもあり，岩相と組み合わせて堆積環境の解析に役に立つ．また海成泥質堆積物の多くは海脚類の仲間などの粒状排泄物が多く含まれている．**粒状排泄物**あるいは糞粒体(fecal pellets)は，微小な粘土鉱物粒子に比べてはるかに速い速度で堆積するので，泥質堆積物の形成に重要な役割をはたしている．

2.4　砕屑物から砕屑岩へ

砕屑性堆積物が降り積もっていくと，自らの重さで圧密されていく．さらに，さまざまな化学的反応もおこり，「岩石」へと固結していく．この作用を**続成作用**(diagenesis)と呼ぶ．さらに高い圧力と温度のもとでは構成鉱物の多くが不安定となり，別の鉱物に変化する．これは**変成作用**(metamorphism)と呼ばれる(第1巻参照). 続成作用と変成作用の境界は厳密なものではないが, およそ200℃程度の温度を境界に考えてよいだろう. 続成作用はいわば風化とは逆の過程であり, 表層を特徴づける常温, 水, 酸素分子の存在下で安定したものが, より高温高圧, 還元環境下で安定したものへと変化してゆく過程である.

(a)　パッキングと間隙率

堆積物の**間隙**(pore space)は複雑に入り組んだ格子状の構造から成り立っている. 堆積粒子の集合体の性状は, まず粒子の詰合せの様子, すなわち**パッキング**(packing)の状態できまる. 粒子のパッキングの状態は空間に占める粒子全体の容積の比率で表すことができる. これを容積比 C と呼ぶ. 空間から粒子の容積率をさしひいたものを**間隙率**あるいは**孔隙率**(prosity) P とよび

$$P = 1 - C \tag{2.2}$$

である. P はパーセンテージで表してもよい. P は粒子が同一粒径で完全球体の場合, すなわち菱面体パッキングの場合が一番小さく26% であり, 立方体パッキングの場合には一番大きく48% となる. 実際の堆積物では, 粒子の粒度分布や圧密の状態によってさまざまな間隙率の状態をとりうる.

堆積直後の粒子はゆるいパッキングの状態にあり, 粒子間の接触は十分ではなく不安定な状態にある. このときの間隙率は細粒砂から泥ではしばしば60% から80% にも達する. いま, このような状態の堆積物に振動を与えたとしよう. 例えば地震による振動は代表的な例であり, また, その上への乱泥流などによる急激な堆積も一例である. 振動を与えると, 粒子間の接触が外れて粒子は一時的に間隙水の中に「浮いた」状態になる(図2.12). この場合には, 粒子間の摩擦抵抗が著しく減少するので, 粒子と間隙水の混合物は液体と同様な挙動を示すようになる. これを堆積物の**液状化現象**(liquefaction)と呼んでいる. 液状化をおこして堆積物は粒子が隙間を埋めるように沈降して以前より間隙率の小さい状態になり, 余分な間隙水が排出される. 液状化がおこると堆積物は流動したり, 上に重なっている層に貫入したり, あるいは海底や地表に堆積物が噴き出して間隙水の排出が行なわれる. 液状化現象による地盤の流動は地震の被害を大きくするし, 海底の地すべりや乱泥流の発生にも関与している.

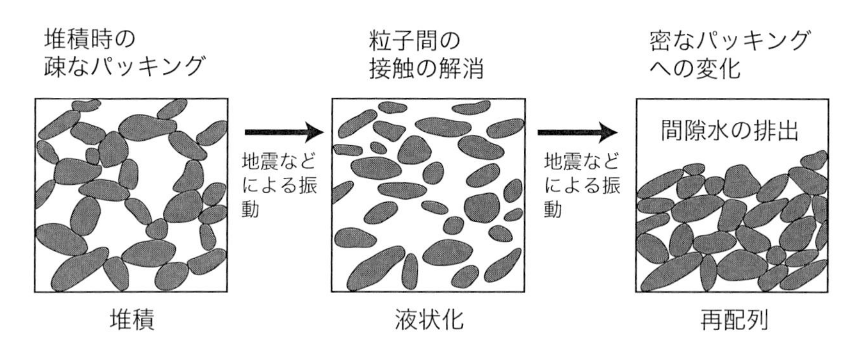

図 2.12　堆積物の液状化の過程を示す模式図．堆積時における間隙の大きい粒子のパッキングの状態が，地震動などによって粒子間の接触が減少し，内部摩擦が著しく減少した状態を液状化と呼んでいる．

(b)　圧密作用

堆積物は埋没が進むにつれて自重(圧力)がかかってくるので，粒子はおしつけられ間隙率は減少する(図 2.13)．これを**圧密作用**(compaction)という．

いま，深さ H の地層を想定してみよう．深さ H における圧力 p_H は単位幅の地層の柱を考えて，微小な深さ幅 dh における全密度を σ_h とし，全体を積分すると

$$p_H = g\int_H^0 \sigma_h dh \tag{2.3}$$

となる．ここに $\sigma_h=\rho_f+(1-P_h)\rho_g$ であり，ρ_f は間隙水の密度，ρ_g は粒子の密度，P_h は微小部分 dh における間隙率であり，p_H を**静岩圧**(lithostatic pressure)という．一般に間隙率 P_h は深さの関数となり，経験的には深さ H として

$$P_h = P_0 e^{-cH} \tag{2.4}$$

の指数関数で表現できる場合が多い．ここに，P_0 は地表近傍における間隙率，c は定数(例えば $c=1.42\times10^{-3}$/m の値が得られている)である．すなわち，埋没の初期には間隙率は自重による間隙の減少が急速におこり，やがて粒子間の接触が多くなってくるにしたがって減少は鈍ってくる(図 2.13 を参照)．実際

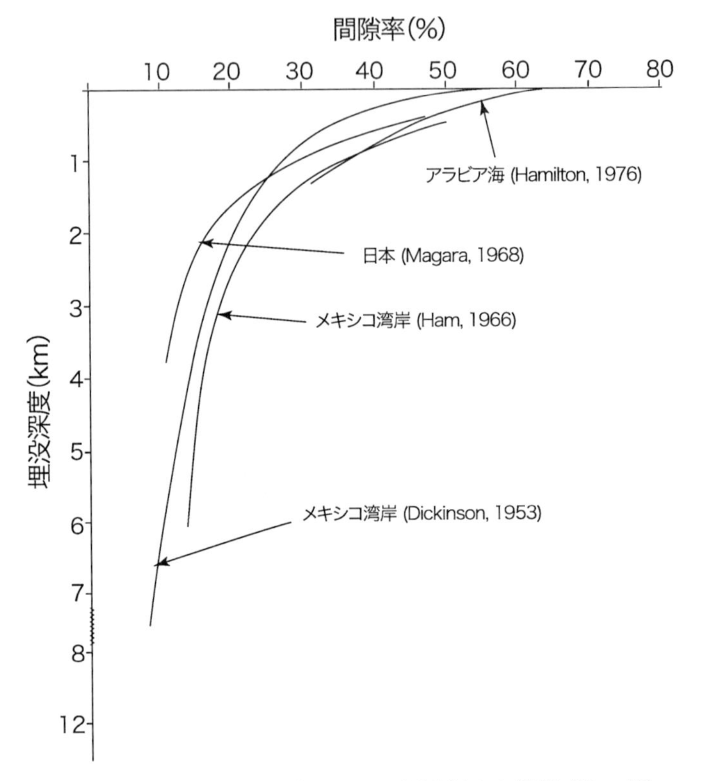

図 2.13 種々の堆積盆地における埋没深度と間隙率との関係．Bray and Karig(1985)による．この関係は，堆積物の種類(例えば泥質堆積物は初め間隙率が大きく，埋没とともに間隙の減少が大きい)，堆積の速度(速度が速いと排水が追い付かず高い間隙水圧が深くまで保たれる)，地温勾配(地下温度が高いと続成作用が進行し，間隙が減少する)，などに依存する．

の地層はさまざまな粒度分布や鉱物組成の堆積物から成り立っているので，場合により「異常な」現象がおきる．図 2.14 のような中間に不透水層がはさまっている地層とそうでない地層の状態を考えてみよう．地下の圧力(静岩圧)は粒子分の重さと間隙水分の重さの和である．間隙が地表までつながっている場合には地下 H での間隙水の圧力 P_f は静水圧に等しく

$$P_f = \rho_f g H \tag{2.5}$$

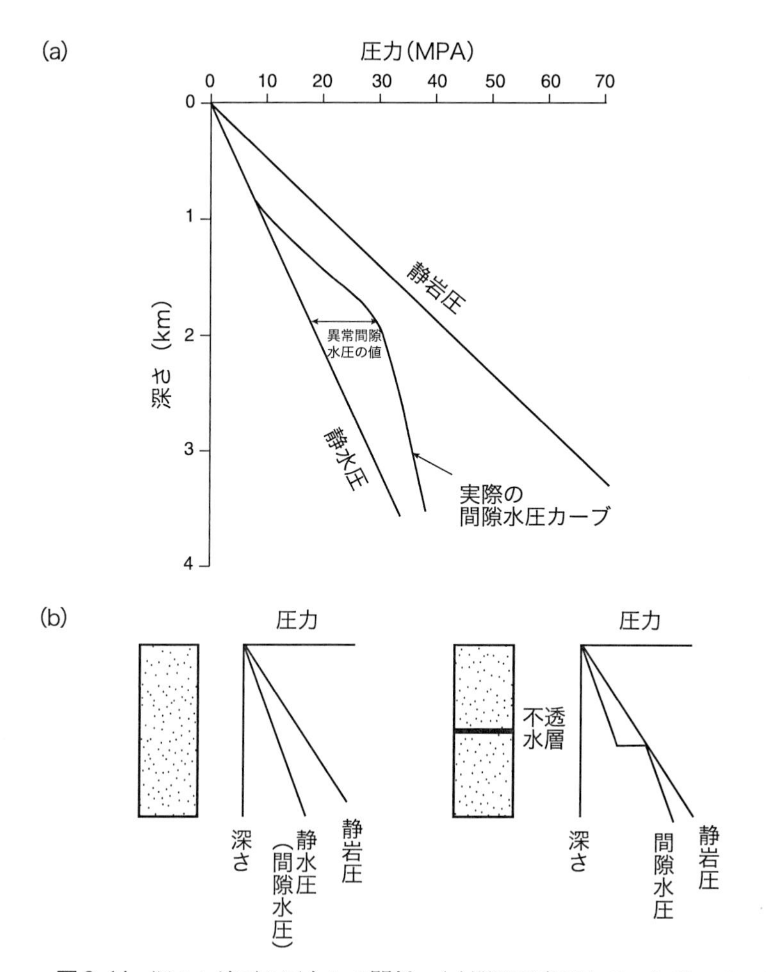

図 2.14　深さと地下の圧力との関係．(a)間隙が表面までつながっている場合の間隙水圧は静水圧に等しい．粒子と間隙を充たしている物質全体の圧力は静岩圧と呼ぶ．実際の地下の間隙水圧は時に静水圧と静岩圧の中間にある．これは，間隙の連結が不十分で排水が追い付かずに部分的に水圧が上昇するからであり，これを異常間隙水圧と呼んでいる．(b)異常間隙水圧の要因．左の図は，間隙がつながっているために静水圧が保持されている．いま，間に不透水層をはさむとすると，不透水層の下では，間隙水圧はその上の荷重全部，すなわち静岩圧まで上昇する．透水の悪い地層の存在が異常間隙水圧の要因となる．

である．すなわち式(2.2)に示したようにある深さ H における静岩圧は静水圧 p_f と残りの粒子の自重分から成り立っている．

しかし，堆積物の中には間隙がほとんどつながっていない透水の悪い層(不透水層)が存在する場合がある．この場合にはその下位の地層の間隙水圧は当然静水圧より高くなり，ときにはほぼ上位の地層からの全圧力を間隙水圧でまかなってしまう場合が出てくる．これを**異常間隙水圧**(abnormal pore pressure)と呼び，図2.14はそのような場合の例を示している．異常間隙水圧層ではしばしば堆積物の物性に大きな変化がおこる．一般に密度や弾性波速度，電気抵抗，岩石の強度が小さくなる．とくに強度が著しく落ちる場合がある．これは**実地圧**(effective pressure：静岩圧-間隙水圧)が減って粒子と粒子を強く押しつける圧力がなくなるため，岩石はせん断力などに対し強度が弱くなるためである(第3章を参照)．このことは断層の起源など地質構造の形成などにとっても重要である．

(c)　海成泥質堆積物の続成作用

前項で述べたように，泥質堆積物は，堆積直後では時に80％におよぶ間隙率をもっている．その中には粘土鉱物のような鉱物粒子の他に有機物や有孔虫などの微化石さらに火山灰が含まれていたりする．このような堆積物が圧密作用をうけ，さらに地下で地温が上昇してくると間隙水の移動と化学的変化が同時に進行し，さまざまな物質の再配分がおきる．

続成作用でもっとも中心的な役割を果たすのは間隙水であり，間隙水の関与する化学的な続成作用の研究には，しばしば安定同位体元素がトレーサーとして用いられる．続成作用のトレーサーとして重要な同位体を持つ元素として酸素(O)と炭素(C)がある．これらについては，すでに第1巻で述べてあるが，ここで，もう一度，復習してみよう．自然界の酸素には ^{16}O, ^{17}O と ^{18}O と3つの同位体があり，大気中の存在比は99.759：0.0374：0.2039である．しかし自然界のさまざまな物質における $^{18}O/^{16}O$ の比は，実際には少なからず変化する．これは ^{18}O と ^{16}O の質量のわずかな差が化学反応や物理的過程において異なった挙動として作用するためである．また，炭素についても ^{12}C と ^{13}C の2種が存在し，存在比は98.89：1.11である．酸素や炭素の同位体については，その

存在比は例えば，酸素では

$$\delta^{18}O=\left[\frac{^{18}O/^{16}O\,(\mathrm{sample})}{^{18}O/^{16}O\,(\mathrm{standard})}-1\right]\times 1000 \qquad (2.6)$$

で表す(第1巻の式(6.4)も参照)．標準資料としては炭素，酸素同位体に関しては**標準平均海水**(SMOW：standard mean ocean water)，炭素同位体に関しては通常アメリカ東部白亜系 Peede 層中のベレムナイト化石(Peede belemnite, PDB)を用いる．海水の $\delta^{18}O$ の組成はかなり一定で -1〜$+1$ にほぼおさまる．一方，淡水は比較的広い範囲を示すが海水よりは負の値，すなわち ^{18}O の含有率が小さい．これは $H_2{}^{16}O$ が $H_2{}^{18}O$ より軽いので揮発性に富むからで，海水から蒸発がおこると，雨水は $\delta^{18}O$ が負の値を持つようになるからである．反対に蒸発の残留液である海水は $\delta^{18}O$ がより正となる．

$\delta^{13}C$ についてはまず生物の作用がたいへん重要である．大気中の CO_2 は $\delta^{13}C$ が -7 であるが，光合成により生成される炭水化物は $\delta^{13}C=-24$ と，より軽い同位体組成を示す．これは光合成では質量が小さくて運動量の大きい $^{12}CO_2$ が植物の体内により取り入れやすいためである．さらにこのような軽い同位体組成をもつ有機体が分解され，さらにメタン生成細菌によってメタン(CH_4)が作られるとその $\delta^{13}C$ はさらに軽く -80 にもなる．続成作用における炭素同位体の分別の結果は堆積物中では炭酸カルシウム($CaCO_3$)の形で固定されることがある．したがって，地層中で形成された炭酸カルシウムは，そのときの続成作用の状態を示すたいへんよい指標になる．

堆積岩の中でもっとも大量に存在し，また，続成作用において，もっとも大きな変化をとげ，さらに，それから移動してきた流体が他の堆積物(例えば砂岩や石灰岩など)の続成に対しても大きな役割を果たすのが，海成泥質堆積物である．すなわち，続成作用の理解には，海成泥質堆積物の変化をたどるのがもっとも重要である．

海底で泥質の堆積物が堆積すると，それはまず80％程度の間隙を持ち，深海の堆積物でないかぎり，多くの場合は有機物質を含んでいる(通常全有機炭素量にして0.5〜2％)．また，海底には多くの底生生物が棲んでおり，その活動が初期の続成作用にきわめて重要である．

いま，海底付近の海水が十分に溶存酸素を含んでいるとしよう．海底の表層数 cm では生物の攪乱により上下の混合がおこる．よって，その溶存酸素を用いて好気性菌による有機物の酸化がおこり，軽い炭素同位体比組成をもつ CO_2 が作られるがこれと海水との混合が常におきており，$CaCO_3$ が折出することはほとんどない．ここまでを**酸化帯**(oxidation zone)と呼ぶ(図 2.15)．

海水との混合が減るにしたがって，堆積物中に独自の環境が作られていく．まず堆積物に含まれる有機物の酸化によって，間隙水中の溶存酸素が消費され，無酸素還元環境となっていく．有機物の分解によってリン酸やアンモニアが作られる．還元反応としては NO_3 から N_2 へ，MnO_2 から Mn^{++} へ，Fe_2O_3 から Fe^{++}, SO_4^{--} から H_2S が作られる．これらの還元反応には，嫌気性細菌の活動が重要な役割をはたしている．これらのうち続成環境を作り出すのにもっとも重要な働きをしているのが，**硫酸還元菌**(sulfate-reducing bacteria)である．

硫酸還元菌による反応は

$$2CH_2O + SO_4^{--} \longrightarrow H_2S + 2HCO_3^- \qquad (2.7)$$

と書くことができる．この結果，硫化水素と軽い炭素同位体比をもつ炭酸水素イオン(重炭酸イオン)が生成される．生成された H_2S は Fe_2O_3 の還元により作られた Fe^{++} と反応し**硫化鉄(パイライト：**pyrite, FeS_2)を作る．また，炭酸水素イオンの濃度が増すので，間隙水中の Ca^{++} と反応して $CaCO_3$ も生成される．これはコンクリーションなどの核となっていく．硫酸還元菌の活動は通常，堆積物の表層 50 cm 以浅のところでもっとも活発であるが，さらに 10 m 程度の深さまでは主要な役割をはたしているので，これを**硫酸還元帯**(sulfate reduction zone)と呼ぶ．

さらに埋没がすすむと間隙水中の SO_4^{--} イオンが消費され，硫酸還元菌の活動が終わる．ここで活発となるのは**メタン生成菌**の活動である．堆積物中に残っている有機物はさらに他の微生物により分解されて二酸化炭素と水素を出す．二酸化炭素と水素はメタン生成菌によって使われる．この反応は

$$CO_2 + 4H_2 \longrightarrow CH_4 + 2H_2O \qquad (2.8)$$

と書くことができる．また，二酸化炭素と炭酸水素イオンとの平衡は

$$CO_2 + H_2O = H^+ + HCO_3^- \qquad (2.9)$$

であるので，残りの CO_2 はさらに間隙水中の HCO_3^- イオンを増加させる．したがってこのゾーンで作られるのは，メタン CH_4 と炭酸水素イオン HCO_3^-

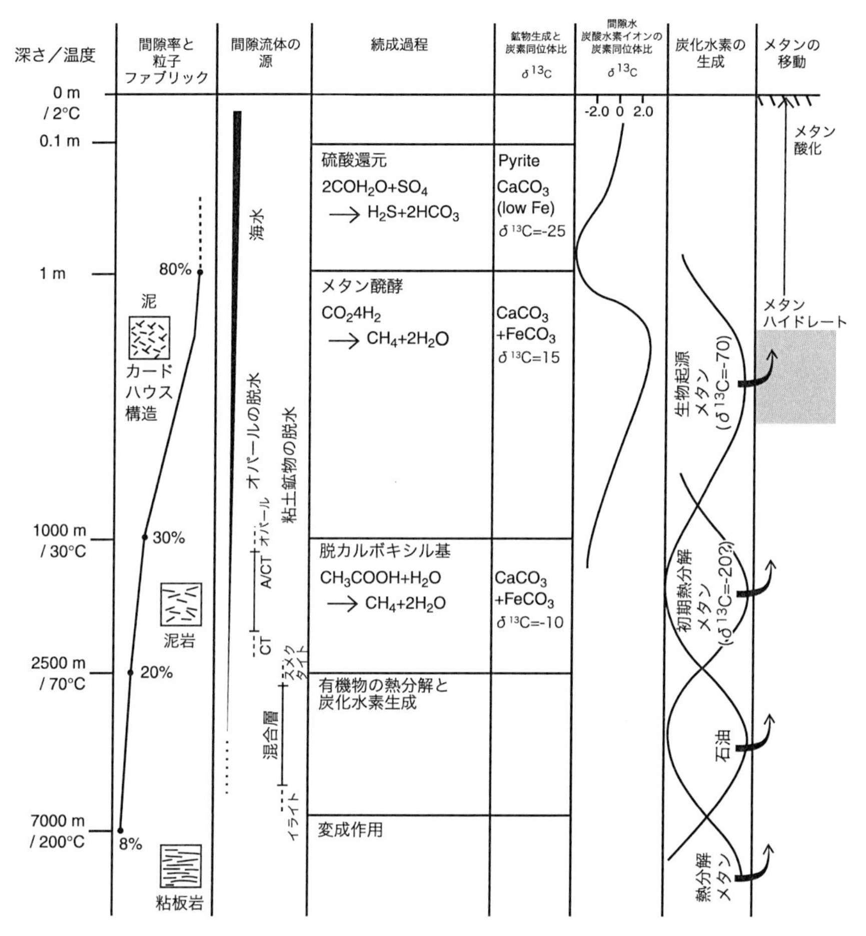

図 2.15　海成泥質堆積物の続成作用のまとめ．種々の資料より著者編集．縦軸の深さは適当なスケールでとってある．温度は表層で 2°C，地温勾配は 30°C/1000 m．粘土鉱物の配列を概念的に示し，間隙率は例えば，図 2.13 の例に倣ってある．続成作用では主に有機物の変質による反応を示してあり，それにともなう炭酸塩鉱物，炭素同位体比，炭化水素そしてメタンの移動を示してある．

であり，この過程は地下 1 km 程度までも続くと推定されている．このゾーンではメタンの炭素同位体比はたいへん軽くなり，逆に炭酸水素イオンには ^{13}C が濃集する．

このゾーンは前項でも述べたように，圧密作用のもっとも活発におこる場所であり，泥岩から間隙水の大部分が抜け出す帯域に一致している．したがって，メタンや炭酸水素イオンを含んだ水が，より間隙の大きい砂層や上方へ移動する．金属イオンは硫酸還元帯では硫化物となっているが，メタン生成帯では炭酸塩となって析出することができるため，鉄やマグネシウムを含んだ炭酸塩(例えば**シダライト**：siderite や**ドロマイト**：dolomite)が泥岩中のコンクリーションや砂岩のセメントとして析出する．セメントの析出に使われる Ca, Fe, Mg などは，粘土鉱物の表面の吸着したさまざまな水酸化物や有機錯体などのアモルファスな形でもたらされたものが大部分と考えられる．メタンは上部へと移動し，深海底や永久凍土層ではしばしばメタンハイドレートとなる．以上のゾーンを**メタン生成帯**(methanogenic zone)と呼ぶ．

埋没深度が 2000 m 以上となり，さらに地温が 70°C 近くなる(ここでは平均地温勾配として 30°C/1000 m 程度を考える)と微生物の活動は徐々に減少し，有機物は熱によってカルボキシル基(COOH)が除去される反応(decarboxylation)を受けるようになり，メタンが生成される．これを**熱生成メタン**(thermogenic methane)と呼び，メタン生成菌の作る**生物生成メタン**(biogenic methane)と区別する．例えば酢酸 CH_3COOH を例にすれば，

$$CH_3COOH + H_2O \longrightarrow CH_4 + H_2CO_3 \tag{2.10}$$

$$H_2CO_3 \longrightarrow H^+ + HCO_3^- \tag{2.11}$$

である．これよりさらに炭酸水素イオンが生成される．この炭酸水素イオンにより，さらに続いてドロマイトやシダライトが析出する．しかし，この反応では $\delta^{13}C$ の値はもともとの有機体と同じ程度の値(−20 程度)になっているのがメタン生成帯との大きな違いである．このゾーンでは粘土鉱物において**スメクタイト**(smectite)から**イライト**(illite)への変化がおこる．これは

1)　スメクタイトに閉じ込められていた水を吐き出す

2)　シリカを放出する

3)　陽イオン(Ca, Mg, Na, Fe)を放出する

を引きおこす．この際さらに新しく炭酸塩や石英のセメントが析出する．

さらに深い埋没では有機物は熱的熟成により原油となる．さらに温度が200℃程度に達すると，新たに緑泥石が生じて変成作用の段階となる．

以上のように泥質堆積物の続成作用の過程には，微生物の活動，有機物の分解，粘土鉱物の変化，そして間隙水の移動が深くかかわっている．泥岩と砂岩の続成作用もまた密接に関係しており，泥岩から砂岩への間隙水や炭化水素の移動が重要なプロセスである．

（d） メタンハイドレート

メタンハイドレートとは，水分子とメタン分子とからなる氷状の固体結晶である．水分子は，立体網状の構造(これを**クラスレート**：clathrate と呼んでいる)を作り，その内部の間隙にメタン分子が入り込んで結晶となっている．水分子の立体網状構造は，図 2.16 のような正 12 面体などの結晶構造を成しており，メタン分子と水分子の比は，8：46 である．容積でみるとメタンハイドレート中に取り込まれているメタンをガスとして分離した場合の容積は，ハイドレート自体の容積の 170 倍となる．クラスレートの中にはメタンだけでなく H_2S や CO_2 などのさまざまなガスを取り込むことができる．これらを総称して**ガスハイドレート**(gas hydrate)と呼んでいる．

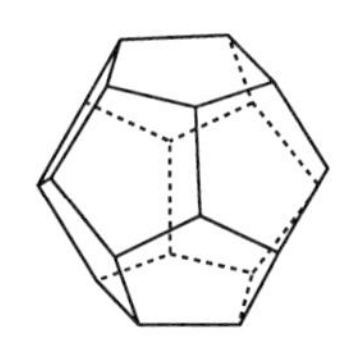

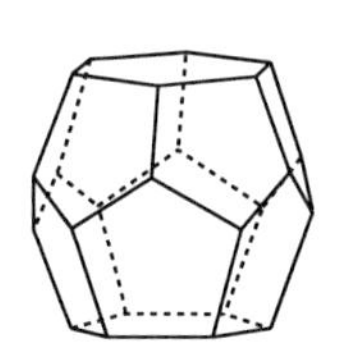

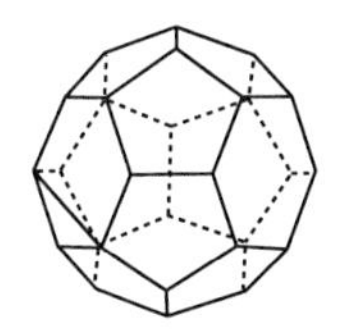

図 2.16 メタンハイドレートの代表的な結晶構造．水分子の「かご」構造を示し，この中にメタン分子が入る．正 12 面体では正 5 角形 12 個(5^{12})よりなり，14 面体では正 5 角形 12 個と正 6 角形 2 個($5^{12}6^2$)，16 面体では正 5 角形 12 個と正 6 角形 4 個($5^{12}6^4$)よりなる．このような「かご」状構造においては水 1 リットルに対してメタン 216 リットルが含まれる．Hitchon(1974)による．

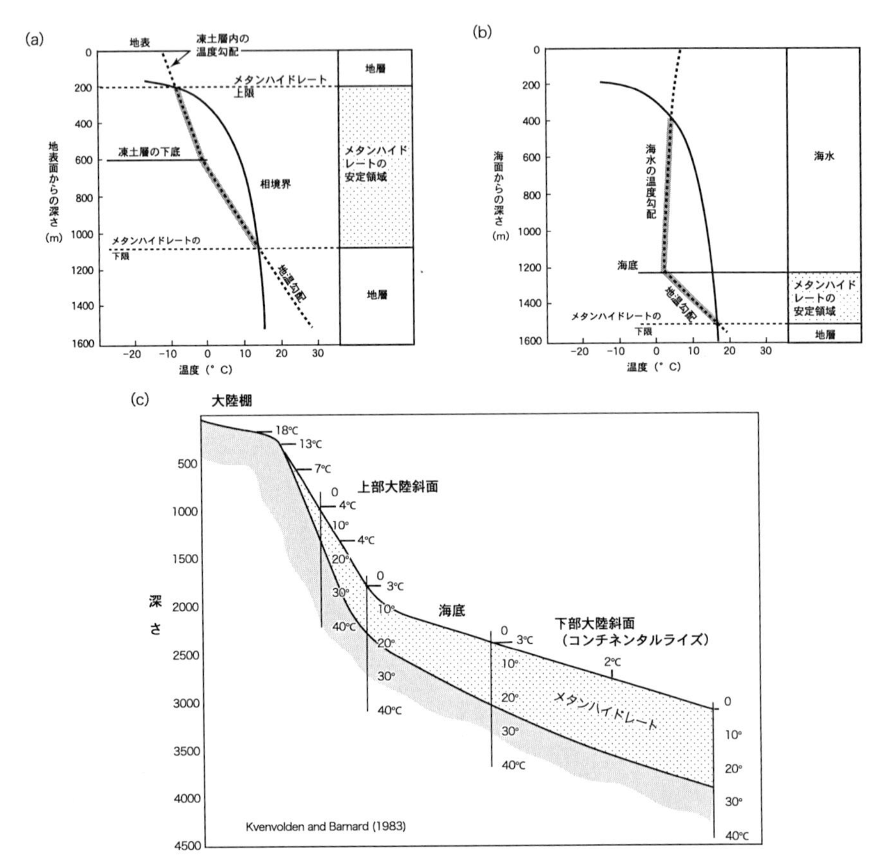

図 2.17 メタンハイドレートの相平衡と分布．温度-圧力で決まる相境界を(a), (b)に示してある．この相境界より温度が低く，圧力が高い領域で安定となる．Kvenvolden and McMehamin(1980)および Kvenvolden and Lorenson(2001)による．(a)凍土層を持つ地下における安定領域．縦軸は地表面からの深さで，横軸は温度．静水圧下での相平衡境界を実線で示す．凍土層における地温勾配を破線で示し，そのうち，メタンハイドレートの安定領域を灰色で塗ってある．(b)海洋における安定領域．縦軸は海面からの深さで，横軸は温度．静水圧下での相平衡境界を実線で示す．海水中においてはメタンハイドレートは蓄積ができないので，海底下の地層内で蓄積される．(c)海底下において同じ地温勾配をもつ地層が存在し，海底の温度は水深に依存するとした場合に海底下におけるメタンハイドレートの安定領域を示す．上部大陸斜面ではメタンハイドレートの含有層は薄くなり，深海ほど厚くなる．Kvenvolden and Barnard(1983)による．

さて，メタンハイドレートは一般に低温・高圧条件で安定である．メタンハイドレートが安定で存在するには，0℃ で 26 気圧以上の圧力が必要となる．メタンハイドレートの生成に関しては多くの合成実験が行なわれてきた．その結果，水と遊離メタンガスの混合物が固体のメタンハイドレートへと相変化をおこす温度-圧力の条件は，その他のガスの存在，溶液の組成などで変化することが知られている．

メタンハイドレートは地球上で主に 2 つの地域に存在している．1 つは大陸の永久凍土層の下であり，もう 1 つは海底下である．永久凍土層とは，堆積物や岩石中の間隙水が氷結しているゾーンを指す．永久凍土層の分布は，ロシア連邦，カナダ，アラスカを中心として，その面積は 3.45×10^{7} km^2 であり．これは実に陸域の 23% に相当する．凍土層の深さは通常，500〜700 m にも達し，1000 m を越す場合もある．図 2.17(a)で示したように，永久凍土層ではメタンハイドレート安定領域が地下数百 m まで広がっている．

海底では，数百 m より深い海域においてはメタンハイドレートの安定領域が存在する(図 2.17(b))．海底下においても広く分布し，地下の温度勾配に左右されるが，通常やはり数百 m の深さまで広がっている(図 2.17(c))．

地層中でメタンハイドレートが形成されている場合に，その安定領域の下部においては温度の上昇とともにハイドレートは存在できず，間隙水と遊離メタンの混合体が粒子の間に存在する．そのような状態では，地層の P 波速度が著しく減少するので，安定領域の下部境界は反射法地震波探査では，明瞭な反射面となって認識できる．ある地域でみると，地下温度勾配には大きな変化は少ないので，この反射面は海底下からメタンハイドレートの安定領域の圧力条件に応じたある深度に出現する．すなわち．海底面を模したように地下に出現するので，これを**海底疑似反射面**(**BSR**：Bottom Simulating Reflector)と呼んでいる．BSR は，各地の大陸斜面域で知られており，メタンハイドレートの存在を示す有力な証拠となる．

2.5　炭酸塩堆積物の起源と堆積環境

いままでは，主に砕屑性堆積物(堆積岩)について記述を進めてきた．堆積物には，主に**炭酸塩鉱物**(carboate minerals)から構成されているものが存在し，場所によっては，砕屑性堆積物より多量に存在する堆積環境も認められる．炭酸塩鉱物からなる堆積岩は，通称，**石灰岩**(limestone)と呼ばれるが，岩石の分類としては**炭酸塩岩**(carbonate rocks)と呼ぶ．**カルサイト**や**アラゴナイト**(calcite, aragonite：$CaCO_3$)そして**ドロマイト**(dolomite：$Ca\text{-}Mg(CO_3)_2$)などの炭酸塩鉱物を50％以上含む堆積物を炭酸塩堆積物，岩石を炭酸塩岩と呼んでいる．ドロマイトは，$CaCO_3$と$MgCO_3$との間の固溶体である．アラゴナイトは，カルサイトの同質異形である．

顕生代の炭酸塩岩の多くは生物の作用によってできたものである．その中で遠洋性の炭酸塩堆積物(有孔虫・ナンノ軟泥など)が出現したのはジュラ紀以降である．先カンブリア時代の炭酸塩岩はストロマトライト構造を持つものが多く，またドロマイトが優勢であるのが特徴である．

(a) 生物起源炭酸塩堆積物の生成

生物による炭酸塩の生成には大きく2つの様式がある．1つは，生物活動が，周囲の環境に変化をおこし，その結果として炭酸塩が析出するものである．例えば，藍藻(シアノバクテリア)の仲間では，光合成を行なった結果，海水から二酸化炭素が除去されて，炭酸塩結晶が析出する．これは，生物誘発結晶作用と呼ぶことができる．

一方，生物が組織内部で結晶を作り，自身の生体の一部をなす骨格や殻を作る場合がある．例えば，貝殻や有孔虫の骨格などである．これを硬組織形成作用と呼ぶことができる．これらの作用で形成された炭酸塩堆積物をまとめて**生物起源炭酸塩堆積物**(biogenic carbonate sediments)と呼ぶ．

生物誘発結晶作用による炭酸塩堆積物の形成は，おそらく藍藻の仲間が地表に現れたときから始まったに違いない．それは，およそ35〜30億年前である．一方，炭酸塩鉱物が硬組織形成作用によって形成されるようになったのはカンブリア紀の初頭である．

顕生代において，生物起源炭酸塩岩の形成に重要な役割を果たした作用として**礁**(リーフ：reef)の形成がある．礁とは，生物殻や骨格が寄り集まって作った波浪や海流の障壁となる構造物を指す．礁には，サンゴ礁，層孔虫礁など，それを中心的に形成する生物の名前をとって分類する場合がある．また，生物起源炭酸塩でできた礁を総称して**石灰礁**(calcareous reef)，あるいは**炭酸塩礁**(carbonate reef)と呼ぶことがある．炭酸塩礁の出現によって，広い範囲に渡って炭酸塩堆積物が形成される環境ができあがる．

生物骨格が密集した層を**バイオハーム**(bioherm)あるいは**バイオストローム**(biostrome)と呼ぶことがある．前者は現地性の生物群集密集層(礁もその1つ)を指し，後者は堆積作用で寄せ集められた密集層を示す．

(b) 無機的な炭酸塩堆積物の形成

現在，海水の温度の高い熱帯などでは，炭酸カルシウムに過飽和である．したがってこのような場所においては，無機的に炭酸塩が析出する．代表的な例として**ビーチロック**(beach rock)があげられる．これは海岸において砂粒子間を無機的に析出した炭酸塩のセメントが膠結したものである．また，**ウーライト**(oolite. 図2.18(b))は，核となる粒子(生物殻の破片や砕屑物)のまわりに同心円状にアラゴナイトの微細結晶が付着成長したものである．ウーライトは流れや波の作用の常時働く海底に分布し，ときには海底砂丘群から構成される大きな砂体を形成している．

湖や温泉などでは，**トゥーファ**(tuffa)や**トラバーティン**(travertine)と呼ばれる波状のラミナ構造をもつ炭酸塩堆積物が形成されることがある．**ストロマトライト**(stromatolite)は同様な構造をもつ岩石であるが，主に藍藻などによる生物誘発堆積によって形成されたものである．

(c) 石灰泥

サンゴ礁をとりまく環境では，波や流れのエネルギーの低いところにおいて，しばしば細粒の石灰質の粒子(ミクライト：micrite)が堆積している．これは，おもにシルトサイズの微小なアラゴナイトやカルサイト質の結晶からなっている．これらは**石灰泥**(lime mud)と呼ばれている．石灰泥は，**ハリメダ**(*Halimeda*)などの石灰藻やその他の生物殻の摩耗によってもたらされた細粒結晶，無機的に生成された結晶，円石藻殻(ココリス)などからなっており，波静かなラグーン域には，粘土鉱物などとともに広く堆積している．石灰泥は，

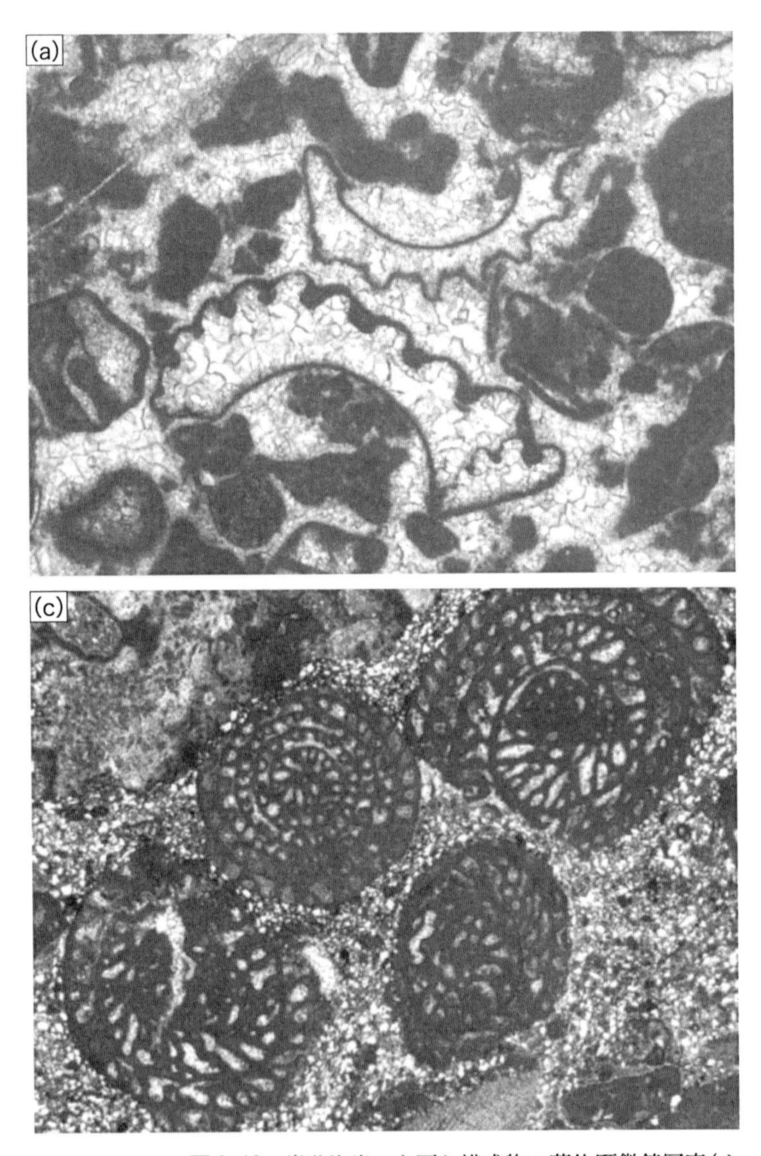

図 2. 18　炭酸塩岩の主要な構成物の薄片顕微鏡写真(オ
に生物殻起源粒子(中央は軟体動物の殻片)から構成
ラ紀鳥の巣石灰岩，高知県佐川町．(b)ウーライトを
(c)フズリナを含む砂質石灰岩．チェリーキャニオン
れたと考えられるラミナ(矢印)と砕屑粒子を含むカリ

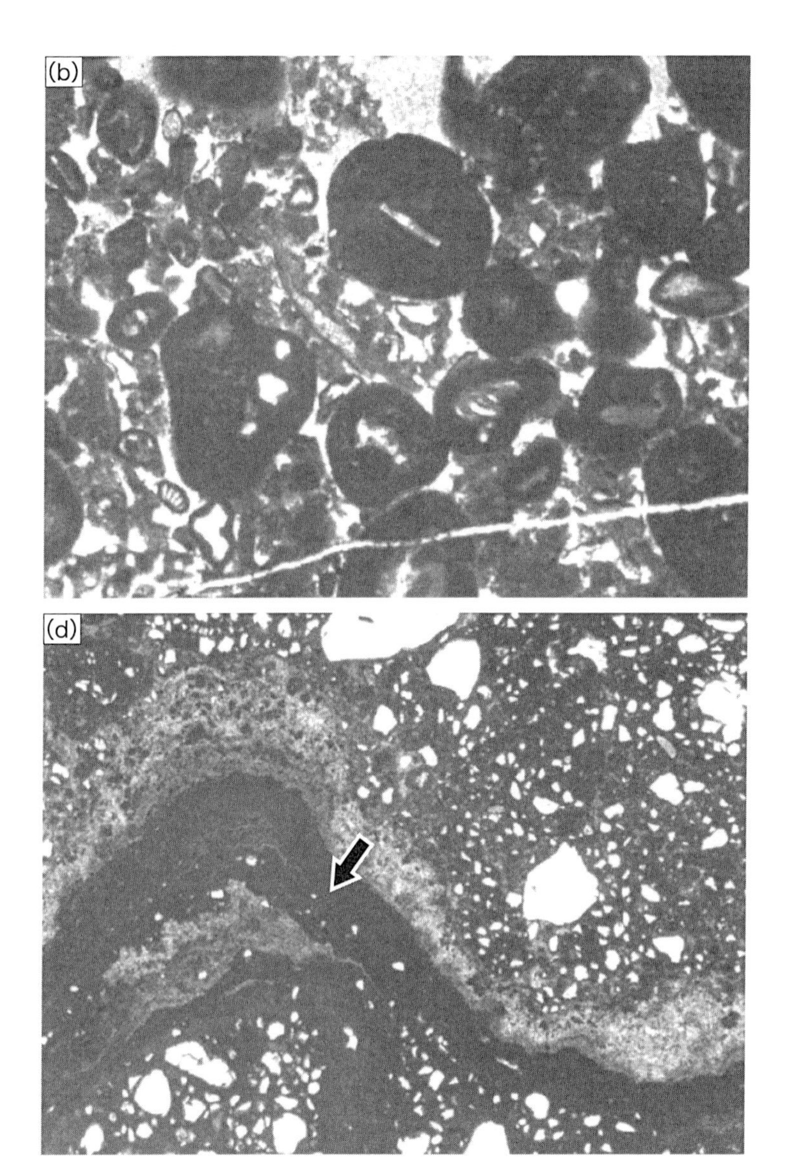

ープンニコル)スケールは写真の横幅が 5.7mm．(a)主
される石灰岩(グレインストーン：図 2.19 参照)．ジュ
含む石灰岩．ジュラ紀鳥の巣石灰岩，高知県佐川町．
層，テキサス州パーミアン盆地．(d)土壌環境で形成さ
ーチェ．カールスバッド層群，テキサス州パーミアン盆地．

炭酸塩堆積物のマトリックスを構成する．

(d) セメンテーション

炭酸塩の堆積環境では，多くの場合堆積後にすぐに炭酸塩セメントの析出が始まることが多い．セメントは粒子間において，針状や繊維状のアラゴナイト結晶やスパーライト(sparite)と呼ばれる顕晶質のカルサイトの結晶が析出する．結晶の析出によって粒子が膠結されることを**セメンテーション**(cementation)と呼ぶ．セメンテーションは初期の続成作用としても重要であり，それによって粒子を堅固に膠着させるフレームワークができる．たとえば，炭酸塩礁においては，初期のセメンテーションは波浪に抵抗できるしっかりした土台の形成に重要な役目をはたす．セメンテーションは，続成作用の間にも継続され炭酸塩岩としての組織を作ってゆく．

(e) 炭酸塩岩の組織

炭酸塩岩は，砕屑岩と同様に，大きく，粒子，マトリックス，セメントから構成されている．粒子には次の種類がある(図 2.18 を参照)．

1) **クラスト**(clast)：礫状あるいは粗粒砂くらいの大きさをもつ石灰泥片で，砕屑岩の泥岩クラストや偽礫に相当する．

2) **ウーライト**(oolite)：すでに述べたが，核となる生物殻の破片や砕屑物のまわりに同心円状にアラゴナイトの微細結晶が付着成長した砂粒サイズの粒子である(図 2.18(b))．粒子の周りに薄く炭酸塩の被服が覆った状態のものはコーティドグレイン(coated grain)と呼ぶことがある．

3) **オンコライト**(oncolite)：直径数 cm の同心円構造をもつ粒子．ウーライトほどラミナは微細ではなく，一般に不鮮明な構造を示す．オンコライトはシアノバクテリアあるいは他の藻類が関与した生物誘導結晶作用で作られたと考えられる．また直接に石灰質紅藻類などが付着してできたものにアルガルボール(algal ball)がある．これは，直径 10 cm を越すものがあり，サンゴ礁の前面の波浪ベース付近に発達する．

4) **フィーカル・ペレット**(fecal pellet)：生物の粒状排泄物である．これには構造を持つものもあるが一般には，微結晶質の砂粒サイズの粒子である．

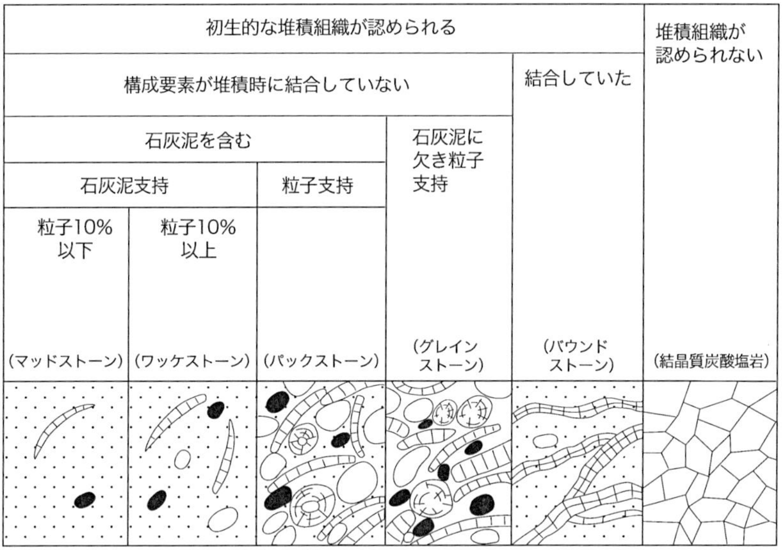

初生的な堆積組織が認められる					堆積組織が認められない
構成要素が堆積時に結合していない				結合していた	
石灰泥を含む			石灰泥に欠き粒子支持		
石灰泥支持		粒子支持			
粒子10%以下	粒子10%以上				
(マッドストーン)	(ワッケストーン)	(パックストーン)	(グレインストーン)	(バウンドストーン)	(結晶質炭酸塩岩)

図 2.19　炭酸塩岩の分類．砂目模様は泥質マトリックスを表し，グレインストーンの粒子以外の空白部分は空隙あるいは二次結晶を表す．Durham (1962) による．

外形は円筒状であるものが多い．炭酸塩岩には，その他に起源の不明な微結晶質の砂粒サイズの粒子がしばしば認められる．これは，**ペロイド** (pelloids) と呼ばれており，クラストであったり，生物殻がアルガル・ボーリング (藻類などによる穿孔作用) によって微結晶質となったものがある．

5)　**生物殻** (bioclast)：サンゴ，貝殻，石灰藻，有孔虫などの生物殻やその破片を指す (図 2.18 (a))．

6)　**ストロマトライト** (stromatolite)，**アルガルマット** (algal mat)，**アルガル・ラミネーション** (algal lamination) と呼ばれる構造は，主に藍藻 (シアノバクテリア) 類によって作られたラミナの発達した炭酸塩堆積物を指す．

炭酸塩岩は粒子と粒子の間隙が石灰泥マトリックスで埋められているか，あるいはセメントで膠結されているかにより，図 2.19 のような分類を行なうことができる．これは Durham によって提案されたものである．この他に Folk による分類もある．

まず堆積の初生構造(粒子やマトリックスの区別など)が認められるものと完全に再結晶しているもの(再結晶岩)とに区分する．次に粒子や構造物が固着していて初生的な構造がそのまま残されているものと，そうでないものとに区分する．前者はたとえばサンゴ礁などがほぼそのままの状態で保存されたものを示す．これは**バウンドストーン**(boundstone)と呼ぶ．後者は，粒子やマトリックスが個別に堆積したものを指し，これは石灰泥を含むものとそうでないものに分類する．石灰泥を含まないものは粒子がよく淘汰されている場合が多く，砂浜やサンドウェーブなどの波や流れのエネルギーが高い環境での堆積を示している．これを**グレインストーン**(grainstone)と称する．ウーライト質の石灰岩はほとんどがグレインストーンである．石灰泥が含まれている炭酸塩岩については，**粒子支持**(grain-supported)と**石灰泥マトリックスの支持**(mud-supported)とに分類する．前者を**パックストーン**(packstone)と呼んでいる．石灰泥マトリックス支持の岩石はこれを粒子の量10% を境に**マッドストーン**(mudstone ほとんどが石灰泥からなる)と**ワッケストーン**(wackestone)に区分する．

(f)　炭酸塩岩の堆積環境

以上のような炭酸塩堆積物がどのような環境で堆積しているのか，現生と過去の例を見ながら概観しよう．現生の例としては，フロリダ・バハマ域の炭酸塩岩プラットフォームをあげる．ここはもっともよく調べられているだけでなく，過去の巨大な炭酸塩堆積体と類似しており，炭酸塩の地球史的な意義を論じる上で重要と考えられるからである．過去の例としては，米国テキサス州のペルム紀パーミアン盆地(Permian Basin)の炭酸塩堆積体を扱う．ここは，過去の海底の状態がほとんどそのまま保存されているという驚くべき場所である．

フロリダ・バハマ炭酸塩岩プラットフォーム

白亜紀におけるリフトの形成および大西洋の海洋底拡大にともなって，北米東岸に大陸地殻の一部が大陸縁辺に取り残された．それがバハマ堆であり，大陸の一部がフロリダ半島である．ここでは，白亜紀から炭酸塩岩の堆積が始まり，厚さ数千 m の地層が蓄積し台地状の地形を形成した．このような台地を

炭酸塩岩プラットフォーム(carbonate platform)と称する．プラットフォームの縁辺ではプログラデーションによる地層の形成が行なわれており，莫大な炭酸塩岩の集積が行なわれたことを示している(図 2.20)．

現在の環境を見てみよう．まずフロリダでは，フロリダキーズ(Florida Keys)と呼ばれる小島列が目立つ(図 2.21(a))．この島列は，第四紀の石灰岩からなる．一部は，溶蝕されており，鍾乳洞などが発達しており，また，土壌も形成されている．これは 12 万年前の高い海水準時のサンゴ礁を表している．

フロリダキーズの存在は環境を大きく変化させている．まず，キーズと内陸との間はフロリダ湾と呼ばれ，特殊な環境を現出している．ここでは，冬には雨期となって，フロリダ半島から淡水が流れ込み海水の塩分が 20 パーミルまで下がる．一方，夏は乾季となり 40 パーミルまで上昇する．フロリダ湾には，ほぼ全域に石灰泥が堆積しており，湾は白濁している．石灰泥はポリゴン状(六角形に似た形)のネットワーク地形を成し(マッドバンク：mud bank と呼ぶ)，一部はマングローブ林となっている．また，**アルガルマット**(algal mat：藻類が絨毯を敷いたように繁茂して，その中に粘土粒子などが捕獲されて層状になったもの)が形成されていることがある．ポリゴン状のネットワーク地形の成因はわかっていない．塩分の変化が激しいので，生物相は限られた種の底生有孔虫や巻貝が主体となっている(図 2.21(b))．フロリダ半島の沿岸はマングローブ林となっており，内陸にはエバーグレーズ国立公園(Everglades National Park)の湿地帯が発達している．

フロリダキーズの島と島の間は，潮流の出入口になっており，ここに**潮汐デルタ**(tidal delta)が発達し，石灰砂がデルタ状の地形をなして分布する．

キーズの海岸では，フロリダ湾側は，細粒なシルトからなり，外側は，石灰砂の浜からなる．キーズの外洋側では，石灰砂の砂州が数列，キーズとほぼ平行に存在する．活動的な砂州以外のところは，砂地に海草(*Thalassia*)が群生しており，そこでは，生物の攪乱が進んでいる．また，ポライテス(*Polites*)などのサンゴや石灰藻がしばしば認められ，これらが石灰砂の供給源となっている．

さらに外側では，砂地から円形の孤立した**パッチリーフ**(patch reef)が分布している．パッチリーフでは，柱状あるいは脳状のサンゴが群生しており，

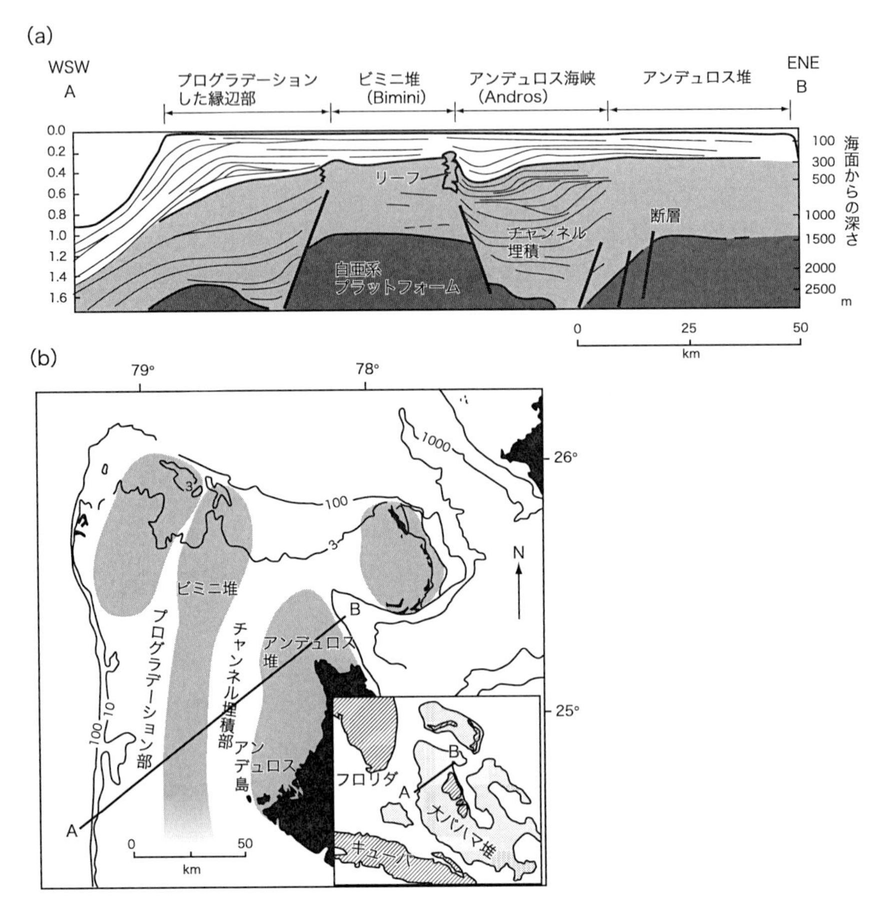

図 2.20　バハマ炭酸塩プラットフォームの構造．(a)プラットフォームの断面図．白亜系のプラットフォーム基盤上に第三系の炭酸塩岩が 1500 m 以上堆積している．(b)大バハマ堆の位置，バハマ堆北部の構造および(a)の断面の位置．右下の位置図では，フロリダ，キューバを含む地域との関係を示す．陸地を斜線，プラットフォーム部分を灰色に塗ってある．Eberli and Ginsburg (1987) による．

(a)

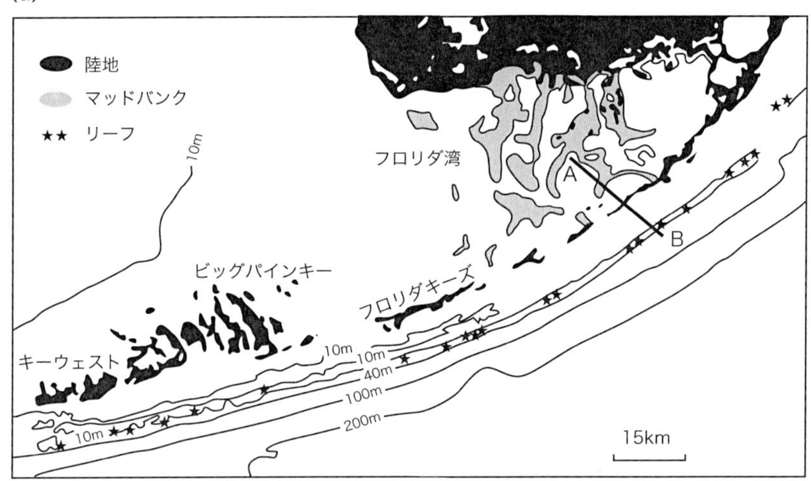

(b)

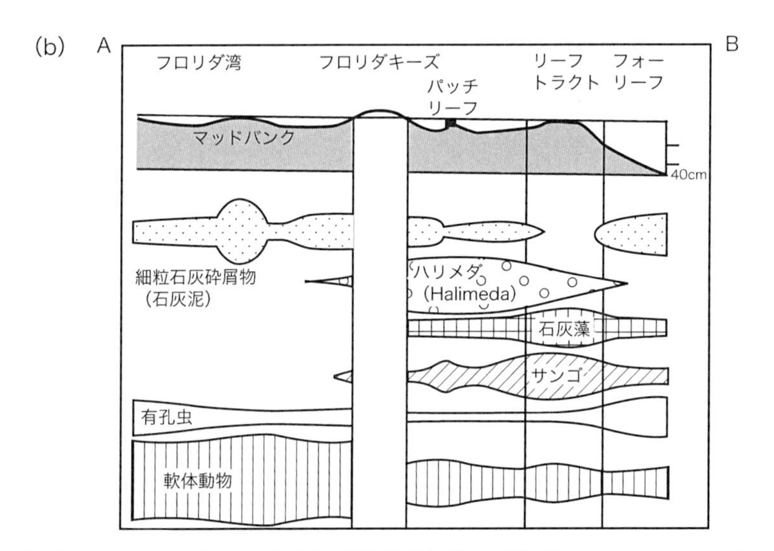

図 2.21 フロリダキーズ周辺の炭酸塩堆積物の堆積環境．(a)リーフトラクト，フロリダキーズ，フロリダ湾の位置．(b)図の断面の位置を A—B で示す．(b)模式的な地形断面と炭酸塩を構成する物質の相対的な比率の分布．フロリダキーズの海側は多様な炭酸塩殻を持つ生物群集が生息している．海洋環境の変化の激しいフロリダ湾では，有孔虫と巻貝など炭酸塩殻を持つ生物の種類は少ないが，それらは多量に存在する．Ginsburg(1956)より．

高さ数 m から十数 m ほどの構造を作っている．また海綿やゴルゴナシア(*Gorgonacia*：ソフトコーラル)なども群生しており，パッチリーフの周囲には石灰砂が取り囲むように分布する．

その外側には，直線上に連なった**バリアリーフ**(barrier reef)が存在する．フロリダのバリアリーフは主に 2 種類のミドリイシ科のサンゴからなっている．外側の外洋と接するところでは，堅牢な構造をもつテノヒラサンゴ(*Acropola Palmata*)が群生し，内側はよりデリケートな構造をもつシカツノサンゴ(*Acropola Cervecornisa*)が密集している．バリアリーフの土台は，セメンテーションを受けたサンゴがしっかりしたフレームワークをなす．リーフが連続して連なっている帯を**リーフトラクト**(reef tract)と呼んでいる(図 2.21(a))．

バリアリーフの外洋側は，リーフの延びる方向とは垂直方向に幾筋もの溝が形成されている．この溝はサンゴの破片などの生物起源粒子が斜面方向に粒子流などにより運搬されている場所を表している．このような構造を**グルーブ・アンド・スパー構造**(gloove and spar structure)と呼んでいる．バリアリーフの前面の斜面(forereef slope)は，粒子流堆積物や地すべり堆積物が覆っており，さらに底部ではコンターライト(底層流でできた細粒の堆積物，解説は後出)が発達し，一部では海綿が群集を作って，深海の「海綿バイオハーム」を成している．

以上のように，フロリダでは，バリアリーフを境に**リーフ前縁環境**(fore-reef environment)と**リーフ背後環境**(backreef environment)に区分でき，背後はさらに，旧リーフトラクトであるフロリダキーズによって，石灰砂が蓄積している外側と石灰泥を主体とするフロリダ湾の環境に分かれる．

一方，バハマ堆は，全体として馬てい形をなし，中央に深さ数千 m の過去のリフトベースン埋積層が存在する(図 2.20)．プラットフォームの表面は，石灰砂や石灰泥に覆われており，その一部が島となっている(Andros Island)．リーフトラクトの発達はフロリダ半島ほど大きくない．これは，変化の激しいリーフ背後環境からリーフを「守る」フロリダキーズのような地形が発達していないためと考えられる．プラットフォーム上にはウーライトからなる海底砂丘群が発達している．

フロリダ―バハマでは，リフト帯の形成にともなう大陸地殻のブロック化，その後の冷却にともなう沈降によって厚い炭酸塩岩プラットフォームが形成された．その大部分は石灰砂と石灰泥であり，リーフ自体はごく一部であることが注目される．

パーミアン・リーフコンプレックス，テキサス州

テキサス州の広大な平原を西へ行くと，ニューメキシコ州との州境近くにグアダルーペ山地(Guadalupe Mt.)と呼ばれる峰が見えてくる．ここは，西のネバダ州，ニューメキシコ州から続くベースン・アンド・レンジ地帯(第5章を参照)の東の縁辺に相当する．グアダルーペ山地は，その地塁部であり，ここでは，ペルム紀のリーフがほとんどそのままの形で保存されている．全体の古地理を見てみよう(図2.22)．ペルム紀には，デラウェア盆地と呼ばれる海盆とそれを取り囲むプラットフォーム縁辺のリーフが存在していた．この形状は，バハマ堆と大変よく類似している．しかし，環境の上では，バハマ堆ほど「外洋」的な環境ではなく，全体として閉じた海洋環境，例えばペルシャ湾に近いものであったと推定されている．

この海盆は，三畳紀になると全体が蒸発岩で覆われ，「塩漬け」状態で保存された．第三紀からのベースン・アンド・レンジの断層運動により，隆起がおこり，蒸発岩が溶解によって取り去られて，ペルム紀の海底地形そのものが地表に現れた．この一帯のペルム紀堆積体は，石油の産地としても知られている．

まず海底盆の堆積物から斜面，リーフさらにリーフ背後環境へとたどってゆこう．ベースンの中央部を代表する地層は，黒色の有機質珪質頁岩である(ボーンスプリング層)．有機炭素量は2〜4%であり，これがこの一帯の石油の原岩となっている．珪質分は，スポンジの骨針が主成分である．当時の海盆底は，貧酸素状態が卓越し，おそらく斜面部の「海綿バイオハーム」から供給された骨針が有機泥とともに堆積していた．

斜面底部から斜面にかけては，粒子流堆積物や土石流堆積物などの重力流堆積物が卓越している．さまざまな種類の生物起源粒子や大きなクラストが認められ，それらが何層も頁岩層と指交(インターフィンガー：interfinger)している．重力流堆積物の中には多量の腕足類の殻を含むものがあり，殻だけが選択的に石英に置き変わっている．この石英の供給源も海綿骨針だと思われる．

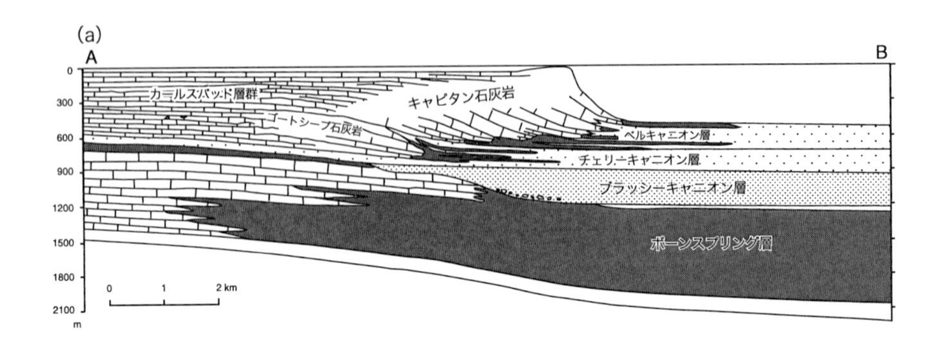

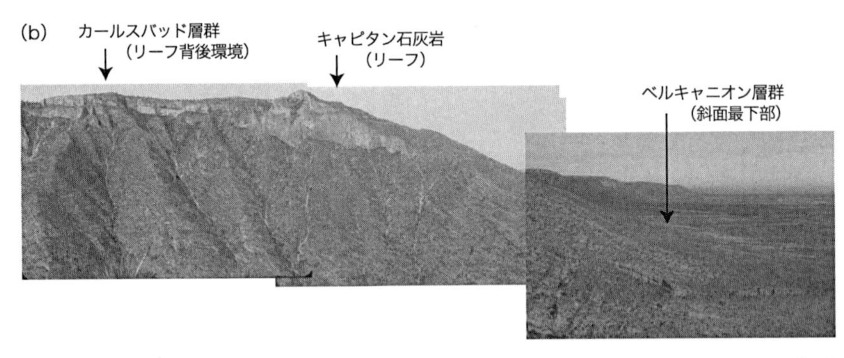

図 2.22 テキサス州グアダルーペ山地に分布する炭酸
横切る断面と層序．Newell *et al*.(1972) より．(d) に
リーフとリーフ前縁(キャピタン石灰岩)，海盆(ベル
前面の斜面は古生代の海底地形そのものである．リー
盆底からフォーリーフ斜面とリーフキャピタン石灰岩
ーメキシコ州(NM)にまたがるパーミアン盆地の二畳
ンド盆地とに分かれ，(a)図の断面の位置は，デラウ

このような重力流堆積物の他に斜面底部には平行葉理の発達した砂岩層が認められる．これは石英や長石を含む淘汰とよい砕屑性の砂岩であり，しばしば定方向(斜面の傾斜方向と垂直)に配列したフズリナの化石を含む(図 2.18(c)を見よ)．この砂岩層はコンターライトと推定される．

斜面の上，プラットフォームの縁辺にはアルガル・ラミネーションによって連結したバウンドストーンが発達し，塊状の石灰岩体を構成する．主な構成物は，石灰藻，海綿などであり，サンゴ類は見当たらない．この岩石は，周囲の

(c)

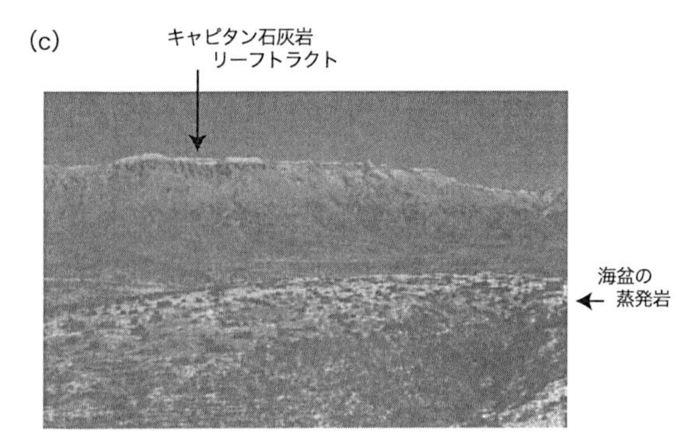

(d) 位置図

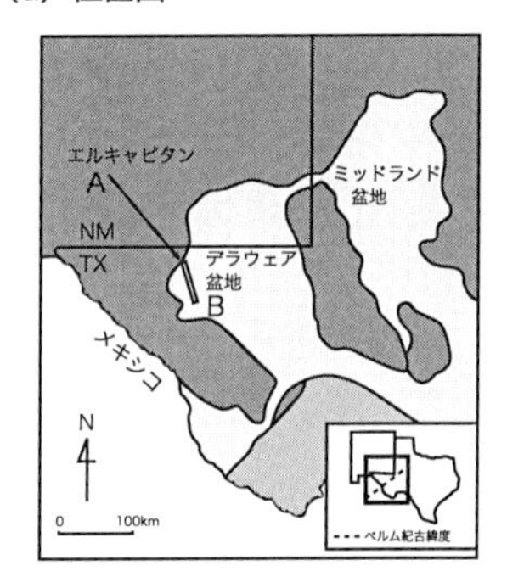

塩岩の層序．(a)グアダルーペ山地とパーミアン盆地を
位置を示す．(b)バックリーフ(カールスバッド層群)，
キャニオン層他)の断面の層序関係を示す写真．リーフ
フトラクトが連続して写真の背景に認められる．(c)海
のリーフトラクトを見る．(d)テキサス州(TX)とニュ
紀古地理．パーミアン盆地はデラウェア盆地とミッドラ
ェア盆地にある．

地層との関係から考えてリーフ環境を表していると思われるが，顕著なバリアリーフ・トラクトを構成していたとは考えられていない．当時のデラウェア海盆は閉じた環境であったので，波浪に抵抗するような堅固な構造は必要なかったのかもしれない．

リーフ背後環境は変化に富んでいた．それは，

1) 顕著なウーライトは認められないが，コーティングを受けた円磨された生物起源粒子(コーティドグレイン)からなるグレインストーンが卓越する．

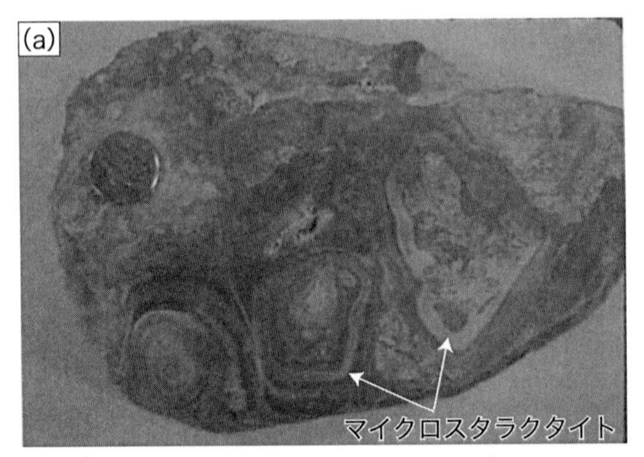

図 2. 23　テキサス州グアダルーペ山地に分布する堆積岩の構造．(a)カリーチェ構造(カールスバッド層群)．下方にラミナが成長したマイクロスタラクタイト構造を示す．(b)デラウェア盆地を埋積した蒸発岩．石膏(gypsum)であるが，堆積当時は硬石膏(anhydrite)の可能性がある．黒いバンドは有機物の多いラミナ．褶曲は硬石膏から石膏への変化にともなった体積膨張によるとの説もある．

2)　ドロマイト化したマッドストーンでストロマトライト状構造やアルガル・ラミネーションを持つもの

3)　オンコライトを含むワッケストーンあるいはパックストーン

4)　大きな同心円状のラミナをもつマッドストーン(図2.18(d)と図2.23(a))

5)　蒸発岩(図2.23(b))

6)　赤色頁岩や砂岩

である．1)はあまり波浪や流れの強くない海浜や砂州の環境を表す．2)はラグーンや干潟を示し，3)はラグーン内のポンドやチャンネルのよどみの部分であり，5),6)は乾燥した陸域への変化を表す．

ここで問題となるのは，4)の岩石である．これは主にドロマイト化したマッドストーンからなり，同心円ラミナは，下側に垂れ下がった構造を示す．これは**マイクロスタラクタイト**(microstalactite：微小鍾乳石構造)と呼ばれるものである(図2.23(a))．この岩石の成因には，いろいろな議論があったが，現在は，土壌環境で作られる**カリーチェ**(caliche)，あるいは**カルクリート**(calcrete)と呼ばれる構造であると考えられている(図2.18(d)を参照)．乾燥地帯の土壌では，表面からの地下水の蒸発によってカルサイトが析出する．これが，核のまわりで成長し，ラミナ状になる．このような同心円構造は，オンコライトと類似する．また波状などのラミナが発達することもある．この場合にはストロマトライトとも類似する．しかし同様に，ラミナの主因は土壌起源であると考えられ，パーミアン盆地ではその分布はフロリダキーズのように島列をなしていた可能性がある．この島列が，乾燥によって高塩分濃度，高温度となったラグーンの海水からリーフ生物群を保護していたのかもしれない．

以上のようにテキサス州のパーミアン・リーフコンプレックスは，ほぼ完全な炭酸塩堆積環境の野外博物館といってよい．ここでも炭酸塩岩の総量におけるリーフの割合は小さく，大部分(90％以上)はリーフ背後の堆積物が占めている．

リーフの地球史

リーフを構成する生物は，時代とともに変化している．古生代の初期には石灰藻が主体であり，サンゴや層孔虫類(Stromatoporoides)が主となるのは古生代後期からである．白亜紀には，**厚歯二枚貝類**(rudists)がリーフ状の構造を作った．またアルガル・コーティングやアルガル・ラミナで連結された石灰藻のリーフは，地質時代を通じて重要な役目を果たしてきた．さらにリーフには，その他の生物，例えば海綿，ブライオゾア(蘚虫類)，腕足類などが関与している．その中で著しいのは，第三紀以降のリーフがそれ以前と大変異なることである．われわれは「サンゴ礁」という言葉をよく使うが，これは第三紀以降のリーフ構成生物は，サンゴ類が圧倒的に優勢であることを示す．しかし，それ以前の中生代，古生代のリーフは上に述べたように多様で，サンゴはその一部にすぎない．

2.6　その他の堆積岩の起源

(a)　蒸発岩の起源

わが国ではあまり馴染みがないが，いわゆる岩塩層は，大陸内部や大陸縁辺地域では普通に存在し，とくにヨーロッパ(とくにドイツ)，アメリカなどに広く分布する(図 1.3 に岩塩層の分布が模式的に示してある)．蒸発岩とは，海盆あるいは塩湖の水を蒸発させてできた岩石である．

海水を蒸発させてゆくと，決まった順序で鉱物が析出することが知られている．海水を 1/3 まで蒸発させると炭酸塩が析出し，さらに蒸発が進むと**硬石膏**(anhydrite：$CaSO_4$) (図 2.23(b)を参照)，そして**ハライト**(halite：NaCl)さらに KCl, $MgSO_4$ などの塩が析出する．この中ではハライトの量が 78% と断然多い．硬石膏やハイライトは乾燥地域の干潟や塩湖などで，石灰泥層やアルガルマット層などと互層して**サブカ**(sabkha：アラビヤ語に由来し，アラビヤ湾の堆積環境でよく用いられる)と呼ばれる環境を作る．

ドイツやアメリカで鉱山となっているものは何百 m というような厚さをもつ蒸発岩層からなる．いま，5000 m^3の海水を蒸発させたとする．海水の塩分濃度は 35 パーミルとして単位面積あたり 10 m 程度の厚さにしかならない．では，どのようにして，このような厚い蒸発岩層を作ることができるだろうか．厚い蒸発岩を作るには次のような条件が必要であろう．

1) 十分な大きさの海盆が乾燥地帯に存在する．

2) 海水の出入りがある程度制限されていて，海盆に常に高塩分濃度を維持できるだけの海水が入ってくる．

3) 海盆の深いところでは，もっとも高い塩分濃度水が密度流となって集まり，結晶を集積させる．

このような条件がそろった例として，中新世後期の地中海地方のメッシナ期蒸発岩層(Messinian evaporites)がある．当時，地中海はジブラルタル海峡のテクトニクスの影響で何回かの閉鎖と海水の流入イベントを経験し，蒸発岩が形成された．K. Hsu によれば，地中海は一時期完全に干上がって砂漠であったという．

この蒸発岩は，地中海の海底に存在し，そこから溶けだした高い塩分濃度水が現在も海盆を被っている場所が知られている．また，蒸発岩層は，変形しやすいので，地中海地域に発達する断層褶曲帯の基底のすべり面(デコルマン)を構成している(第5章を参照)．

(b) 有機物の堆積——黒色泥岩

海底の通常の泥岩(青灰色泥岩)は，有機炭素の量が2% 以下であることが多く，表層で生産される有機物のほとんどは，沈降中あるいは堆積後に生物によって分解されて二酸化炭素と水，そして無機塩となり，リン酸や硝酸は再び生物生産に利用される．

しかし，有機物が十分に分解されずに堆積する場合がある．それは，

1) 有機物の生産が異常に多い場所

2) 海洋の鉛直循環が停滞している場所

である．

例えば，海水の上下混合が激しい湧昇流域(ペルー沖など)は生物の生産が大変大きい．このような場所では，有機物の生産が生物による分解を上回り，分解に必要な溶在酸素が消費されて海水が貧酸素状態になる．このような深さのところ(通常水深 500～1000 m)を**酸素極小層**(oxygene minimum zone)と呼ぶ．酸素極小層が十分に発達すると，そこに沈降してくる有機物は分解されずに堆積するようになる．一方，降り積もった有機物は硫酸還元菌によって分解され

るが，この反応も間隙水中の硫酸イオンが消費されると停止する．このようにして，有機物が海底に蓄積するようになる．

海洋の鉛直方向での混合がなくなっても（これは上のケースとまったく逆であることに注目！）同様な貧酸素状態が発達する．黒海では，表層にドナウ川の運ぶ淡水があり，底層にはボスポラス海峡を通じて高い塩分濃度の海水が流れ込んでいる．このために密度成層が完全にできあがっていて，底層は無酸素状態になっている．

以上のような場所では，黒色（パイライトの色）の有機質泥岩が堆積しており，有機炭素の量は10% を越すものがある．有機質泥岩のうち全有機炭素量が重量比で2% 以上のものを**サプロペル**(sapropel)と呼んでいる．有機質泥岩は，石油の源岩(source rock)として重要である．白亜紀には有機質の**黒色頁岩**(black shale)が何回か堆積した．このイベントについては，第3巻で扱う．

(c)　赤色岩層の起源

アメリカ西部の風景は**赤色岩層**(red beds)の露頭が圧倒している．アリゾナ州のモニュメントバレー(Monument Valley)やキャピタル・リーフ国立公園(Capital Reef National Park)に行くと，古生代末から中生代にかけての赤色の砂岩や泥岩層がメサ(mesa：スペイン語でテーブルのこと．砂岩層が泥岩層の上にテーブルのように平らに侵食で残った地形)となって林立し，見事な景観をなす．さらに地層に近づけば，平行葉理，リップル葉理，**干裂構造**(泥の堆積後に表面が乾燥し，ひび割れをおこしたものがそのまま保存された構造：dessication cracks)，そして砂岩層には雄大な斜交層理が発達し，さながら堆積学の博物館のようである．堆積相の研究から，これらの地層群は河川や砂丘の堆積物であることがわかる．

問題は，なぜこれらの地層は赤いのか，ということである．まず考えられることは，赤色岩層は赤色の土壌，例えばラテライトなどの熱帯雨林の土壌から侵食された粒子が河川環境などで堆積したとするものである．しかし，この考えには，問題が多い．確かに熱帯雨林では赤色の土壌は存在するが，現在の熱帯雨林環境の河川堆積物には，赤色層はまことに少ない．というのも，降雨量の多い熱帯では，ラテライトだけでなく，岩石の風化が速く，多量の土砂が供給されており，すぐに薄まってしまうからである．それに赤色岩層中に砂丘の堆積物が多いのは，熱帯の多雨環境には不自然である．

赤色岩層中には砂丘堆積物の存在やアルコース砂岩(化学風化に弱い長石を主体とする)が多いことなどからは乾燥気候が推定される．しかし，乾燥気候の砂漠やサバンナには，赤色土壌はあまり発達しない．土壌は薄く，そこから流れる河川は黄褐色であることが多い．乾燥地域がしばしば赤色に見えるのは，露出している赤色岩層そのものの色が映えるからである．

そこで，赤色岩層は堆積構造からは，乾燥気候での堆積が推定できるので，黄褐色の堆積物が続成作用で赤色に変化したと考えることができる．乾燥気候の堆積物にはその条件が整っている．黄褐色の起源は，粘土鉱物の表面などに付着した第2水酸化鉄($FeOH_2$)の色である．第2水酸化鉄は酸化環境で長い間には脱水反応をおこしてより安定な赤鉄鉱(hematite：Fe_2O_3)に変化する．もし，同時に有機物が多く堆積したり，地下水面が常に高い環境では，赤鉄鉱への変化がおこりにくい．すなわち有機物の少ない乾燥気候の堆積物が赤色岩層になりやすいのである．赤色岩層は，他に堆積岩と比較して，鉄の含有量が多いわけではない．通常の堆積物であるが，長い間酸化環境に保たれたというのがキーポイントになる．そしてそのためには酸素大気が必要であり，赤色岩層の起源は地球史においても重要な課題となる．

(d)　遠洋堆積物

陸から遠くはなれた遠洋の深海では，一般に生物起源粒子・風成粒子などがゆっくりと堆積する．近年の海洋観測の成果はこれら遠洋の堆積物の堆積・運搬は決して静的におこるものではなく，さまざまな海洋環境の変化に応じて多様な動態を示すことがわかってきた．

セジメント・トラップ実験

潜水艇で海底へ潜ってゆく途中に，海中でライトを点けると雪のような浮遊物が無数に見える．これは通称マリンスノーと呼ばれるもので，粘土鉱物，有機物，浮遊性生物の殻などがお互いに付着しあって，塊となったものである．しかし，まことにもろくて潜水艇に衝突すると一瞬にしてバラバラになってしまう．これほどのマリンスノーが堆積したら，海底はまたたくうちにマリンスノーの「積雪」で埋もれてしまいそうであるが，そうはならない．実際，遠洋の海洋底で堆積速度を調べると数 mm〜数 cm/1000 年程度とたいへん遅い．では，マリンスノーはどこへ行ったのであろうか．

海洋(湖でも同じ)で，沈降してくる粒子の実態を探るための方法として，セジメント・トラップ実験がある．海底に設置した錘りから，浮きでロープを立ち上げ，それにロウトのような沈降粒子の回収器を取り付ける．回収器にカプセルを取り付け，ある期間ごとに沈降粒子を回収することも可能である．セジメント・トラップ実験の結果を見てみると，いくつかの興味深いことがわかる．まず，沈降粒子の多くは，糞粒体から構成されていることである．この糞粒は，**コペポーダ(海脚(カイアシ)類**：小さい甲殻類でミジンコはこの仲間)やオキアミなどが植物プランクトンを捕食して排泄したものである．セジメント・トラップはいくつかの深度ごとにセットされているので，深さ方向での沈降粒子の変化を見ることができる．この結果，粒子は沈降途中で急速に分解されているのがわかる．また，セジメント・トラップ直下の堆積物と比較すると海底面では粒子フラックスが激減していることがわかる．ここで粒子フラックスとは，単位面積に単位時間あたり通過する粒子の質量を指し，海底面では降り積もる量となる．また，セジメント・トラップ実験では，粒子フラックスは，海域にもよるが，季節変動，年変動が大きいことがあげられる．春のプランクトンの大発生の時期には，当然ではあるが，フラックスは大きくなる．

沈降粒子の分解には，細菌が大きな役割を果たしており，また有孔虫などの炭酸カルシウム殻は深さとともに溶解度が増加するので，3000 m を越すと溶解で失われてゆく．海洋で炭酸カルシウム殻の溶解が始まる深度を**リソクライン**(lysocline)と呼び，溶解が完了する深度を **CCD**(Carbonate Compensation Depth：炭酸塩補償深度)と称する．海洋底の堆積物は，このようなプロセスを経て，海水中，主に表層 200 m ほどで生産された量のほんの一部(1% 以下)が堆積したものである．

海洋底堆積物の組成と分布

深海の堆積物は，

図 2.24　遠洋性堆積物を構成する主な生物起源殻．勘米良・水谷・鎮西編(1991)より．(a)円石藻の殻(ココリス)，(b)珪藻，(c)浮遊性有孔虫，(d)放散虫，(e)円石藻の殻(ココリス)．

1)　生物起源粒子

2)　陸源粒子

3)　火山性粒子

4)　自生鉱物

から構成される．生物粒子には図 2.24 に示すものがある．大きく見て，高緯度域では生産性が高く珪藻が主体となる．東赤道太平洋は湧昇域で生産性が高いが，ここでは珪藻の他に，**石灰質ナンノプランクトン**(calcareous nannoplanktons：円石藻の仲間で，石灰質の殻を作る．殻はココリスと呼ばれる)が多い．これは一般に低緯度は海水が炭酸カルシウムに飽和しており，石灰殻を作る生物が多様に生息しているためである．また有孔虫も広く分布しており，その他に放散虫，翼足虫(貝類で軟体動物である)，海綿の骨針などが多い．また場所によっては(とくに貧酸素底層域)，魚類の耳石，鱗，鮫の歯などが見つかる．

生物起源物質としては，これらの骨格の他に有機物がある．これらは，土壌に含まれる腐食や木材の破片などの他に，陸生植物の葉などからもたらされたワックス類また海生植物プランクトンの脂質など分解されにくい物質である．

陸源砕屑粒子としては石英と長石，岩片や重鉱物などがある．しかし，もっとも卓越するのは粘土鉱物で，とくにイライト，カオリナイト，クロライト，スメクタイトなどがある．陸源砕屑粒子および陸源有機物は，主に風によって運搬されてくるので，大陸の配置と大気循環系の影響を受ける．例えば，南半球は北半球に比べて，陸源物質フラックスは少ない．

火山性粒子としてはさまざまな組成の火山灰(火山ガラス)が多いが，軽石が火山地域から遠く離れたところに堆積している場合があって驚かされる．

自生鉱物としては，海底風化の産物である粘土鉱物，硫酸還元の産物である硫化鉄(パイライト)などがある．

深海底堆積物はこれらの組成を基礎とし，(色)(自生鉱物)(生物・陸源・火山の区分)を組み合わせて分類する．深海堆積物の大局的分布は，海流・湧昇流など，海洋表層の環境によって支配されている(図 2.25)．太平洋を例にとってみよう．太平洋の北西域と高緯度は，珪藻・放散虫などの**珪質軟泥堆積物**(siliceous ooze)で覆われている．中緯度地域は主として褐色粘土(生物生産が低くて深層水が酸素を含んでいるので酸化的な底質となっている)，太平洋の海嶺や海台などの浅いところは主として**石灰質軟泥堆積物**(calcareous ooze)が堆積している．また赤道域のやや東側に珪質軟泥堆積物が分布している．この分布は，

1)　第1次生産力の大きい湧昇流海域や高緯度海域下には珪質軟泥が堆積している
2)　水深が 4000 m より浅い海域では，炭酸カルシウム補償深度(CCD)より上なので，石灰質堆積物が積もる
3)　4000 m より深い海底では石灰質殻が消失し，褐色粘土が堆積している

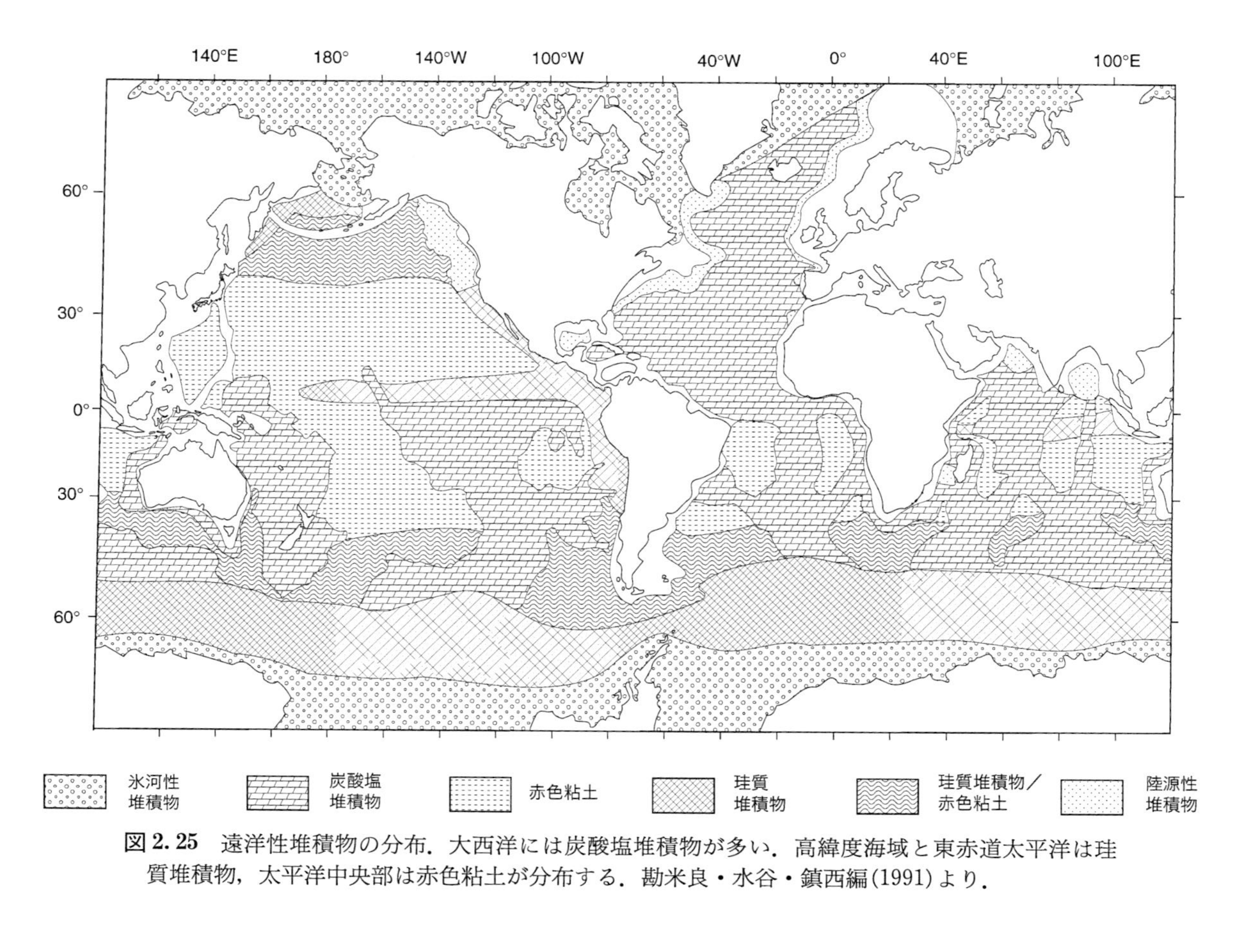

図 2. 25 遠洋性堆積物の分布．大西洋には炭酸塩堆積物が多い．高緯度海域と東赤道太平洋は珪質堆積物，太平洋中央部は赤色粘土が分布する．勘米良・水谷・鎮西編(1991)より．

ことにより説明できる．

海洋プレートは，海嶺で生産され海溝で沈み込む．したがって，海洋底堆積物は同じ場所にとどまっているのではなく，時間とともに移動してゆく．

海洋底の深さは年代 t として $\sqrt{t}$ に比例して深くなるので，深度も変化してゆく(第1巻参照)．たとえば，約2000 m水深の海嶺で作られた海洋底は，約2000万年後には4000 mまで沈降する．この間は主として石灰質堆積物が堆積する．4000 m下では珪質軟泥あるいは褐色粘土となる．これらは陸域に近づくにつれて火山灰やタービダイトにおおわれてくる．このような堆積物の積み重なりを**海洋プレート層序**(oceanic plate stratigraphy)と呼ぶ．

数cmから十数cm程度の厚さで放散虫を多く含むチャートとその間に挟まれる粘土岩のリズミックな互層からなる地層が造山帯などにしばしば認められる．この地層の成因については，かつて論争があったが，いまではほとんどが遠洋性の堆積物であることがはっきりしている．例えば，四万十帯の放散虫チャートとほとんど同じ時代の酷似した層状チャートの塊が小笠原海台から「しんかい6500」によって引き上げられている．また深海掘削計画(ODP)でも，放散虫チャートがしばしば回収されている．とくに最近行なわれた第185航海1149サイトでは，白亜紀前期の赤色放散虫チャートが掘削されたが，このチャートも四万十帯や秩父帯のチャートとそっくりである(図4.2，章末の参考文献を参照)．

CCDより浅い遠洋の海底でもっとも広く分布するのは，有孔虫ナンノ軟泥である．これが固結したものを**チョーク**(chalk)と呼ぶ．チョークはジュラ紀や白亜紀の時代には，大陸内部でも広く分布した．大陸の上にチョークが堆積したことは，大陸棚が砕屑性物質の供給から遠い「遠洋性」環境にあったことを示している．すなわち，大海進によって陸地が激減した時代の特徴を表している．

(e)　深海底層流とコンターライト

深海は，鉛直方向の粒子沈降だけが卓越した世界ではない．深海には深層水の大循環があり，これは2000年程度で地球を巡っている．大変ゆっくりした流れだが，場所によっては強い流れをともなっており，また時間変動が大きいこともわかってきた(深層水の循環については第1巻を参照). 深層水の循環の様子がもっともよくわかっているのは大西洋である.

海洋物理学者ストンメルは, アメリカ東海岸の湾流(Gulf Stream)の下に南向きの底層流があることを理論的に指摘したが, この存在は1970〜80年代に確認されるようになり, 考えられていたよりはるかに強い流れが知られるようになった. 流れは, 地衡流で大陸斜面の水深と平行に流れるので, **地衡コンターカレント**(geostrophic contour current)と呼ばれた. 4000 mより深い海底でも, 流れは時に海底面近く(10 m上)で15〜40 cm/sに達しており, リップルマークや種々の侵食跡が海底写真でとらえられた. とくに強い流れは, 年に数回, 発生しており, 10日以上続くことがある(これを底層嵐: benthic stormと呼ぶ). 堆積物を見てみると, 生物攪乱の発達した有孔虫砂を主体としており, 一部にリップル葉理をともなう. このような堆積物は**コンターライト**(contourite)と呼ばれており, その集積した堆積体を**ドリフト**(drift)という. ドリフトの堆積速度は数cm/1000年であり, 通常の深海堆積物より数倍ほど速く, 古海洋学研究の対象として注目されている.

さて, 最後に人間活動起源の物質は海底に広く分布する. 著者が水深3500 mの天竜海底谷に潜水したときには, ゴミ集積場に来たかと思うほどに, スーパーマーケットのプラスチック買い物袋が集まっているのにはびっくりした. 地中海の海底はワインボトルがそこかしこに落ちていた. そのうち(いや, いまでも), 堆積物の分類にこれらの物質を加える必要がでてくるだろう. 例えば, 日本近海で有名なのはプラスチックコンターライトであるとか. 実際の話, 種々の堆積した人工物は, 現世の堆積作用の研究にとってトレーサー(現象追跡の指標)として有用になりつつある.

2.7 火山活動の作る地層

火山活動は地球が内部で発生した熱を放出して冷却していく過程を示している. 初期地球の内部は現在より高温であったと考えられるので, 地球史においてその様式は変化してきたと推定される. とくに始生代には, 現在はほとんど知られていない超塩基性溶岩**コマチアイト**(komatiite)の活動が活発であった

(くわしくは第3巻で解説)．したがって火山活動の記録を解読することは，地球の熱史，物質循環，大陸の成長などの地球の歴史の探求の上で大変重要である．

(a)　火山の分布

地球上の火山活動はテクトニクスの面からみると現在主として3つの場所でおきている．これらについては，すでに第1巻で概観したが，もう一度，簡単におさらいをしてみよう．それらは，

1)　火山弧で代表されるプレートの収束(沈み込み)境界

2)　中央海嶺，アフリカ地溝帯などのプレート発散境界

3)　ハワイなどのホットスポットや巨大火成岩岩石区を含むプレート内の活動

である．これらの火山の分布は，プレートの沈み込みによって引きおこされるマントルと水の反応，プレートの引張によるマントルの断熱膨張，マントルの大規模熱対流などによってマグマが生成されることに起因している．

火山活動で圧倒的な量は玄武岩マグマによるものである．中央海嶺で作られる玄武岩は**MORB**(Mid-Oceanic Ridge Basalt)と呼ばれており，海洋底の殆どはこの玄武岩からなる．したがって，もし，地球表層部でもっとも多量に存在する岩石は何かと聞かれたら，MORBの枕状溶岩と答えることができる．マグマは地表にでると溶岩だけでなく，さまざまな**火砕物質**(pyroclastic materials)を作りだす．その原因となるのが，マグマの中に含まれる揮発成分，とくに水蒸気や二酸化炭素の膨張であり，時に爆発的な噴火を引きおこす．噴火の様式の違いは，地表にさまざまの形態の火山体を作りだすとともに，地層中に種々の火砕物質を堆積させる．

(b)　マグマの物性

噴火活動の様式にはたいへん激しく危険なものから，火口に近づいて見物の可能なものまでさまざまである．しかし，人間が大規模な噴火活動をつぶさに観測し，記録に残している例はそれほど多くはない．地質時代の火山活動では想像を絶する大噴火がおこっており，歴史記録に残った観測事象だけで噴火活

動のすべてを論ずることはできない．過去の大噴火については地質学的な証拠より推定するほかはない．

マグマの物性中，噴火様式にとって一番重要なのは粘性である．しかし，高温でかつ危険なので，マグマの粘性の実測値はきわめて少ない．したがって，マグマの粘性は一般に溶岩流の観測から推定されている．溶岩は非ニュートン流体と考えられる．これは結晶粒や気泡が存在したり，またマグマの中では水の存在や冷却により珪酸塩分子構造の変化がおこるためである．溶岩はおそらく擬塑性流体あるいはビンガム流体としてふるまうと考えられる(第1章の堆積物重力流の項を参照せよ)．溶岩流の形態を見ると，自然堤防やローブ状の舌端部など土石流の示すさまざまな性質とよく類似しており，これもマグマが

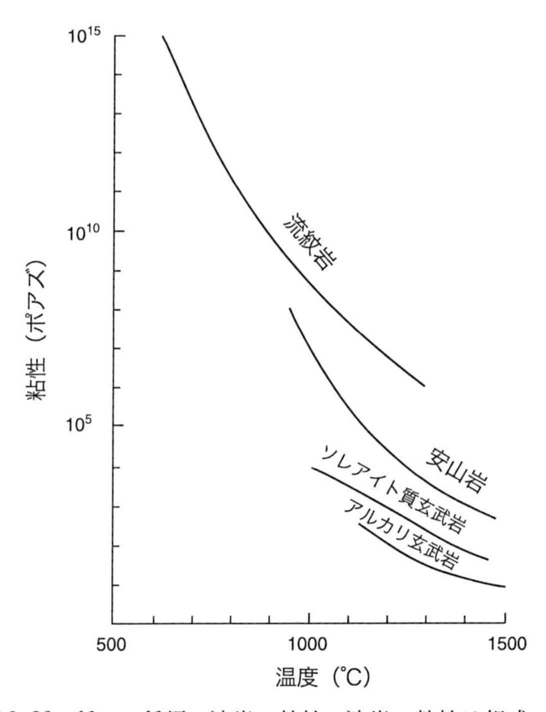

図 2.26　種々の種類の溶岩の粘性．溶岩の粘性は組成，温度に依存するが，その他に揮発性成分の量や結晶の量などにより大きく変化する．Murase and McBirney (1973) による．

非ニュートン流体として挙動していることを示す．

マグマの粘性は圧力，温度，揮発成分の量，化学組成，結晶粒の量，液泡の量などによると考えられているが，まず，SiO_2含有量および温度に大きく依存する．マグマ中のSi-Oはイオン結合した高分子状の物質となっており，粘性に大きな影響を与え，マグマの粘性はSi-Oの鎖がどれだけ多く存在するかに強く左右される．すなわち酸性のマグマは10^{15}〜10^{6}ポアズ，塩基性のマグマは10^{4}〜10ポアズ程度の粘性係数を示す(図2.26)．温度が低くなるとSi-Oの鎖がつながってきて粘性が上がる．またマグマに結晶粒が存在すると粘性は増加する．

一方，気泡については，効果は複雑である．気泡の存在は，そのまわりの液体との境界でエネルギーを消費するので，一般に粘性を上げる効果がある．しかし，気泡は強度を持たないので気泡が大量にあると溶岩の降伏強度は著しく落ちる．揮発成分の量はマグマの粘性や噴火様式に大きな影響をもち，揮発成分のうちもっとも重要なものは水である．マグマへの水の溶解度は温度の減少，圧力の上昇とともに増加する．水の存在はSi-Oの結合を壊す働きがあり，マグマの粘性を低くする役目をするので，水の働きは酸性のマグマでとくに重要となる．酸性マグマは一般に噴火の温度が低く，水を多く溶解できるので，多量に水を含んだ酸性マグマは，水の少ない玄武岩マグマと同じ程度の粘性を持つ場合がある．

(c) 溶岩流

マグマが直接地表に流れ出ると溶岩になる．溶岩の流動性は粘性によるので，一般に玄武岩の溶岩は長距離流れることができ，また溶岩流の容積も大きい．玄武岩の溶岩には300 km以上流れた例も知られている(アメリカワシントン州コロンビア川玄武岩台地)．さらにオントンジャワ海台などの巨大玄武岩岩石区は，差し渡し2000 kmもある．

地上で見られる玄武岩溶岩にはパホイホイ型，アア型，洪水型の3つがある．**パホイホイ**(pahoehoe)，**アア**(aa)ともハワイ島の溶岩のタイプの呼び方であるが，多くの火山で共通して認められる．パホイホイはなめらかでロール状やロープ状の表面をもつ溶岩流である(図2.27(a)，(b))．一方，アアは尖状や破砕された表面を持つ(図 2.27(c))．パホイホイは流動性の高い溶岩流からできたものであり，しばしば**溶岩トンネル**(lava tunnel：小さいものは溶岩チューブといわれる)をともなう(図 2.27(d))．溶岩チューブはパホイホイの先端部などで裂け目から内部の未固結の溶岩が噴き出してもできる．パホイホイの中の気泡の抜け穴の形状は多くの場合球形である．アアはより粘性の高い溶岩流でパホイホイに比べて厚く，表面はブロック状に破砕されている．アアでは溶岩はゆっくり流れるので，表面は冷えて固結し，さらに溶岩が流れるにしたがってバラバラになって溶岩塊をつくる．アアでは気泡はしばしば引き伸ばされてせん断変形の様子を示す．

洪水型玄武岩溶岩(flood basalts)は，大量の低粘性の玄武岩溶岩が流れ出たときに形成される．このタイプの溶岩が凹地などにたまると溶岩湖を作る．このような厚くたまった溶岩では**柱状節理**(columnar joint)が作られる．最近では，洪水溶岩流においても，溶岩トンネルの重要性が認められている．長距離を，冷却せずに，効率よく流すメカニズムとしては溶岩トンネルがもっとも適していると考えられる．

水中では溶岩は急冷されるので，その程度に応じて完全にブロック状になった**水砕岩**(hyaloclastite)，**枕状溶岩**(pillow lava)(図 2.28)，そして溶岩の流量が多い場合には**シート状溶岩**(sheet lava)となる．これらのプロセスは溶岩が冷やされる過程で必ずできるものであるから，地表の溶岩にも同様なものが存在している．水砕岩はアアと同じものであるし，パホイホイに見られる溶岩チューブと枕状溶岩は基本的には同じものである．洪水型玄武岩溶岩とシート状溶岩が対応する．もちろん水中の方が冷却速度が早いので，急冷による火山ガラスの生産は多く，急冷境界は厚くなっている．

安山岩やデイサイトの溶岩はマグマの粘性が高いので，流動距離が短くブロック化した溶岩流(アア)を形成する．また火口ではドームや尖塔を形成することがある．流紋岩の溶岩はさらに粘性が高いのできわめてゆっくり流動する．多くのものはドーム状の構造を作るだけであり，溶岩の表面はブロック状となり，その内部にはガラス状の冷却部(**黒曜石**：obsidian)，そして中心部は塊状の流紋岩溶岩よりなる．流紋岩の溶岩中には，その名のとおり，溶岩がゆっくりと流動してできた流理構造がしばしばみられる．水中で噴出した酸性溶岩の

図 2. 27　ハワイ島における溶岩の構造．(a)パホイホイ
直交した縄状の模様が認められる．写真の中央部で横
状の流れが重なっている．このような舌状の溶岩チュ
のスケールは 10 cm．(c)粘性が高いと表面が破壊さ
ブックがスケール．(d)溶岩トンネル．パホイホイ溶
うな断面をもつ溶岩からなり，個々の流れの内部はし
は流動し，トンネルとなったものである．

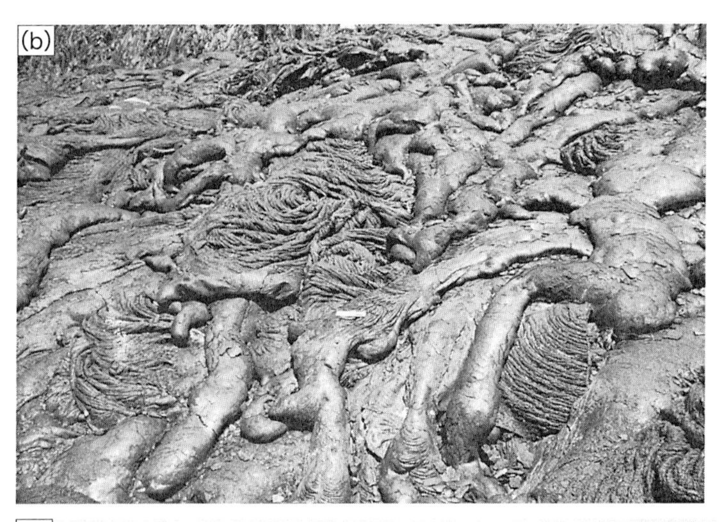

溶岩の表面．流れに平行に筋状についた模様や，流れに
幅が 4 m ぐらい．(b)パホイホイ溶岩の表面．小さな舌
ーブは海底の枕状溶岩と同じメカニズムでできる．中央
れ，岩塊が乱雑に重なったアア溶岩となる．白いノート
岩流は，流れに直交する断面でみると多数の重ね餅のよ
ばしば中空となっている．これは表面が冷却するが内部

図 2. 28　枕状溶岩．(a)西オーストラリア，カラーサ付近のグリーンストン帯にみられる枕状溶岩の断面(30 億年前)．(b)海底の枕状溶岩．ハワイ島沖，ロイヒ海底火山．海洋科学技術センター提供．

挙動については，まだ十分理解されていない．溶岩の冷却という面から見れば水中の方が効率がよいので，溶岩は水砕岩化しブロック状に破砕されやすい．しかし，一方，深海では水圧のため酸性溶岩中の揮発成分が抜け出さず，地上より流動性が高いとも推定される．したがって，水中酸性溶岩は揮発成分の含有量によって，地上よりも多様な形態を持つことが考えられる．水中の中-酸性溶岩では塊状-シート状の溶岩・水砕岩・再堆積し成層した細粒水砕岩の組み合わせからなることが多い．

(d) 火山砕屑物の起源

火山砕屑物の多くは，マグマが粉砕されたり引きちぎられたりしてバラバラになったものである．そのほかに噴火以前にあった山体や火口をふさいだ溶岩などが吹き飛ばされて砕屑物となったものが含まれる．噴火に関与したマグマそのものからもたらされた砕屑物を**本質物**(essencial fragments)という．

火山砕屑物生成をもたらすマグマの爆発を引きおこす要因は，揮発成分であり，それには水が大きく関与している．水の関与の仕方には，大きく見て2つのケースがある．1つはマグマ自体の含んでいる水の挙動であり，もう1つは外界の水(地下水を含む)とマグマの反応である．まずマグマ内の水の挙動につ

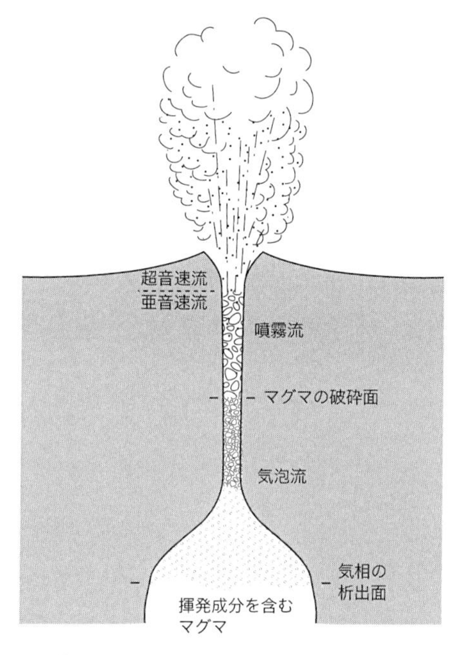

図2.29　火道を通過するマグマが噴火を引き起こす過程の模式図．マグマの揮発成分が気相の析出面を過ぎると発泡が始まり，マグマは急速に軽くなり上昇し，さらに気体の膨張が大きくなるとマグマが破砕され噴霧状の流れとなって爆発的に吹き上がる．小屋口(1997)より．

いて考えよう．マグマは火山の下で**マグマだまり**(magma chamber)にたまっていると考えられる．地下から上がってきたマグマの通り道となる周囲の岩石は，一般に熱伝導率が低いので，その途中でマグマの温度はさほど変わらない．一方，圧力は低下する．これにともない，水の溶解度が落ち，水蒸気が分離して気泡を作る(気相の析出)．気泡を多量に含んだマグマの部分は軽くなり，より早く上昇するので，対流がおこりマグマの上部には気泡が集中する(図2.29)．もし，マグマの上面が大気と接している場合には，ここで圧力の急激な減衰がおこるので，時に大規模な水蒸気の爆発をおこす．このようなマグマ内の揮発成分の爆発を**マグマ爆発**(magmatic eruption)という．

マグマと外界の水の反応もまた爆発的な噴火をもたらす．外界の水としては地下水と地表水(湖や海水)がある．この反応の様式は，外界の水の量とマグマの量の比率に依存している．水の量が少ない場合には水がすべて水蒸気化し，これが地中で十分蓄えられると，周囲の岩体をガス圧で吹き飛ばす大爆発がおこる．これを**水蒸気爆発**(phreatic eruption)と呼び，この場合，マグマそのものからもたらされる本質物の量は少ない．

水の量がマグマの量と同程度の場合には，多量の水蒸気の発生にともないマグマ上部が急冷されて，マグマ内のガス圧が急上昇し，激しい爆発がおこる．これを**マグマ水蒸気爆発**(phreatomagmatic eruption)と呼ぶ．水の量が多すぎる場合にはマグマの熱が失われて爆発が減衰する．

以上のように，爆発性の火山噴火には水蒸気のガス圧が基本的な役割をしている．

(e)　火山砕屑物の堆積

火山砕屑物を記載するために粒径による分類が提案されており，4つに大別する(表2.1)．また，その中にはさまざまな起源や形状のものが存在する(図2.30)．火山砕屑物は未固結な場合には**テフラ**(tephra)，固結している場合には**凝灰岩**(**タフ**：tuff)と呼ぶ．径が2～64 mmのサイズの火山砕屑物は**ラピリ**(lapilli)と呼ぶ．さらに64 mm以上の径の物質には溶岩がひきちぎれて飛んだ火山弾が含まれているかどうかに注目する．火山弾が含まれていれば，粗粒な本質物の堆積が噴火と同時におこったことを示しているからである．

表 2.1 火砕堆積物あるいは火砕堆積岩の分類.
Fisher (1961) による.

粒径サイズ	未固結の火砕堆積物	固結した火砕堆積岩
＜1/16 mm	細粒火山灰	細粒凝灰岩
1/16-2 mm	粗粒火山灰	粗粒凝灰岩
2-64 mm	ラピリテフラ	ラピリ凝灰岩
＞64 mm	火山岩テフラ 角礫テフラ	集塊岩(火山弾を含む) 火山角礫岩

一方，これに対して火山砕屑物の堆積のメカニズムを考慮した分類の仕方もある．以下それについて述べてゆこう．火砕堆積物を形成する最大の原動力は，爆発によって引きおこされる**噴煙柱**(eruption column)である．したがってまず噴煙柱の挙動について述べよう．

爆発性の火山噴火は時に 50 km 上空にとどく巨大な噴煙柱を形作る．噴煙柱の高さは火口からの火山砕屑物の噴出率にまず依存している．この他に噴煙の温度や水蒸気の量も重要な要因である．たとえば，マグマ水蒸気爆発ではマグマ熱の多くは水蒸気の気化熱に消費される．したがって，噴煙の温度はマグマ爆発より一般に低く，熱プルーム(thermal plume：火山地質でしばしば用いられる用語で噴煙柱や火砕流上部での熱対流による上昇流を指す)の形成が弱く，噴煙柱が低くなる．このように噴煙柱の高さは噴火のエネルギーのよい指標となるので，これを用いて噴火規模を分類することが可能である．実際には，噴煙柱を観測することは困難な場合が多いし，また遠い過去の噴火ではそのデータもない．したがって，降り積もった火山灰の粒径と厚さをもって噴火の規模の分類基準としている．

十分に発達した爆発性噴火の噴煙柱の挙動を見てみると，大きく 3 つの部分に分かれていくことがある．それらは，

1) 最下部では噴き上げられた重量の大きい物質が急速に降下，その一部は滝のようになって下方へ降り注ぐ
2) 熱対流の一部が冷却して噴煙を上げながら降下してくる部分
3) 熱対流にのって上空へと上がっていく部分

である．もちろんすべての噴火でこの 3 つが見られるわけではない．噴火によ

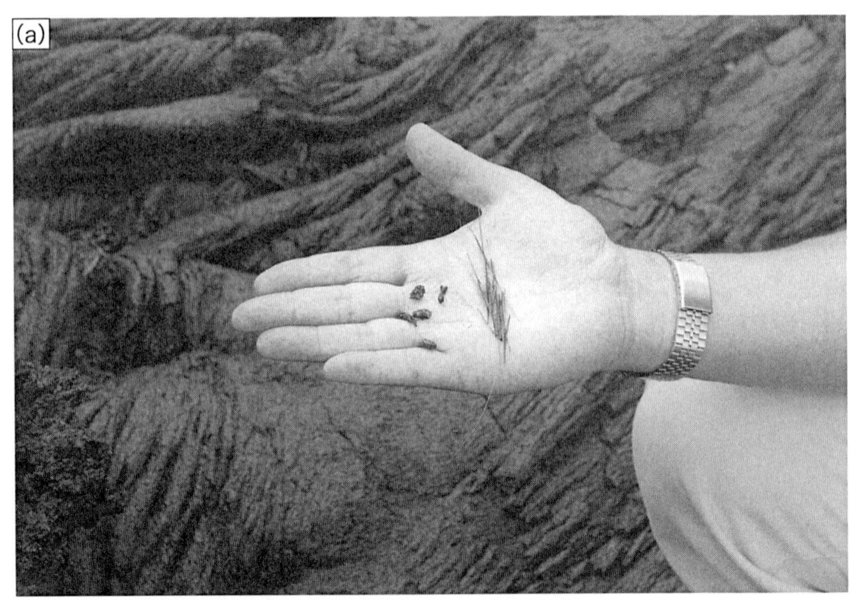

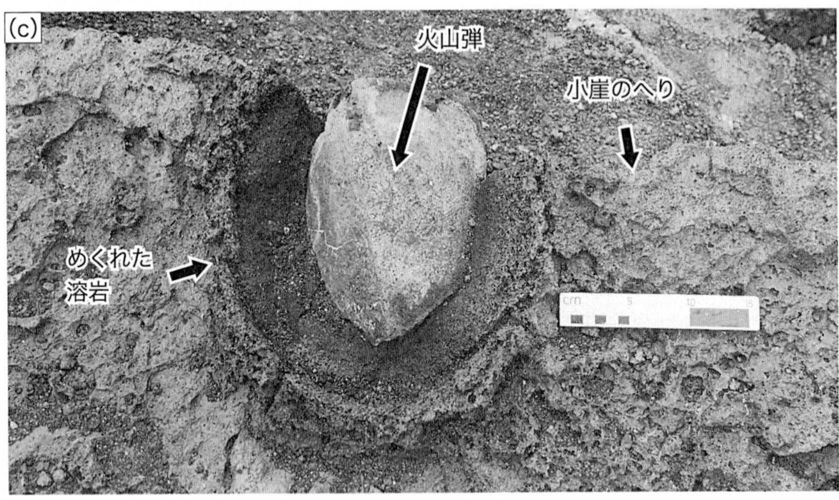

図 2. 30　火砕物と火山地形．(a)ペレの涙(左)とペレの
巨礫．ココクレーター(第四紀)，オアフ島．(c)火山
真．(d)火山灰の走査電子顕微鏡写真．形状により火
県美浜町常滑層群(鮮新統)中の火山灰．各写真のスケ
90 μm，右下 390 μm．水谷伸治郎氏の採集・撮影．

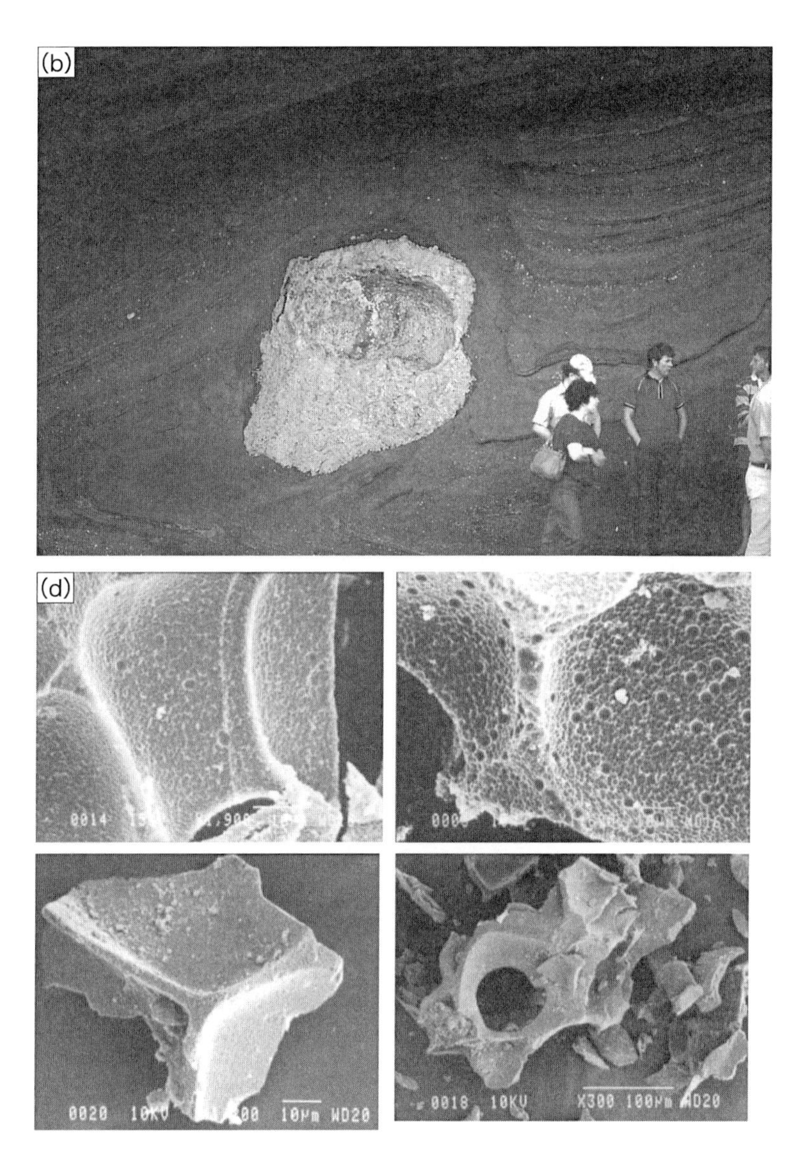

毛(右)(ハワイ島). (b)スコリア丘に見られる石灰岩の
弾が溶岩にめり込んだ構造(ハワイ島). 上から眺めた写
山灰が気泡の急膨脹によってできたことがわかる. 愛知
ールは写真の横幅が, 左上 58 μm, 右上 68 μm, 左下

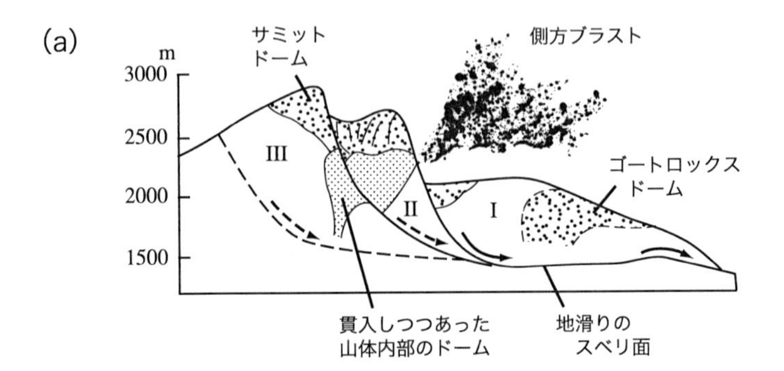

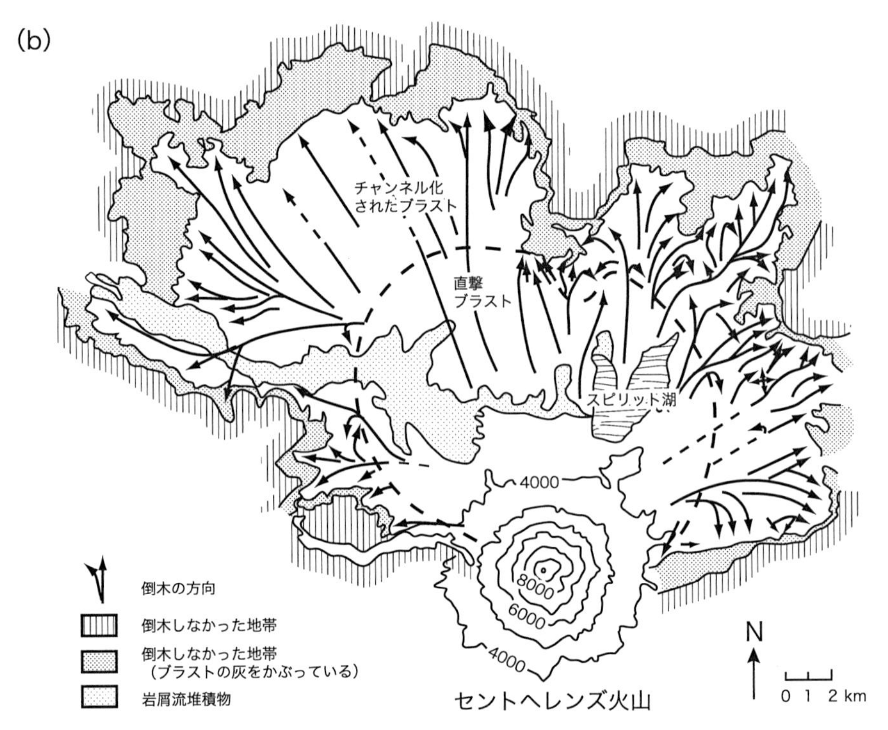

図 2.31 セントヘレンズ火山の噴火とブラストの発生．(a)地すべりによって山体が崩壊し，貫入しつつあった内部の溶岩ドームが爆裂を起こし，ブラストが形成された瞬間の様子を示した図．(b)ブラストの経路を示す図．ブラストの経路はなぎ倒された木々によって示される．矢印は倒木の方向を示す．ブラストは最大 20 km にわたって影響を与えた．さらに岩屑流が発生し，それも 20 km ほど流下した．Kieffer (1981) による．

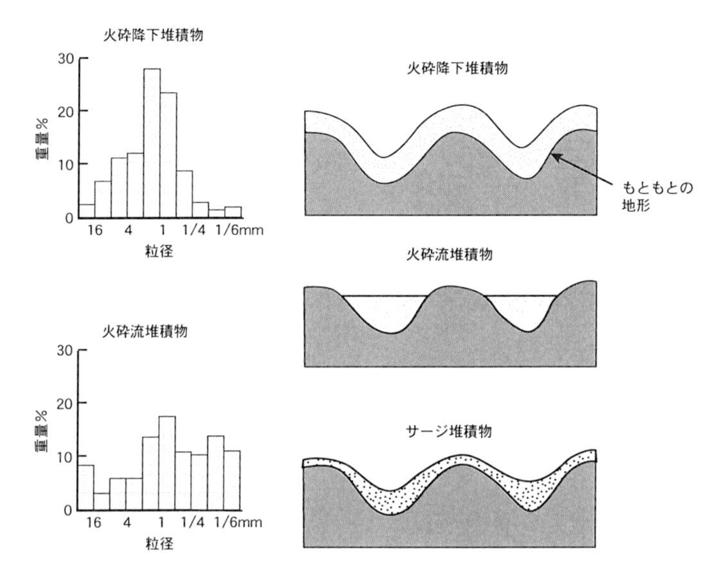

図 2.32 火砕堆積物の堆積様式による分布の形態と粒度分布の例．火砕降下堆積物は一様に堆積し，粒度も揃っているのが特徴である．火砕流は低い所を選択的に流れる傾向があり，粒子の淘汰も悪い．サージ堆積物は地形の影響を受けながらも比較的一様に堆積する．Wright, Smith and Self (1980) より．

り大部分が 1) と 3) であったり，2) と 3) であったりする．この他に，セントヘレンズ火山の噴火では**ブラスト** (blast) という現象がおきている(図 2.31)．セントヘレンズ火山では噴火は山腹の巨大な地すべりによって始まり，いきなり大量のガスが放出された．このため，爆風が直接山麓を襲って 600 km² にわたる面積の木々がなぎ倒された．ブラストの爆風により，50 cm 以下の厚さの淘汰の悪い火山砕屑物層が堆積している．

このようなブラストの堆積物および山体の崩壊による地すべり堆積物や多量の岩塊からなる粒子流堆積物(**岩屑流**：debris avalanche と呼ぶ)を除くと，火山砕屑物の堆積様式は前述の噴煙の 3 つの部分に対応している．すなわち，

1) からは**火砕サージ堆積物** (pyroclastic surge deposits)

2) からは**火砕流堆積物** (pyroclastic flow deposits)

3) からは**火砕降下堆積物** (pyroclastic fall deposits)

である．以上の3つの堆積様式は地形の起伏を被覆する場合に明瞭な差異を生じさせる(図2.32)．火砕サージ堆積物は基本的には側方への強風から堆積するので，起伏を覆うが，個別の地形に左右された渦や局所的な流れの様式を反映した堆積物構造(砂堆や反砂堆の形成)を示す．火砕流堆積物は重力流であるので低地を探しながら流れる．したがって，凹地を埋めるように堆積が行なわれる．しかし，巨大な火砕流では起伏をほとんど無視して流れる場合もある．火砕降下堆積物は空中から降り積もってくるので起伏を一様に被覆する．以下，3),2),1)の順に記述しよう．

火砕降下堆積物

噴煙の中から降下する火砕粒子は**スコリア**(scoria)，**軽石**(pumice)，**火山灰**(volcanic ash)に区分できる．スコリアは，主として気泡の抜け跡である**ヴェシキュール**(vesicule)の多い玄武岩，あるいは玄武岩質安山岩のガラス質破片よりなり，ハワイ型の噴火活動にしばしばともなう．スコリアのうち，溶岩が吹き飛ばされて涙状や毛状になったものも見られる(図2.30(a))．火口付近ではそれらはスコリア丘などを作る．スコリア丘にときに周囲の岩石が吹き飛ばされて堆積している様子も認められる(図2.30(b))．軽石は安山岩—流紋岩質のヴェシキュールの多いガラス質の火砕物である．

火山灰は2 mmより小さい粒度の火砕物の総称である．その多くは**火山ガラス**(シャード：shardとも呼ばれる)からなっていて，主として中〜酸性マグマの爆発的噴火の産物である．火山ガラスはさまざまな形状を有するが，三味線のバチのような角のはっきりした砕片が多く認められ，マグマの急冷された部分が粉砕され吹き飛ばされて生成されたものである(図2.30(d))．

火砕流堆積物

火山噴火においてもっとも危険なのは，高温の火砕流であり，多くの人が犠牲になっている．過去の噴火活動では100 km以上にわたって流動した例も知られており，その速度は100 m/sにおよぶ．火砕流の発生の基本的なメカニズムは噴煙柱の重力崩壊である．

噴煙柱の下部においては，ガスの噴流によって，スコリア・軽石・火山灰な

(a) 重力によるドームの崩壊

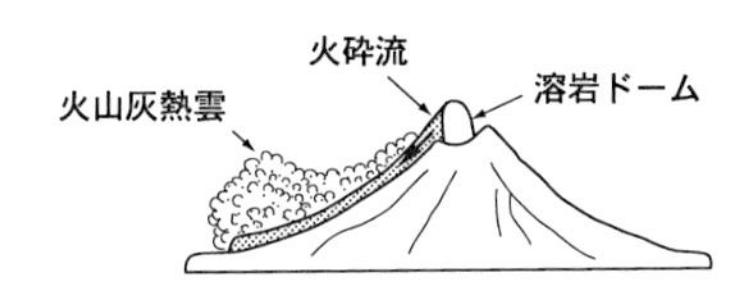

(b) 地すべりによる火山体内部ドームの爆発

(c) 噴煙柱の形成と噴煙の崩壊

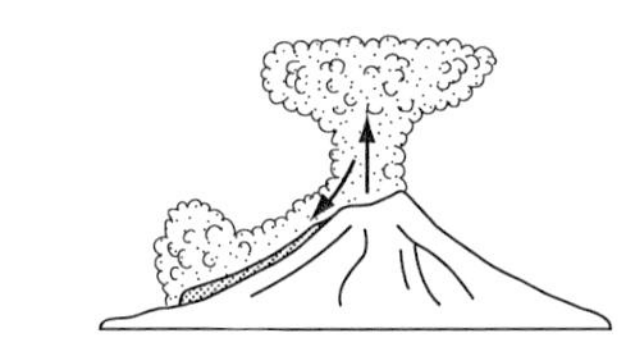

(d)

図 2.33 (a)から(c)は火砕流の発生メカニズム．Gas and Wright (1987)の Fig. 5.11 を改変．(d)有珠火山における火砕流の例．火砕流は山頂の溶岩ドームの崩壊(雲仙が例)，地すべりによる山体崩壊と内部ドームの爆発(ブラストと火砕流を伴う，セントヘレンズ山が例)，噴煙柱の崩壊(多くの噴火でその例が見られる)によって発生することが多い．有珠火山の例は，噴煙柱の崩壊によっておこった．

ど本質物と外来岩片が空中に吹き上げられる．このうち細粒のものは，熱対流に乗って上空へ運ばれるが，熱対流の一部から重い流体の部分がやがて下に降下してくる(図 2.33(c))．この流体の部分は，火砕物質と水蒸気，さらに火山湖や水中での爆発のときは多量の水滴も混合した懸濁物を作り，密度流となって山麓を流下している．これが火砕流である．したがって，火砕流には密度・粒度・温度などでさまざまなタイプがある．このうちもっとも大規模なものは火山灰・軽石を含むタイプで，その堆積物は**イグニンブライト**(ignimbrite)と呼ばれる．火砕流は噴煙柱からだけでなく，山頂溶岩ドームの崩壊(図 2.33(a))やセントヘレンズ火山噴発のときのように地すべりによって火山体内部の溶岩ドームが露出して崩壊をおこした場合にも発生する(図 2.33(b))．

火砕流は土石流や岩屑流と比べると高速でかつ長距離流動する．このことは，火砕流は内部の摩擦が小さく，流動性を高める何らかの機構が働いているのがわかる．たとえば，軽石質の火砕流では，軽石から発生する高温ガスが粉体の「液状化」に重要な役割を果たしていると考えられる．これについては次の観察事実が基礎となっている．

1)　軽石質火砕流の流動状況をみると，熱プルームを発生しながら流れること(図 2.33(d))．

2)　イグニンブライト中には，ガスの抜け穴がしばしばみつかること．

熱プルーム(これを火山灰雲：ash cloud と呼ぶことがある)をともなう火砕流では，火砕流本体の上位に火山灰雲から降下した火山灰層を堆積させる．

大規模な火砕流とそれにともなう広域的な火山灰の堆積をもたらした噴火の例として，鹿児島県姶良カルデラの 18000 年前の大噴火がある．姶良カルデラは桜島の北側の鹿児島湾底に相当する場所と推定されており，周辺には厚さ 100 m にも達する火砕流堆積物(入戸火砕流)が分布し，その延長は熊本県の水俣市や宮崎市まで分布する．火山灰(AT 火山灰と呼ばれる)は北海道を除く日本全土(もちろん海底にも)を広く覆った．想像を絶するような大規模な噴火がおこったのである．

火砕サージ堆積物

噴煙柱中にたくさんの重いもの，たとえば多量の岩片・水などが含まれている場合，この噴煙柱は爆発後，相当な落下速度で降下するだろう．そのときに下方へガスや空気の流れを作り出す．この下方流は火山体の地表面にあたると側方流となるであろう．この様子は滝壺でしぶきをともなった強い横風が吹いていることや，高いビルを爆破した時，砂塵をまきあげて横風が吹くのと似ている．あの2001年9月11日におこったニューヨークの世界貿易センタービル崩壊の悲劇のときもこのような側方流が発生した．この側方流を**サージ**(surge, あるいはベースサージ：base surge)と呼ぶ．この強風は，重いものが流下してくるためにおこる側方気流であるから，それ自体がさらに密度流などに発達しなければ，すぐ減衰してしまう．火山噴火の際，比較的火口近くではこのようなサージがしばしばおこる．

1965年フィリピンのタール火山で水蒸気マグマ爆発がおこったとき，火砕物や岩片・ガス，そして水滴の混合した懸濁雲が火口から放射状に高速で(100 m/s)走った．火口から1 km以内の木はほとんどがなぎ倒され，8 kmの範囲で砂泥が吹き付けられていた．この懸濁雲は明らかに冷たく(<100℃)，かなり湿ったものであったことが木に吹き付けられた火砕物の状態から推定できる．また，火口から放射状にサンドウェーブができているのが確認された．このように，火砕サージ堆積物の特徴として反砂堆や低角度の斜交葉理・平行葉理，あるいはU字形のチャンネル構造を示す場合がある．また**火山豆石**(accretionary lapili)を含む場合も多い．このような特徴から見て，多くの場合火砕サージ流は，粒度濃度が高くなく，火山豆石の存在は水滴を含むものであることを示す．

大規模なサージはこのようにしばしば浅い海底や火山湖の爆発にともなって現れる．これは水滴を多量に含んだ爆発では噴煙中に重い部分が多く，多量の物質の同時重力落下をおこすからである．似たような現象はビキニの水爆実験でもおこっている．ビキニの実験では爆発直後，まず水面が盛り上がり，すぐに円柱状の水煙ができると，少なくとも爆発後10秒までその直径がどんどん拡大し径600 mほどに達した．10〜12秒後には水煙の一部が飛び出すように落下しはじめるとともに，円柱の外側が降下しはじめた．水煙が水面に達すると同時に，それは放射状に側方へ広がりベースサージが発生した．このベースサージの第1波は，30 m/s以上の速度をもっていたが急速に減衰し，1分後には 15 m/s になった．そして，その一部は霧の密度流となって遠く側方へと移動していった．

(f)　水中爆発と水中火砕堆積物

火山活動はしばしば水中でおこる．1つは火口湖内の噴火である．海底における噴火においては，浅海から深海にとさまざまな環境での活動が知られている．

水中の噴火は爆発性において，空中より劣る場合が多い．水中の爆発性噴火活動による堆積作用の1つのモデルをたてたのは Fiske and Matsuda (1964) である．彼らは水中の火砕堆積物の堆積構造を研究した結果，それが下位より

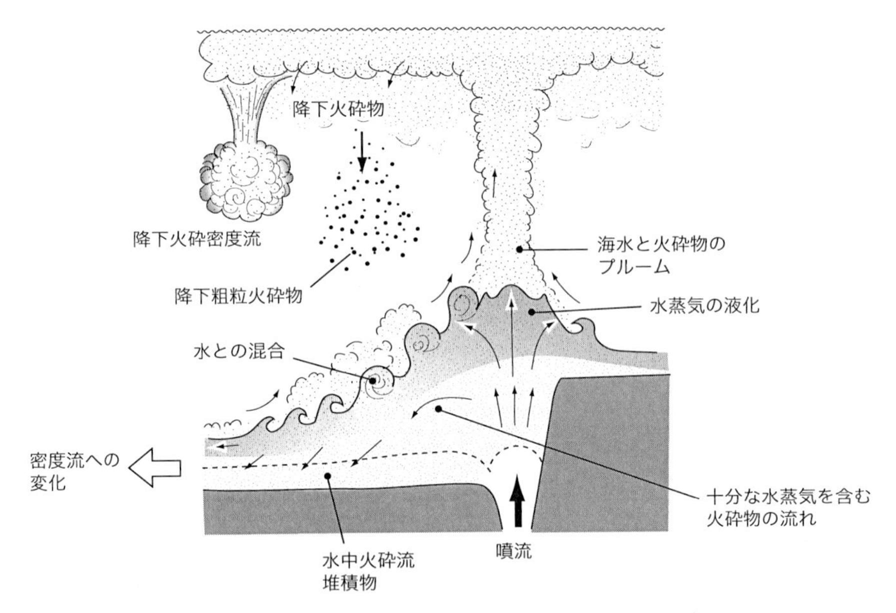

図 2.34　水中噴火による水中火砕流およびそれと関連した火砕物の運搬過程．水中にある火口から噴霧流が放出される場合には，水蒸気の量が噴火様式にとって重要となる．水蒸気が十分にあれば，水中でも火砕流の状態が保てるが，やがて液化したり，周囲の水と混合すると堆積物重力流となる．火口付近からは，熱対流がおこり，また，広がったプルームからは下降流や大きな粒子の個別の沈下がおこる．Kokelaar and Busby (1992) を改変．

塊状のラピリ質凝灰岩(厚さ 40 m 以上)，そして上部に成層構造を示す部分からなる規則性を示すことを見いだした．彼らは，これを水中の噴煙柱の重力降下によると考え，図 2.34 のように噴火のクライマックス時に水中火砕流が発生し，塊状部を堆積させ，そして噴火の末期に低密度の混濁流が発生して，成層部を堆積させたと推定した．

水中の火砕流が，空中のものと同様に，発泡によって内部摩擦の減少を引きおこしているかどうか，十分にわかっていない．多量のガスを含む火砕物の噴出がある火口付近を除き，水中では軽石や火山灰は冷却されて水砕されてしま

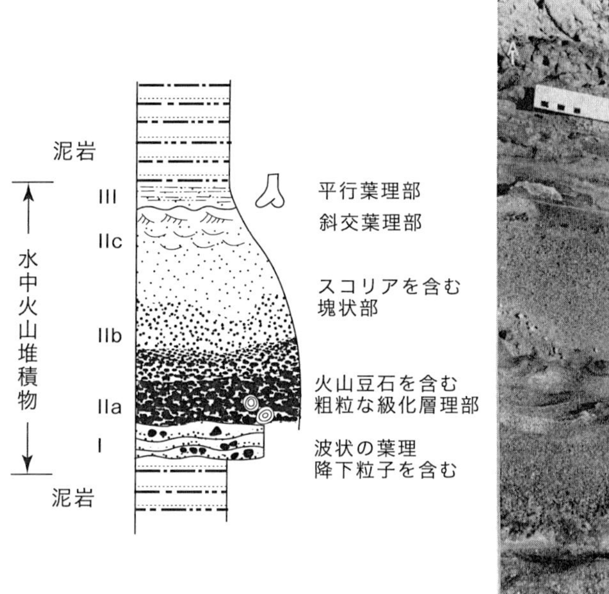

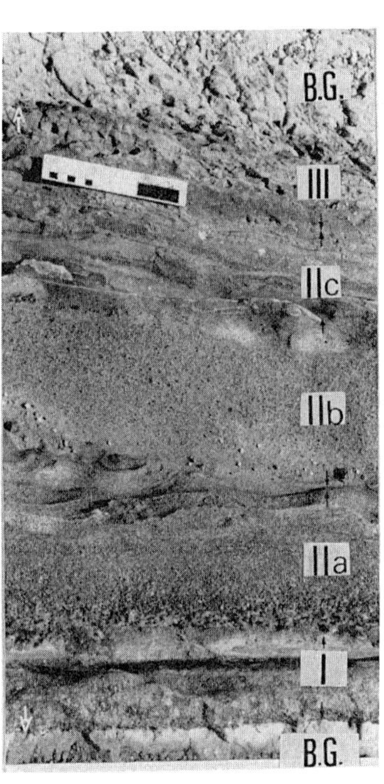

図 2.35 神奈川県三浦半島に分布する三浦層群中の火砕堆積岩の露頭写真とスケッチおよび堆積過程の解釈．この火砕堆積岩の地層は，空中に噴煙を吹き上げた海底火山の噴火から堆積したと考えられる．I は噴火初期の密度流と推定され，II は噴煙柱の崩壊にともなう降下火砕物と大規模な密度流，そして III は，降下火山灰が海底で堆積したもの．噴火と噴火の間では，泥岩が堆積した．Soh *et al*.(1989) を改変．

う．また，発泡してくる気体は水蒸気であるから，これは冷却されると水滴にもどってしまう．すなわち，重要なことは水中では火山ガスの大部分が液化してしまうことである．

このことから水中の噴火は空中の火砕流のような流動形式をとるより，すぐに粒子流や乱泥流の形式に変化するものが大部分と考えられる(図 2.34 を参照)．例えば，神奈川県三浦半島の第三系三浦層群は，主に灰色の泥岩と火山砕屑質の砂岩や礫岩からなる(図 2.35)．火山砕屑層の最下部と下位の泥岩との境界を見てみると，境界は明瞭ではなく凸凹している(図 2.35 の IIa の底面)．時には，泥岩の中に数 cm の径の礫が入り込んでいるのがわかる(図 2.35 の I)．これはまだ固まっていない泥層に火山礫(スコリア)が突入してできた構造であり，さらに級化構造を示す．その上位は平行葉理や斜交葉理を示す(図 2.35 の IIc と III)．さらに最上部は火山灰層を示す．Soh ら(1989)はこれを一連の噴火の堆積物と考え，水中降下層(I, IIa)と密度流層(IIb, IIc, III)の 2 つの形式でできたと考えた．ただし，この水中降下層の多くは，海面上の山体(火山島)の噴火によるものと推定された．

一方，火砕流は水面上を流動すると考えられる．ホーバークラフトを考えれば容易に想像ができるし，また海面から発生する水蒸気は流動の手助けをするとも考えられる．

(g) 火山地質

いままで述べてきたような噴火活動は火山体を形成する．火山体とその周辺には，溶岩流や火砕堆積物そして火山体が崩壊したり，侵食されて形成された堆積物が存在する．これらが全体として火山性の地層を形成する．

火山体は大きく分けて 2 つのタイプに分けられる．1 輪廻の噴火で作られた物を**単成火山**(monogenetic volcano)，複数輪廻の噴火で作られたものを**複成火山**(polygenetic volcano)と呼ぶ．ここで 1 輪廻とは多少の時間間隙は存在するが一連の噴火としてとらえられる活動を指す．

一方，噴火の出口の形状から見て，中心噴火と割れ目噴火に分けられる．これら 2 つの分類基準をもとに，図 2.36 と表 2.2 に陸上火山体の分類を示す(両者はかならずしも一致していない)．以下，各火山体について述べよう．

表 2.2 陸上火山の分類．中村(1989)より．

	単成火山(MV)	複成火山(PV)
中心火山	マール 火砕丘 　火山灰丘 　軽石丘 　スコリア丘* 溶岩円頂丘* 火山岩尖 アイスランド型盾状火山	火砕流台地，大カルデラ火山** 成層火山 盾状火山 　ハワイ型 　ガラパゴス型 玄武岩台地**
割れ目火山	割れ目火口 火口列 双子山	独立単成火山群

* 複成火山の山頂に生じた場合，複成のことがある．
** 単成のものもある．

火砕丘は，単成中心火山の代表的なもので，構成する物質によってスコリア丘・軽石丘・火山灰丘などに分けられる．**スコリア丘**(scoria cone)は，1つの中心点からスコリアが噴出した場合には平面的には円形をなし，中心にすり鉢状の火口を持つ．スコリア丘の斜面の角度は多くの場合にほぼ33°であり，空気中における粒子の動摩擦角(安息角：第1章参照)と等しい．スコリア丘の形成は，砂丘の風下斜面と同様に，粒子流によってできたと推定できる．

マール(maar)はスコリア丘より広い火口をもつ．断面ではマールは火口が「基盤」を破壊して火口のすり鉢状の形態をなしている．マールは水蒸気マグマ噴火・水蒸気噴火の際にできる．

成層火山(strato volcano)は中心火口からの複数の火砕堆積物と比較的流動距離の短い溶岩流の噴出によって形成される．これに側火山の火砕丘や岩脈が加わる．さらに成層火山は常に堆積物の侵食・再堆積作用を被っており，地形は再堆積作用に大きく依存している．

成層火山は時に重力崩壊をおこす．崩壊は山体斜面の長期間にわたる土石流による侵食によってもおこるが，もっとも激しいのは山体自体の大崩壊である．その例としてセントヘレンズ火山があげられる．磐梯山の崩壊もよく知られた例である．成層火山の形成と崩壊は数万～数十万年の時間でおこる．

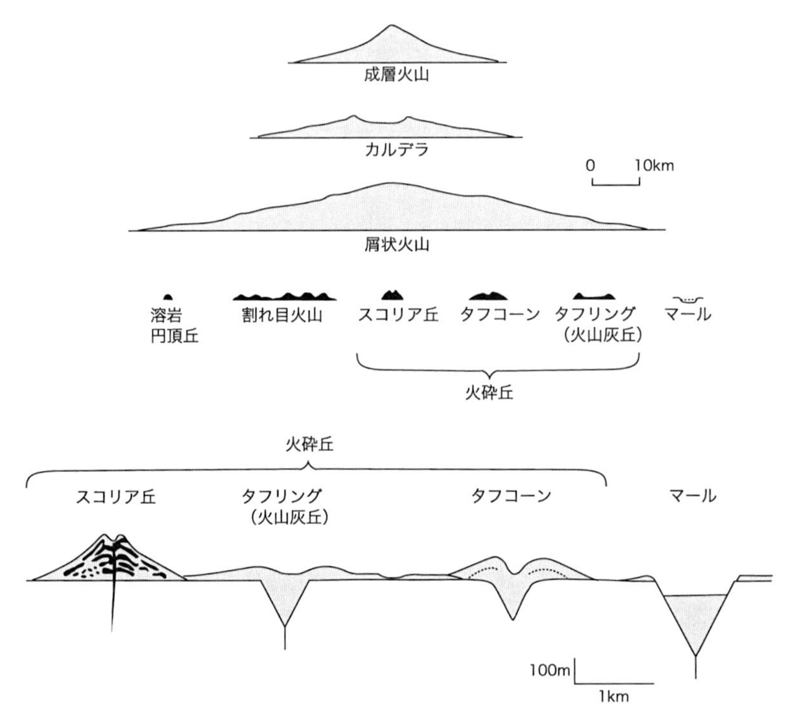

図 2.36 陸上火山の分類．複成火山の縦横比は 2：1，単成火山の縦横比は 4：1．表 2.2 と対応させて見よ．Simkin *et al*.(1981) より．

陸上の酸性マグマの活動では，流紋岩の溶岩ドームやイグニンブライト・火砕降下堆積物を主体とする火山地質体が形成される．**カルデラ**(caldera)が形成される場合には，その中を埋積した溶岩・火砕堆積物や湖成堆積物などが含まれる．また，再堆積物や縁辺には崖錐性の角礫岩が存在する．

図 2.37 に陸上における成層火山の大規模な噴火の時間経過と火山地質の変化のきわめて模式的な例が示してある．大規模噴火の前にはしばしば前兆となる現象がともなっており，小規模の噴火による降下堆積物や再堆積物が降り積もる．

大噴火のイベントは，まず火砕サージを発生させ，これによって 10〜20 km にわたり火砕サージ堆積物が堆積する．その後に噴煙柱から火砕流が発生

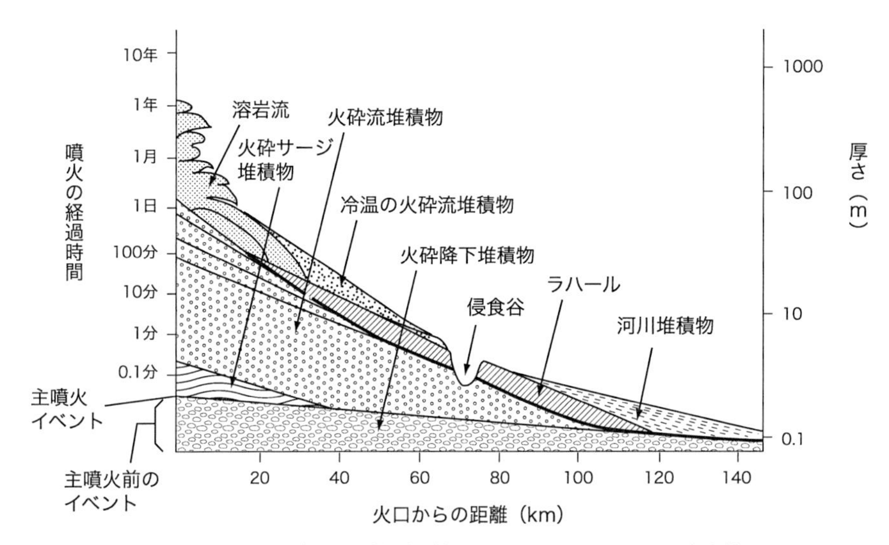

図 2. 37 火山噴火の時間経過とそれにともなう火山噴出物(溶岩，火砕堆積物など)の堆積および侵食過程の進行を示す模式図．時間軸は左端の火山体近くを表現しており，距離方向に従っては，左端との対比に時間が入っている．例えば，右端の河川堆積物はそれと対比される左端の時間が噴火後に約1日以降であることを示している．Orton (1996)による．

し，100 km にもわたって流下し，火砕流堆積物が堆積する．さらに火口からは断続的に火砕流が流れ出し，この間に広く降下堆積物が降り積もる．この間の時間は数時間程度である．噴煙の上昇は積乱雲を発生させ，時に強い雨をもたらし，火砕流堆積物の再堆積がおこる．このような再堆積物を**ラハール** (lahar)と呼んでいる．数日後には火口から溶岩が流れ出す．火砕物の侵食はその後も続いてゆく．このようにして1回の噴火の噴出物が蓄積し，これが何回もつづいて火山体が形成される．

海底での火山活動の例として，玄武岩の海山と酸性マグマによる海底カルデラの例について述べよう．玄武岩の海山は最近になって海底調査が進み，次第にその内容がわかってきた．海山も陸上と同様に単成と複成があり，後者はハワイ島のようにきわめて大きく，海中と陸上の両方の部分からなる．海山は一般に枕状溶岩と火砕堆積物からなる．しかし，頂上が海面近く，あるいは海面

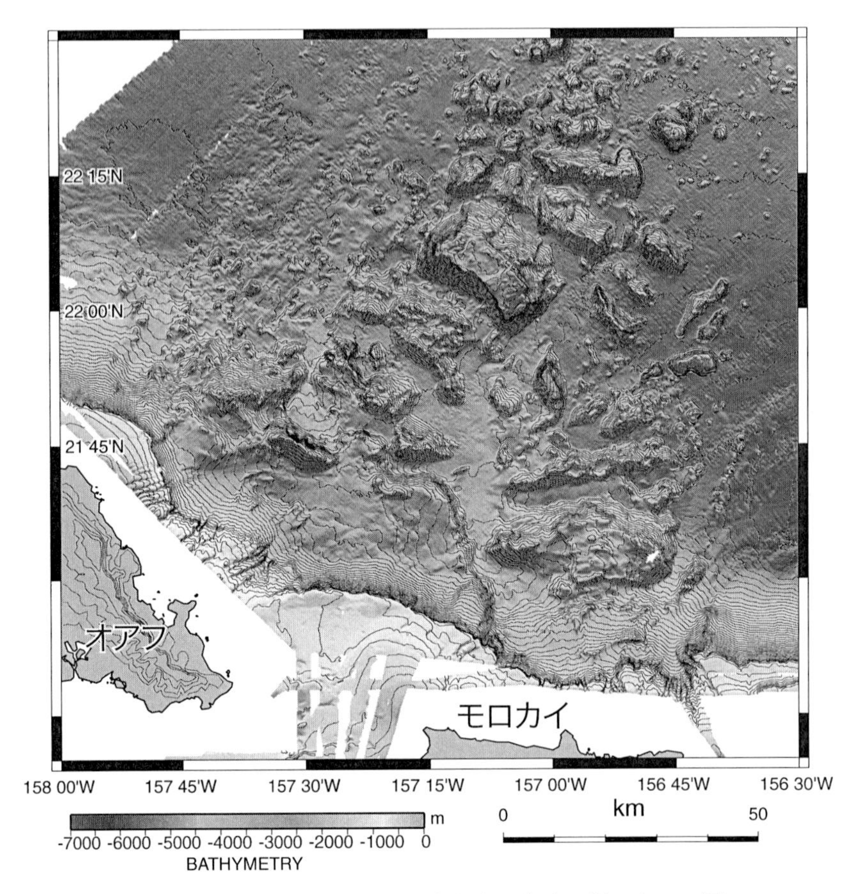

図 2. 38　オアフ島，モロカイ島北方の海底で認められる巨大な火山体崩壊地形．実に差し渡し 30 km にも及ぶ地すべり塊が存在する．これらは，いったいどのようにしてすべったのだろうか．金松ら (2004) による．

上に顔を出した場合には爆発性の火砕堆積物・溶岩・角礫岩などよりなる．陸上の成層火山と同様，海山も大崩壊をおこすことは十分考えられる．実際，ハワイ海山群にもこのような例がおきており，津波を引きおこしたらしい(図 2. 38)．

酸性マグマの海底活動では，水深が噴火様式を支配している．水深が深いと，マグマから揮発成分が脱しないので，マグマの粘性が低くなる．このため陸上の活動に比べ深海では酸性溶岩の流動性が高い．また，高い封圧のために爆発性の噴火はまずおこらない．このため溶岩と水砕岩が主体となる．

海底でもカルデラは形成されるので，カルデラ内には厚い溶岩・水砕岩層が形成される．陸上でのイグニンブライトに相当する堆積物は存在しないが，その代わり乱泥流・粒子流が主要な役割を果たしていると推定できる．浅海，もしくは海面上における酸性，中性マグマ活動では，海面上ではサージあるいは火砕流，海底では密度流が形成され，これらが複合した火山地質を作る．

地球史の初期では，海底の噴火が地層の形成に主要な役割を果たしたと考えられる．海底噴火様式や生成物に関してのさらなる理解が必要である．

問　題

問題 1　地層の形成を支配する要因としてテクトニクス，海水準変動，気候変動がある．諸君がある地域において地層の形成とこれら 3 つの要因の関係について研究を行なうとしよう．諸君ならばどのような点に着目して研究を行なうのか，自ら研究計画を立ててみよう．

問題 2　火山噴火では，水蒸気ガス成分の量が噴火様式を支配する重要な役割を果たす．1990〜95 年の雲仙普賢岳の噴火では溶岩ドームが作られ，その崩壊とともに火砕流が発生した．溶岩ドームの形成，崩壊から火砕流の発生にいたるメカニズムについて水蒸気の量に着目しながら考察してみよう．

文　献

◎地層の形成や堆積岩の起源に関しての一般的な教科書は，

Garrels, R. M. and Mackenzie F. T.：*Evolution of Sedimentary Rocks*, W. W. Norton & Company, 397 p., 1971.
（地球化学的見地から堆積岩を総合的に考察した名著．）

勘米良亀齢・水谷伸治郎・鎮西清高編：地球表層の物質と環境，岩波地球科学選書，326 p., 1991.
（岩波講座地球科学 5 巻として出版されたものを後に単行本とした．）

Miall, A. D.：*Principles of Sedimentary Basin Analysis*, Springer-Verlag, 490 p., 1984.

水谷伸治郎・斉藤靖二・勘米良亀齢編：日本の堆積岩，岩波書店，226 p., 1987.
（堆積岩岩石学の一般的な教科書として役に立つ好著.）

平　朝彦・徐　垣・鹿園直建・広井美邦・木村　学：地殻の進化，岩波講座地球惑星科学9，283 p., 1997.
（第1〜3章において堆積作用，地層と堆積岩がまとめられている.）

◎論文集としては，

Taira, A. and Masuda, F. (eds.)：*Sedimentary Facies in the Active Plate Margin*, Terra Scientific Publ., 732 p., 1989.
（当時のわが国における堆積学の水準を示す論文集.）

◎反射法地震波探査とその応用については，

狐崎長琅：応用地球物理学の基礎，古今書院，297 p., 2001.

Mitchum, R. M., Vail, P. R., and Thompson, S. III：Seismic Stratigraphy and Global Changes of Sea Level. Part 2：The depositional sequence as a basic unit for stratigraphic analysis. In Payton, C. E. (ed.), *Am. Assoc. Petrol. Geologists, Memoir 26*, 53-62, 1977.

Payton, C. E. (ed.)：*Seismic Stratigraphy-applications to hydrocarbon exploration*. Am. Assoc. Petrol. Geologists, Memoir 26, 516 p., 1977.
（地震波層序学：Seismic stratigraphy とシーケンス層序の古典的な論文集．Vail や Mitchum の論文がある.）

また反射法地震波探査の例が豊富に載っている図集としては，

Brown, L. F. *et al.*：*Sequence Stratigraphy in Offshore South African Divergent Basins*, AAPG Studies in Geology 41, Am. Assoc. Petrol. Geologists, 184 p., 1995.

Weimer, P. and Davis, T.：*Applications of 3-D Seismic Data to Exploration and Production*, AAPG Studies in Geology 42, Am. Assoc. Petrol. Geologists, 270 p., 1996.

がある.

◎シーケンス層序学については，

Emery, D. and Myers, K. (eds.)：*Sequence Stratigraphy*, Blackwell Science, 297 p., 1996.

Van Wagoner, J. G., Posamentier, H. W., Mitchum, R. M., Vail, P. R., Sarg, J. F., Loutit, T. S. and Hardenbol, J.：An overview of the fundamentals of sequence stratigraphy and key definitions：In *Sea-Level Changes —an Integrated Approach* (Wilgus, C. K. *et al.*, eds.), Spec. Publ. Soc. Econ. Paleont. Miner., 42, 39-45, 1988.

まとめとわが国の例としては，

Ito, M. and Katsura, Y.：Inferred glacio-eustatic control for high-frequency depositional sequences of the Plio-Pleistocene Kazusa Group, a forearc basin fill in Boso Peninsula, Japan, *Sedimentary Geology*, 80, 67-75, 1992.

斎藤文紀・保柳康一・伊藤慎編：シーケンス層序学，地質学論集，45，日本地質学会，249 p., 1995.
地層のなりたちに関してのモデル的な考察としては，
Muto, T. and Steel, R. J.：Principles of regression and transgression：the nature of the interplay between accommodation and sediment supply. *Journal of Sedimentary Geology*, 67, 994-1000, 1997.

◎房総半島の地質については，
千葉県史料研究財団編：千葉県の自然誌，本編 2，千葉県の大地，県史シリーズ 41，823 p., 1997.
にまとめがある．

◎メタンハイドレートに関しては，
Heinriet, J.-P. and Mienert, J.：*Gas Hydrate*, Geological Society Special Publication 137, 338 p., 1998.
Hitchon, B.：Occurrence of natural gas hydrates in sedimentary basins. In *Natural gases n marine sediments* (Kaplan, I. R. ed.), Plenum Press, 195-225, 1974.
Kvenvolden, K. A. and McMenamin, M. A.：Hydrates of natural gas：a review of their geologic occurrence, *U. S. Geological Survey Circular 825*, 11 p., 1980.
Kvenvolden, K. A. and Barnard, L. A.：Gas hydrates of the Blake Outer Ridge, Site 533. Deep Sea Drilling Project Leg 76, *Initial Reports, Deep Sea Drilling Project* 76, 353-365, 1983.
Kvenvolden, K. A. and Lorenson, T. D.：The global occurence of natural gas hydrate. In *Natural Gas Hydrate : Occurrence, Distribution, and Detection* (Paull, C. K. and Dillon, W. P. eds.), Geophysical Monograph, 124, AGU, 3-18, 2001.
松本良・奥田義久・青木豊：メタンハイドレート，日経サイエンス社，253 p., 1994.
Paul, C. K. and Dillon, W. P.：*Natural Gas Hydrates*, Geophyscia Monography 124, AGU, 315 p., 2001.

◎地層内の流体と物性に関しては，
Bray, C. J. and Karig, D. E.：Porosity of sediments in accretionary prisms and some implications for dewatering processes, *Jour. Geophys. Res*., 90, 768-778, 1985.
Ingebritsen, S. E. and W. E. Sanford：*Groundwater in Geologic Processes*, Cambridge University Press, 341 p., 1998.

◎炭酸塩堆積物に関しては，
Bathurst, R. G. C.：*Carbonate sediments and their diagenesis, Devolpment in Sedimentology 12*, Elsevier, 620 p., 1971.
（炭酸塩岩を学ぶときに必ず読むべき名著．）
Eberli, G. P. and Ginsburg, R. N.：Segmentation and coalescence of Cenozoic carbonate platforms, northwestern Bahamas Bank, *Geology*, 15, 75-79, 1987.
Ginsburg, R. N.：Environmental relationships of grain size and constituent particles

in some south Florida carbonate sediments, *Bull. Am. Ass. Petrol. Geol.*, 40, 2384-2427, 1956.

Ham, W. (ed.)：*Classification of Carbonate Rocks*, Am. Assoc. Petrol. Geologists Memoir 1, 279 p., 1962.
(図 2.19 で示した Durham や Folk の分類が載せられている.)

Logan, B. W. *et al.* (eds.)：*Carbonate Sedimentation and Environments, Shark Bay, Western Australia*, Am. Assoc. Petrol. Geologists Memoir 13, 223 pp., 1970.
(Algal lamination の初期の記載がある.)

Newell, N. D. *et al.*：*The Permian Reef Complex of the Guadalupe Mountains Region, Texas and New Mexico*, Hafner Publishing, 226 p., 1972.

Purser, B. H. (ed.)：*The Persian Gulf — Holocene Carbonate Sedimentation and Digenesis in a Shallow Epicontinental Sea.* 471 p., 1973.
(サブカ環境のまとめ.)

Scholle, P. A.：*A Color Illustrated Guide to Carbonate Rock Constituents, Textures, Cements, and Porosities*, Am. Assoc. Petrol. Geologists Memoir 27, 241 p., 1978.
(多数の薄片写真や電顕写真で例示した炭酸塩岩石学への入門図鑑.)

Scholle, P. A., Bebout, D. G., and Moore, C. H.：*Carbonate Depositional Environments*, Mem. Am. Ass. Petrol. Geol., 33, 708 p., 1983.

◎蒸発岩は,

Hsu, K.: *The Mediterranean Was a Desert*, Princeton Paperbacks, Princeton University Press, 197 p., 1983.

Kirkland, D. W. and Evans, R. (eds.)：*Marine Evaporites—origins, diagenesis, and geochemistry*. Benchmark Papers in Geology, Dowden, Hutchinson and Ross, 426 p., 1973.
(蒸発岩の論文集. テキサス州パーミアン盆地の蒸発岩についても学ぶことができる.)

◎遠洋性堆積物やチャートについて

井本伸広・斎藤靖二：層状チャートの正体, 科学, 44, 180-182, 1974.

斎藤靖二：日本列島をつくった深海ケイ質堆積物, 科学, 56, 141-145, 1986.
(以上は平・中村編：日本列島の形成, 岩波書店, 1986 に収録されている. チャートが放散虫の集合体であることを示した.)

Lisitzin, A. P.: Sedimentation in the World Ocean, *Soc. Econ. Paleont. Mineralogists.* Sep. Pub. 17, 218 p., 1972.

◎火山地質と火砕堆積物に関しては,

Cas, R. A. F. and Wright, J. V.：*Volcanic Successions*, Allen & Unwin, 528 p., 1987.

Fisher, R. V.：Proposed classification of volcaniclastic sediments and rocjks, *Bull. Geol. Soc. Am., 72*, 1409-1414, 1961.

Fisher, R. V. and H.-U. Schimincke：*Pyroclastic Rocks*, Springer-Verlag, 472 p., 1984.
(火砕堆積物と火山活動の総説. 好著.)

金松敏也・樋泉昌之・石井利枝・仲　二郎・高橋栄一：「かいれい」，「よこすか」で得られたハワイ諸島周辺の地形データ，JAMSTEC深海研究，24，51-61, 2004.
兼岡一郎・井田喜明編：火山とマグマ，東京大学出版会，240 p., 1997.
Kieffer, S. W.：Blast dynamics at Mount St. Helens on 18 May 1980. *Nature*, 291, 568-570, 1981.
小屋口剛博：火山と噴火のダイナミックス（平朝彦ほか編：地殻の形成，岩波講座地球惑星科学 8），121-182, 1997.
守屋以智雄：日本の火山地形，東京大学出版会，135 p., 1983.
Murase, T. and McBirney, A. R.：Properties of some common igneous rocks and their melts at high temperatures. *Geol. Soc. Am. Bull.*, 84, 3563-3592, 1973.
Nakamura, K.：Volcanoes as possible indicators of tectonics stressorientation—principle and proposal, *Jour. Volcanol. Geotherm. Res.*, 2,1-16, 1977.
（火山の形とテクトニクスの関係）
中村一明：火山とプレートテクトニクス，東京大学出版会，323 p., 1989.
Orton, G. J.：Volcanic environments. In *Sedimentary Environments* (Reading, H. G. ed.), Blackwell Science, 485-567, 1996.

◎三浦半島の水中火砕岩については，
Soh, W., Taira, A., Ogawa, Y., Taniguchi, H., Pickering, K. T., and Stow, D. A. V.：Submarine depositional processes for volcaniclastic sediments in the Mio-Pliocene Misaki Formation, Miura Group, central Japan. In *Sedimentary Facies in the Active Plate Margin* (Taira, A. and Masuda, F. eds.), Terra Scientific Pub. Co., Tokyo, 619-632, 1989.
Stow, D. A. V. *et al.*：Volcaniclastic sediments, process interaction and depositional setting of the Mio-Pliocene Miura Group, SE Japan. *Sedimentary Geology*, 115, 351-381, 1998.

◎地球物理学の入門書
Lillie, R. L.：*Whole Earth Geophysics*, Prentice-Hall, 361 p., 1998.
（とてもわかりやすい本．地球物理学の入門書として推薦できる．）

問題のヒント

問題 1　要因が多く働く現象の解析には，要因のどれかがよく制約できることが大切．例えば，沈降の歴史がよくわかっている海盆を研究する．氷河性海水準変動が，対象とする地層から産する有孔虫の酸素同位体比などによって決定できることなど．例えば房総半島は，2番目の例である．このような例を考えてみよう．

問題 2　雲仙普賢岳の流紋岩ドームのサンプルには，多量の気泡が含まれていた．自分のモデルをまず考えてみよう．それと文献やインターネットなどのデータや研究者の考察と比較してみよう．

3 岩石の変形と地質構造

この章のねらい

本章では岩石の変形，とくに断層と褶曲およびそれらにともなう種々の地質構造の成因について学ぶ．地層や岩石は形成途中から，あるいはその後に，さまざまな変形を被り，露頭となって姿を現している．その変形過程を読みとり，成因を研究することによって，地球の歴史を理解する重要な手がかりが得られる．

3.1　岩石の変形を調べる

図3.1は，グランド・キャニオンの風景である．グランド・キャニオンでは，先カンブリア時代の変成岩を古生代の地層が不整合で覆っている．また図には，和歌山県周参見海岸の露頭の写真も示してある．一方はほぼ水平に地層が重なっており，他方は激しく褶曲(fold)している．地層は，堆積当時の重なり具合を保存している場合もあるが，その後に変形した場合も多い．

この変形の過程とその要因を明らかにすることによって，地層あるいは地殻が受けた力，熱あるいは物質の移動などの変遷について知ることができる．このような学問分野を**構造地質学**(structural geology)と呼ぶ．

地層や火成岩体が初生的な状態から変形する過程には大きく2つの様式がある．それは**弾性変形**(elastic deformation)と**塑性変形**(plastic deformation)である．一般に物質に力を加えると変形する．弾性変形では，加えた力を取り除くと形が元に戻る．一方，塑性変形では，形が元に戻らず永久的な変化が生じる．地殻を構成する岩石もまた加えられた力に対して両方の変形を示す．

いま，地殻内部の岩石にかかる力は通常はつり合っていると考えることができる(すなわち，加速度運動はしていない)．その場合に，岩石内部のどの面に関しても，そこにかかる力はつり合っている．互いに反対方向より物体のある面にはたらいている力を**応力**(stress)という．応力の大きさは，単位面積あたりの大きさとして表すために応力＝力/面積で定義される．応力の単位はパスカル Pa＝N/m^2 であるが，1 bar＝105 Pa もよく使われる．Pa や bar は圧力の単位として知られているが，圧力も応力の一つである．地下の岩石中には，大きな応力がかかっている．岩石は普通，水の約3倍程度の比重があるので，地下1000 m の圧力は，海中3000 m の圧力に相当する．

地層を観察すると，岩石が伸びたり，縮んだり，回転したりしたさまざまな形の変化が認められる．このような変化の度合いを**歪**(ひずみ)(strain)と呼んでいる．

構造地質学では，岩石の変形過程を知ることがまず大切である．岩石の変形の過程，すなわち，岩石における応力と歪の関係を調べるには，実験的な研究が有効である．ここでは，まず，応力と歪の基礎について学び，それから実験

図 3.1　(a)アメリカコロラド州グランド・キャニオンの景観．先カンブリア時代の変成岩を不整合(矢印)で覆って古生代の地層が水平に堆積している．(b)和歌山県周参見の海岸に見られる見事な砂岩層の褶曲．古第三紀四万十帯．露頭の高さは約 30 m.

結果について見てみよう．

(a) 応　力

物体中のある面にかかる応力を考えると，それは面に垂直な応力と，平行な応力に分解できる．**垂直応力**(normal stress)は一般に σ，平行な応力(**せん断応力**：shear stress と呼んでいる)は τ と書く．

一般に，地質学では，応力の方向自体が重要な意味をもっている場合が多い．地下深く埋没した岩石では，鉛直方向に荷重がかかっており，また，水平方向には，例えば，プレート運動による力が加わっていたりする．いま，このような応力状態において，せん断応力がゼロとなるように座標系を選んだとき，垂直応力の成分を**主応力**(principal stress)と呼んでいる．

主応力は大きさにより σ_1，σ_2，σ_3 と表し，最大，中間，最小主応力と呼ばれる．主応力がすべて等しい場合，応力は静水圧である．静水圧下では，物体は体積変化をおこすが，形が変わることはない．

非静水圧下では，平均圧力は，

$$p=\frac{\sigma_1+\sigma_2+\sigma_3}{3} \tag{3.1}$$

で表される．この p を**静水分圧**(hydrostatic component)という．これからずれた分の応力差分，

$$\sigma_1-p, \qquad \sigma_2-p, \qquad \sigma_3-p$$

を**非静水分圧**(deviatoric stress component)と呼ぶ．

主応力がわかると，任意の面にはたらく応力が計算できる．簡単のために，図 3.2 のように σ_1 と σ_2 について考える．この図に示したように，単位長の長さをもつ線分 AB(紙面に垂直に単位幅を持つとする)の法線が σ_1 に対し角度 θ だけ傾いているとして，この面にかかる応力を計算してみる．まず，応力を力に直す必要がある．

$$力 = 応力\times面積$$

なので，AB にかかる σ_1 軸方向の力は

$$\sigma_1 \cos\theta$$

同様に σ_2 軸方向の力は

$$\sigma_2 \sin\theta$$

$\sigma_1 \cos\theta$ と $\sigma_2 \sin\theta$ を AB に垂直な方向の力 σ と平行な方向の力 τ に分解して合成すると

$$\sigma=\sigma_1\cos^2\theta+\sigma_2\sin^2\theta \tag{3.2}$$

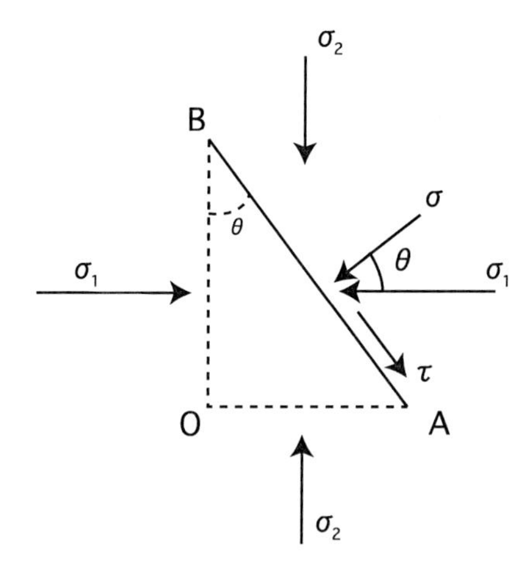

図 3. 2　主応力 σ_1 と σ_2 と任意の面(紙面方向に単位幅をもつ)での応力の成分を表す．単位長の面 AB に垂直な応力(σ)と σ_1 のなす角度を θ とする．面 AB に平行なせん断応力(τ)は σ から時計回りをプラスとおく．σ_1 および σ_2 に垂直な面をとって AB を含む直角三角柱を作ると ABO は θ に等しい．ここで角 θ と垂直応力 σ，せん断応力 τ の関係は，図 3. 3 のモール円で描くことができる．

$$\tau = \sigma_1 \sin\theta\cos\theta - \sigma_2 \sin\theta\cos\theta \tag{3.3}$$

となる．式(3. 3)においては反対向きの力には負の符号がつけてある．

同様な計算をさらに 3 次元空間に適用することができる．実際の計算にはテンソルを用いると便利であるが，ここでは省略する．重要なことは，地質学では地下の応力の状態を表すのに主応力をしばしば用いるということである．

(b)　モールの応力円

ここである σ_1 と σ_2 の大きさに対して AB 面にはたらく垂直応力 σ とせん断応力 τ の大きさの変化をみてみよう．

式(3. 2), (3. 3)について

$$\cos^2\theta = \frac{1+\cos 2\theta}{2}, \quad \sin^2\theta = \frac{1-\cos 2\theta}{2}, \quad \sin\theta\cos\theta = \frac{\sin 2\theta}{2}$$

の関係を用いて書き直すと，

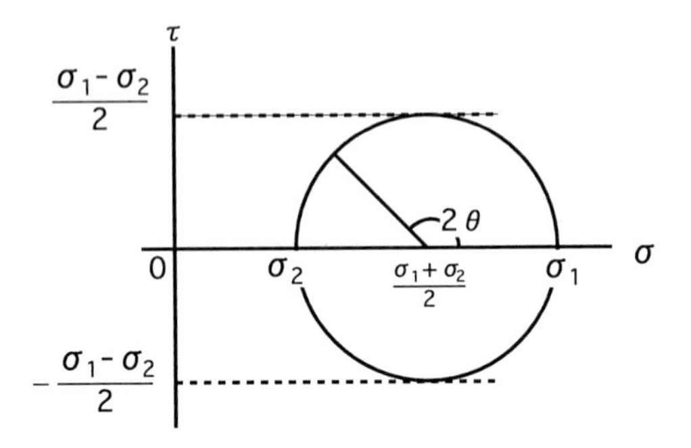

図 3.3 図 3.2 で定義した角度 θ と垂直応力 σ，せん断応力 τ の大きさの関係を示すモール円．2θ が 90° のとき，θ は 45° であり，このとき，σ は $(\sigma_1+\sigma_2)/2$，τ は $(\sigma_1-\sigma_2)/2$ となる．

$$\sigma = \frac{(\sigma_1+\sigma_2)}{2} - \frac{(\sigma_1-\sigma_2)\cos 2\theta}{2} \tag{3.4}$$

$$\tau = \frac{(\sigma_1-\sigma_2)\sin 2\theta}{2} \tag{3.5}$$

となる．

いま，

$$\frac{(\sigma_1+\sigma_2)}{2} = A, \qquad \frac{(\sigma_1-\sigma_2)}{2} = R$$

とおいてみると

$$\sigma = A - R\cos 2\theta \tag{3.6}$$

$$\tau = R\sin 2\theta \tag{3.7}$$

となる．両式を変形して 2 乗して加えると，$\sin^2 2\theta + \cos^2 2\theta = 1$ の関係を用いて，

$$\tau^2 + (\sigma - A)^2 = R^2 \tag{3.8}$$

を得る．これは τ を縦軸として，σ を横軸とした場合に $A=(\sigma_1+\sigma_2)/2$ を中心として，$R=(\sigma_1-\sigma_2)/2$ を半径とする円の方程式を表す．これを**モール円** (Mohr circle) と呼ぶ (図 3.3)．モール円は，主応力 σ_1 と σ_2 に関して，σ_1 と，その法線が任意の角度 θ にある面(単位幅の線分 AB)に対する垂直応力 σ と

せん断応力 τ の関係は，この円周上にあることを示している．円の直径は，σ_1 と σ_2 の大きさの差を表す．σ が σ_1 と σ_2 の平均値 $A=(\sigma_1+\sigma_2)/2$ であるときに，τ は絶対値で最大である $(\sigma_1-\sigma_2)/2$ の値を示す（この場合，± は方向が反対向きであるということである）．このときの τ を最大せん断応力と呼ぶ．また，このときの面の角度は $2\theta=90°$（あるいは 270°）なので $\theta=45°$ である．

（c）　歪

一般に物体に応力がかかると歪が生じる．歪は，応力によって生じた物体の体積や形の変化と定義できる．歪は 2 つの方法で記述することができる．それは，1)線長の変化と 2)線分間の角度の変化であり，どのような歪もこの 2 つを用いて記述できる．

線長変化は，図 3.4 に示したようにはじめの長さを l_0 として，変化後を l とし，

$$\varepsilon=\frac{l-l_0}{l_0} \tag{3.9}$$

このとき，ε が正なら**伸張**(elongation)，負なら**短縮**(shortening)と呼ぶ．これらをまとめて線長歪と呼ぶ．また単位時間あたりの歪の変化を**歪速度**(strain rate)とよぶ．

線分間の角度の変化 γ は**角せん断歪**(shear strain)とも呼び，

$$\gamma=\tan\psi \tag{3.10}$$

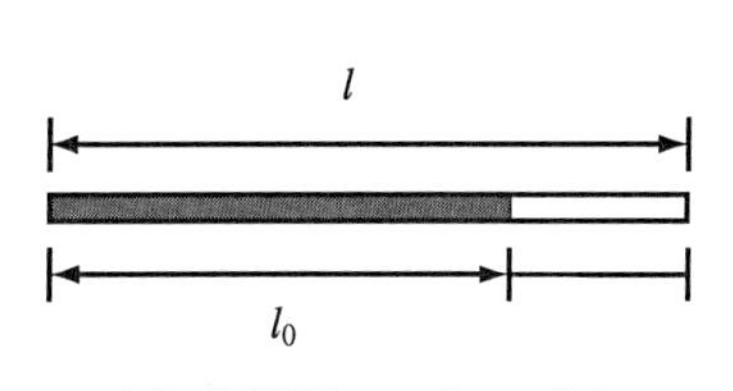

(a) 伸張歪 $\varepsilon=(l-l_0)/l_0$

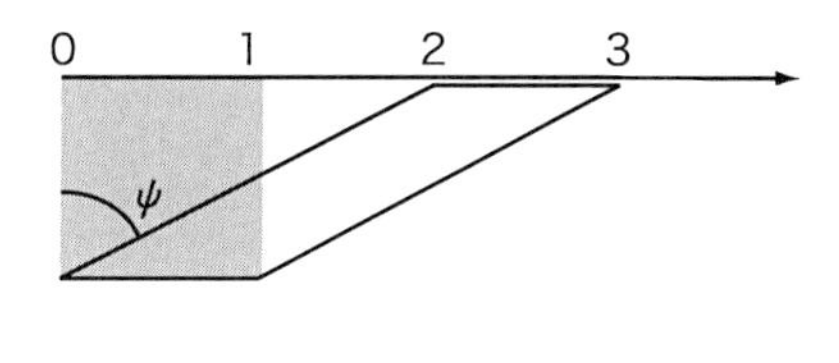

(b) 角せん断歪 $\gamma=\tan\psi$

図 3.4　歪の定義．(a)伸長歪．もともとの長さ l_0 が l に変化する場合．(b)せん断歪．正方形が角せん断(ψ)の結果，平行四辺形に変化．このとき，γ をせん断歪と呼ぶ．狩野・村田(1998)より．

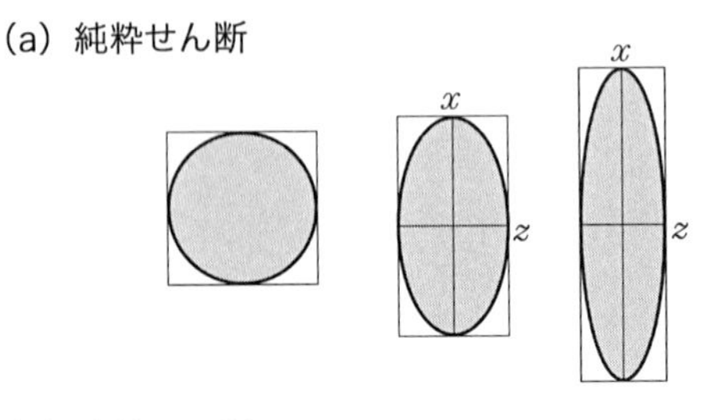

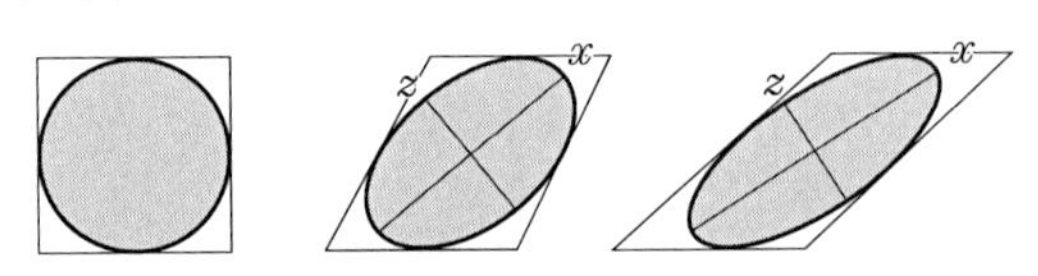

図 3.5 せん断変形による歪の例．どちらも体積の変化はない．(a)純粋せん断．この場合には x 軸，y 軸方向は保ったまま長さに変化がおこるので，同軸変形(coaxial deformation)と呼ぶ．(b)単純せん断．この場合には縦方向の長さは不変のまま横方向に変化がおこるので，単軸変形(uniaxial deformation)，あるいは非同軸変形(non-coaxial deformation)と呼ぶ．狩野・村田(1998)より．

で表すことができ，ここに ϕ は図 3.4 のように定義できる．

3 次元での歪の解析はなかなか難しい．もっとも簡便であり確実な方法は，もともとは球形であったと考えられる物の変形である．例えば，ウーライト(石灰質の結晶が同心円状に集まってできた球状粒子．第 2 章参照)，ある種の放散虫，赤色砂岩や頁岩中に見られる還元スポット(reduction spot：その部分だけ球状に還元されて赤色が白色に変わった部分)などにおいては，3 次元の歪を求めることができる．この場合においても，注目する指標が地層全体の歪を代表しているかどうかに十分注意する必要がある．

球の歪は 3 次元では簡単にするために歪楕円体を導入するとわかりやすい．すなわち，互いに直交する x, y, z をとり，これを主軸とする楕円を考える．このとき，x, y, z を主歪軸と呼ぶ．

物体が歪をおこしている場合には，2 つの極端な場合がある．図 3.5 に示したように，x, y, z 軸の方向が不変のとき，これを**同軸変形**(あるいは共軸変形とも呼ぶ：coaxial deformation)と，そしてその変形過程を**純粋せん断**(pure

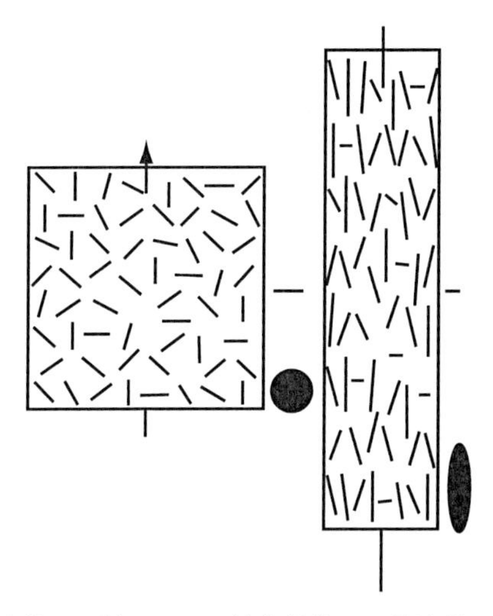

図 3.6　純粋せん断によって粘土鉱物など葉片状の鉱物が一定方向に配列し，面構造が形成されることを示した模式図．このような配列の変化は薄く剝がれる粘板岩の性質を形成したり，岩石の物理的性質の異方性(例えば，弾性波速度，透水率，帯磁率など)の原因の一つとなる．Billings (1972)による．

shear)と呼ぶ．一方，縦方向の長さは変化しないで，回転だけがおきているときは，これを**非同軸変形**(あるいは非共軸変形：non-coaxial deformation)と呼び，その変形過程を**単純せん断**(simple shear)と呼ぶ．純粋せん断は，地層が荷重によって圧密を受けて潰れてゆくときにおこるし，単純せん断は断層帯の中などに認められる(ここでは，体積変化はないとして扱っているが体積変化をともなう場合も多い)．

純粋せん断が堆積物の粒子の配列にどのような変化を与えるか考えてみよう．図 3.6 のようにいま，変形前にランダムに粘土鉱物が配列しているとして，純粋せん断によって同軸変形が生じるとすると，堆積物の中の粘土鉱物は一定方向に再配列してくる．このようにして純粋せん断と直交方向にできた構造を**面構造**(foliation)と呼ぶ．変成岩において，雲母鉱物が平行に強く配列した構造は**片理**(schistosity)と呼ばれ，片理も面構造の一つである．

上の解説では，変形にともなって体積変化はないとして扱ってきた．しかし，実際の変形過程においては，歪による体積変化がおこる場合が多々ある．顕著な例は未固結堆積物が脱水，圧密してゆく過程での変形で，このときは大きな体積変化をともなう．未固結堆積物は時に80% もの間隙があり，海水などが充塡している．地層が固結してゆく過程で，間隙は減少し，10% 以下に減少することが多い．このような埋没にともなう体積変化については，第2章ですでに扱った．

以上のように岩石は，応力を受けて歪をおこす．そこで，応力と歪の関係をよく調べることが必要となる．地殻の中で，この関係を直接計測して調べることは大変難しい．というのも，多くの場合，岩石の歪は長い間かかっておこるからである．そこで，時間のスケールは異なっても，実験室で岩石における応力と歪の関係を知ることが有用な情報をもたらす．以下でそのことについて見てみよう．

(d) 岩石の変形実験

岩石の変形実験に用いられる代表的な実験装置に三軸試験機がある(例えば狩野・村田(1998)を参照)．三軸圧縮試験機では円柱状の岩石試料をジャケットと呼ばれる軟らかい被覆材でおおい，これに円柱の軸方向からジャッキなどで圧力を加える．試料自体は高圧の液体の中に封入されているので，応力状態は軸方向を σ_1 とすると σ_2 と σ_3 は液体の圧力(これを封圧と呼ぶ)となり $\sigma_2=\sigma_3$ である．三軸変形実験ではしばしば温度の制御も行なう．

三軸実験結果は横軸に歪，縦軸に**差応力**($\sigma_1-\sigma_3$：σ_2 と σ_3 は同じ値)をとって示してある．これを差応力-歪曲線と呼ぶ(図3.7)．差応力を増加させると，歪と差応力の関係がまず直線的に変化することがわかる．すなわち，岩石はこの歪の範囲では，弾性的に振る舞っていることがわかる．この間に，弾性変形した分，歪エネルギーが蓄積されるので，差応力は大きくなる．これを応力蓄積と呼ぶ．歪は約 5×10^{-3} 程度(10 cm の長さの試料に対して 0.5 mm の歪)で，急に増加するのがわかる．すなわち弾性的な性質が失われる．このときの曲線上の点を**降伏点**(yield point)と呼び，そのときの差応力を**降伏強度**(yield strength)と呼ぶ．

降伏点を通過して差応力-歪曲線は，水平に近づき，急に歪が大きくなる．

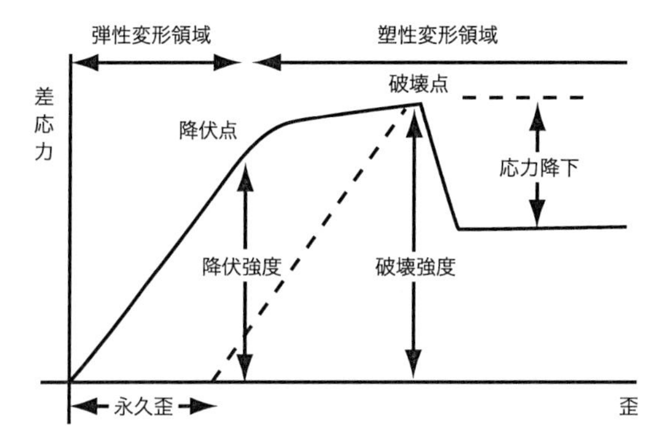

図 3.7 岩石の変形実験における差応力と歪の関係の模式図．狩野・村田(1998)による．差応力は最大主応力 σ_1 と最小主応力 σ_3 の差である．岩石の変形実験においては通常，ジャッキなどで円柱試料の軸方向から加圧してゆくので，この方向が σ_1 に相当する．また，円柱の周囲は油などで一定の圧力に保つので，周囲には $\sigma_2=\sigma_3$ の封圧がかかっている．この場合，差応力$=\sigma_1-$(封圧)となる．縦軸に差応力をとり，横軸に歪をとると，はじめは差応力と歪は比例関係にある．すなわち，弾性変形が生じる．差応力がある大きさになると歪が急に大きくなり，岩石の変形様式が変化したことがわかる．塑性変形がおこり，さらに歪が進むと破壊がおこって応力が開放され，応力降下がおきる．歪が大きくなる降伏点から破壊点までの歪はその間で差応力を取り去っても岩石に歪が残るので，これを永久歪と呼ぶ．降伏点，破壊点での差応力の大きさを，それぞれ，その岩石試料の降伏強度，破壊強度と呼ぶ．

降伏強度を過ぎると，応力を取り去っても岩石の歪はもとに戻らない．やがて急に差応力が減少する．岩石試料が破壊をおこしたのである．このときの差応力を岩石の**破壊強度**(failure strength)と呼ぶ．やがて岩石は一定の差応力下で歪が進行する．このような変形様式をクリープ(creep)と呼ぶ．降伏強度を過ぎてからの歪を**塑性歪**(plastic strain)とよび，変形の様式を**塑性変形**(plastic deformation)と呼ぶ．一定差応力で，歪が進行するということは，岩石の少なくとも一部が粘性体として挙動してしていることを示している．すなわち，岩石の変形はレオロジーによって扱うことができる．このことは第1巻で簡単にまとめた．

以上述べたように，歪が 10^{-3} 程度で，多くの岩石は弾性変形から塑性変形に変化する．塑性変形には大きく 2 つの様式があって，一つは破砕をともなって割れ目が伝播する様式と，もう一つはより流動的な変形様式である．前者は一般に**脆性変形**(brittle deformation)，後者を**延性変形**(ductile deformation：延性変形を塑性流動，あるいは時に単に塑性変形と呼ぶこともあるが，紛らわしい用語なのでここでは使わない)と呼ぶ．多くの岩石変形実験の結果から，脆性変形と延性変形の境界は約 200℃，封圧 150 MPa(地殻内部 5 km の深さに相当)あたりに存在している．地殻を構成する岩石は温度が高い状態では，流動化することが考えられる．

しかし，以上のような岩石の実験結果を単純に地殻の変形に適用するには多くの問題がある．例えば，脆性-延性境界は岩石の種類と組織，温度，流体の存在などの複雑な原因によるからである．以下にその要因を挙げてみよう．

1)　封圧の影響

岩石は地下で高い封圧下にある．その圧力は一般にその深度までの物体の平均密度による．たとえば地殻では 1 km の深さで 30 MPa ほどである．岩石は封圧がかかると，粒子間の摩擦が大きくなり，降伏強度が増し，破壊しにくくなる．

2)　温度の影響

温度が高くなると降伏強度は低くなり，岩石はより延性的に振る舞う．

3)　間隙水圧の影響

間隙水圧は岩石の変形に重要な役割をはたす．間隙水圧が高くなると封圧と相殺し合って降伏強度を著しく低める．

4)　歪速度の影響

岩石は一般に歪速度が大きいと降伏強度も大きくなる．多くの岩石変形実験は地殻の変形に比べてたいへん大きい歪速度のもとで行なわれる．

岩石の流動特性(レオロジー)については，すでに第 1 巻で学んだ．そこでは地殻やマントルの岩石は粘弾性体として挙動することを述べた．このことと上の実験のことを比較してまとめてみよう．岩石の多くは歪速度の速い条件では，弾性体として振る舞う範囲が大きくなる．例えば地震波動がマントル内部を伝播するのもこの性質による．一方，高温度下の遅い歪み速度では，流動化しやすい．例えばマントルの対流や氷床の負荷除去に対するリバウンドなどがこれである．第1巻ではこれらのことを概説した．

さて，あまり温度が高くなく，封圧もそれほど大きくない地殻上部を表すような条件下では，岩石を歪ませてゆくと，はじめは弾性体として振る舞っているが，降伏強度をすぎると割れ目ができ始め（脆性変形），破壊がおこって破砕面に沿ってすべりだす．多くの岩石の場合，このすべり現象は破砕面内で流動化（延性変形）がおこったことに近似できる．このような破砕面の中での振る舞いは断層の挙動と似ている．

では，破壊や変形がおきたときに，岩石の内部では，どのようなことがおきているのであろうか．

（e） 塑性変形のメカニズム

岩石は鉱物粒子の集合体からなる．したがって，岩石の塑性変形の基本は，粒子集合体の変形メカニズムを理解することにある．岩石の塑性変形メカニズムは，封圧と温度，間隙水圧に大きく依存していることは上に述べた．これらのパラメータを加味して，定性的に変形メカニズムを分類すると，それらは，

1） 粒界すべり
2） 粒子破砕
3） 粒界拡散と動的再結晶
4） 粒内変形

に分類できる．以下にそれぞれについて見てみよう．

1） 粒界すべり

堆積物がまだ十分に固結しいない状態や，間隙水圧が高かったり，低い封圧の下では，粒子そのものは破壊や変形をおこさず，粒子と粒子の境界がすべって粒子が再配列をおこし，変形する．このような変形様式を**粒界すべり**(grain boundary sliding)とよぶ．

2） 粒子破砕

粒子破砕は，粒子の間の凸凹や粒子そのものが脆性的に破砕されて変形するメカニズムを指す．このような脆性破壊による変形は，地殻の浅部で特徴的におこる．粒子破砕のことを**カタクレーシス**(cataclasis)と呼び，粒子破砕

を顕著に被った岩石を**カタクレーサイト**(cataclasite)と呼んでいる．地殻中の浅い部分の断層変形の多くはこの範囲に入る．

3)　粒界拡散と動的再結晶

温度や圧力が上がってくると粒子と粒子の接触部で溶解，拡散，再結晶などの物質移動がおこる．この物質移動をおこしながら岩石が変形することを粒界拡散と動的再結晶とよぶ．代表的な例として，スタイロライトなどの溶解構造やプレシャーシャドウなどの粒子のまわりでできた再結晶構造がある．

4)　粒内変形

高い温度，圧力状態でおこる岩石中の結晶粒子の塑性変形を指す．これには結晶格子間の転位や格子欠陥の移動などを中心とした原子レベルの変形現象と理解される．**マイロナイト**(mylonite)などの変形岩や変成岩などではこのような変形が卓越する．またマントル対流などの流動はこの範疇に入ると考えられる．

岩石の変形メカニズムには，単に物理的な破壊や変形だけでなく，多くの場合に流体を介在した化学的な現象をともなっていて，きわめて複雑である．

3.2　断層の実態

応力による地殻の破壊がもっとも顕著に現れたのが断層である．断層と呼ばれるものには，露頭などで見る小さな断層もあれば，サンアンドレアス断層のように1000 km以上も連続する断層系(一つの系統をなす断層群を指す)も存在する．したがって，その性質はさまざまであることが直感できる．

(a)　野島断層と集々断層

近年，2つの大きな地震が日本と台湾でおこった．1995年1月17日の兵庫県南部地震(M 7.2)と1999年9月21日の台湾の集々(Chi-chi)地震(M 7.6)である．これらの地震は断層の運動によって引きおこされたものであり，断層の変位は，地表に達して道路や家を壊し，人々にあらためて地震断層(地震を励起する断層を指す)の恐ろしさを見せつけた．この2つの事例は，断層と地震の関係について，多くの情報をもたらした．

兵庫県南部地震のときに，淡路島西岸の地表に断層が出現したと報じられた．ただし，この「出現した」という言葉は正しくはない．ここでは，以前から地形の特徴などから見て断層があるということが推定されており，野島断層と呼ばれていた．野島断層は，近畿地方に発達する横ずれ成分の大きな断層系の一つをなしている．

野島断層に沿って，直線的な崖の連なりが認められる．**断層崖**(fault scarp)である．兵庫県南部地震では，この断層崖に沿って，地面の破壊(これを**サーフェス・ラプチャー**：surface rupture と呼ぶ)がおこった．地面の破壊は数秒間で形成されたので，いかにも断層が突然発生したように見えるので「出現」という言葉が用いられたのである．サーフェス・ラプチャーの特徴を見てみると，次のことがわかる．

1)　断層面を境にして道路や水路などの目印になるものを見てみると(図3.8(a),(c))，上下および水平の両方に移動している．このような断層の動いた距離を**変位**(displacement)と呼ぶ．垂直方向と水平方向をそれぞれ**垂直変位**(vertical displacement)，**水平変位**(horizontal displacement)と呼ぶ．兵庫県南部地震時の野島断層の最大垂直変位は 1.2 m，最大水平変位は 2 m であった．

2)　野島断層のサーフェス・ラプチャーは特徴ある構造を地表に作りだした．そのいくつかを挙げてみよう．図3.8(a)に示したのは，斜めに入った割れ目で，このような配列を**雁行割れ目**(en echelon fracture)と呼んでいる．地表の一部が盛り上がっていることが認められる．このような盛り上がりを**プレッシャーリッジ**(puressure ridge)という．これらの構造は，断層の水平変位が大きいときに特徴的に現れる．これは断層に沿ってずれる面が多少湾曲しているためにできる構造であり，そのでき方については本章の後半で解説する(図3.23と図3.24を参照)．

3)　断層の面を見てみると，断層の動きを表す線状の筋がついているのがわかる(図3.8(b))．このような筋を**スリッケン・ライン**(slicken line)と呼んでいる．

台湾南部の集々地震は，台湾全域に発達している南北方向の走向を持つ逆断層のひとつ，車籠埔(Chelongpu)断層に沿っておこった(図5.19(b)参照)．台

図 3.8　淡路島野島断層の写真．(a)兵庫県南部地震のシャーリッジの地割れ．(b)兵庫県南部地震のときに田んぼの土にもこのような構造ができるのは驚きであた家屋．国際航業提供．

湾はフィリピンから続くルソン島弧が中国の大陸縁辺と衝突しており，西方へ運動する一連の衝上断層帯が存在する．

さて，集々地震時には，垂直変位が5m近くに達する断層崖が「出現」した．道路やグランドは盛り上がり崖となり(図3.9)，川には滝が出現し，さらに大規模な地すべりも発生した．車籠埔断層の先端は，第四紀層を切っているが，いままでも地震のたびに地面が盛り上がり，それが侵食されて平野に堆積

ときに出現した野島断層沿いの雁行状の右横ずれプレッ
出現した野島断層の断層面に現れたスリッケン・ライン.
る. (c)兵庫県南部地震のときに断層によって分断され

するということが行なわれてきたはずである. 集々地震によって台湾の地形形成プロセスを実感できる. 台湾のテクトニクスについては第5章で解説する.

(b) 断層の深部構造

以上, 断層の地表に現れた形態, サーフェス・ラプチャーを見てきた. このような地表での断層の動きは, 地下深くでの地震をおこすような運動とどのよ

図 3.9　1999 年 9 月 21 日の台湾集々地震(M 7.6)時に運動した車籠埔断層の写真．(a), (b)車籠埔断層の運動によって隆起したグランド．台中県霧峰郷．(c)車籠埔断層の運動によって隆起した住宅地と道路．台中県石岡郷．Lin and Suen(2000)より．

うに関連しているのだろうか．

表層の数 km までの断層の形や構造は，地震波探査，ボーリングなどによって知ることができる．さらに地震の震源分布をくわしく決定し，それから推定される断層面の形状を知ることができる．これらを総合して震源域から表面までの断層の様子を知ることができるはずであるが，いまだにこのような総合的な研究の実例は少ない．

地殻の中に発達する地震断層の性質を見るといくつかの共通点がある．それらは，

1)　5〜15 km 程度の深さに地震が集中している．
2)　下部地殻では地震が少なくなる．
3)　断層の多くは深部では傾斜が小さくなり，水平な断層に収斂しているように見える．

このように地殻内部の地震断層は 15 km 程度の深さでは，水平断層に収斂することが多く，それより深い場所では断層は存在しても地震はほとんどおこさない．断層の多くが地殻深部では低角度な面に収斂するように見えるのは，地殻の上部と下部では変形様式が異なり，下部では流動的な変形が卓越するためと考えられる．リソスフェアとアセノスフェアの関係と同様に，地殻の上部と下部の境が重要な力学境界であることを示している．

以上のような地殻の表層部から深部に達する断層では，断層内における変形メカニズムとしては，浅い領域で粒子破砕が重要であり，それが進行するとカタクレーサイトが断層に沿って発達してくる．野島断層では，1800 m の深さのボーリングが実施された．ボーリングコアを見ると，断層は，幅数 cm の花崗岩の破砕された粒子と粘土質の部分のくり返しから成り立っていた．このような部分を**断層破砕帯**(fault fracture zone)と呼ぶ．断層運動によって著しく変形した岩石を断層岩(fault rocks)と称する．また断層破砕帯に含まれる粘土質の部分を**断層ガウジ**(fault gauge)と呼ぶ．断層岩の中をくわしく見てみると，時に薄いガラス質の部分が見つかる．このようなガラス質の部分は断層の運動の際に摩擦熱で岩石が溶けてできたためと思われ，**シュードタキライト**(pseudotackilite)と呼ばれている．形成温度は 1000℃ 以上に達したと推定され，このような温度上昇は，地震発生時の断層の高速せん断運動によるものと

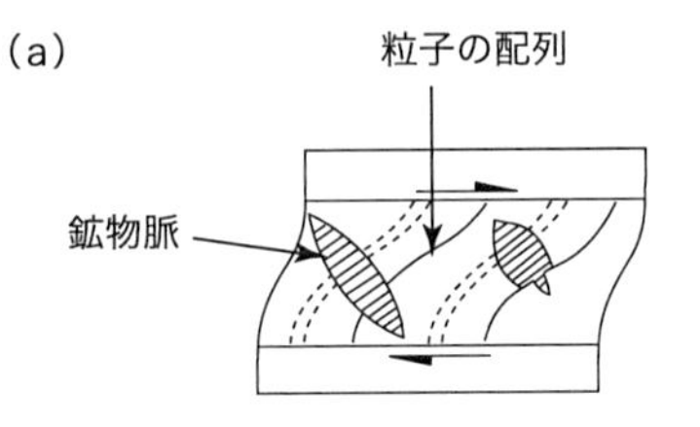

開口フラクチャーと鉱物脈の発達，粒子配列（ファブリック）の発達

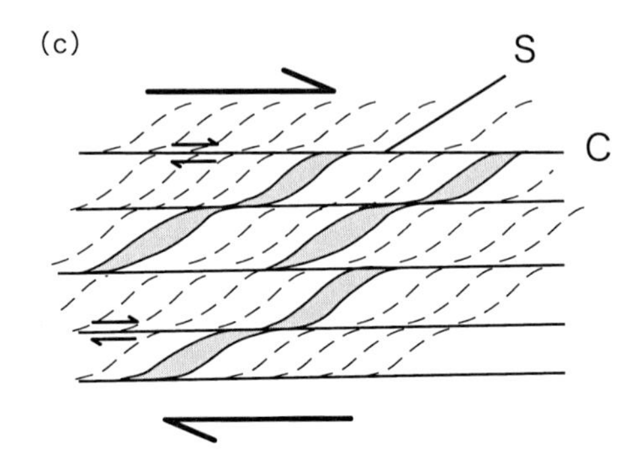

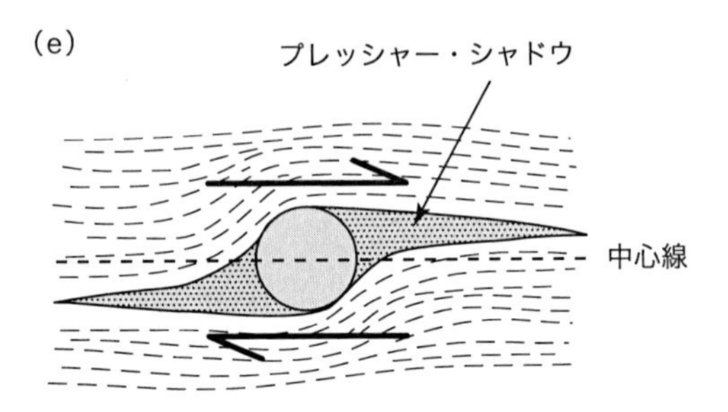

図 3.10　せん断変形の構造．(a)圧縮方向と平行方向に形成が充塡する．圧縮方向に垂直な方向に粒子の配列がおこるルシェア(Riedel shear)の構造．(c)カタクレーサイトやの配列によって形成され，C面(cisaillement)はせん断にをともなうことがある．(d)カタクレーサイトやマイロナのプレッシャー・シャドウ．粒子の周囲のマトリックスのこに変成鉱物が析出する．(f)カタクレーサイトやマイロの周囲にあるプレッシャー・シャドウの回転がおこり，渦の渦巻き構造ができる．Dunne and Hancock (1994)を改変．

(b)

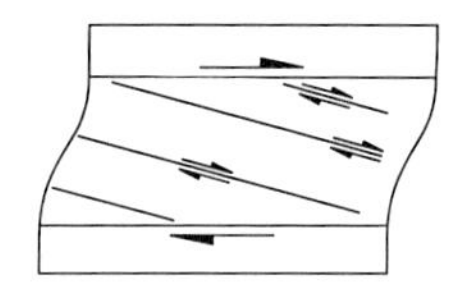

リーデルシェア
せん断面の発達

(d)

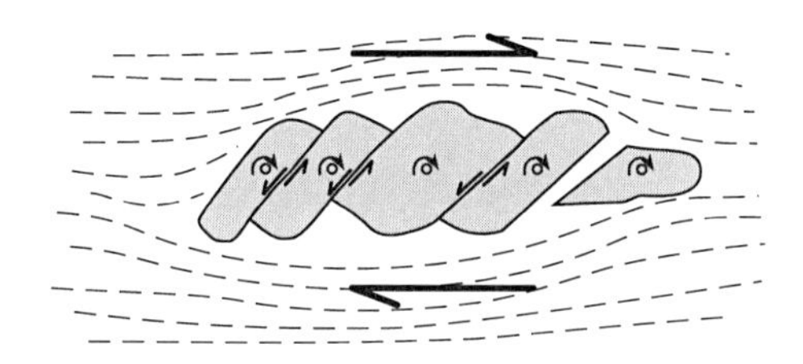

(f)

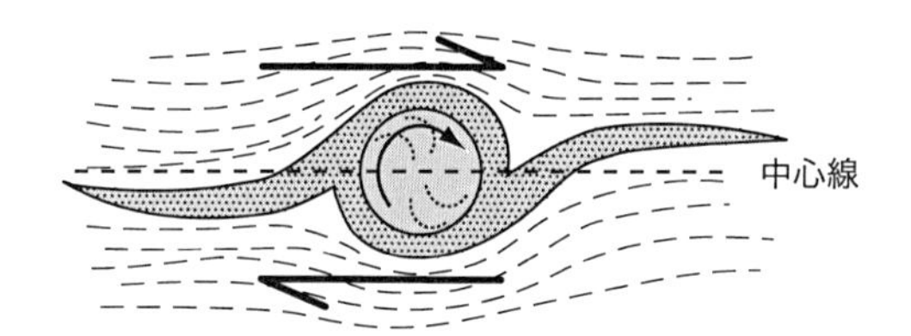

された開口フラクチャー．しばしば鉱物(例えばカルサイト)
が，せん断の進行とともに屈曲することがある．(b)リーデ
マイロナイトにともなうS-C構造．S面(schistosite)は粒子
によるすべり面．これに開口フラクチャーやリーデルシェア
イトにともなう粒子のブロック回転変形．(e)粒子のまわり
流動によって遮蔽される部分に空隙の大きな部分ができ，そ
ナイトにともなう回転構造．マトリックスの流動により粒子
巻き構造を作る．また，粒子内部でも回転を示すような鉱物

考えられる．よって，シュードタキライトは地震の化石といわれている．

断層は動くたびに，破砕されカタクレーサイトとなり，摩擦熱で高温となったときにはガラス質の物質を作り，それらの一部はやがて変質して粘土となり断層破砕帯を作ってゆく．地下深部の断層では温度・圧力が上昇し，既存の破壊面は閉じて粒界拡散や粒内変形が重要なメカニズムとなる．高温または低い歪速度のもとでは差応力-歪曲線の傾きがほぼゼロになることについては図3.7で述べた．この領域では，一定差応力の下で，流動変形が進行する．断層においてそのような流動が進行すると，著しい再結晶をともなった変形岩であるマイロナイトが形成される．

(c)　せん断帯

断層のように，せん断変形が集中している場所は**せん断帯**(shear zone)と称している．せん断変形の様式は温度と圧力に関係する．地殻下部では流動を主体とする変形にともなう幅広いせん断帯が存在すると考えられる．それより浅いところではマイロナイトせん断帯，さらに浅い部分では，脆性せん断帯(カタクレーサイトせん断帯)に移行すると考えられる．

図3.10には破壊から流動の変形が共存する付近での変形構造を示してある．せん断帯では圧縮応力のはたらく方向に垂直に面構造が形成され，せん断の進行にともなって面構造がS字状に屈曲する．また引張応力のはたらく方向に垂直に**開口割れ目**(open fracture)を生じる．開口割れ目にはしばしば石英や方解石などが析出し鉱物脈(mineral veins)を作る．また変形構造として**リーデルせん断面**(Riedel shear)と呼ばれる破断面をもつ非対称の構造が特徴である．また，せん断面に沿ってステップや線構造ができる．一方，マイロナイトにおいても非対称の変形組織が形成される．それは**S-C マイロナイト**と呼ばれており，面構造(S面)とせん断面(C面)から構成されており，鉱物やプレッシャー・シャドウの回転構造をともなっている．

3.3　断層の力学

プレート境界の断層を除き，大部分の地震断層では，地殻の上部で地震がおきている．この領域では，すでに述べたように岩石の脆性破壊が卓越している．この観点に立つと地殻内部の断層の力学を理解するには，次の2つのことが重要であると指摘できる．一つは岩石の破壊に関することであり，もう一つは断層面の摩擦に関することである．断層ができるにはまず岩石が破砕されなければならないし，いったん断層ができれば，その力学は断層面の摩擦が支配することになるからである．この分野の研究においても，岩石の変形実験が有力な手がかりを与えてくれる．

(a) 岩石の破壊条件

岩石の破壊がおこるときに，一般に破壊面に平行なせん断応力 τ は破壊を進行させるようにはたらく．一方の垂直応力 σ は割れ目を閉じるようにはたらくので，破壊の進行を止める役割をはたす．すなわち，垂直応力は摩擦抵抗力と考えることができる．いま，岩石の破壊がおこったときの τ と σ の関係は，σ によって生じる摩擦抵抗力とせん断力が同じ大きさになったときを考えることができるので，

$$\tau = C + \mu\sigma \tag{3.11}$$

で表すことができ，これを**クーロンの破壊条件式**(Coulomb failure criterion)と呼ぶ．ここに C は**粘着力**(cohesion)とよばれる定数，μ は内部摩擦係数である．この式は弾性摩擦法則に粘着力を加えた関係を表している．粘着力は粒子と粒子の間の化学的な結合力などを表現している．μ はまた

$$\mu = \tan\beta \tag{3.12}$$

とも表すことができる．β は**内部摩擦角**(angle of internal friction)ともよばれる(第1章参照)．β は岩石の種類によって決まる定数とされている．いま，σ を横軸，τ を縦軸にとって，クーロンの破壊条件式を描くと図3.11のような直線になる．せん断力の反対向きも考えて τ が負の領域にも描いてある．直線の傾きが内部摩擦係数であり，傾きの角度が内部摩擦角である．縦軸の切片が粘着力を表す．

さて，岩石の内部摩擦角や粘着力を実際に求めるには岩石の破壊実験を行ない，破壊時のモール円を描く．さらに別な条件で破壊をおこしモール円を描く．このようにして描かれたモール円の接線を描き，それから岩石の摩擦角や粘着

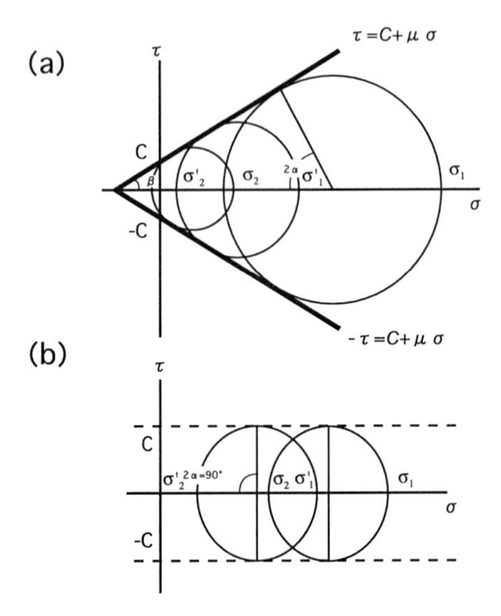

図 3.11　岩石の破壊条件を示すモール円．いま，三軸圧縮試験機で岩石試料の破壊実験を行なったとする．破壊時の軸圧 σ_1 と封圧 σ_2 をもとにモール円を描く．封圧を変化させて破壊実験を行ない，破壊時の σ_1 と σ_2 を用いて再びモール円を描く．以下同様な実験をくり返す．(a)以上の実験で，各モール円の共通接線を描くことができ，その接線がクーロンの式 $\tau=C+\mu\sigma$ で表すことができれば，この岩石にはクーロンの破壊条件が成り立っている．(b)同様に，共通接線が $\tau=C$ を表すときはトレスカの破壊条件が成り立つ．この場合にはこの岩石には内部摩擦がほとんどないことを示す．

力を求めることができる．図 3.11 のように σ_1 とモール円の中心から接線に立てた線分が σ 軸となす角を 2α とする．いま，内部摩擦が 0 の物質(金属などがこれに近い)では $\tau=C$ であり，$2\alpha=90^\circ$，すなわち最大圧縮主応力に対してせん断応力が最大となる $\alpha=45^\circ$ の面で破壊がおこる．内部摩擦が有効な場合にはモール円はクーロンの破壊条件式と $2\alpha<90^\circ$ で接する．このとき，内部摩擦角を β として，

$$\alpha=\frac{90^\circ-\beta}{2} \tag{3.13}$$

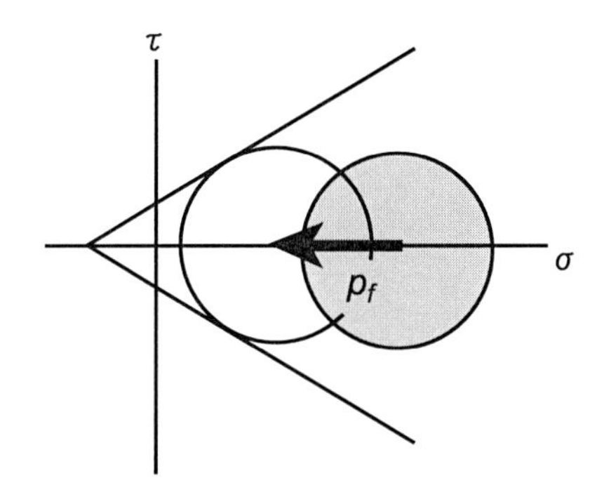

図 3.12　クーロンの破壊条件が成り立つ岩石がある．その条件は，図のような直線で表すことができるとする．ある封圧下で軸圧をかけたときに，塗りつぶした円のようなモール円が描かれたとする．この円は，破壊条件式と接しないので岩石の破壊がおきない．いま，この岩石には間隙が含まれていて間隙水圧が p_f の大きさだけ上昇したとしよう．間隙水圧は，岩石の内部のある面に関して，垂直応力を減じるように働く(有効圧力の低下)．その結果，せん断応力 τ には変化がなく，平均垂直応力(すなわちモール円の中心)が間隙水圧 p_f だけ小さい(左に移動した)モール円となる．もし，このとき，移動したモール円が破壊条件式と接すれば岩石の破壊が起こる．すなわち，同じ軸圧，封圧の条件下でも間隙水圧の上昇によって岩石は破壊しやすくなる．

が成り立つ．岩石変形実験では α は 20°～40° ぐらいの値を示す．

ここで間隙水圧の効果をモール円から推定してみよう．間隙水圧 p_f は，垂直応力を減ずるようにはたらく．すなわち，有効圧 p_e を考えると $p_e=\sigma-p_f$ とおくことができる．有効圧 p_e でクーロンの式(3.11)をおきかえると，

$$\tau = C+\mu(\sigma-p_f) \tag{3.14}$$

となる．この式で見るように，間隙水圧は，垂直応力 σ を小さくするはたらきをするので，モール円は左方向に移動し(図 3.12 を参照)，クーロンの破壊条件式と接するようになるので，破壊がおこりやすくなる．断層においても断層の間に流体が存在して，間隙水圧が高い場合には断層の摩擦が小さくなり，破壊がおきやすくなる．

図 3.11(a)で σ が負の領域を見てみよう．σ が負の領域は，応力が引張応力

にあることを示しており，ここではモール円の半径は大変小さくなるので，小さなせん断応力で破壊がおこることを示している．すなわち岩石は引張応力の場ではたいへん弱い．

(b)　断層面の摩擦

さて，断層面においては，摩擦抵抗力がはたらいている．この摩擦力の大きさは断層の性質，あるいは地震のおこり方を支配している．ある物質と物質の間の摩擦抵抗力(せん断応力と同じである)は，一般にアモントン-クーロンの摩擦法則によって説明できる．

$$\tau = \mu\sigma \tag{3.15}$$

ここに τ は摩擦抵抗力，σ は垂直応力，μ は摩擦係数である．

断層面における摩擦とはどのようなものか考えてみよう．岩石はさまざまな鉱物の集合体であり，鉱物はケイ酸塩などの結晶からなる．断層岩においても，鉱物と鉱物の接触面には無数の凹凸があり，それはさまざまな形態をもって隙間を作ったり接触したりしているであろう．このような摩擦に関連する凹凸や突起を**アスペリティ**(asperities)と呼ぶ．この隙間と接触の形態は，見るスケールによって異なるが，本来は共通したフラクタルの性質(微小なレベルの凹凸から断層全体の規模まで，さまざまなスケールのアスペリティが共存している)を持っているに違いない．

いま，ニュートン力学が成り立つようなある空間スケールで，表面に凸凹を持った物体同士の接触面の摩擦現象を見ると，接触面のなかで真に接触している部分の面積を A として，この部分の圧縮破壊強度がすべての直荷重である垂直応力 σ を支えているとすると，物質の圧縮破壊強度を r とすれば

$$\sigma = rA \tag{3.16}$$

となる．いま，この接触面がすべりをおこすには接触点の接合部がせん断されなければならない．したがって，摩擦抵抗力は，結合部のせん断破壊強度の総和であるから，

$$\tau = sA \tag{3.17}$$

となる．ここで，s は物質のせん断破壊強度である．式(3.16)と式(3.17)を式(3.15)に代入して

$$\mu = \frac{s}{r} \tag{3.18}$$

となる．上の考察によって断層の摩擦係数は，アスペリティを構成する岩石のせん断破壊強度を圧縮破壊強度で割った値に相当する．この式は，金属など均質な物質の接触面の摩擦を表すのに有効とされている．この式の重要な点は，摩擦係数がアスペリティの形状(A)に依存しないことである．すなわち，物質の強度のみに依存している．式(3.18)とクーロンの式(3.11)を組み合わせると

$$\tau = C + \frac{s}{r}\sigma \tag{3.19}$$

となる．Byerlee(1978)によれば，2つの面の間における岩石の摩擦則は，岩石の種類に依存することなく

$$\begin{aligned} \tau &= 0.85\sigma \qquad (\sigma \leqq 200\ \mathrm{Mpa}) \\ \tau &= 50 + 0.6\sigma \qquad (200 \leqq \sigma \leqq 2\ \mathrm{Gpa}) \end{aligned} \tag{3.20}$$

が成り立つとしている．この関係は，封圧の低いところでは，岩石の粘着力は無視できることを示している．一方，封圧の高いところでは粘着力の効果が出てくる．この式が岩石の種類にあまり依存しないのは，上で見たように摩擦則は，アスペリティの形状に依存しないことと，低温領域では鉱物粒子の破壊強度にはあまり差がないためである．

しかし，実際の断層でおこっていることはきわめて複雑であり，上の式が適用できるケースは限られてくる．例えば，断層の中にはしばしば流体が存在しており，その流体と岩石や粉砕された粒子が化学反応をおこすために，破壊強度を含めて物質の性質が変化する．そのような物質の変化を考慮した断層の摩擦の研究はこれからの課題である．

(c) 断層の配置

3次元空間においては破壊面の配置は，σ_1 と σ_3 の配置に関する．図3.13に主応力と断層の発達の関係を示す．まず，地表面では，自然の状態でせん断応力は，はたらいていないと考えてよいから，主応力は，1つは地表面に垂直，他の2つは地表面に平行と考えてよい．したがって，3つの主応力配置(応力場と呼ぶ)が可能である．

(a)

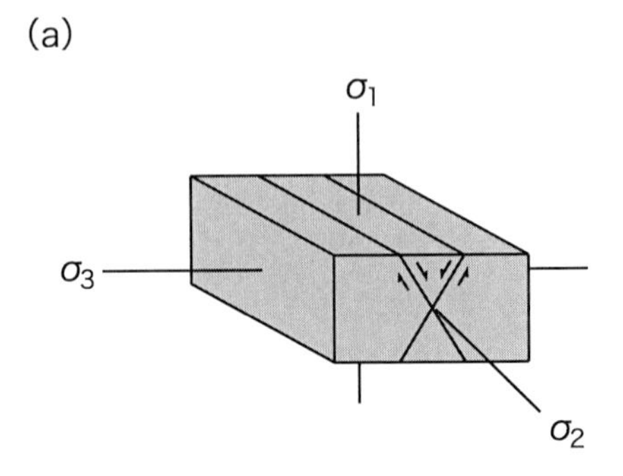

(b)

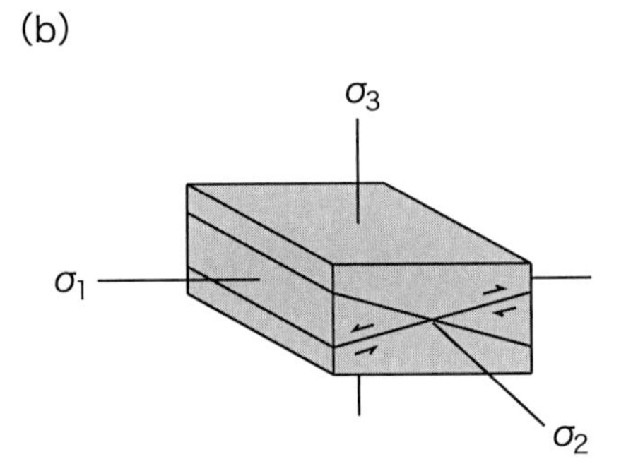

(c)

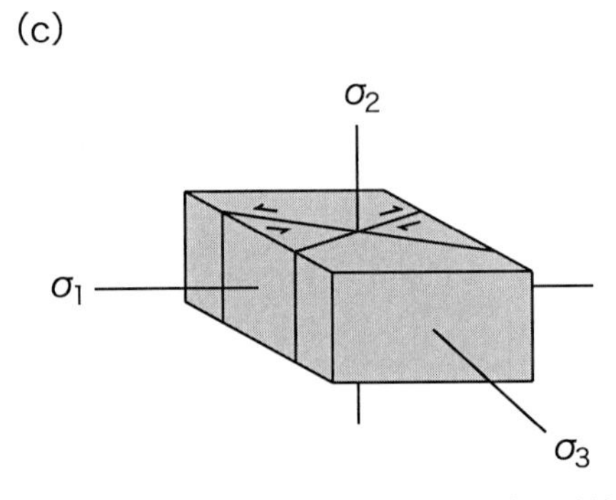

図 3.13　主応力 $\sigma_1, \sigma_2, \sigma_3$ の配置と断層の関係．断層は σ_1 と σ_2 を含む面にある角度で発達する．その角度は 20°〜40° が多く，岩石の内部摩擦係数など物理的な性質に依存している．(a) σ_1 が鉛直だと正断層．(b) σ_1 が水平で σ_3 が鉛直だと逆断層．(c) σ_1 が水平で σ_2 が鉛直だと横ずれ断層．

1)　正断層セット：この系は σ_1 が鉛直で重力と一致する引張応力場で発達する．

2)　逆断層セット：この系は σ_3 が鉛直な圧縮応力場で発達する．

3)　横ずれ断層系セット：この系は σ_2 が鉛直な場合である．

σ_1 と σ_3 が作る面において σ_1 に対し 20〜30° 程度の角度で断層面が発達してくる．これは岩石が内部摩擦を持っているからであることはすでに述べた．一般に，対称的に発達した 2 つの断層のセットを**共役断層**(conjugate faults)と呼んでいる．

3.4　褶曲の発達

この章の初めに述べたように地層は褶曲している場合がある．褶曲は地層において塑性歪が比較的全体に行きわたって変形をおこした現象である．褶曲を作るような塑性歪は，断層で代表されるような局所的な破壊と異なり，流動を主体とする変形であることが多い．褶曲は地殻のほとんどあらゆるレベルで形成されることがわかっている．例えば，数十 km の深さに埋没したと考えられる変成岩でも変成作用と同時に形成された褶曲が存在しているし，第四紀の未固結の地層中にも褶曲は認められる．いままでの記述では，岩石は応力に対して破壊や流動をおこすことを述べた．褶曲がすべての地殻レベルで存在することは，地層や岩石は，場合によっては地殻のどのレベルでも流動的な変化が可能であることを示す．

地層が連続性を保ちながら波状の変形をしている構造を**褶曲**(fold)と定義できる．褶曲にはさまざまな形態が存在するが，一般的には図 3.14 に示したような名称を用いて記述することができる．

水平面に対して褶曲の山の部分は**背斜**(anticline)，谷の部分は**向斜**(syncline)と呼ばれる．ただし，これは地層の上下が正しく判断されている場合の用語であり，地層全体が逆転していたり，広域変成岩地帯において面構造が褶曲しているような場合には，背斜状や向斜状の構造は，それぞれ**アンチフォーム**(antiform)，**シンフォーム**(synform)という．

簡単な実験で褶曲を作ってみよう．重ねたやや厚手の紙を用意しよう．図

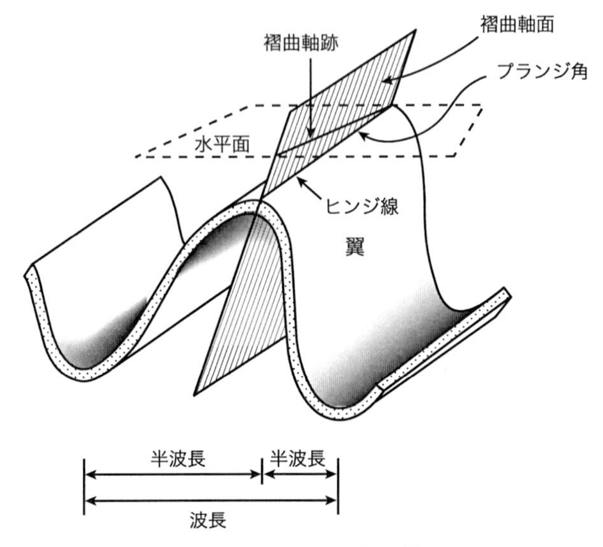

図 3.14　褶曲の記載名称．褶曲の波状構造において，山の頂上の部分と谷の底の部分，すなわち曲率が最大となる部分をヒンジ(hinge)，曲率が小さい部分をリム(limb)という．ヒンジを連ねた線はヒンジ線(hinge line)，褶曲の曲がりの2等分線の集合面を褶曲軸面(axial plan)と呼ぶ．ヒンジラインと褶曲軌跡との間の角度がプランジ角(plunge angle)である．ある断面でヒンジとヒンジの間が半波長であり，山と山，あるいは谷と谷のヒンジの間が波長である．狩野・村田(1998)を簡略化．

3.15のように，両側から押してみる(あるいは曲げてみる)とカードは曲がって褶曲ができる．この場合にはカードの厚さは変化しない(地層にみたてれば地層の厚さは変化しない)が，カードとカードの間ではすべりがおこることがわかる．

横方向の圧縮によって地層の厚さを変えずに変形させてできる褶曲を**座屈(バックリング)褶曲**(buckling fold)と呼ぶ．また単純な地層の曲げによる褶曲もある．これは地層を堆積させた基盤や断層運動などによってできる．実際の褶曲の形成には断層運動をともなうものも多く，座屈と曲げが複雑に作用しつつ，種々のスケールで褶曲が形成される．カード実験で見たように，座屈や曲げによる褶曲の形成の際には，層と層の間にすべりが生じる．これを**曲げす**

(a) 圧縮力を与える　　(b) 座屈をおこす

(c) 内部のマーカーライン　　(d) せん断のセンス

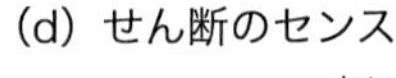

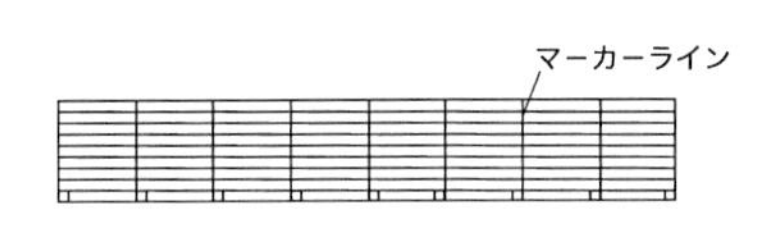

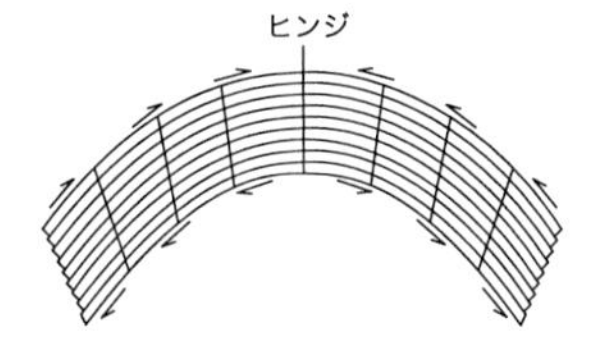

図 3.15　圧縮応力による褶曲の形成実験．(a)地層に圧縮応力を負荷する．(b)地層が座屈褶曲を形成．(c)地層の座屈前のマーカーライン．(d)各層のすべり(曲げすべり)を示す．

べり(flexural slip)と呼ぶ．

広域的な褶曲帯の形成にとって重要なのは，地層の層面に平行な方向からの短縮(layer-paralle shortening)による座屈である．広域の褶曲帯では，さまざまな形態や波長の褶曲を見ることができる．褶曲の波長に関連する現象としては，変形しやすい性質を示す層(例えば泥岩層)に挟まれた変形しにくい層(例えば砂岩層)の座屈による褶曲がある．この場合は，褶曲の波長は変形しにくい層の厚さに大きく影響され，厚さと比例して大きくなることが知られている(図 3.16(a))．また，両者の強度の比が大きいほど波長が大きくなる．地層の相対的な強度を**コンピテンス**(competence)と呼んでおり，その指標としては粘性係数やヤング率などをとることができる．変形しにくい層を**コンピテント層**(competent layer)，変形しやすい層を**インコンピテント層**(incompetent layer)と呼ぶ．

地殻内でもし岩石が一様な強度をもっていた場合には，褶曲のような構造は作りにくい．図 3.15 のような実験でも褶曲を作ることができるのは，空気中

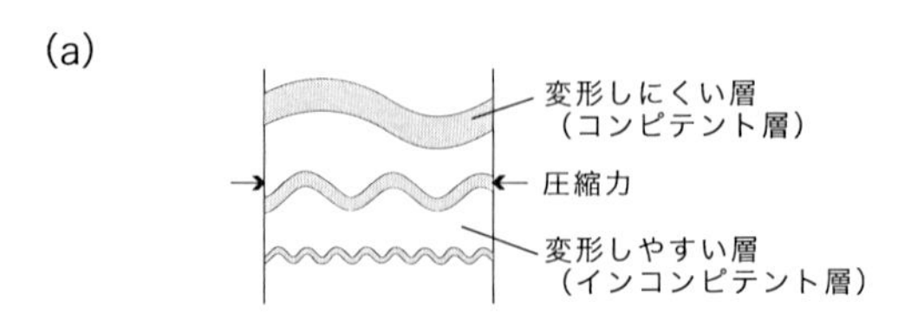

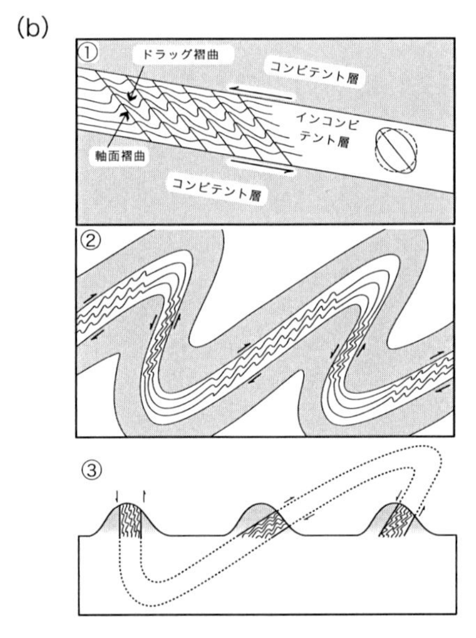

図 3.16　コンピテント層(変形しにくい層：グレーの部分)とインコンピテント層(変形しやすい層)の互層における褶曲の形成．(a)コンピテント層の厚さと褶曲の波長の関係．同じ物性を持つコンピテント層とインコンピテント層の関係においてはコンピテント層の層厚に依存し，層厚が薄いほど，短い波長の褶曲が形成される．インコンピテント層(白い層)は，流動変形をおこす．(b)曲げすべりによって作られるインコンピテント層内部のドラッグ褶曲の形態．コンピテント層に挟まれたインコンピテント層内部では層間のすべり(図 3.15(d)を参照)によってせん断変形がおき(歪楕円の形も示した)，ドラッグ褶曲とそれにともなう軸面へき開が形成される(①)．もし，褶曲軸面が傾いて地層の上下が逆転するような傾斜褶曲を作った場合には(②)，露頭が限られていてもインコンピテント層内部におけるドラッグ褶曲のせん断のセンスを用いて褶曲を復元することができる(③)．Ramberg (1963) および Billings (1954) より．

(変形しやすい層の中)で実験を行なったからである．

実際の地層の褶曲では，以上のような単層の座屈だけではなく，多層の座屈を考える必要がある．この際には，層と層間のすべりなどの要素が入ってきて，取扱いは複雑となる．しかしながら，上で述べた波長と層厚，コンピテンスのコントラストの関係は，おおむね保たれる．

コンピテンスに較差のある互層における曲げすべりにおいては，褶曲の翼部で層の間にせん断がはたらくので，インコンピテンス層内に新たにせん断褶曲が形成される．これを**ドラッグ褶曲**(drug fold)と呼んでいる(図 3.16(b))．図 3.16(b-③))に示したようにドラッグ褶曲から全体の褶曲の形態が推定できる．

3.5　岩石の変形構造

断層や褶曲などの形成にともなって，岩石にはその変形履歴を知るのに有用なさまざまな構造が作られる．これらには節理，へき開，面構造と線構造，ムリオンとブーディンなどがある．以下これらについて簡単にまとめてみよう．

(a)　節　理

地層や岩石の露頭において，もっとも目立つ構造の一つが節理である．**節理**(joint)は，規則性のある岩石の割れ目系であるが，割れ目に沿っての変位は小さい(図 3.28 を参照)．

節理にはさまざまな種類と成因が考えられているが，重要なのは，広域的に分布する規則正しい節理系である．このような節理系は地質体の隆起にともなって応力状態が変化するときに生じる．まず一つは，鉛直方向の応力が取り去られることであり，もう一つは，地球は球体なので，水平方向に伸張がおこることである．この応力変化に応じて，**引張性裂か**(tension fracture)が発達してくると考えられる．節理面には**羽毛状構造**(plumose structure)がしばしば認められる(図 3.28 の節理の図を参照)．これはある場所から破壊が伝播していった跡であると解釈されている．同様な模様は，たとえば岩石をハンマーで壊したときにも生じることがある．

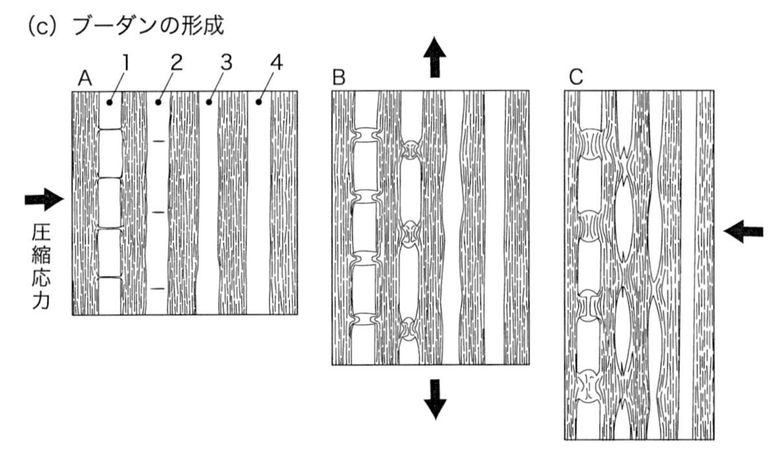

図 3. 17 さまざまな変形構造. (a)スレートへき開, 室
10 cm. (b)扁平になった礫岩(矢印). 三波川帯, 大
右方向から層垂直圧縮応力(あるいは上下方向の層平
周囲がインコンピテント層である. 左の図では層 1, 2
テント層が進入してくる. 層 2 では, インコンピテン
ズ状になりつつある. 層 3 は膨縮してくる. 層 4 は全
となり, 層 3 は膨縮が進行し, 層 4 は薄化が進む.
芸市の白亜系四万十帯. 図(c)の例と比較すると層 2,

戸層群，高知県室戸市の第三系四万十帯．スケールは
歩危，四国．(c)ブーダンの形成．4つの層に関して左
行引張応力)を加える．白い層がコンピテント層であり，
に割れ目が入る．中図では，層1の割れ目にインコンピ
ト層の進入とともに割れ目の周囲が変形をおこし，レン
体に薄くなる．右図では層1は分離し，層2はレンズ状
Ramsay (1967) より．(d)ブーダン，大山岬層，四国安
層3の状態が混在している．

（b）　へき開構造

褶曲にともなって広域にへき開構造が発達することがある．**へき開**(cleavage)は数 mm 程度の間隔で，平行に割れやすい面が無数に発達する構造である(図 3.17(a))．顕微鏡で見ると，葉片状鉱物(雲母や粘土鉱物などの薄い平版状の鉱物を指す)が一定の方向に配列した構造をしており，それに沿って，岩石が薄く割れる性質をもつ．へき開を構成する粘土鉱物は，そのほとんどがイライトやクロライト(緑泥石)からなる．このような構造は，変成作用を受けた泥岩，すなわち粘板岩(**スレート**：slate)に発達するので，しばしば**スレートへき開**(slaty cleavage)と呼ばれている．へき開をともなう岩石には，変形に強い鉱物の周囲に**プレッシャー・シャドウ**(pressure shadow)と呼ばれる，石英や緑泥石からなる微細な髭状(あるいはファイバー状)の鉱物の集合体が析出することがある．

へき開はしばしば褶曲の軸面とほぼ平行に形成されている．これを**軸面へき開**(axial plane cleavage)と呼ぶ．これより，へき開は，圧縮主応力軸に垂直方向に発達したと推定できる．へき開の多くは圧力溶解によって新しく細粒の葉片状鉱物(粘土鉱物や雲母類)が形成されできあがったものである．へき開の形成にともなって，岩石は時に数十％もの短縮(結果的に歪楕円は円板状になるので，扁平化：flattening という)を被っていることが歪楕円体の解析からわかっている．

（c）　面構造と線構造

変成作用を受けた岩石には，しばしば一定方向に発達した面状の構造および線状の構造が発達する．面構造は平らになった鉱物や砕屑粒子，礫，さらに葉片状鉱物の配列などによって構成される(図 3.17(b))．へき開も面構造の一種である．変成岩において，雲母や他の鉱物が薄い構造的なラミナを作って著しい面的な配列を示すときには，これを片理構造と呼んでいる．

変成岩などに見られる線構造(lineation)は，面構造の上に鉱物などが線状に配列しているものである(第 4 章も参照)．線構造を構成する鉱物は，細粒の石英や緑泥石の集合体，伸長した長石や角閃石，あるいは鉱物のまわりに発達した他の鉱物のプレッシャー・シャドウなどである．このような線構造は，線方向に岩石が引き伸ばされたことを示している．

(d)　ムリオンとブーディン

砂岩と泥岩が接している境界などで**ムリオン**(mullion)と呼ばれる凹凸の構造が認められることがある．この構造は，ときどきリップルマークにまちがえられることがあるが，内部にラミナをともなっていないことや，断面の形が異なることから区別することができる．ムリオンの名前はゴチック建築に見られる窓の柱の形からとったものである．さて，ムリオンの成因については，異なった粘性を持つ岩石を層面に平行に圧縮した場合に生じる構造であることが，実験などから確かめられている．

ブーディン(あるいはブーダン：boudin．血の入ったソーセージのことでくびれている)は，ある層に多くの「くびれ」が発達して，引き伸ばされたような構造を指す．この構造は，ムリオンとは逆に，異なった粘性の層(例えば，砂岩と泥岩)を層面に平行に伸長したときに生じる構造である(図3.17(c)(d))．その構造の形態は，粘性のコントラストによって異なり，コントラストが大きい場合には，粘性の高い層はほとんど箱型に切れるが，コントラストが小さくなるに従って「くびれ」構造が発達し，粘性がそれほど違わない場合にはゆるく波打つようになる．これを**膨縮構造**(pinch and swell structure)と呼ぶ．

3.6　テクトニクスと地質構造の形成

大規模な地質構造を形成する要因は，テクトニクスである．ここでは，さまざまな応力場で形成される地質構造の形態についてまとめておく．さらにこれらの地質構造と火成活動や堆積作用などの地質現象全体の関係は，第4章と第5章で扱うことにする．

(a)　引張応力場における地質構造

引張応力場においては，σ_1は鉛直方向にあり，σ_2方向と平行に正断層が発達する．本章のはじめに，断層は地殻深部では水平に近い傾斜を持つらしいことを述べた．地殻が大規模な引張テクトニクスの場にあるときにも，水平な断

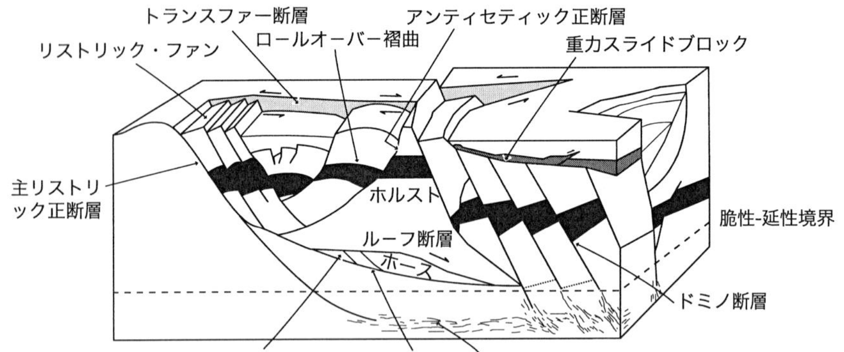

図 3.18 リフト帯における地質構造．リストリック正断層を主体とする地帯での変形を示してある．Hancock (1994) より．リストリック断層の水平断層部がすべって断層上盤(hanging wall)が移動したとすると次のことがおこる．一つは，上盤が主正断層(master normal fault)に沿って曲がり沈降する．この現象をロールオーバー(roll-over)と呼ぶ．ロールオーバーする上盤では，主正断層とは反対傾斜の正断層が発達してくる．この反対傾斜正断層をアンティセティック正断層(antithetic normal fault)と呼ぶ．これに対して主正断層のことを，シンセティック正断層(synthetic normal fault)，そして水平断層をディタッチメント(detachment)と呼ぶ．リストリック主正断層に沿って将棋倒し状に傾斜した一連のブロックが発達する．これをリストリック・ファン(listric fan)と呼んでいる．ファン構造に見られるように，片側に傾いた一連の正断層ブロックをハーフグラーベン(half graben)と呼ぶ．正断層に沿って，段差が生じている場合に，平らな所をフラット(flat)，斜面をランプ(ramp)と言う．主断層の移動によって，ランプ部分が次々と断層によって切り取られる．一つひとつの切り取られた部分をホース(horse)と呼んでいる．ホース群は上下を断層で区切られているので，これをデュープレックス(duplex)と称する．

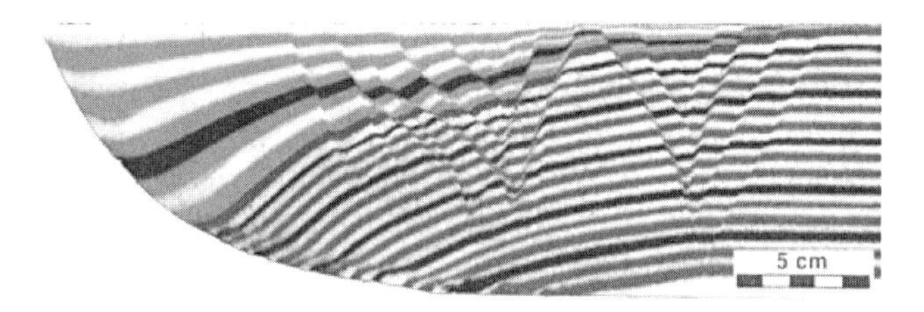

図 3.19　正断層系のモデル実験．着色した乾燥砂層をマーカー層として挟む．実験装置全体を伸長させ，断層面に変位を与えたときの上盤の変形を透明ガラス製の側壁を通して観察したもの．上盤の変形として，まずロールオーバー褶曲があげられる．さらにリストリック正断層の最小曲率部付近には，特徴的な正断層系とそれによる地溝が形成された．実験中に，断層活動によって上盤が沈降した量に合わせて乾燥砂を堆積させ，グロース断層(growth fault)を形成させた．この地層は断層の傾動によって厚さを増している．Yamada(1999)による．

層の運動が重要と考えられている．図 3.18 に正断層系における地質構造の模式図を示す．深部で水平であり，浅部で傾斜が大きい断層を**リストリック断層**(listric fault)，そして水平断層を**ディタッチメント**(detachment)と呼ぶ．図には，これらの 2 つの断層から派生したさまざまな形態の断層と，それによって形成された傾動したブロックの様子が示されている．片側に傾いた一連の正断層ブロックを**ハーフグラーベン**(half graben)と呼ぶ．

正断層に沿って，段差が生じている場合に，平らなところを**フラット**(flat)，斜面を**ランプ**(ramp)という．主断層の移動によって，ランプ部分が次々と断層によって切り取られる．一つひとつの切り取られた部分を**ホース**(horse)と呼んでいる．ホース群は上下を断層で区切られているので，これを**デュープレックス**(duplex)と称する．

また，図 3.19 には，実験的に作った引張応力場における地質構造が示されている．図 3.18 で模式的に示した構造が再現されている．

引張テクトニクスはリフト帯を形成する．リフト帯内部で堆積物が蓄積する場合には，堆積と同時に断層が成長してゆく**グロース断層**(growth fault)ができる(図 3.19)．

(b)　圧縮応力場での地質構造

圧縮応力場では σ_1 は水平に配置しており，その結果，低角度の逆断層(衝上断層．スラスト：thrust)が主役となる．衝上断層も深部では水平な断層に変化する場合が多く，これもディタッチメント，あるいはデコルマン(décollement)と呼ぶ．デコルマンから衝上断層系が発達する場合には，しばしば衝上

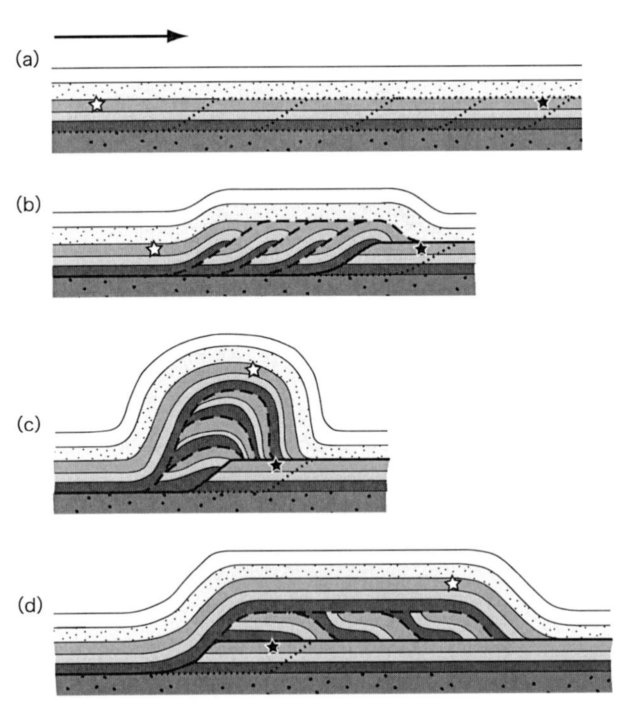

図 3.20　衝上断層にともなうデュープレックス構造のいくつかの形態．(a)変形以前の地層の位置．星印がマーカーで，破線で囲った．(b)後背傾斜デュープレックス(hinterland-dipping duplex)では，インブリケーションをおこしているスラストスライス群が上下の地層の間に作られる．(c)背斜状スタック(antiformal stack)は(b)の状態がさらに上に積み重なったもの．(d)前縁傾斜デュープレックス(foreland-dipping duplex)は，デュープレックスの中の衝上断層が逆向きに発達したもの．なお，これらの衝上断層にともなった褶曲を断層折れ曲がり褶曲(fault-bend fold)と呼んでいる．Hancock(1994)を改変．

断層の上盤が下盤にのし上がって曲がるために褶曲，**断層折れ曲がり褶曲**(fault-bend fold)が生じる．

衝上断層がのし上がる傾斜した部分をランプ，平らなすべり面をフラットと呼ぶのは正断層系と同じである．ランプがある場所で，下盤あるいは上盤で次々と断層が発達し，デュープレックスが形成される(図 3.20)．

デコルマンに沿って時に数百 km もの距離の地層の移動があり，全体として巨大な衝上断層・褶曲帯(thrust-fold belt)を作っている(図 3.21)．衝上断層によって切られた部分を**スラスト・スライス**(thrust slice)，衝上断層によ

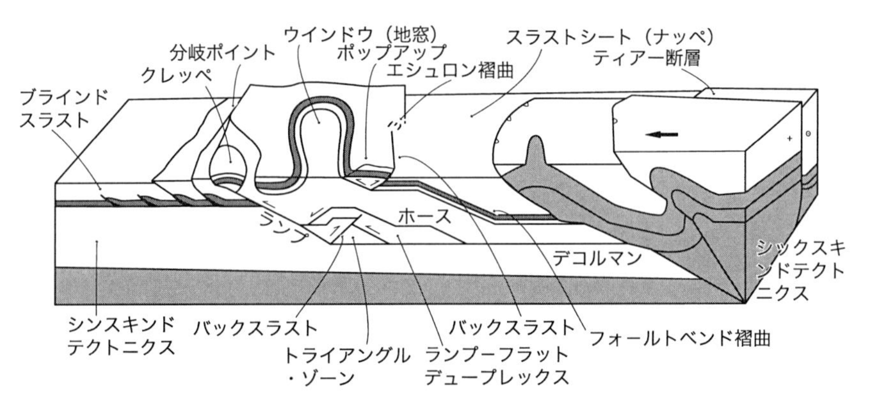

図 3.21 衝上断層・褶曲(スラスト・アンド・フォールド)帯における地質構造．デコルマンにそってランプ(ramp：駆け上がりの部分)とホース(あるいはフラット：平坦な部分)があり，また時にバックスラストによってトライアングル・ゾーンができる．スラストシート(ナッペ)の一部が侵食され，下部の地層が地表に顔を出している場合には，この構造を地窓(ウィンドウ，あるいはフェンスター)と呼んでいる．スラストシートが侵食で孤立して存在する場合にはこれをクリッペ(klippe)と称する．スラストシートとスラストシートの間で横ずれ断層がある場合にはこれをティアー断層(tear fault)と呼ぶ．デコルマンが浅い部分にあって地層がスラストに巻き込まれている場合には，これをシンスキンド・テクトニクス(thin-skinned tectonics)，デコルマンが地殻中部に達するような基盤岩を巻き込んだ運動をシックスキンド・テクトニクス(thick-skinned tectonics)と呼ぶ．Hancock (1994)を改変．

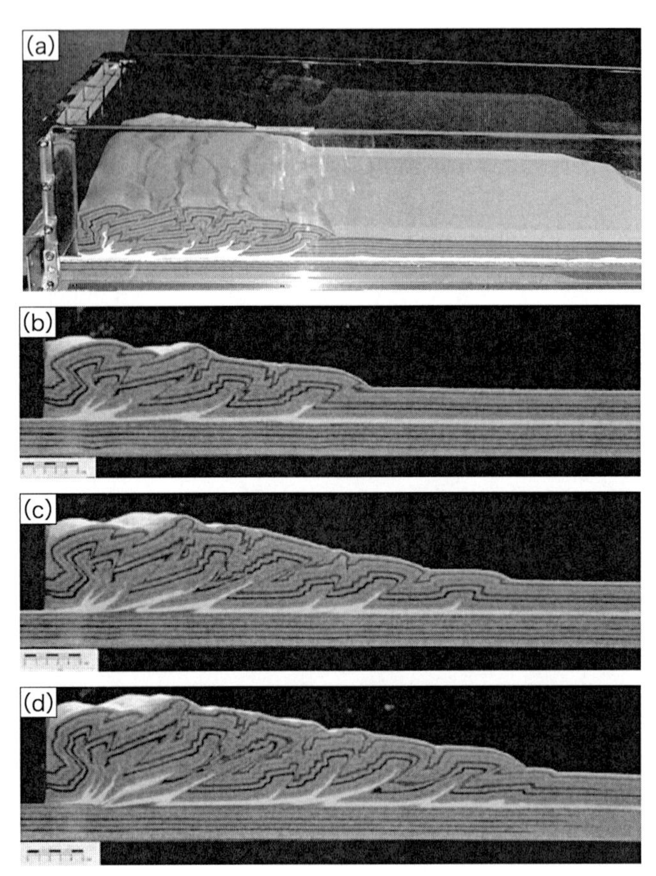

図 3. 22　スラスト帯(付加体)のモデル実験．実験材料は乾燥砂とマイクロビーズ粉末で，乾燥砂の中に摩擦が小さいマイクロビーズ層を挟むことにより，低摩擦のデコルマンとした．なお，砂層の下にはシートが敷いてあり，固定壁の下を通してモーターで巻き取ることによって，プレート運動を再現させた(運動速度は 1 cm/min)．変形の様子は透明ガラス製の側壁を通して観察した．(a)実験開始直後から，白色のビーズ層より上位の地層には陸側に傾斜する衝上断層群が形成され，ビーズ層より下位の層は変形せずそのまま移動した．(b)変形開始後 30 分時の変形の様子．(c)変形開始後 50 分時の変形の様子．(d)変形開始後 70 分時の変形の様子．この実験は，第 4 章の付加体の構造モデルとして有効である．兼田ほか(2004)による．

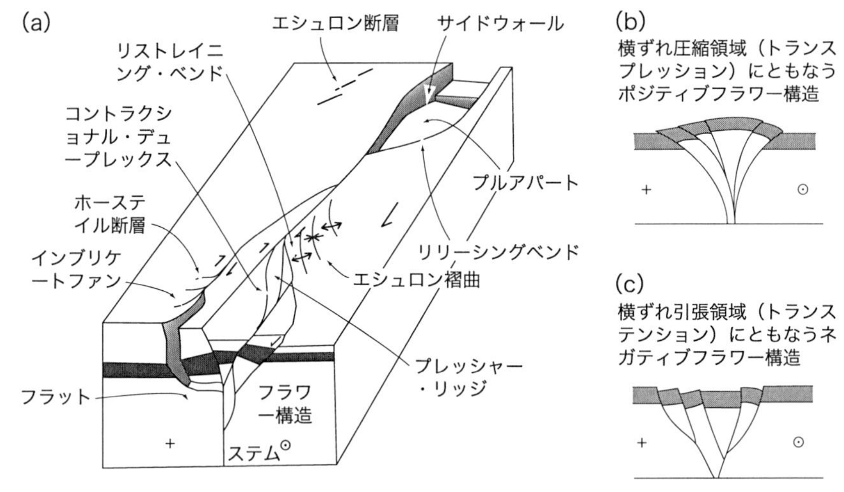

図 3.23　右横ずれ構造帯における地質構造．(a)は全体の構造を示す．断層の屈曲によって圧縮が働く所(リストレイニング・ベンド：restraining bend)と伸展が働くところ(リリーシング・ベンド：releasing bend)が存在する．前者では雁行状(エシュロン)褶曲，横ずれ断層による断層スライスが重なりあったコントラクショナル・デュープレックス(contactional duplex)や派生した断層(ホーステイル断層)が存在する．一方，後者では，プルアパート盆地が発達する．さて，リストレイニング・ベンド付近は，横ずれ圧縮領域となり，隆起がおこり，山地(プレッシャー・リッジ)が形成される．一方，リリーシング・ベンドは横ずれ引張領域となり低地が作られるので，山地から低地へと，横ずれ断層に沿って堆積物の供給がおこる．もちろん，局所的にプルアパート盆地の壁であるサイドウォールからも堆積物が供給される．横ずれ断層に沿った堆積盆地の発達と堆積物の供給経路については第 6 章の和泉層群においても述べる．(b)は横ずれ圧縮領域における断面で，ポジティブフラワー構造と呼ばれる．(c)は横ずれ引張領域における断面でネガティブフラワー構造と呼ばれる．Hancock (1994) による．

って重なった地質体を**スラスト・パイル**(thrust pile)と呼ぶことがある．また，衝上断層で移動したスライスが，まわりが侵食されて取り残された場合にはこれを**クリッペ**(klippe)と呼んでいる(図3.21)．

図3.21に示した模式的な構造の形態は，実験結果によく再現されている(図3.22)．この実験では，デコルマンをビーズ層で再現し，それに収斂するスラストがよく発達しており，第4章で述べる付加体の構造とも一致している．

(c) 横ずれ断層系での地質構造

横ずれ断層系(transcurrent fault zone)には，北米西岸のサンアンドレアス

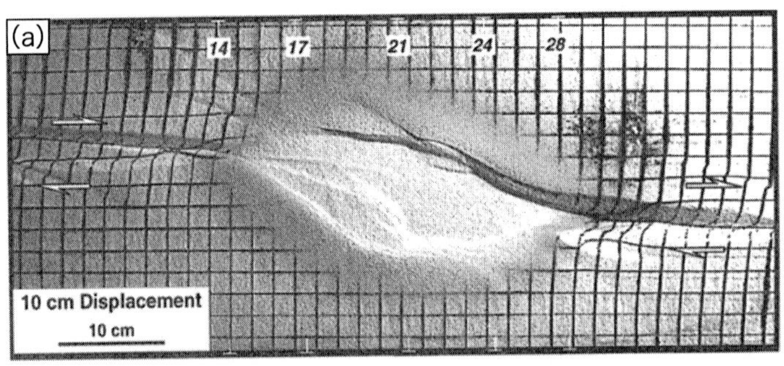

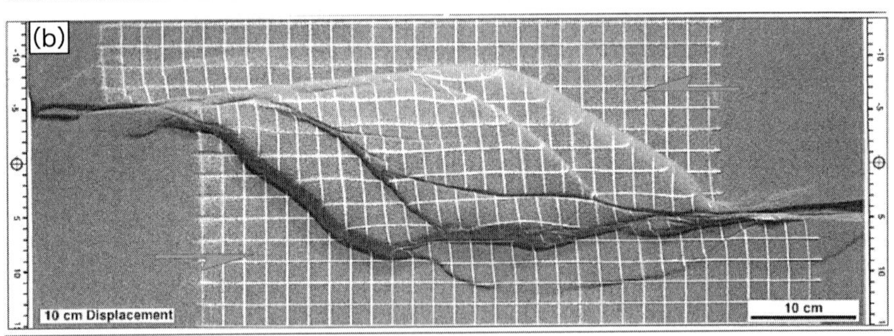

図3.24 横ずれ断層にともなう変形のモデル実験．(a)右横ずれ断層にともなうプルアパート盆地の形成．菱形の盆地と内部の階段状のステップが認められる．Dooley and McClay(1997)による．(b)左横ずれ断層にともなうプレッシャーリッジの形成．菱形の隆起地形が作られ，また断層沿いにも圧縮変形が認められる．McClay and Bonora(2001)による．

断層やトルコのアナトリア断層のように1000 km以上の距離にわたって連続し，その間の変位が数百 km以上という大規模なものが存在する．

横ずれ断層系の地質構造に関しては，主断層と斜交する圧縮の方向に逆断層あるいは褶曲，さらに共役の二次的横ずれ断層などが主体である．横ずれ断層は，しばしば水平断層ではランプとフラットに相当する屈曲をおこしている．この屈曲部が**横ずれ圧縮領域**(transpression domain)，あるいは**横ずれ引張領域**(transtension domain)になるかで，地質構造の形成が大きく変わる(図3.23)．横ずれ圧縮領域では逆断層が卓越し，一種の衝突境界ができあがり，山地が形成される．野島断層のサーフェス・ラプチャーで見たプレッシャーリッジと同じことである．一方，引張領域では正断層が発達し，場合によってはディタッチメントが形成されて，正断層系でみたテクトニクスが出現する．このようにしてできあがった盆地を**プルアパート盆地**(pull-apart basin)と呼んでいる．

図3.24の実験では，プルアパート盆地とプレッシャーリッジがよく再現されている．

3.7　東北日本の地殻の変形

3.6節で述べたような広域な地質構造の形成は，どのようにして作られるのだろうか．ここでは最新の測地学的なデータを参照しながら，東北日本での地質構造の形成について考察してみよう．

(a)　東北日本の地質構造

第6章の図6.16には東北日本の東西の地質断面図が示してある．この図を見てみると，日本海溝から，日本海側まで，さまざまな様式の地層の変形が認められる．まず，日本海溝の陸側斜面では，正断層が発達しており，地層は全体として海溝へと段階的に落ち込んでいる形をなしている．また，斜面域には第三紀堆積盆地が発達してここは沈降域であったことがわかる．しかし，その上を被覆する第四紀層はほとんど変形していない．北上山地には古い時代の地層が分布し，ここには新第三紀-第四紀の地層はほとんど分布していないので，長い間大規模に沈降することはなかったことがわかる．

脊梁山脈(奥羽山脈)から日本海側では，新第三紀-第四紀の地層が分布しており，それらは褶曲し，また第四紀や歴史時代に動いたことが知られている断層が存在する．このように，第四紀以降に活動したことが証拠づけられる断層を**活断層**(active fault)と呼ぶ．東北日本の中央部から日本海側にかけては活断層が多く存在するし，地殻の内部での地震活動も活発である．

(b)　東北日本の GPS 測地観測

図 3.25 には，1997〜1999 年の日本列島の移動速度が示されている(鷺谷，2002)．これは，全国に展開された国土地理院の GPS 測地観測ネットワークによって検出されたものである．東北日本の太平洋側は，年間 40 mm 程度で西方に移動している．もし，日本列島全体が常時この移動速度を有していれば，日本列島には内部変形はおこらない．等速運動をしている車のようなものである．しかし，明らかに各観測点の速度に変化があり，地殻が歪んでいることがわかる．これを東西の断面で見てみよう(図 3.26)．

福島県から能登半島にかけての断面を見てみると，信濃川河合までほぼ直線的に西向きの速度が減少しており，能登付近では小さいが東向きの速度をもつことがわかる(図 3.26 断面①,②)．東北日本の太平洋側の変形はバネの収縮と同じであって東北日本のリソスフェアは現在弾性変形をおこしていることがわかる．この短縮変位量は，直線の勾配に一致するから年間，単位長さあたり約 3×10^{-7} である．

東北日本の弾性変形は，図 3.27 に示したようにプレートの沈み込みを考えることによってもっとも合理的に説明できる．太平洋プレートの沈み込みにともなって，島弧側の上盤プレートが西側へと押し込まれて東北日本のリソスフェアが変形していると考えられる．

もし，このような変形が，第四紀の間，すなわち 180 万年続いていたとしたら，短縮量は約 5×10^{-1} となるので東北日本は東西断面でみれば第四紀の間に半分の長さに短縮したことになる．東北日本の地質構造を見てみると，日本海側に褶曲構造が認められるが，このような激しい変形はおこっていない．

第 6 章で示すように，日本海溝から脊梁山脈の東側にいたる地帯では第四紀

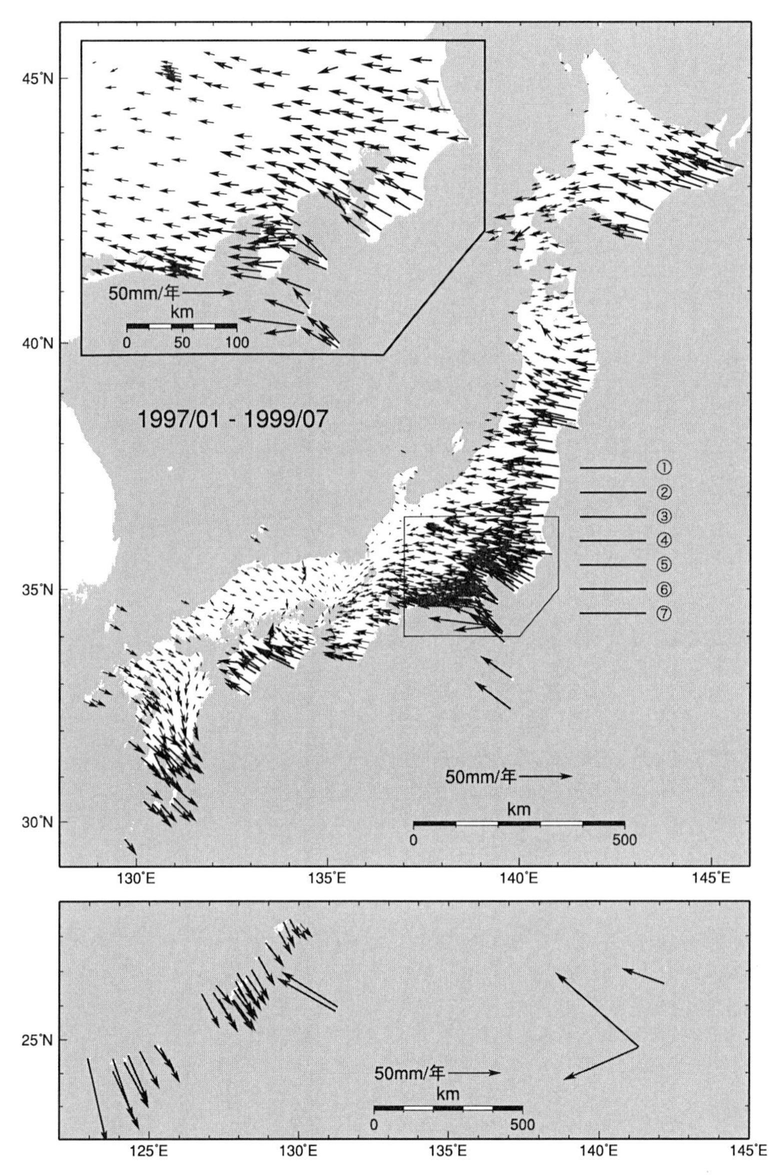

図 3.25　日本列島の GPS 測地観測によって得られた年間の速度ベクトル．ユーラシアプレートの安定部を固定点としての相対運動を示してある．①〜⑦は図 3.26 の断面の位置．鷺谷(2002)による．

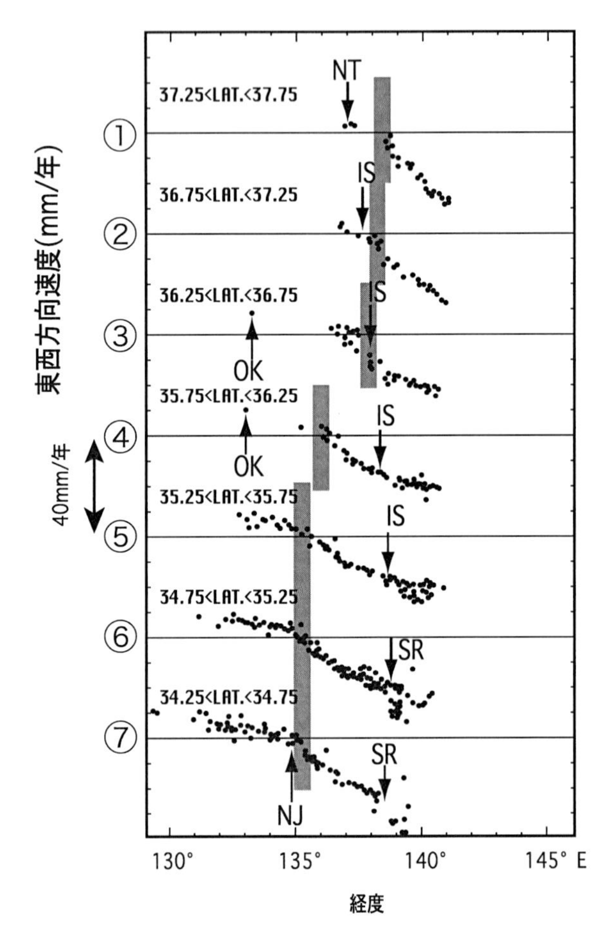

図 3. 26　日本列島の GPS 測地観測で得られた東西断面での水平速度の変化．緯度 0.5° ごとの幅でその間に入る観測点での速度を示す．各範囲において速度が 0 を横軸としてとり，西方への速度を縦軸の下方へ，東方への速度を縦軸の上方へと示す．目盛り 1 つが 10 mm/年．大きく 2 つの直線が見えることに注目．東側の勾配の大きな直線は，太平洋プレートの西方への押しによる弾性変形を表し，西側の勾配の小さい直線はアムールプレートの東方への押しによる弾性変形を表すと考えられる．両者の接点(灰色で示した)では歪が蓄積する．この点については，第 6 章で扱う．NT：能登，OK：隠岐，NJ：野島断層，SR：駿河トラフ，IS：糸魚川-静岡構造線．鷺谷(2002)による．

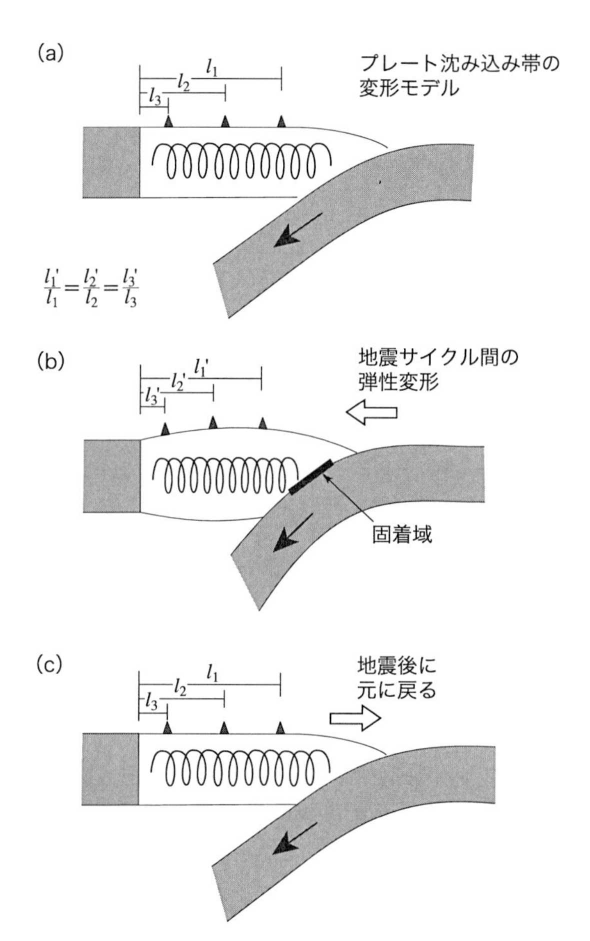

図 3.27 プレート沈み込み帯の弾性変形モデル．(a)は変形前の状態．(b)は弾性変形によってバネが縮むように東北日本が短縮．この状態は，図 3.7 の岩石実験では差応力と歪が比例している弾性変形領域に相当．(c)プレート境界地震の発生によって元の状態に戻る．

の地層の変形がほとんどおきていない．したがって，GPS 観測の示す弾性変形は何らかの様式で解消されていることとなる．

東北日本の東側の日本海溝では，大地震がおきている．この地震によって，上盤プレートに蓄積された弾性歪(バネの変形と同じ)が解放され，そのエネルギーが地震波として伝達されている(図 3.27)．多くの推定によると，東北日本の東側の上盤プレートに蓄積される歪の多くの部分は，プレート境界の地震活動によって解放されていると考えられている．すなわち，1990 年代から現在まで観測されている GPS の記録は，大きなプレート境界地震の発生の間におこる変形(inter-seismic deformation)であって，ひとたび日本海溝で大地震がおこれば，そのときに東北日本の東側は，今度は東への運動を示すことが考えられている．実際，GPS 観測によれば青森県などの一帯は，三陸はるか沖地震(1994 年 12 月 28 日)の後，東方への運動をしていることを観測している．

一方，脊梁山脈から日本海側にかけては，活断層が発達する．東北日本の内陸の地震断層の水平変位は 1 回の活動で約 2〜4 m 程度である．これが約 1000〜5000 年周期でおきている．したがって主要な活断層の平均累積変位はおよそ 2 mm/年と見積もられる，このような活断層帯は東西断面で約 5 ゾーン知られているから，全体では 10 mm/年程度となる．

では，東北日本の西側の地質構造や活断層はどのようにして形成されたのだろうか．この地帯では，GPS 観測で示されるような弾性変形が開放されずに蓄積し，ある限界に達すると断層が活動し，その運動が永久歪として保存されてきたことを示している．GPS 観測のデータから外挿すると数千年間隔の地震断層の活動の間に蓄積される地殻短縮量は，10^{-3}〜10^{-4} 程度となる．第 3.1 節の岩石の破壊実験の記述では，10^{-3} 程度の歪によって，弾性限界を越えて塑性変形への変化がおこることを示した．岩石実験の示す結果と地殻スケールでの観測は大まかには一致することが注目される．

地質学的な情報から，東北日本の西側の活断層や褶曲の形成が，最近 300 万年間の間におこったことが推定されている．GPS 観測データをよく見てみよう．太平洋プレートの押し込みによる大きな速度によって目立たないが，上越地方の西側(弥彦山地など)や佐渡では東方へのベクトル(10 mm/年程度)を示す．この東方への速度を示す地域は，能登半島からさらに福井や中国地方そして隠岐へと続いている(図 3.26 を参照)．この部分は，東北日本とは別なプレート(アムールプレート)に属すると考えられており，それが東進して東北日本を押していると考えられる．アムールプレートの東進および衝突が約 300 万年前からおこったと考えると，東北日本西側における歪の集中が理解できる．このことは，第 6 章でさらにくわしく学ぼう．

このように東北日本の変形の原動力はプレート沈み込みとアムールプレートの衝突がもたらした圧縮力であり，それはまず，弾性変形となって蓄積され，その大部分はプレート境界地震として解放される．しかし，その一部は島弧地殻の内部におこる永久的な歪(断層や褶曲)となって残留し，地質構造が作られている．その変形は典型的には活断層の運動，すなわち数千年に一度の運動として表現される．断層の破壊のサイクルの間に蓄積された歪みは 10^{-3}〜10^{-4} である．すなわち，弾性変形による歪がその程度の大きさになると，破壊がおこり，歪は永久的な変位(断層)として解消されることを意味している．このようなサイクルを何回もくり返して地質構造が作られたと推定できる．この間に，地殻の深くでは，さまざまな様式の岩石の変形がおこっているはずである．

3.8　大きな地質構造と変形組織の関係

この章のまとめとして，仮想的な地質構造を考え，この中でおこっている種々の現象と岩石の変形組織を表示した(図 3.28)．

(a)　せん断帯

マイロナイトなどを含む延性せん断帯では，鉱物の溶解や析出をともないながら粒界拡散や粒内変形による岩石の変形がおこる．顕微鏡レベルでは粒子の回転やプレッシャー・シャドウ，粒子のブロック状変形と回転がよく観察される(図 3.28①, ②, ③)．また，鉱物粒子の再配列によって S-C せん断面が発達する(図 3.28④)．また，脆性変形もともなうところでは，リーデルせん断や雁行状の割れ目と，それを埋めた結晶(図 3.28⑤, ⑥, ⑦)，さらにせん断面では，ステップなどが発達する(図 3.28⑧, ⑨)．

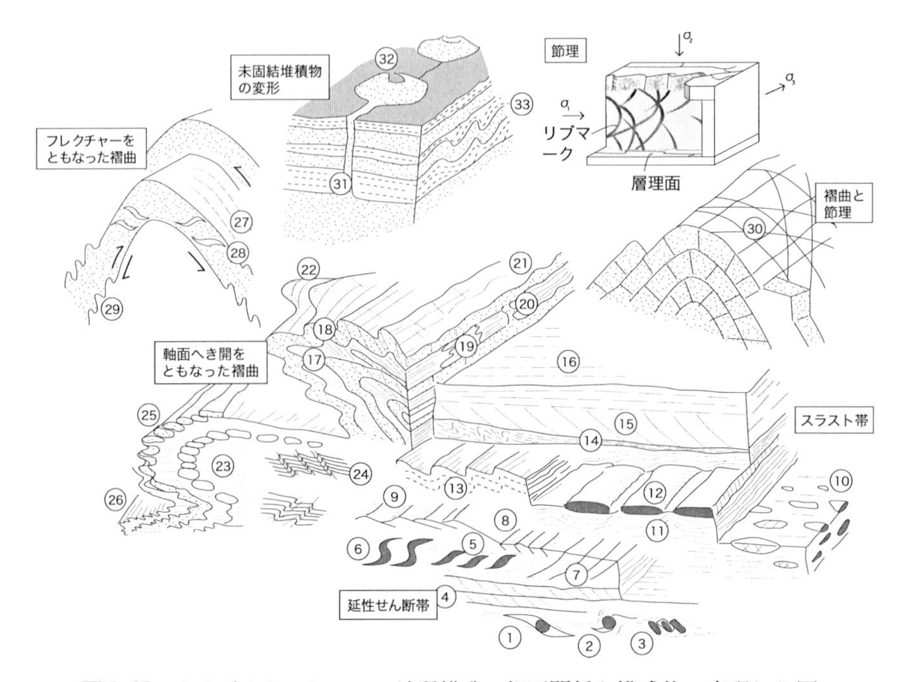

図 3.28 さまざまなスケールの地質構造の相互関係を模式的に表現した図．深さやスケールは無視．Wilson (1982) に加筆．節理の構造は Kulander *et al.* (1979) による．①,②,③は延性せん断帯におけるせん断センスを示す鉱物の変形構造．④は S-C ファブリック．⑤は雁行状の開口割れ目と⑥はその変形．⑦はリーデルせん断面．⑧,⑨はせん断面上の 2 つのタイプのステップ．⑩は礫の伸長と扁平化および礫の中のリーデルせん断タイプのクラック．⑪,⑫はブーダン（ブーダンの伸びと直交する割れ目をともなう）とそのまわりの層の変形．⑬はせん断面近傍のドラッグ褶曲とそれにともなうせん断のセンスと直交する線構造．⑭はスラストのせん断帯で粘土層からなる．せん断帯の中では種々のせん断小構造が集中して見られる．⑮はせん断帯周辺のドラッグ構造．⑯は片理の発達と線構造．⑰,⑱はそれぞれ砂岩層と泥岩層の軸面へき開．⑲,⑳は変形した砂岩岩脈．㉑はピンチ・アンド・スウェル構造．㉒はシース褶曲（舌状に褶曲が伸長したもの）．㉓はへき開．㉔は褶曲にともなうへき開のキンク褶曲．㉕はロッド構造（ブーダンをともなった褶曲によって形成された）．㉖はへき開にともなった線構造．㉗はフレクシャー褶曲にともなったスリップを示す線構造．㉘はせん断にともなう雁行割れ目．㉙はドラッグ．㉚は褶曲にともなった節理（節理の詳しい構造のクローズアップも示してある）．㉛は未固結堆積物の液状化による砂岩脈．㉜は砂火山．㉝は層内褶曲．

(b)　衝上断層・褶曲帯

衝上断層・褶曲帯では，せん断による変形と断層運動で移動してきた地質体による荷重によって，さまざまな変形構造が生じる．スラストの運動方向に引き伸ばされた粒子(時には礫岩など：図3.28⑩,⑯)，荷重によって形成されたブーディン(図3.28⑪,⑫)，引きずりでできたドラッグ褶曲(図3.28⑬)，せん断帯の中の鉱物粒子などの配列やへき開構造(図3.28⑭,⑮)などが認められる．

軸面へき開は頁岩の中と砂岩の中では，そのオリエンテーションが異なる(図3.28⑰,⑱)．また頁岩層の中の鉱物脈や砂岩脈は，形成後のへき開に垂直方向の短縮によって褶曲している(図3.28⑲,⑳)．また，へき開に平行な砂岩脈は褶曲していない．砂岩層にはピンチ・アンド・スウェル構造がしばしば認められる(図3.28㉑)．面構造がさらに短縮して形成された微細褶曲へき開(crenulation cleavage. 図3.28㉔)，へき開によって地層が棒状に変形したムリオンやロッドや線構造(図3.28㉕,㉖)も認められる．

(c)　褶曲構造

曲げすべりをともなった褶曲では，スリップ方向に平行な条痕やフラクチャーそしてドラッグ褶曲が発達する(図3.28㉗,㉘,㉙)．さらに隆起にともなって節理も発達する(図3.28㉚)．

(d)　未固結堆積物

ここでは，砂岩脈，砂火山，層内褶曲などの変形が示してある(図3.28㉛,㉜,㉝)．

(e)　まとめ

構造地質学においては，顕微鏡スケールの微小構造から数km，時には数百kmのスケールでの構造の相互関係，形成時期，成因，そして地球史での意義について研究する．局所的な現象だけでなく，全体像との関係をつねに考えることが重要となる．

問　題

問題 1　同一の種類の岩石について変形実験を行ない，次の結果を得た．

（a）　岩石試料は引張試験において 2 MPa で破壊がおこった．

（b）　圧縮試験においては：

$$(\sigma_1+\sigma_2)/2 = 6\ \mathrm{MPa}, \quad \sigma_1-\sigma_2 = 12\ \mathrm{MPa}$$
$$(\sigma_1+\sigma_2)/2 = 12\ \mathrm{MPa}, \quad \sigma_1-\sigma_2 = 18\ \mathrm{MPa}$$
$$(\sigma_1+\sigma_2)/2 = 34\ \mathrm{MPa}, \quad \sigma_1-\sigma_2 = 28\ \mathrm{MPa}$$

の条件で破壊がおこった．この結果をもとに次の問いを考察せよ．

1)　$(\sigma_1+\sigma_2)/2=20$ MPa のときに試料の破壊をおこす $\sigma_1-\sigma_2$ の大きさを予測せよ．

2)　もし $\sigma_1=6$ MPa に設定しておき，σ_2 を減少させていった場合には岩石試料にどのようなことがおこるだろうか．

3)　岩石の破壊条件には本文で述べたクーロンの破壊条件の他にグリフィスの破壊条件(Grifith failure criterion)と呼ばれるものがある．これについて調べてみよう．また，それをもとに本問題についてさらに考察を加えてみよう．

＊本問題は，Bayly：*Mechanics of Structural Geology*, Question 6. 2, 1992 を参考として作成した．

問題 2　図は伊豆大島火山の側火口の分布を示してある．この火口分布から火山体周囲の応力場について考察せよ．さらに富士山，伊豆半島，三宅島などの周辺の火山についても同様なデータを調べて，伊豆・小笠原島弧北部と本州の衝突域の応力場につい

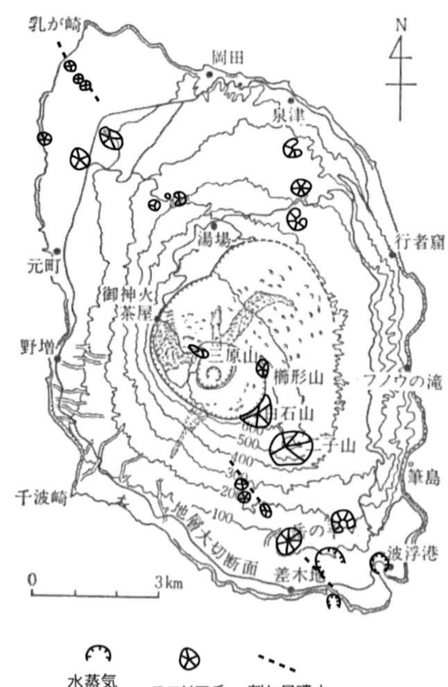

て考えてみよう．この問題は第5章を読んでから取りかかってもよいだろう．図は，横山泉・荒巻重雄・中村一明編：火山，岩波講座地球科学7，294p., 1979 の付録 III，図 III. 1 と III. 2 を合成．

問題 3　図 3. 5 の歪楕円を粒子の配列から求める方法を考案せよ．

文　献

◎構造地質学の一般的な教科書としては，

Bayly, B.：*Mechanics in Structural Geology*, Springer-Verlag, 253 p., 1992.
(問題を解きながら学ぶようにできている．定量的な議論に工夫がされている．)
Billings, M. P.：*Structural Geology (3rd ed.)*, Prentice-Hall, 606 p., 1972.
Hancock, P. L. (ed.)：*Continental Deformation*, Pergamon Press, 421 p., 1994.
狩野謙一・村田明広：構造地質学，朝倉書店，298 p., 1998.
(豊富な図面を入れた好著．)
水谷伸次郎・植村　武：地質構造の形成，岩波講座地球科学 9，岩波書店，1977.
(記述の多くはいまでも役に立つ．)
Ramsay, J. G.：*Folding and fructuring of rocks*, McGraw-Hill, 568 p., 1967.
Ramsay, J. G. and Humber, M. I.：*The Techniques of Modern Structural Geology, Volume 1 : Strain Analysis*, Academic Press, 307 p., 1983.
Ramsay, J. G. and Humber, M. I.：*The Techniques of Modern Structural Geology, Volume 2 : Folds and Fractures*, Academic Press, 309-700 p., 1987.
(問題練習を中心にまとめた本，図面が豊富．)
Rowland, S. M. and Duebendorfer, E. M.：*Structural Analysis and Synthesis*, Blackwell Science, 279 p., 1994.
(初学者用のラボラトリーコース用のテキスト．)
平　朝彦・末広　潔・広井美邦・巽　好幸・高橋正樹・小屋口剛博・嶋本利彦：地殻の形成，岩波講座地球惑星科学 8，岩波書店，1997.
(地殻の構造と変形に関してよい章がある．)
Twiss, R. J. and Moore, E. M.：*Structural Geology*, W. H. Freeman and Co., 532 p., 1992.
(多くの図版を含む好著．)
Wilson. G.：*Introduction to Small-scale Geological Structures*, George Allen & Unwin, 128 p., 1982.
(フィールド用のハンドブックとして有用．)

◎活断層・地震などに関しては，

池田安隆・島崎邦彦・山崎晴雄：活断層とは何か，219 p., 1996.
Lin, C. and Suen, H.-F.：*In Witness of Chi-Chi Earthquake, v. 1*, McGraw-Hill, 472

p., 2000.

Yeats, R. S., Sieh, K., and Allen, C. R.：*The Geology of Earthquakes*, Oxford Univ. Press, 568 p., 1997.

◎スラストに関しては，

McClay, K. R.(ed.)：*Thrust Tectonics*, Chapman & Hall, 447 p., 1992.

Suppe, J.：*Principles of Structural Geology*, Prentice-Hall, 537 p., 1985.

◎小構造については，

Dunne, W. M. and Hancock, P. L.：Palaeostress analysis of small-scale brittle structures. In *Continental Deformation* (Hancock, P. L. ed.), Pergamon Press, 101-120, 1994.

Kulander, B. R., Barton, C. C., and Dean, S. L.：The application of fractography to core and outcrop fracture investigations, Tech. Rep. U. S. Dept. Energy METC/SP-79/3, Morgantown Energy Technology Center, 1-174.

◎日本の GPS 測位に関しては，

鷺谷　威：明治期以降の歪み集中帯．大竹政和・平朝彦・太田陽子編，日本海東縁の活断層と地震テクトニクス，東京大学出版会，133-150, 2002.

◎地質構造のモデル実験は，

Dooley, T. and McClay, K.：Analogue modelling of pull-apart basins, *American Association of Petroleum Geologists. Bulletin*, v. 81, No. 11, 1804-826, 1997.

兼田　心・山田泰広・馬場　敬・松岡俊文：粒状体材料を用いた付加帯形成過程のモデル実験，地質学雑誌，投稿中．

McClay, K. and Bonora, M.：Analogue models of restraining stepovers in strike-slip fault systems, *American Association of Petroleum Geologists. Bulletin*, 85, 233-260, 2001.

Yamada, Y.：*3D Analogue Modelling of Inversion Structuers*, Ph. D. Thesis, Univ. of London, 744 p., 1999.

Yamada, Y., Okamura, H., Tamura, Y., Tsuneyama, F.：Analogue Models of Faults Associated with Salt Doming and Wrenching：Application to offshore UAE. In *Faults and Petroleum Traps, American Association of Petroleum Geologists Memoir* (Sorkhabi, R. and Tsuji, Y. eds.), in press.

問題のヒント

問題 1　図 3.11 をもとにクーロンの破壊条件を求め，それに接する円を描け．

問題 2　スコリア丘や割れ目噴火が北北西―南南東方向に分布していることに注目せよ．第 2 章の文献(中村一明，1989)を参考にせよ．

問題 3　構造地質学でよく用いられる Fry Method と呼ばれる方法がある．これについて調べてみよう(Ramsay and Huber, Vol. 1, 1987 の p. 113 を参照)．これはランダムに選択した多数の粒子から周囲の粒子との距離をプロットする方法である．下図に作成例を示した．任意の粒子の中心を(多数選択する)プロットしたものである．原点周囲の空白域が歪楕円を表す．

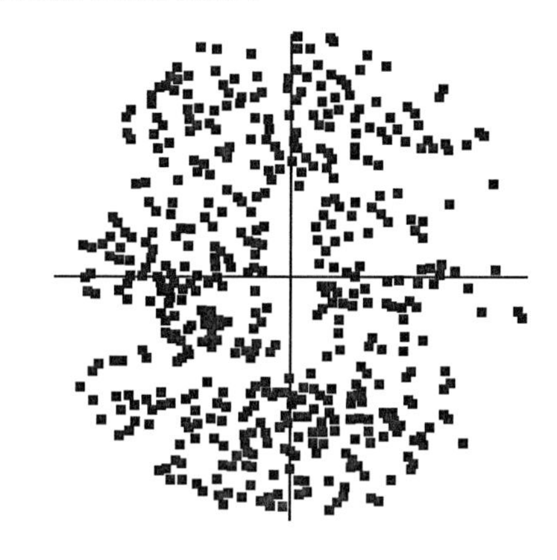

4 付加体地質学

この章のねらい

海溝ではプレートの沈み込みにともなって，堆積物が断層や褶曲を形成しながら変形し，はぎ取られて陸側に押し付けられ付加体が作られることがある．付加体の形成過程においては，堆積作用，続成作用，地層の変形，間隙流体の循環などが複雑に相互作用しあい，最終的には新たな地殻を形成してゆく．付加体の形成過程を学ぶことは，本巻でいままで学んできたことのまとめをすることにもなり，また次章への導入にもなる．

4.1 付加体の形成に関る諸過程

プレート沈み込み帯の概要と，付加体の形成については，すでに第1巻第4章で簡単にふれておいた．付加体の研究を**付加体地質学**(geology of accretionary prism)と呼ぶことにしよう．ここではまず，付加体地質学の基本的な事項について概観し，次に海底の付加体とくに南海トラフ付加体について学ぶ．そしてさらに，陸上に露出している付加体を四万十帯やわが国のジュラ紀付加体を中心に記述を進める．最後に付加体の地質学的な意義について考えてみよう．

まず，付加体の全体像を示すことにしよう．図4.1には，南海トラフや四万十帯研究から得られた知見をもとに付加体の地形と内部構造を模式的にまとめてある．読者においては，この図を参照しながら以下を読み進めていただきたい．

(a) 海洋プレートの堆積物

海溝に沈み込んでくる海洋プレート上には，通常，堆積物が被覆している．付加体の形成には，この海洋プレート上の堆積物の性質が重要な役割を果たしている．第2章で海洋プレート層序を学んだ．ここで，少しくわしくおさらいしてみよう．海洋プレートの最上部は中央海嶺で形成された玄武岩の枕状溶岩である．玄武岩溶岩には水砕岩などの急冷ガラス質凝灰岩をともなう．さらに中央海嶺では，熱水循環により玄武岩が変質すると同時に熱水性の堆積物が形成される．これらは鉄や銅の硫化鉱物であったり，あるいは鉄・マンガン堆積物であることもある．

さて，海嶺の水深は通常2500 m程度なので，多くの場合，CCD(炭酸カルシウム補償深度)よりは上にあり，まず有孔虫・ナンノプランクトン石灰質軟泥(固結するとチョークとなる)が玄武岩溶岩や熱水性堆積物の上に堆積する．海洋底は海嶺から遠ざかるとともに沈降し(第1巻第4章参照)，CCDより深くなると，やがて放散虫や海綿骨針など珪質微化石に富む軟泥(固結するとチャートとなる)が堆積する．さらに海底が5000～6000 mの深さになり，また中緯度海域の亜熱帯循環(第1巻第5章参照)の中心部など生物生産性の低い場所を通過した場合には，微化石はほとんど溶解して，気流に乗って大陸から飛んできた粘土や細粒の石英などがゆっくりと降り積もり，赤色(褐色)粘土層(固結すると赤色頁岩)が形成される．

海洋プレートは海溝に近づくに従って次第に火山弧からの影響を受けるようになる．その影響としては，細粒(シルトサイズ)の砕屑粒子や火山灰の堆積がある．これらの粒子とプランクトン遺骸が降り積もって，**半遠洋性泥**(hemipelagic mud)と火山灰層の互層が堆積する．この互層は火山灰の変質の度合や粘土の量でさまざまな色(緑灰色，赤褐色など)を示すことがある(固結して多色頁岩，珪質頁岩などになる)．また*Zoophycus*などの生痕化石が多く見られる．このような典型的な海洋プレート層序は，日本海溝や小笠原海溝近くの古い海洋底(1億年程度の年代)に認められる(図4.2)．

このような海洋プレート層序は，さまざまのバリエーションを持つ．例えば，海洋底が誕生して間もなく(1000万〜2000万年以内)沈み込んでくる場合には，海嶺が海溝近くで活動しているので以上のような遠洋性堆積物をともなう層序ではなく，半遠洋性の泥質堆積物が卓越する．南海トラフに沈み込む四国海盆がその例である．また，海洋底が若いと温度が高いため，半遠洋性堆積物の続成作用が進んで，堆積物に大きな変化がおこる．この続成作用の変化は次のようなものである．まず，オパールシリカの変質である．半遠洋性堆積物に豊富に含まれる珪藻殻は40℃程度の地温中では，クリストバライトとなる．この際に地層の間隙率に大きな変化をおこす．すなわち，珪藻の殻が壊れない状態においては珪藻質の堆積物は非常に高い間隙率を示すが，珪藻殻がクリストバライトに変化すると殻が壊れて間隙が激減する．同時に，塩分の低い水を排出するので間隙水の塩分が低下する．また細粒の火山灰は低温で変質して粘土鉱物に変化する．この粘土鉱物は主にスメクタイト(モンモリロナイト)であり格子間に水を含んでいる．上で述べた半遠洋性堆積物は，もともと多量の火山灰に富むので，それらはスメクタイトに変化する．スメクタイトは，60℃程度の地温で数百万年でイライトに変化する．この変化の過程で，さらに水を排出するので間隙水の塩分がさらに低下する．このような水の排出は，同時に間隙水圧も上昇させることにつながるので，堆積物の物性も変化させることになる

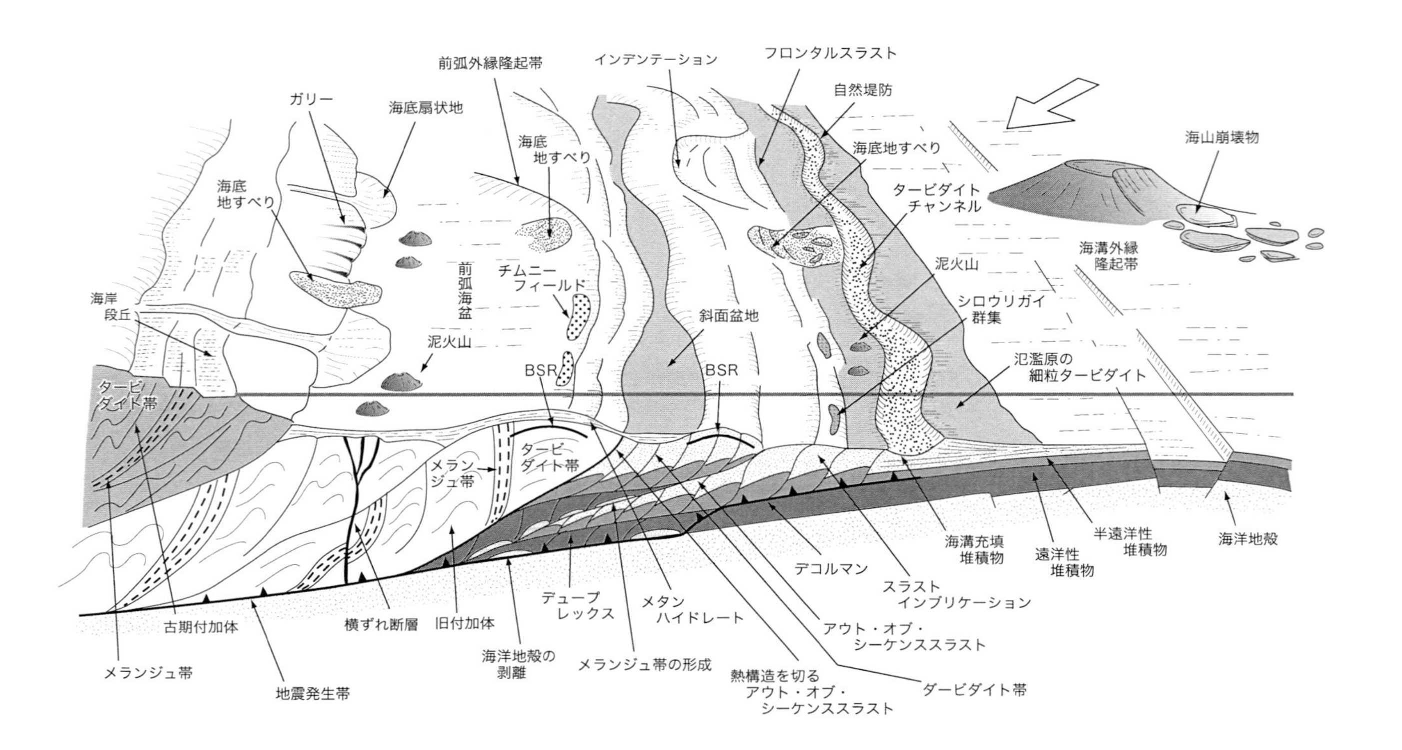
前弧外縁隆起帯
インデンテーション
フロンタルスラスト
ガリー
海底扇状地
自然堤防
海底地すべり
海山崩壊物
海底
地すべり
海底地すべり
タービダイト
チャンネル
海底
地すべり
泥火山
海溝外縁
隆起帯
前弧海盆
チムニー
フィールド
シロウリガイ
群集
海岸
段丘
斜面盆地
泥火山
氾濫原の
細粒タービダイト
BSR
BSR
タービ
ダイト帯
タービ
ダイト帯
メラン
ジュ帯
海溝充填
堆積物
半遠洋性
堆積物
海洋地殻
遠洋性
堆積物
デコルマン
スラスト
インブリケーション
デュープ
レックス
メタン
ハイドレート
古期付加体
横ずれ断層
旧付加体
アウト・オブ・
シーケンススラスト
海洋地殻の
剥離
メランジュ帯の形成
メランジュ帯
熱構造を切る
アウト・オブ・
シーケンススラスト
ダービダイト帯
地震発生帯

図 4.1 海溝と付加体でおこる地質現象をまとめた模式図．スケールは無視してある．沈み込む海洋地殻上には，遠洋性堆積物，半遠洋性堆積物，海山，海山の崩壊物などがある．海溝外縁隆起帯では，正断層活動によって地溝-地塁地形が作られることがある．海溝に乱泥流が流れ込み，タービダイトが堆積すると海溝充塡堆積物が形成され，プレートの運動によって変形してゆく．この際に水平すべり面(デコルマン)が発達し，付加されてゆく部分と沈み込んでゆく部分に分かれる．付加される部分には，インブリケーションしたスラスト群が発達する．ここは不安定であり，地すべりをおこしたり，また海山の衝突によってインデンテーション構造ができたりする．付加体の下部では，デコルマンの海洋地殻との境界(あるいは海洋地殻上部)への移動によってデュープレックス構造が形成され海洋地殻がはぎ取られるようになる．さらにこれら全体を切ってアウト・オブ・シーケンススラスト(順序外スラスト)が発達し，そこでは，海洋地殻，遠洋性・半遠洋性堆積物，タービダイトがせん断混合してメランジュ帯が形成される．このようにしてタービダイト帯とメランジュ帯が交互に繰り返す構造ができる．さらに，付加体全体が大規模なアウト・オブ・シーケンススラストによって重なり，付加体が厚化してゆく．このようなアウト・オブ・シーケンススラストでは，5〜10 km の深さから付加体が上昇してくるので，熱構造に大きなギャップが生じる．付加体の上には斜面海盆や前弧海盆などの堆積盆地ができ，また，メタンハイドレートなどの形成とメタンの湧出に関連した現象が認められる．

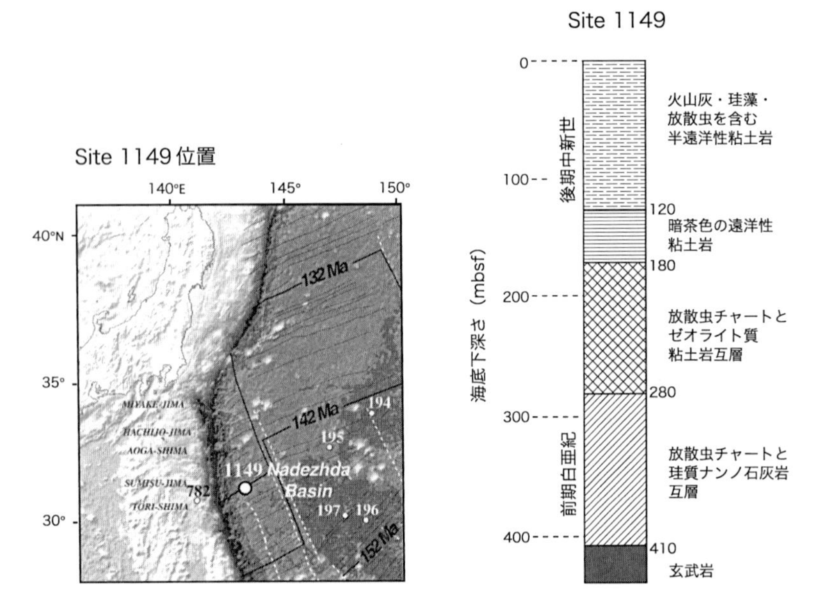

図 4.2 国際深海掘削計画(ODP) Site 1149 で得られた伊豆・小笠原海嶺の鳥島東方の前期白亜紀の太平洋海洋プレート層序. これは図 4.26 に示した四万十帯で復元された前期白亜紀の海洋プレート層序と類似している. Shipboard Scientific Party (2000) による.

(第 3 章を参照).

海洋プレート上には, 海山や海台などの高まりがある. これらから火山性物質が供給されたり, また頂上付近の石灰岩などが, 重力流などで運ばれてくることもある. 時にはハワイ諸島の例でみたような大規模な海山崩壊物が海洋底を覆っていることもある(第 2 章参照). また, 海底扇状地などには巨大なものがあり, 数百 km から 1000 km 以上にわたって陸源物質をタービダイトとして海洋プレート上に堆積させる. これらの要素は, 上で述べた標準的な海洋プレート層序に変化をもたらし, さらに付加体の形状や性質に大きな影響を与える.

(b) 海溝での堆積作用

海溝は堆積作用が活発におこっている場所である．これについては第2章で簡単にふれたが，ここでさらにややくわしく扱う．海溝でおこっている堆積作用には次のことがある．

1) 海溝海側斜面からの海底地すべり，重力流などによる再堆積
2) 海溝陸側斜面からの海底地すべり，重力流などによる再堆積
3) 海溝軸に沿った重力流
4) 潮汐や底層流による侵食・堆積
5) 海流あるいはネフェロイダル層を使った粒子の供給

海溝に設置されたセジメント・トラップ実験から，海溝には通常の深海底よりは多い懸濁物質の垂直フラックスが観測されている．これは，海溝の地形が懸濁物質を集める性質があるのと，海底峡谷などを通じて**ネフェロイダル層**(nepheroidal layer)が連続しているためと思われる．ネフェロイダル層とは海水の密度成層の境界において懸濁物などが浮遊し，あまり拡散されずに運搬される層をいう．海溝海側斜面からの再堆積作用の引き金になるのが地震である．三陸はるか沖地震の直後に日本海溝に設置されていたセジメント・トラップの捕獲粒子が急増した．粒子の内容を検討した結果では，海洋プレート上の遠洋性堆積物に類似した組成をもっていたことがわかり，海溝海側斜面からの再堆積ではないかと推定されている(乗木，2001)．

海溝陸側斜面からの再堆積作用としては，海底峡谷を通じた重力流，斜面崩壊などがある．斜面崩壊は，地震などのときにおこりやすいと考えられるが，その要因としては海山の衝突，断層運動，ガスハイドレートの存在などがあげられる．ガスハイドレートについては後に述べよう．オレゴン・ワシントン沖ではカスカディアチャンネルを通じて，コロンビア川から運搬された堆積物が乱泥流となって流れくだり，オレゴン海溝に厚い堆積層を形成している．ここでは，とくに氷河期には多量の土砂が運ばれたと考えられている．中米海溝では，大陸棚がきわめて狭く海溝から海岸線まで50 kmほどの距離しかない．ここでは大きな河川からの流入はないが，海底谷を通じて浅海の土砂が海溝に直接流下し，扇状地を形成している．

海溝軸に沿って重力流が流れる場合も多く，海溝軸に沿って**軸流チャンネル**

(axial channel)が形成されている場合がある．これにはいくつかのタイプがある．まず，陸側斜面の海底峡谷を通じて流れてきた重力流は，海溝に達すると海溝海側斜面を越えるか，あるいは海溝の軸方向へ流れる．これは，海溝の地形に大きく左右される．軸流となる場合には，海溝軸の深い方へと流れるが，海溝軸の深さは多くの場合，沈み込んでくる海底の年代によるので，海底年代の古い方へと流れることが予想される．海溝が島弧や大陸の衝突境界に連結している場合には，衝突境界の山地から直接に粗粒物質が流れ込み軸流チャンネルを形成する．海溝軸を流れるタービダイトのチャンネルの様子は図 4.1 に模式的に示したし，後に述べる南海トラフもその例である．

一般に海溝海側斜面では，タービダイトは細粒のシルト質のものが多く堆積する．海溝の中心付近では粗粒なものが堆積する．このために海溝タービダイトはプレートの移動とともに上方粗粒化の地層を形成する．

(c)　付加体の力学

海溝に移動してきた海洋プレートの堆積物とその上に重なった海溝堆積物はどうなるのだろうか．簡単なモデルで考えてみよう(図 4.3)．いま，バネで留めた「衝立(ついたて)」(上盤プレート)とその下をすべる板(海洋プレート)がある．板の上に砂層(海溝堆積物)が乗っていたとして，これを衝立に対して移動したとすると，3 つの場合が考えられる．

1)　バネの弾性力が砂層の内部摩擦抵抗力に対して十分に強いと砂層は衝立の前に盛り上がるだろう．

2)　バネの弾性力が弱いと砂層のほとんどは衝立をくぐり抜けるだろう．

3)　バネが適度だとある角度で弾性力と内部摩擦力がつり合い，砂層の上部が盛り上がり，下部はくぐり抜けることがおこる．盛り上がる部分とくぐり抜ける部分の間にはすべり面が生じる．

以上の簡単なモデルのうち，2)は第 5 章で述べる堆積物沈み込み(sediment subduction)に相当する．1)と 3)で盛り上がった部分が付加体である．この盛り上がった部分について，さらに考察をしてみよう．

砂のような粒子群は内部摩擦を持っており，それは砂山の斜面の安息角度で表すことができることはすでに第 1 章で述べた．衝立によって砂層が盛り上が

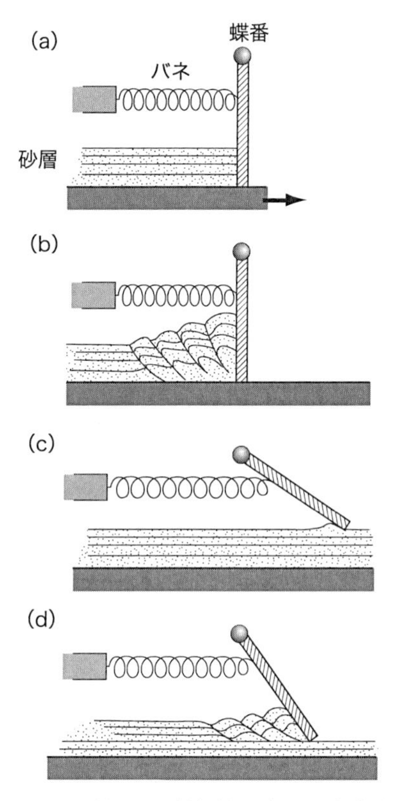

図 4.3 プレート沈み込み境界での付加体形成の思考実験．いま，蝶番で固定した板にバネを取り付け，下の板の上に砂層を敷き詰めておく(a)．下の板をスライドした場合に，バネが十分に強ければ砂層は板の前で盛り上がり，「付加体」を作る(b)．バネが弱い場合には，板が持ち上がり，砂層はほとんど変形しないで板の下を潜ってゆくだろう(c)．バネの強さが適当であると砂層は「付加体」を作る部分と潜ってゆく部分に分かれるだろう(d)．この思考実験では，蝶番で留められた板は上盤プレート(海溝陸側斜面の基盤)，バネの強さは上盤と下盤プレート間のカップリングの程度として考えることができる．

るとその斜面は安息角になると崩れて一定の角度になり平衡を保つ．したがって，その断面は三角形(プリズムあるいはウェッジ型)となる．付加体はその断面の特徴から**付加プリズム**(accretionary prism)，あるいは**付加ウェッジ**(accretionary wedge)とも呼ぶ(この本では付加体を accretionary prism に対応させている）．

さて，岩石の強度は，第3章のクーロンの破壊条件式（式3.11）で表せることはすでに述べた．したがって，プリズムの形（角度）を決める要因としては，付加体を構成する物質の内部摩擦およびその間隙水圧に依存することが推定できる．さらに付加体においては，付加部分とくぐり抜ける部分，あるいは海洋プレート間のすべり面（デコルマン）の摩擦とそこにおける間隙水圧も関係する．プリズムの角度を決める要因として，付加体の内部摩擦（付加体内部の摩擦係数と付加体内部の間隙水圧が関係），すべり面（デコルマン）の内部摩擦（すべり面の摩擦係数，すべり面の間隙水圧が関係）が重要となる．例えば内部物質の摩擦が同じ程度であれば，デコルマンの摩擦が大きいほど斜面の角度が大きくなる．このような付加体の形の力学モデルをクーロンウェッジモデルと呼ぶ（解説は木村，2002を参照）．

海溝で付加される堆積物は大量の間隙水を含んでいる．これはもともとは海水であるが，微生物の活動やさまざまな鉱物と反応等で成分が変化する．オパールシリカからクリストバライトへの変化，スメクタイトからイライトへの変化によって新たに間隙水が排出される．同時に付加体の形成過程においては，荷重による圧密や変形構造の形成などによって間隙水は強制的に排出され，地層の間隙率は通常の埋没過程より大きく低下してゆく．このような過程において間隙水の移動がおこり，また間隙水圧は局所的に上昇することがある．間隙水圧が上昇すると第3章で示したように岩石の破壊強度が小さくなる．

例えば，衝立の付加体形成実験でも，もし砂層中に間隙水圧が高く強度の小さい層が挟まれていれば，そこを境に付加部分と沈み込む部分に分かれることが期待できる．

第3章で述べたスラスト構造の概念は付加体においても有効である．例えば，図3.22のモデル実験は，基本的には付加体前縁の構造と比較できるものである．

（d）　付加体の水理地質学

地層中の流体の循環を研究する分野を**水理地質学**（hydrogeology）と呼ぶ．付加体からの排水を支配する物理過程は，間隙をもった物体中の流体の流れであり，これはダルシーの法則に支配される．いま，地層中のある面からある面に対して，粒子間の空隙を通して流れがあったとする．その流れの流量速度 V は，

$$V=\frac{K}{\eta}i_p \tag{4.1}$$

で表される．これをダルシーの法則(Darcy's law)という．

ここに流量速度 V は流線に直角な断面の単位面積を単位時間に通過する流体の量，K は透水率，η は粘性係数，i_p は 2 つの面の間における圧力勾配である．

さて，ここで問題となるのが，透水率である．付加体の透水率の分布は大変複雑である．それは次の要因による．

1) 褶曲などによって地層のマクロな構造が大きく変化する
2) 断層やその他の変形構造の発達が著しい
3) 続成作用が活発であり，間隙流体と鉱物の反応がつねにおきている
4) 流体移動中に地層の内部変形が同時におこっている

などであり，ミクロなスケールからマクロなスケールまで，透水率は著しく変化し，その分布は大変に不均質である．同時に，間隙流体の移動そのものが続成作用や地層の破壊に深く関連しているので時間の経過とともに透水率も変化する．

例えば，断層を考えてみよう．断層岩中には種々のスケールの破砕部分が発達しているので，一般には周囲の岩石に比べて透水率は高くなることが予想される．よく露頭などで，断層に沿って地下水が湧き出していたり，断層内部の風化が進んでいたりすることは，断層の高い透水性の証拠となる．しかし，地下で封圧の高い状態では単純にそうともいえない場合もある．まず，粘土質物質が断層内部で多く作られると，透水率が低くなってくる．また断層岩の内部において，粒子同士の組合わせ構造が変化して間隙が閉じ，透水率が低い状態にある場合もある．透水率の低い部内に間隙流体が閉じ込められていると流体のポケットができあがる．例えば，断層中にはしばしば石英や方解石の鉱物脈が認められる．このような脈は，断層内部に生じた大きな間隙に閉じ込められた流体のポケットから析出したと考えられるので，そこでは流体の流れがほと

んどなかったことを示している．

また，断層岩の透水率は大きな異方性を持つと考えられ，場合によっては断層は，流体循環のバリアーともなりうる．断層の中で岩石の破砕や間隙の減少によって流体が隙間に解放されると，間隙水圧が上がって断層の摩擦強度が小さくなる．このような高い圧力をもった流体は，断層の破壊のときに断層に沿って移動する可能性がある．

ここで留意しなければならないのは，間隙流体の圧力が高いことと，流体の流れがあることは異なる現象である．間隙流体は，間隙に閉じ込められたままで荷重がかかると圧力が増す．一方，流れがあるところでは，異常間隙水圧は作りがたい．以上のように断層に関連する流体運動は，時間や場所によって変化が大きい．このことは付加体全体についてもいえることである．

続成過程については，すでに第2章で述べたが，そこでまとめたことは基本的には付加体でも適用できる．しかし，付加体では単純な圧密に比べて，テクトニクスによる強制的な排水がしばしばおこるので，単純な深度方向への変化だけでは説明できないことがおこる．

もう一度簡単に続成過程をおさらいしておこう．付加体内でおこる続成作用は大きく2つに分けることができる．微生物の関与した反応と無機的な反応の2つである．微生物の関与した反応は，

1) 表層での硫酸還元菌による硫酸イオンの還元，硫化水素の発生と硫化鉄の生成

2) メタン生成菌によるメタンの発生

であり，これは堆積物に含まれる有機物の量と温度が重要な規制因子となっている．

無機的な反応としては

3) オパールシリカからクリストバライトさらに石英への反応

4) 火山ガラスや火山物質からの粘土(スメクタイト)や沸石の生成

5) スメクタイトからイライトへの変化

これらの反応は，間隙水にも大きな変化をもたらす．メタンの増加，塩分の低下，シリカの変動などである．メタンを多く含む流体が排出されると，表層近くでは，メタンハイドレートが形成されることがあり，また海底では，湧き

出てくるメタンと硫化水素を栄養の基礎とした深海湧水生物群集(シロウリガイ，チューブワーム)が繁栄し，湧水域ではしばしば炭酸塩のチムニーやクラストが形成される.

それでは，以上のような予備知識をもとに実際の海溝付加体について見てみよう.

4.2　南海トラフ付加体

フィリピン海プレートが西南日本に沈み込む場所である南海トラフには，約1000 m の厚さの堆積物が蓄積しており，その陸側斜面では付加体の形成が活発に行なわれている．南海トラフ付加体は，世界でももっともよく調べられており，またその研究成果は付加体地質学の発展に大きな貢献をもたらした.

(a)　四国海盆の層序

西南日本の太平洋側に横たわる南海トラフは，最大水深 4800 m ほどの浅い海溝であり，フィリピン海プレートの一部である四国海盆が年間 4 cm ほどの速度で沈み込んでいる．四国海盆は 25〜15 Ma の間に形成された伊豆・小笠原島弧の背弧海盆である．四国海盆はおおよそ 3 つの段階を経て分裂・拡大したと考えられている．これは四国海盆に残された地磁気の縞模様と地形および深海掘削のデータから復元できる．拡大の中心軸は，現在は室戸岬の沖合にあって，そこには紀南海山列と呼ばれる拡大最末期から拡大終了後に形成された火山活動の跡が残されている(図 4.4，同様に図 5.16 も参照).

四国沖の南海トラフに沈み込む四国海盆上の堆積物には大きく 2 つの層序がある．地震探査で見ると，足摺岬沖では，**音響基盤**(acoustic basement)の上の堆積物は上部，中部，下部層の 3 つの層に分けることができる(図 4.6：Site 297, 1177)．ここで音響基盤とは地震波の反射特性から見て上位の堆積層よりは密度が大きく(地震波の伝達速度が大きい)，成層構造が複雑，あるいは不明瞭な部分について示す．四国海盆での音響基盤は，背弧海盆形成時の玄武岩溶岩層に相当する．さて，足摺岬沖の四国海盆の 3 つの層序(音響層序：acoustic stratigraphy と呼ぶ)のうち，上部層は弱い反射面を示す地層であり，

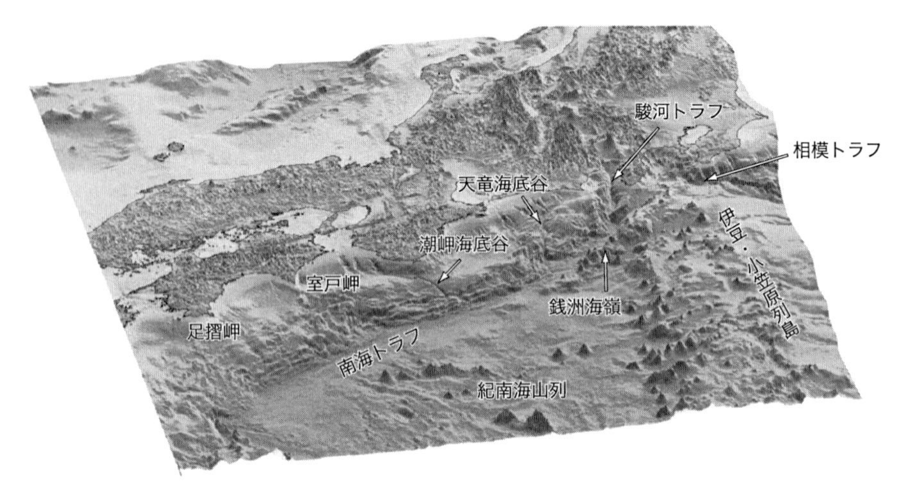

図 4. 4　南海トラフの地形．500 m メッシュ地形データを用いて作成した．南海トラフは平坦な海底地形を示し，駿河トラフからわが国の最大の山岳地帯である南アルプス，富士山へと連結している．山本富士夫氏作成．

中部層は強い連続した反射面を有する．下部層は基盤の直上にあり中部よりは連続のよくない強い反射面を有する．

この層序の実際については国際深海掘削計画(ODP)において確かめられた(図 4. 5, 図 4. 6)．掘削でわかった岩相は次の通りである．

まず上部層に相当するのは，半遠洋性の泥岩である．この泥岩には粘土，シルトサイズの陸源砕屑粒子に珪藻や海綿骨針，ナンノ化石そして火山ガラスなどが含まれる．さらに火山灰層がはさまれている．中部層は半遠洋性泥岩とタービダイトの互層からなる．タービダイトは木片を多数含む砂，シルトからなる．砂は石英，堆積岩片(とくに砂岩，頁岩，チャート)が多く含まれており，西南日本の外帯(中央構造線より海側の地帯：三波川，秩父，四万十帯など．第 6 章を参照)を起源とする砕屑粒子と思われる．下部層は，その上部に火山灰を多く含む地層があり，その下部は石英粒子や火山ガラスを多く含むシルト岩があり，音響基盤は玄武岩の枕状溶岩からなる．上部層は主に第四紀から鮮新世末(～5 Ma)，中部層は中新世前期から中新世中期(5～15 Ma)，下部層は中新世前期(15～22 Ma)である．これらの地層は全体で 650 m ほどの厚さを示

図 4.5 ODP で活躍する掘削研究船ジョイデスレゾリューション．(a)四国沖で掘削中の様子．(b)リエントリー・コーン(re-entry cone：掘削パイプを既掘孔に挿入するためのガイド)を海底に下ろす準備作業.

す.

足摺沖では，熱流量は 70 mW/m² 程度であり，海洋地殻上面での温度が 60°C 程度である．したがって，地層中では，温度がそれ以下であり，スメクタイトからイライトへの変化はほとんどおきていない．そのために，足摺沖の四国海盆では，スメクタイトは粘土鉱物の 40% にも達しており，掘削コアを半割にするときに，水を吸ってたちまちに膨れ上がる性質をもっている.

一方，室戸沖に沈み込んでいる四国海盆の層序は少し異なっている(図 4.6：Site 808, 1174, 1173)．ここでは層序は 2 つに分けることができる．上部層は，音響的にはやや不連続な反射面が認められ火山灰を多く含む半遠洋性泥岩からなる．年代は第四紀から鮮新世末(〜5 Ma)を示す．下部層は反射面がほとんど認められず，火山灰の少ない半遠洋性泥岩からなり，中新世前期から中新世中期(5〜15 Ma)の時代を示す．すなわち，足摺沖で認められたタービダイトを含む中部層がここでは見当たらず，その間，半遠洋性の堆積物が継続して堆積した．室戸沖では，海洋底の年代は 15 Ma 程度で凹凸の大きい地形をなし，熱流量が大きく，基盤の温度は 120°C に達する．したがって，地層中のスメクタイトはほとんどがイライトに変わっている．これらの地層の厚さは

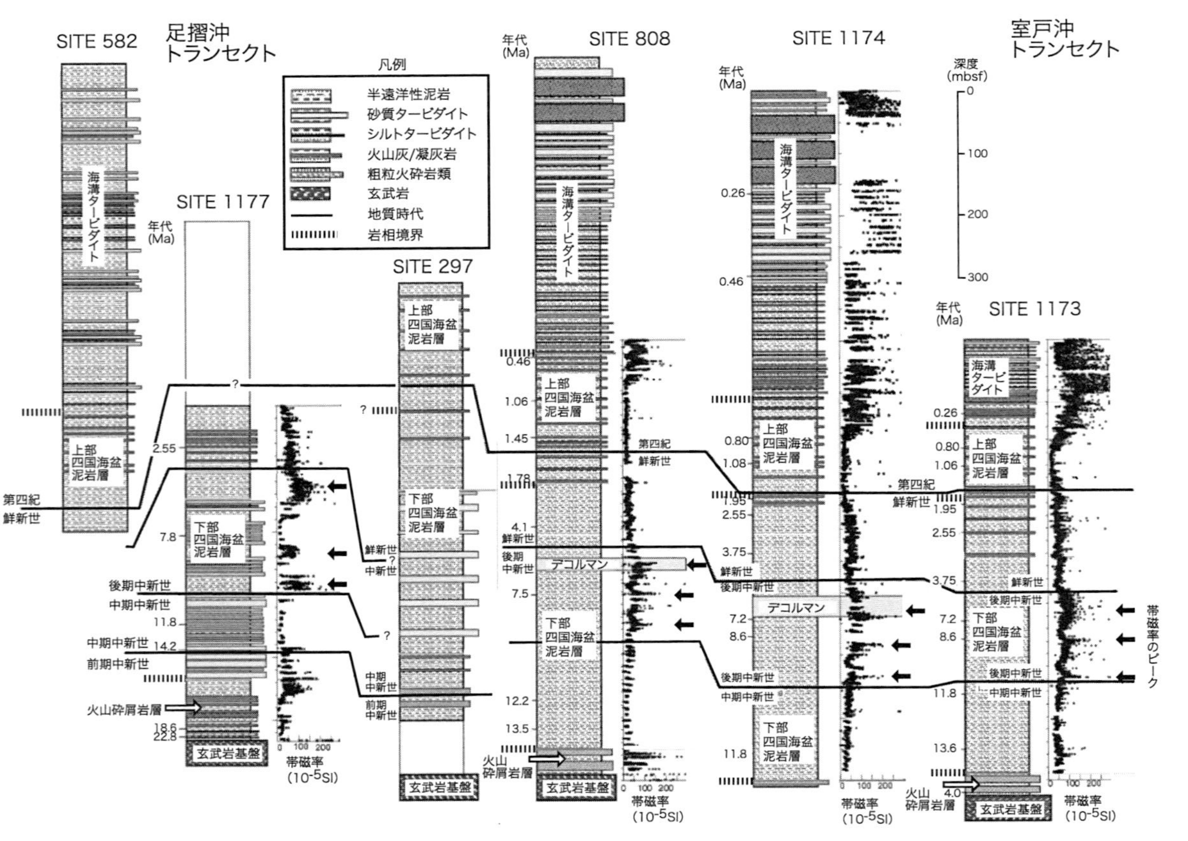

図 4.6　四国沖南海トラフにおいて掘削されたDSDP, IPOD, ODPの孔の層序対比．図 4.10 に位置を示す．Site 1177, 808, 1174, 1173 には帯磁率の値も示した．Shipboard Scientific Party (2001) および Moore, *et al.*(2001) による．

全部で 550 m ほどである．

足摺沖の中部層と室戸沖の下部層では時代が同じであるが岩相が異なる．これは室戸に沈み込んでいる海洋基盤が紀南海山列から続く高まりであって，足摺沖で堆積したタービダイトが斜面を上がり切らなかったためだと考えられる．このことは，室戸沖の下部層における帯磁率の変化から読み取られる．帯磁率は，岩石をある大きさの磁場の中に置いた場合にどれだけ帯磁するかという大きさを表し，磁性鉱物の量を示す．堆積物中の磁性鉱物の多くは，火成岩などからもたらされたものであるので，帯磁率の変化は陸からの火山性物質の供給の変動を現す．

さて，足摺沖では 3 つのタービダイト堆積に伴う帯磁率のピークが認められたが，これに対応した時代に室戸沖でも 3 つの帯磁率のピークが認められる．このことは，足摺沖でタービダイトが堆積したときに，乱泥流の「雲」に相当する陸源の細粒の粒子だけが室戸沖で堆積したことになる．これは，室戸沖が高まりであったことを明瞭に示している．

(b)　南海トラフのタービダイト

南海トラフには厚さ数百 m のタービダイト層が発達している(図 4.6 を参照)．このタービダイト層はいままで数回，国際深海掘削計画において掘削されている．タービダイト層は四国海盆の地層の上に重なっており，全体として上方粗粒化の傾向を示す砂泥互層からなる．砂がち互層部は厚さ 1 m 以上の砂層を含み，粗粒砂や細礫質の部分も含んでいる．

互層は基本的に次のような単元よりなりたっている(図 4.7)．T1：級化-無層理あるいは平行葉理，リップル葉理を示す砂質部，T2：無層理で上部に生痕化石(*Chondorites*)を含むシルト部，H：緑灰色泥質部である．このうち，T1-T2 がタービダイト，H が半遠洋性泥にあたる．タービダイトの下部にあたる T1 部は細粒～粗粒砂よりなりときに細礫を含み，また木片も含まれる．砂層中には泥の偽礫，軽石，シルト岩の礫等も含まれている．貝殻片，ウニの破片，有孔虫，放散虫，珪藻(淡水性を含む)などの化石が含まれている．T2 部は無層理あるいは平行葉理やリップル葉理を示し，上部には石灰質ナンノ化石が濃集して灰白色を呈する部分が時に認められた．

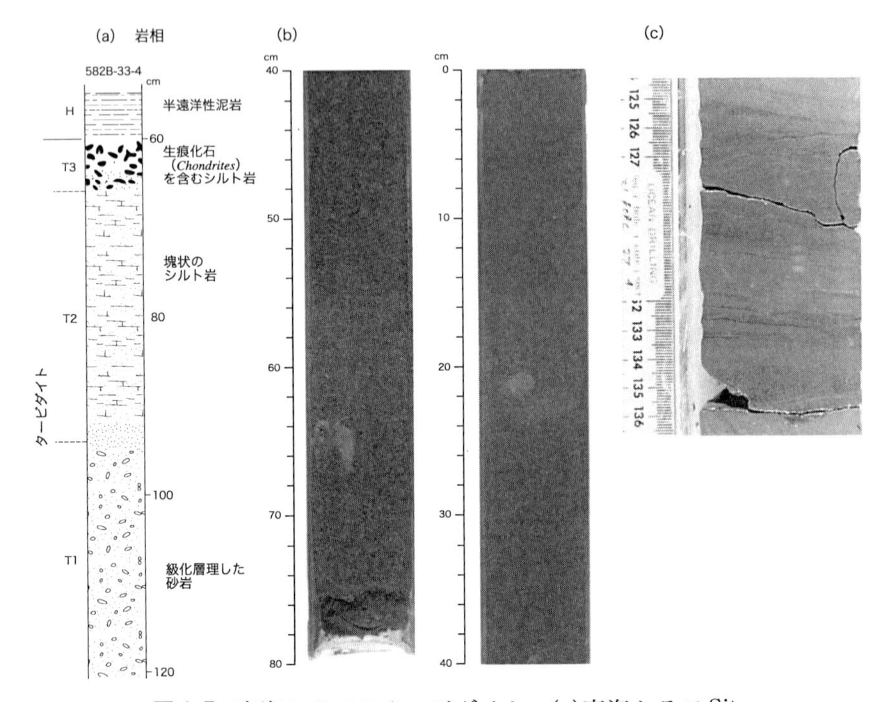

図 4.7 南海トラフのタービダイト．(a)南海トラフ Site 582B で得られたタービダイト単層の堆積構造．下部は級化層理を示す砂層からなり，上部は塊状のシルト層(最上部は生痕化石)に変化する．半遠洋性泥岩との違いは，タービダイトのシルトは浅海や淡水産の化石を含むが半遠洋性泥岩は炭酸塩殻の化石に乏しい．Taira and Niitsuma (1986)による．(b) Site 1174A タービダイトの級化層理(80 cm 以上の厚さを持つ)．内部に泥岩のリップアップ・クラストを含む．(c)細粒タービダイトのリップル葉理．このようなリップル葉理と残留磁気の組み合わせで古流向を知ることができる．Site 808. Pickering, Underwood and Taira (1992)を参照．

H 部は暗緑灰色の半遠洋性泥岩を表す．H 部には少量の放散虫・珪藻など珪質の微化石のほかは化石に乏しい．とくに石灰質微化石に乏しく，$CaCO_3$ 含有量もタービダイトより少ない．T1-T2 部は浅海域から乱泥流によって再堆積した砂やシルトであり，H 部はタービダイトの堆積の間に CCD 以下の水深で堆積した半遠洋性泥である．

南海トラフのタービダイトは浅海域を示す貝殻やウニの破片などと，木片や淡水産珪藻を含むことより，河口域で堆積した砂が運搬されてきたものと考えられる．掘削コアの残留磁気の測定を行なうと，コアにコンパスを付けたように，地磁気の北に対してコアをもとの位置に直すことができる．その方位に対して砂粒子の長軸配列方向やリップルから古流向の解析を行なった．その結果，タービダイト層，とくに砂がち互層部のものは主に北東→南西方向(南海トラフの軸方向)から供給されたことがわかった．また，タービダイト層の中には海側から陸側(南東→北西)方向への流れを示すものもあることもわかった．

さらに，トラフ軸方向の堆積物の主だった運搬については，

1)　南海トラフ上に軸に平行なチャンネルが認められること

2)　反射波断面でみると南海トラフのタービダイト層はトラフに直交する断面で皿状を示すこと(斜面からの供給が主なら陸側へ厚いクサビ状が期待される)

などから示唆される．

図4.8には熊野沖の海底地形図を示す．南海トラフの軸に沿って幅数kmでやや蛇行しながら流れるチャンネルがくっきりととらえられている．そのチャンネルの深さは100〜20 mくらいである．蛇行する場所では，海側から陸側へと流れる個所もあり，古流向の解析結果と調和的である．

南海トラフ軸のタービダイト粒子の鉱物組成についてみると，石英，長石，堆積岩片，火山岩片，軽石・火山ガラス，雲母，輝石，角閃石などからなる．このうち注目すべきは，火山岩起源の物質が多量(30% 前後)に含まれていることである．この火山岩片は駿河湾域のものと共通している．また特徴的な青緑色の角閃石や赤色の火山岩片，雲母類も南海トラフと駿河湾域に共通している．西南日本沖は大きくみて3つの粒子組成区に区分できる．1つは駿河湾域で，堆積岩片＋塩基性火山岩片よりなる．2つめは東海から四国沖にわたる広い地域で，外帯の地質(四万十帯や秩父帯)を反映し堆積岩片を主とする，3つめの九州沖は中性-酸性火山岩片が主体である．これらの3つの要素をもとに西南日本の太平洋側の河口や沿岸の堆積物を三角ダイアグラム(3つの成分の総計を100%とし，各成分を正三角形の頂点とした表示方法)にプロットして

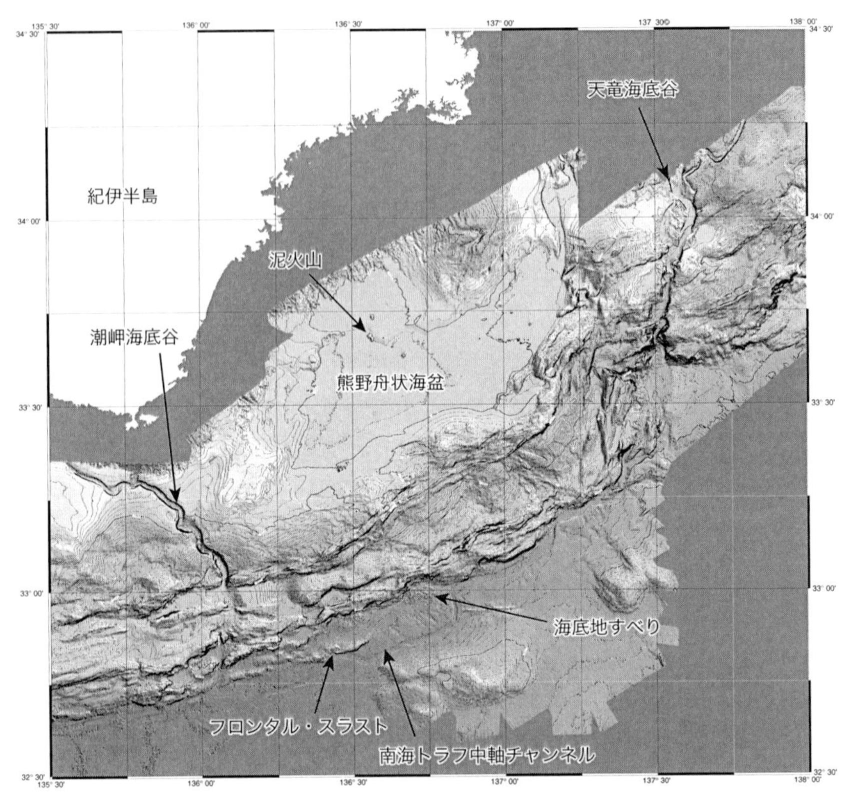

図 4. 8　熊野沖南海トラフと熊野舟状海盆の地形．トラフにおける堆積地形，フロンタル・スラスト(前縁スラスト)地形，付加体を侵食した海底峡谷，前弧海盆(熊野舟状海盆)，泥火山などが良く観察できる．倉本真一氏作成．

みると，南海トラフのタービダイトの砂は，駿河湾域のものと一致した(図4. 9)．さらに火山岩片の中から伊豆・箱根火山帯に特徴的なピジョン輝石(pigeonite)が発見され，同地域からの供給を確定させた．

以上のデータを総合してみると南海トラフの砂質タービダイトの多くは，駿河湾域とくに火山岩の後背地を持つ富士川・狩野川域と四万十帯を供給地とする安倍川・大井川などが混合して供給地としているのではないかと考えられる．富士川は直接駿河湾に扇状三角州を作って流れ込んでいるが，海岸平野をほとんど作っていない(第 2 章を参照)．富士川の流域は南アルプス，八ケ岳，富士

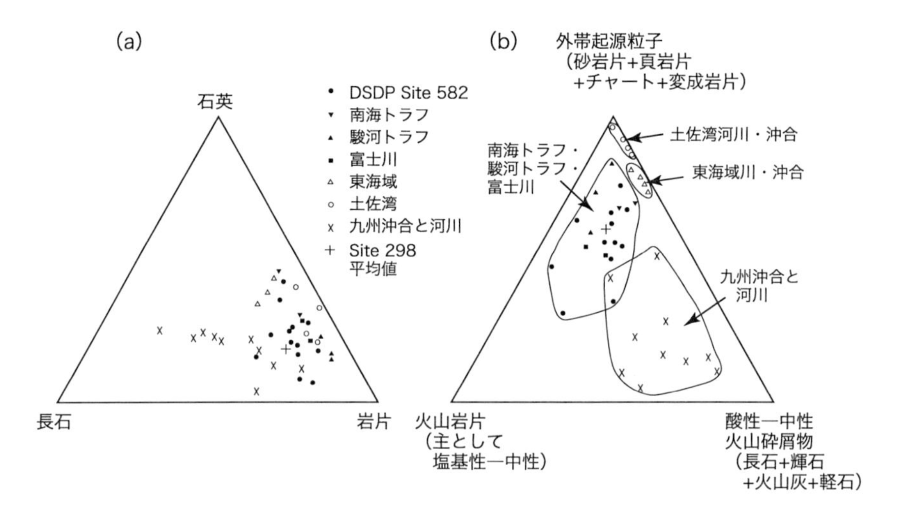

図 4.9 南海トラフおよび周辺域の砂の組成分類．(a)通常使われる石英-長石-岩片の三角ダイアグラム．この場合は供給地の特定に有効ではない．(b)西南日本の地質に注目した三成分による三角ダイアグラム．外帯起源粒子は，西南日本外帯の変成岩，堆積岩起源の粒子，火山岩片は伊豆・箱根・富士火山帯起源の塩基性火山岩片を主体とし，酸性—中性の火山砕屑物は九州の火山起源を表す．Taira and Niitsuma (1986) による．

山など我が国の最大級の山岳地帯となっており，また，ダムに堆積する土砂の量などから推定して大量の侵食(年にして約 10 mm/cm²)が行なわれている．富士川，安部川，大井川の運搬した土砂は，本来なら広大な平野を作っているはずであるが，駿河湾沿岸には，大きな平野は存在しない．これは，運搬された土砂のほとんどが深海へと供給されたからにほかならない．

ここで，南海トラフにおけるタービダイト堆積の全体像を見てみよう．南海トラフに近づいてきた四国海盆の上に，まず海溝海側斜面で細粒のタービダイトが堆積する．駿河湾の軸方向から流れてきた乱泥流の一部は斜面を駆け上がったところで運動量を失い，逆に海側からトラフ側へと流れる．陸側への古流向を示すリップルの成因はこのように考えられる．トラフ底では，このような細粒タービダイトの上に軸流チャンネルの粗粒タービダイトが堆積する．このようにして，細粒から粗粒へと変化する上方粗粒化タービダイト層が形成される．室戸や足摺沖では南海トラフ付加体の変形フロント(後に定義する)でのタービダイト層と下部の四国海盆の泥岩との境界の年代はほぼ 40 万年前である．南海トラフのタービダイトが堆積している幅は約 15 km であるから，これを沈み込みの速度 4 cm/年で割ると約 40 万年を得る．これは海溝堆積物が海溝を横切って，変形に巻き込まれるまでの時間を表しているので，海溝堆積物の滞在時間ということができる．

堆積学的には，駿河湾で乱泥流がどのように発生するのかは，大変興味深い問題である．乱泥流の起源としては，地震によって扇状三角州の前面が崩壊して発生したもの，あるいは大洪水のときに高密度の泥水が直接河口から海底に流れ込んで乱泥流となるものが考えられるが，実際のメカニズムについてはまだ解明されていない．

(c)　変形フロントとデコルマン

南海トラフの反射法地震波探査の記録を見ると，海溝タービダイト層とその下位の四国海盆の堆積物にはトラフ底から陸側斜面にかけて次の変形がおこっている(図 4.10, 図 4.11, 図 4.12, 図 4.13 を参照)．

1)　四国海盆堆積物の上部と海溝タービダイトの中に多数の変位の小さい逆断層が発達し，トラフ底が次第に隆起してくる．この領域を**プロトスラスト帯**(proto-thrust zone)と呼ぶ．プロトスラスト帯で比高はトラフ底に比べて 50 m 程高くなる．プロトスラストの断層は，四国海盆の泥岩中のある層準から発生していることがわかる．プロトスラスト帯の始まりを**変形フロント**(deformation front)と呼んでいる(図 4.12)．

2)　さらに陸側を見てみると，プロトスラストに比べて，明瞭で変位の大きな衝上断層(スラスト)が陸側へ向かって次々と発達してくる．これらの衝上断層は，室戸沖では，約 500 m 間隔で発達し，それらによって切られた堆積層が次々と屋根瓦を重ねたように(あるいは将棋倒しのように)並ぶ．このような構造を**インブリケーション構造**(覆瓦状構造：imbrication)と呼んでいる．インブリケーション帯の始まりを画する衝上断層を**前縁衝上断層**(フロンタル・スラスト：frontal thrust)と呼ぶ．これらの衝上断層は，タービダイト層内部の反射面を変位させているが，断層の基底ではすべて四国海盆の下部層にある

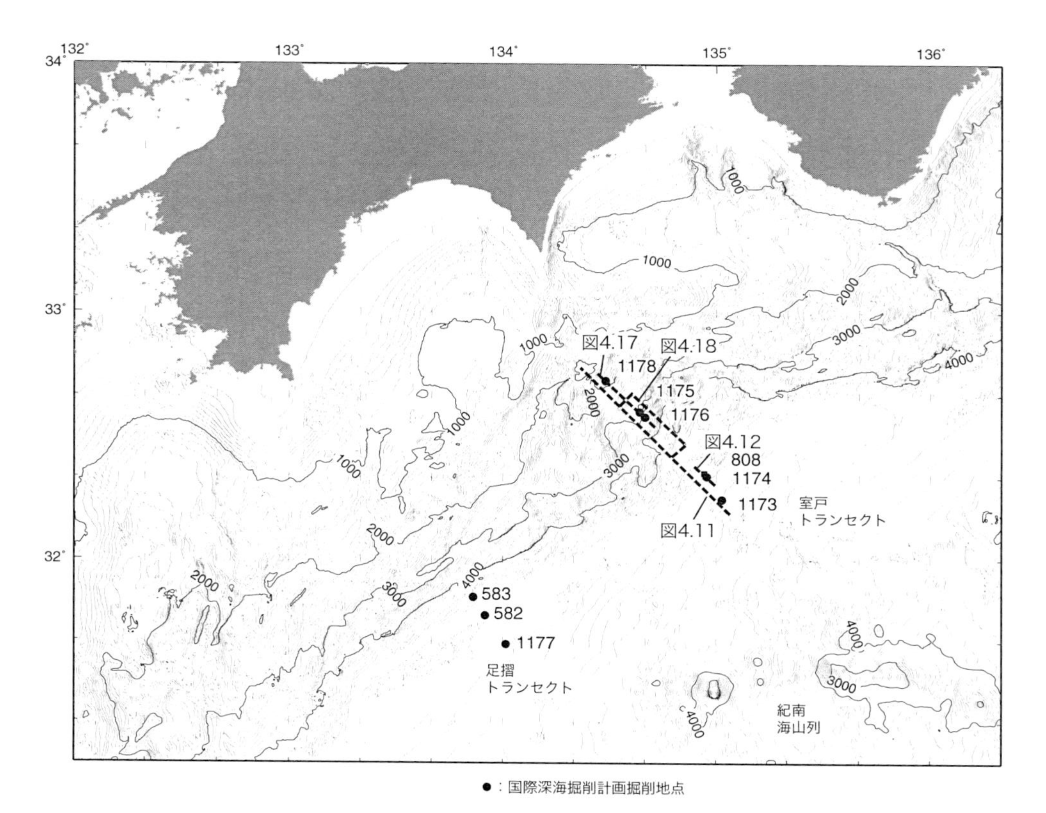

図 4. 10 南海トラフにおける反射法地震波探査の測線位置と深海掘削の地点．図 4. 11，図 4. 12，図 4. 17，図 4. 18 の各図の位置を示す．Shipboard Scientific Paty (2001) に加筆．

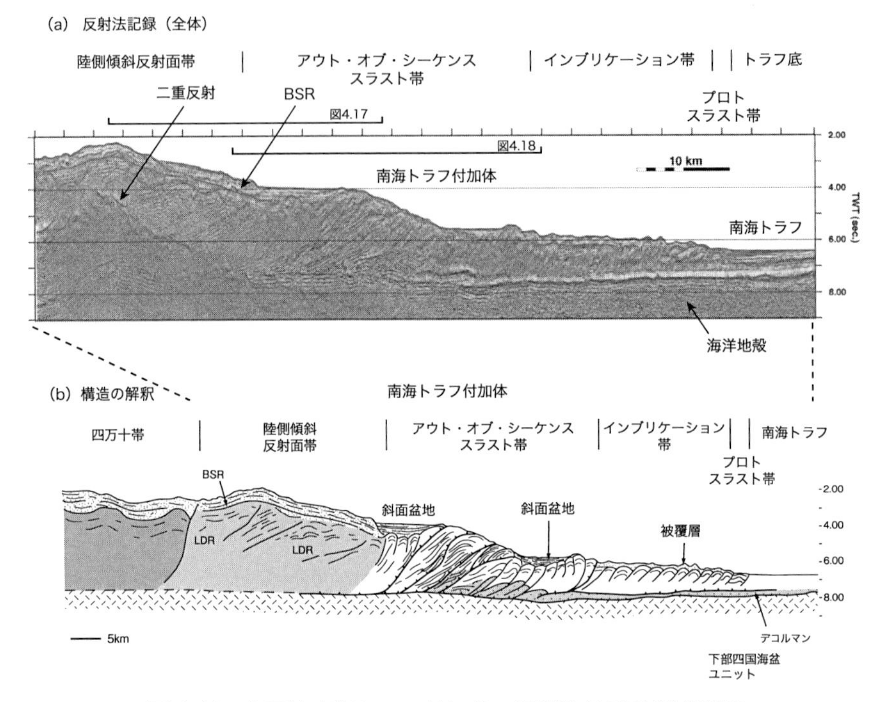

図 4.11　室戸沖南海トラフ付加体の反射法地震波探査記録(a)と構造の解釈(b)．構造の解釈は地震探査記録のさらに北側にある部分も含んでいる．アウト・オブ・シーケンススラスト(順序外スラスト)によって付加体が厚くなっていることに注目．またメタンハイドレート起源の BSR も発達している．上図(a)には，図 4.17，図 4.18 の図の範囲も示してある．Shipboard Scientific Party(2001)および Moore *et al*.(2001)による．

一つの反射面に収斂している(図 4.12)．したがって，この収斂面が**デコルマン**(décollement)と考えられる．デコルマンの反射面を海側へ追跡してゆくとトラフの中ごろで消滅しているのがわかる．また，陸側へはインブリケーション帯の下に明瞭に追跡できる．このような構造は，図 3.22 で示された実験結果とよく似ており，両者が同様な変形プロセスで形成されたことがわかる．

深海掘削によって，プロトスラスト帯とインブリケーション帯で 3 カ所の掘削が行なわれている．その結果を見てみよう(図 4.13)．室戸沖トランセクト

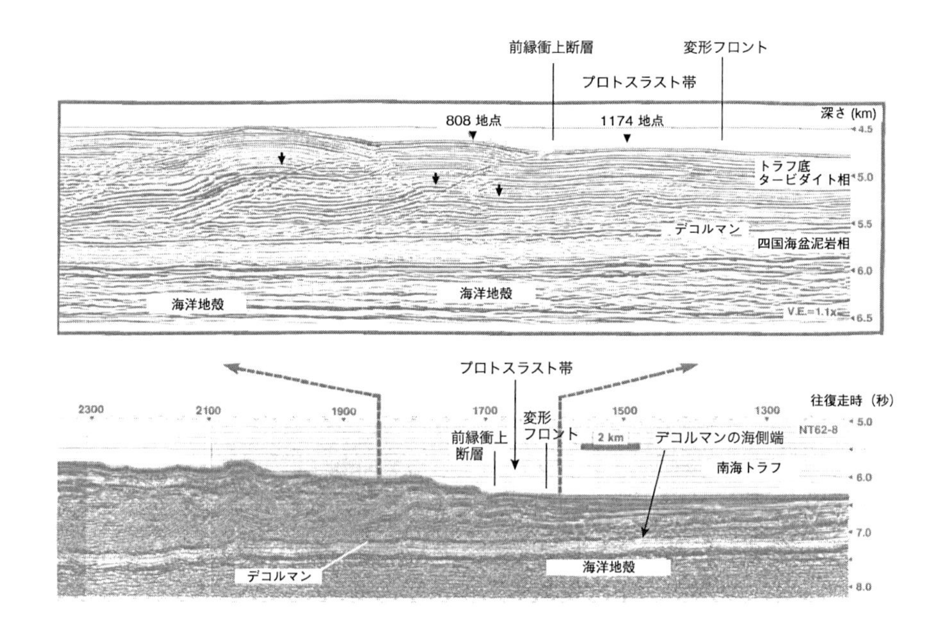

図 4.12 Site 808 を横切る前縁衝上断層周辺の反射法地震波探査記録．Site 808, 1174 の位置も示す．上の図で矢印で示したのはタービダイトの同一層準で，スラストによるフォールト・ベンド・フォールド(断層折れ曲がり褶曲)に巻き込まれている様子がわかる．下の図ではデコルマンの海側への延長がトラフ底の下位まで達していることが読み取られる．Moore *et al.*(1990) による．

では，タービダイト層のなかで**変形バンド**(deformation band)と名付けられた構造がとくに衝上断層にともなって認められる．これは鉱物粒子の配列が変化して黒ずんでみえる数 mm 厚のバンド状になったものである(図 4.14(b))．これらの構造は残留磁気を用いて磁北に対する方位に復元することができる．また前縁衝上断層付近で，地層の上下が逆転し，小断層の発達がいちじるしいことがわかる(図 4.14(c))．さらに小断層はデコルマン直上までよく発達している．これらの構造は，地層がプレート収れん方向である北西―南東方向の圧

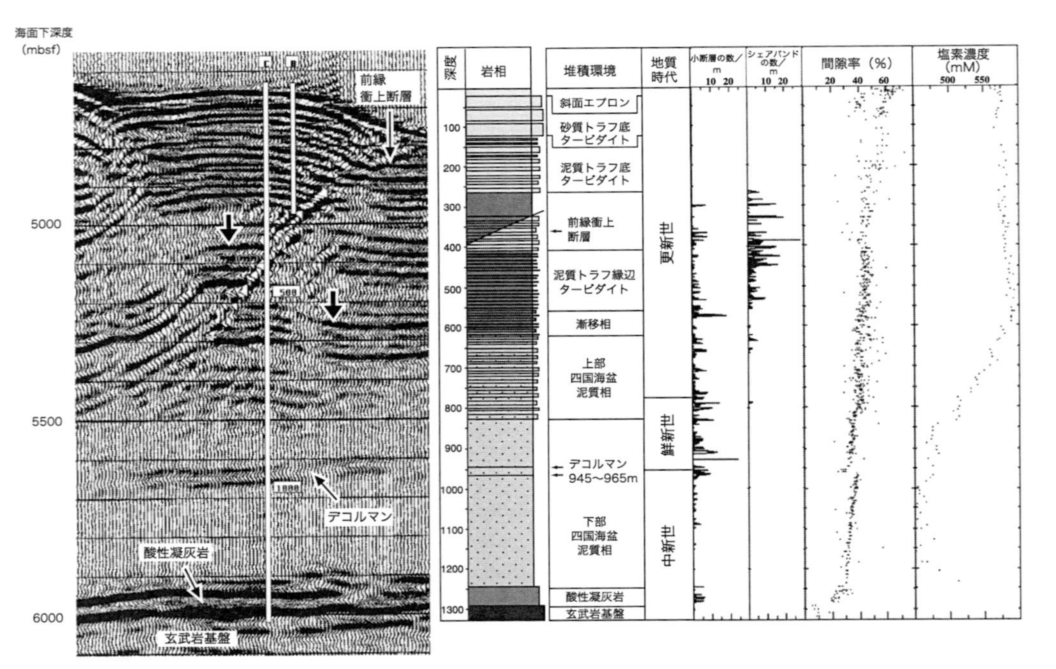

図 **4. 13**　Site 808 の掘削結果．前縁衝上断層(フロンタル・スラスト)，デコルマンを貫通して基盤に届いた．左側は反射法地震波探査のプロファイル(縦軸は海面からの深さ)で，図中に示した矢印は同一層準(図 4. 12 の矢印と同じ層準)．前縁衝上断層(フロンタル・スラスト)によって約 150 m 変位している．右の図の小断層とシェアバンドについては図 4. 14 を参照．これらの構造のコアの 1 m あたりの数を示す．デコルマンを境に小断層数と間隙率に大きな変化がある．解説は本文を参照．Taira *et al.*(1992) による．

縮を強く受けていることを示す．しかし，デコルマン直下から，下位の地層はほとんど変形しておらず，わずかに少数の正断層が認められるだけである(図4.14(d))．このことは，帯磁率異方性からも認められる(帯磁率異方性については，第1章を参照)．デコルマンの上では帯磁率異方性楕円体はラグビーボール型をしており，下ではアンパン型をしている．これによって，デコルマンはきわめて鋭利な応力不連続面であることが明らかになった．すなわち，デコルマンより上では，σ_1 がほぼ水平方向であるのに対して，下では σ_1 は垂直方向である．

デコルマン自体は，20 m 程度の幅の破砕帯である．その間では，泥岩がさまざまの大きさで破砕されており，破砕面は磨かれて一部に鱗片状構造(泥岩が薄く剝がれるように変形した構造)を作っている(図4.14(d))．

(d)　地層物性の変化

ODP の各サイトでは平均1.5 m 間隔でサンプリングされた試料について，全密度，間隙率，弾性波速度などの岩石物性値(rock physical properties)が測定された．全密度(bulk density)は，堆積物の単位体積あたりの質量である．間隙率は第2章で解説した．同じ間隙率の堆積物で全密度が異なる場合には，構成する粒子の密度の差を表す．弾性波速度もまた，全密度，間隙率とも関連しているが(全密度が大きいほど，弾性波速度も大きいのが一般的である)，さらに粒子のパッキングの仕方など，構造の要素も関連する．さて，このうち代表的な値としてまず間隙率を見てみると，デコルマンを境に下位の方が5% から10% ほど間隙率が増加していることがわかる(図4.13)．一般に，地層は埋没が進行した方が間隙率は小さくなる(第2章を参照)．室戸沖ではデコルマンを境にその関係が逆転している．すなわち，デコルマンの下は排水が十分に行なわれていないことを意味する．デコルマンは垂直方向に関しては排水のバリアーとしてはたらくことが考えられる．その理由としては，デコルマンはすべり面であり，その面が他の面に対しすべりやすいかどうかは，摩擦抵抗の大きさによる．堆積物の内部摩擦は，粒子間の間隙流体圧に大きく依存している．間隙流体圧が大きいと摩擦抵抗が減少し，堆積物はせん断破壊されやすくなる．すなわち，岩石力学の面からデコルマンは高間隙流体圧のゾーンである可能性

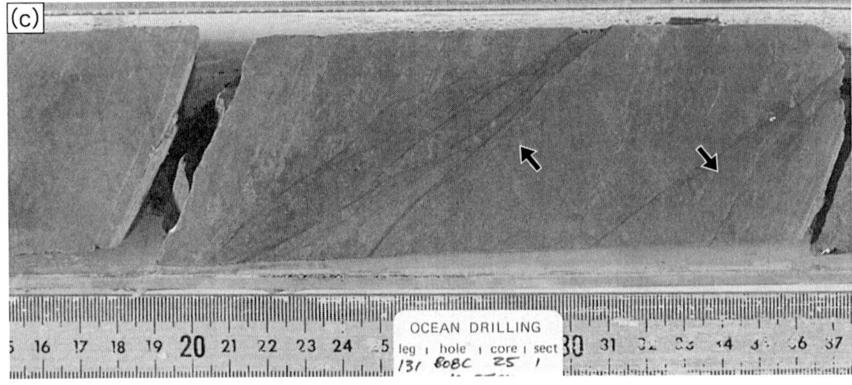

図 4. 14 Site 808, 1174 のコア写真．コアライナーの直
(a)メタンハイドレートのガス化によって高圧となっ
ズ」．(b)共役な配置を示すシェアバンド(矢印)．コ
Shipboard Scientific Party (1991) より．(c)癒着した
(1991) より．(d)デコルマンの破砕帯(中)とその直上
Site 1174．

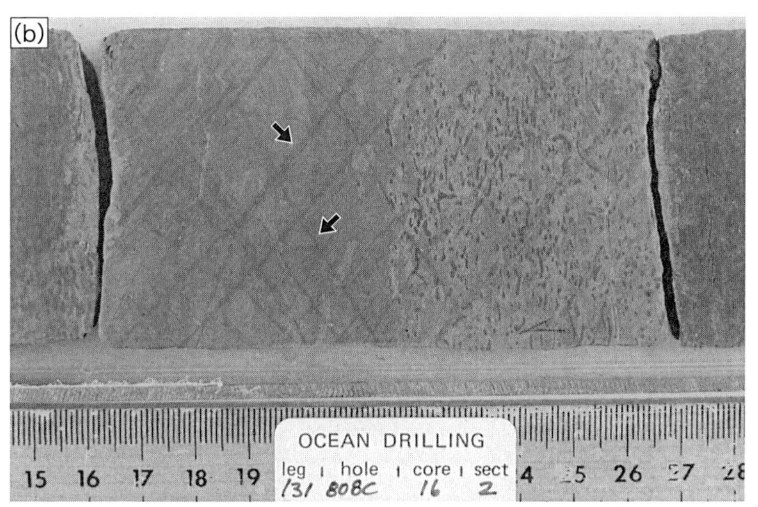

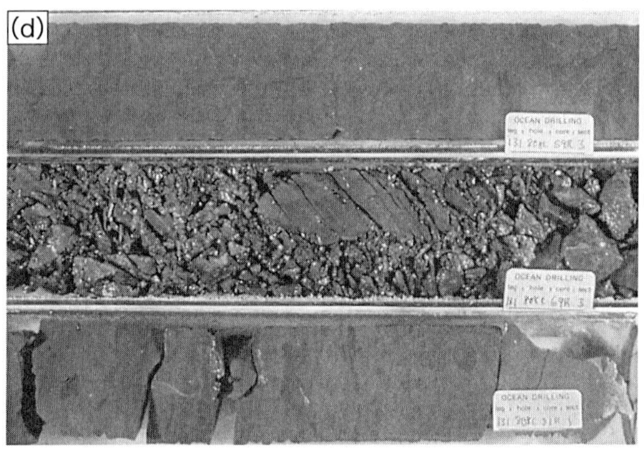

径は 8 cm．以下のコア写真でコアの横幅は 7 cm程度．
た泥がコアに開けた穴から噴き出してできた「泥ミミ
アの下方(右側)に見える黒い点々は生痕化石．Site 808.
小断層(矢印)．Site 808. Shipboard Scientific Party
(下の写真)と直下(上の写真)の変形していない泥岩層．

が強い．高間隙流体圧のゾーンは下位の地層の排水を阻止する働きをする．またデコルマン内の泥岩の鱗片状構造などの面構造が，下位の地層からの排水を防止し，下位の地層の間隙率を高く保持している可能性も指摘される．デコルマンの上位の地層では，さまざまな変形構造が発達する．このような変形構造の発達は多くの場合に間隙を閉じるような粒子の定向配列を作り，また，破砕面はそれに沿った流体の循環をうながす．このようにしてデコルマンの上盤の堆積物はいっそう排水が促進される傾向にある．このことも間隙率のコントラストを作るようにはたらく．このような効果でデコルマンの下と上では排水の程度が異なり，それが間隙率の差となって現れている．

(e)　間隙水の地球化学

付加体の間隙水は，ほとんどがもともとは海水であるが，埋没とともに，微生物の作用や鉱物との反応によって変質している．このような続成作用の概要については，第2章で述べた．

まず，表層の堆積物の間隙中では埋没とともに硫酸還元菌の活動が始まり，多くの場合，間隙水中の SO_4^{2-} は完全に消費し尽くされてしまう．この硫酸還元菌の活動のためには有機物が必要であるので，有機物の少ない堆積物では，この活動は活発ではない．

さて，硫酸還元菌の活動が終わるとメタン生成菌の活動が始まるので，間隙にはメタン(CH_4)が多く含まれるようになる．したがって，間隙中の SO_4^{2-} と CH_4 は逆相関の関係にある．南海トラフにおける間隙水の地球化学分析の結果もそのことを見事に表している(章末の文献を参照)．

Mg と Ca について見てみよう．Mg は高い温度や圧力で鉱物の中に入りやすい性質を持っている．このことは第1巻でしばしば強調した．海嶺での熱水循環システムにおいても，Mg は緑泥石や角閃石に入って海水からはほとんど除去されてしまう．続成作用においても，Mg は緑泥石などに取り込まれるので，間隙水から埋没とともに次第に除去される．一方，Ca は，続成作用や海洋基盤(玄武岩)の変質においては長石の分解などによって放出されるので，間隙水中で埋没とともに次第に増加する傾向がある．図4.15のプロファイルでは埋没にともなう間隙水中の Mg の除去と Ca の増加の傾向をはっきりと見る

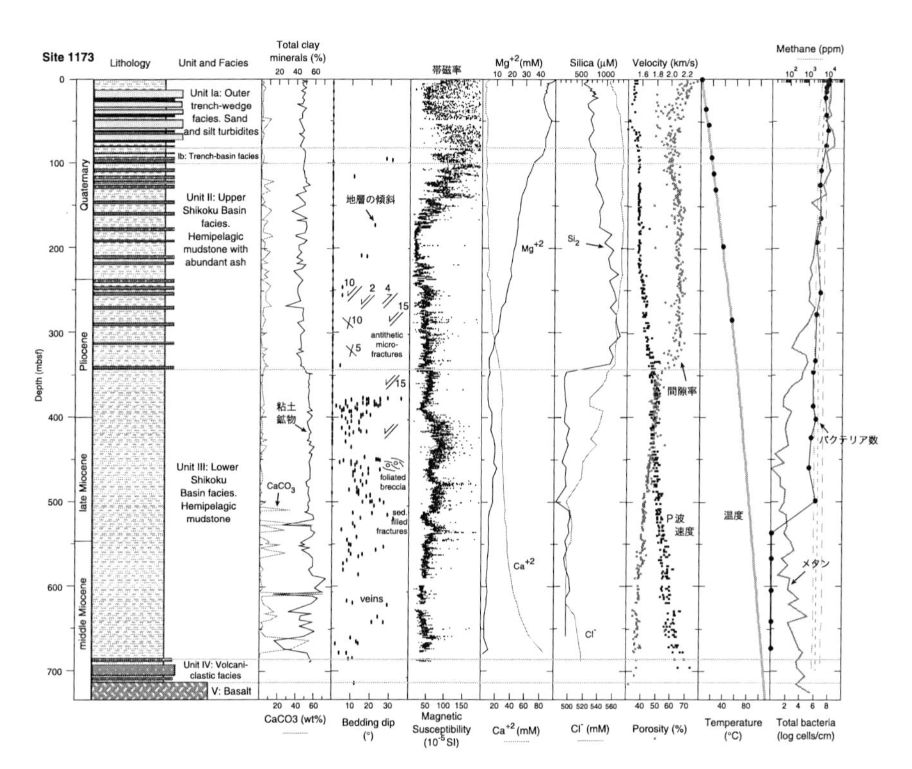

図 4.15　南海トラフ Site 1174(トラフ底の非変形地点)における地球化学，微生物のデータ岩相，粘土鉱物，炭酸カルシウム含有量，地層の傾斜と小断層の数と構造のコメント，帯磁率，間隙水中の Mg イオンと Ca イオンの濃度，間隙水中のシリカ(Silica：H_4SiO_4)濃度と塩素(Cl)濃度，間隙率と弾性波(P 波)速度，地層温度，メタンガス濃度，バクテリア数が示されている．Shipboard Scientific Party(2001)より．

ことができる．

オパールシリカの続成は間隙水中のシリカ(H_4SiO_4)濃度でモニターすることができる．シリカ濃度ははじめ増加するが，埋没が進むに従って減ってゆくのがわかる．これは，シリカが溶けだす領域とそれがクリストバライトや石英となって析出する領域をそれぞれ表している．すなわち，オパールシリカからクリストバライトへの変化，クリストバライトから石英の変化は，間隙水中のシリカを消費する．

次に Cl 濃度を見てみよう(図 4.16)．Cl は不活性の元素で鉱物との反応にほ

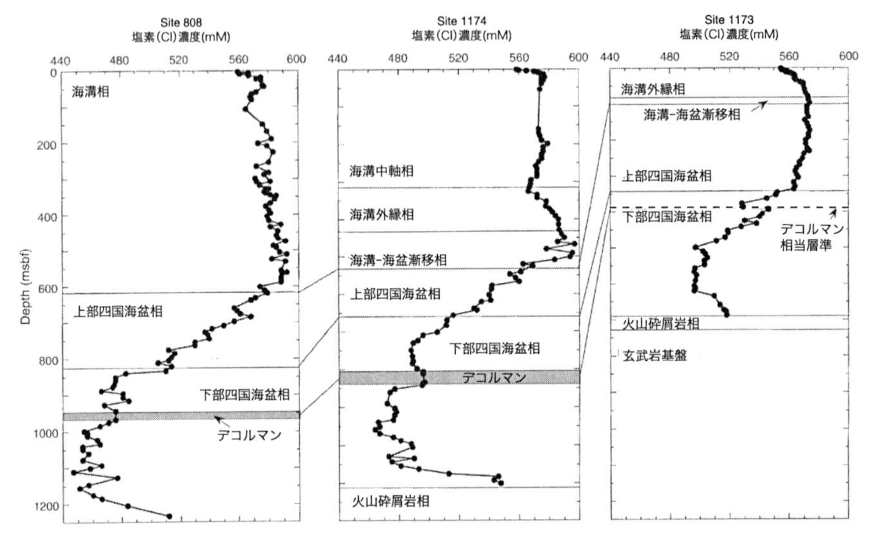

図 4.16 トラフから付加体前縁にかけての間隙水の塩素(Cl)濃度の変化．Cl 濃度が四国海盆の泥岩中で低くなることに注目．これは粘土鉱物(スメクタイト)からの脱水が原因と推定されている．Shipboard Scientific Party (2001)より．

とんど関与しない．間隙水の Cl 濃度は表層部ではほとんど現在の海水濃度に近い値を示す．ちなみにここで「近い」値といったのは，第四紀の堆積物では，氷期には氷床のできた分，海水の Cl 濃度が多少上がっているので，それがそのまま堆積物中に閉じ込められていることがあるからである．南海トラフでも，その傾向が認められる．さて，地層が深く埋没し，温度が上がると，オパールシリカの脱水，スメクタイトからイライトへの変化がおこる．これによって Cl 濃度の低い水が排出されるので，間隙水中の Cl 濃度が下がる．この反応は温度に依存しているので，とくにスメクタイトからイライトへの変化は，60～70℃ でおこるが，Cl 濃度の低下とその温度の境界がほぼ一致しているのがわかる．四国海盆下部層の Cl 濃度は，トラフ底からプロトスラスト帯，前縁スラスト帯へと陸側へ向かって低下してゆく．これには，2 つの説明が可能である．1 つは，陸側へと堆積物の厚さが増加しているので続成が進行していることである．2 つめは，デコルマンに沿った深いところからの低 Cl

濃度流体の流れの影響である．これについては，まだどちらとも決着がついていない．

(f) メタンの行方

南海トラフ付加体中には海底から数百 m 下に明瞭な反射面が認められる．この反射面は地層の構造をしばしば横切って延長しており，海底面の起伏にほぼ平行である．この反射面は**海底疑似反射面**(**BSR**：Bottom Simulating Reflector)と呼ばれている(図 4.17)．南海付加体の BSR はメタンハイドレートの相転移を表している．すなわち，BSR を境に下部にメタンガス，上部にメタンハイドレートの結晶が存在する境界をなす．この境界を境に音響インピーダンスが急変するために明瞭な反射面となっている．メタンハイドレートについては，本巻第 2 章でも扱っているので参照してほしい．

さて，付加体の内部には 2 つのメタンの発生源がある．ひとつは，さきに述べたメタン生成菌によるものであり，もう一つは有機物の熱分解によるもので

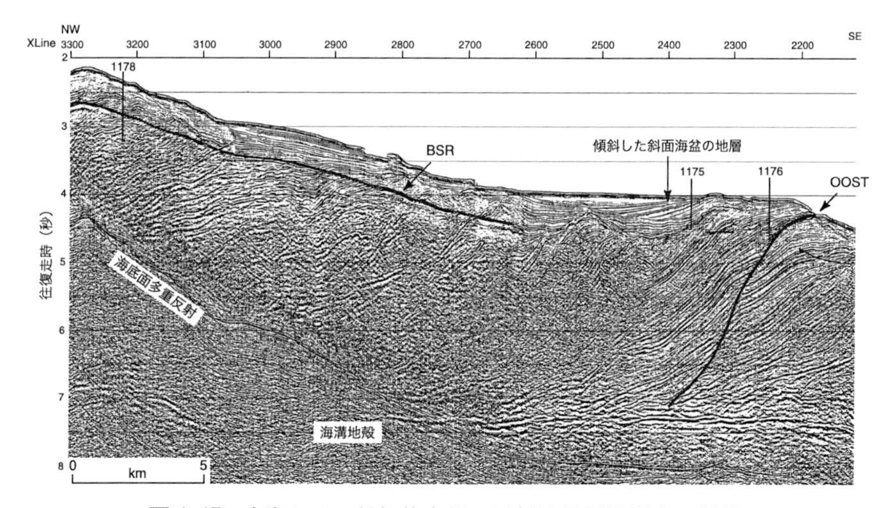

図 4.17　南海トラフ付加体中部の反射法地震波探査の記録と Site 1175, 1176, 1178 の位置．順序外スラスト(アウト・オブ・シーケンススラスト：OOST)，傾斜した斜面海盆，BSR が認められる．図 4.11 に範囲を示した．Shipboard Scientific Party (2001) より．

ある．両者を識別する方法はいくつかあって，メタン生成菌は，ほとんどメタンしか作らないのに対して，熱分解では，炭素数の多い炭化水素(例えばエタン，ブタンなど)が同時に発生する．また，メタン生成菌の作ったメタンは，大変軽い炭素同位体比を持つ．これらの指標を使って，メタンハイドレート中のメタンを調べると，付加体の前縁では大部分がメタン生成菌起源であり，付加体のより内陸側ではメタン生成菌起源のものと熱分解起源のものが混在している．南海トラフのコアにはメタンが含まれており，コアライナーの穴を孔けるとガス圧によって泥が噴き出してくることがある(図 4.14(a))．

日本近海では，南海トラフにおいてもっともよくメタンハイドレート BSR が発達している．この理由については，いままで述べてきたように，付加体における強制的な排水がメタンを海底表層へと運んでいるからである．

(g) 付加体中の地下微生物圏

それでは，本当に地下にメタン生成菌などの微生物が存在するのだろうか．ボーリングされたコアの海水などからの汚染を注意深くモニターしながら地層中の微生物の数を計数する方法が開発されている．生きている微生物は染色によって判断することができ，顕微鏡下で計数するのである．これによると室戸沖では，実に深さ 800 m, 地中温度 90°C まで微生物が生息していることが確認された(図 4.15)．微生物の数と硫酸イオン濃度，メタン濃度は相関関係にあり，これらが微生物による生成物であることを強く示唆している．

(h) 付加体の成長と斜面盆地

反射法探査や詳細な海底地形図を見てみると，インブリケーション帯は，始めの 3～4 つのスラストがきわめて活動的であり，上盤の背斜の一部が地すべりをおこして侵食されているのがわかる(図 4.8 を参照)．また，ODP 808 地点での掘削でも上部に地すべり堆積物が確認されている．さらに陸側を見ると，インブリケーション帯の上を堆積物が覆ってくるのが認められ，それが褶曲に巻き込まれていく様子がわかる．室戸沖では，付加体の厚さは急激には変化せず，断層の活動も変位が少なくなり，地層の傾斜が急になるとともに，被覆堆積物中に褶曲が発達していることからみて全体が短縮をおこしているように見

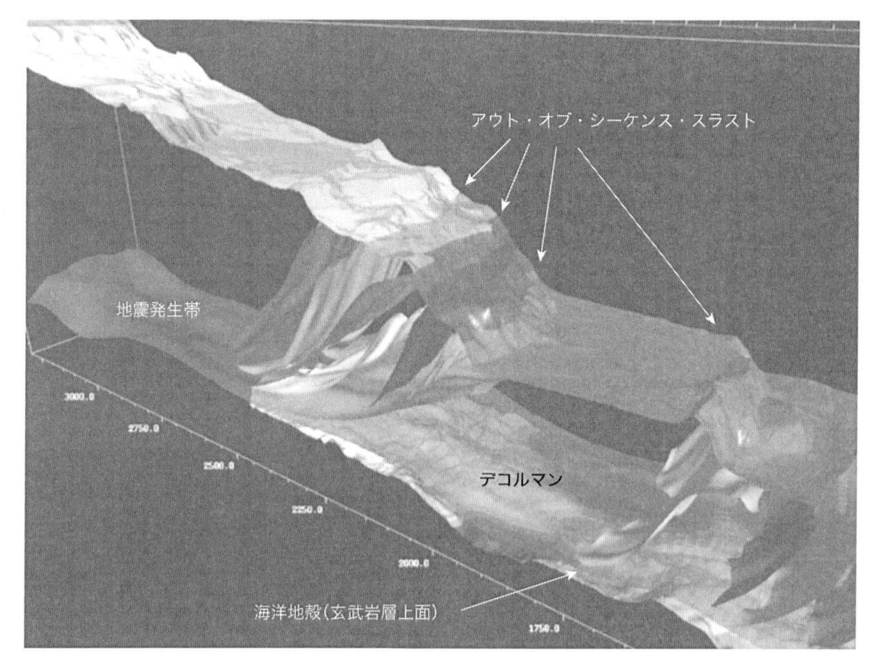

図 4.18　3 次元反射法地震波探査によって得られた順序外スラスト(アウト・オブ・シーケンススラスト：OOST)の構造．倉本ら(2000)による．

える．この間，インブリケーション帯の下部のデコルマンは連続して追跡することが可能である．インブリケーション帯で堆積した被覆層を**下部斜面被覆層**(lower slope cover sequence)と呼ぶ．

インブリケーション帯をさらに陸側へ追跡すると，インブリケーション帯全体を切るような新しい衝上断層が発達してくる(図 4.11, 図 4.17, 図 4.18)．この衝上断層はいままでのインブリケートスラストとは発達の順序が違う．インブリケートスラストは前縁へ前縁へと発達するのに対して，これは，それらを切って新たに発達するので**順序外スラスト(アウト・オブ・シーケンススラスト**：out-of-sequence thrust)と呼ぶ．順序外スラストの発達によって，付加体どうしが重なりあって，付加体の厚さが増し，上盤(スラストシート)の上に小規模な堆積盆地ができあがる．このような堆積盆地は，**斜面盆地**(slope

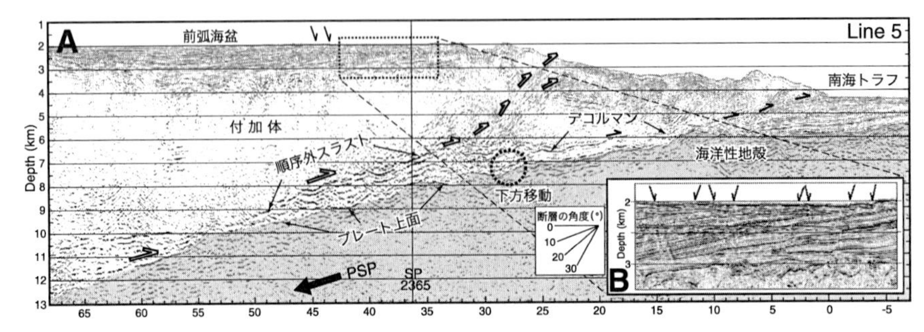

図 4.19 熊野沖南海トラフの反射法地震波断面．Park *et al*.(2002)による．プレート境界面から派生した順序外スラスト(スプレー断層)がよく認められる．右下の図は傾斜した前弧海盆の地層を表す．

basin)と呼ばれている．順序外スラストの活動によってスラストシートが持ち上がってくるので，斜面盆地では地層が図 4.17 と図 4.19 に示したように陸側へ傾斜してくるのが特徴である．

順序外スラストがデコルマンから派生し，付加体全体を切って，海底表層まで達している例は，熊野沖の南海トラフ付加体で認められている(図 4.19)．ここでは，海底下 9 km ほどにある沈み込むプレート上面付近から，傾斜にして 10° ほどの衝上断層が派生しているのが反射記録で認められている．この活動によって前弧海盆の海側が隆起し，被覆した地層が陸側に傾斜してゆく様子が読み取られる．この順序外スラストは分岐断層(splay fault)とも呼ばれており，巨大地震時にこの断層が活動したのか，あるいは津波の原因となったのか，など重要な課題を提示している．

斜面海盆には，付加体自身が侵食されて運ばれた再堆積粒子や半遠洋性の堆積物，火山灰などが蓄積する．

(i) アンダースラストした堆積物の行方

デコルマンの下の堆積物の行方を追跡してみよう．デコルマンの下位に地層が入り込むことをアンダー・スラスティング(underthrusting)と呼ぶ．デコルマンはインブリケーション帯から順序外スラスト帯の下へと追跡できる．しかし，その陸側では，デコルマンは海洋地殻とアンダースラストした堆積物の間へと移動しているように見える．デコルマンが下へ移動するとどのようなことがおこるだろうか．図4.1に示したように2つの可能性がある．ひとつはいままでのデコルマンをルーフスラストにして，デュープレックス構造を作ることである(デュープレックス構造については第3章を参照)．このようにして，インブリケーション帯から順序外スラスト帯の下に新しく物質が付加されることを**アンダー・プレーティング**(underplating)と呼ぶ．もう一つのメカニズムは順序外スラストが海洋地殻とのすべり面から発生し，付加体全体を巻き込んだインブリケーションをおこすことである．地震波探査の記録からはこの両方がおこっていると推定できる(図4.11)．

(j)　前弧海盆の発達

付加体が順序外スラストで重なると，厚さは5〜10 km近くなり，水深も1000 m程度となる．この付近はプレート境界地震発生帯の上端(図4.21を参照)になっており，そのプレート境界から派生した衝上断層(順序外スラストのいくつか)が海底に達して付加体表層の変形をおこしているところと推定できる．このような地震断層は，南海トラフでは200年間隔ぐらいでくり返しており，1回の垂直変位は数mに達する．このような地震にともなう変位が，どのように塑性歪として分配され，地形形成にどのように作用するのか十分にはわかっていない．

しかし，このような地震断層がおこるところでは，付加体が短期間に重なりあって，隆起帯を作ることが推定される．この隆起帯は**前弧外縁隆起帯**(outer forearc high)と呼ばれている．したがって，この隆起帯の陸側には，堆積盆ができることがある．これを**前弧海盆**(forearc basin)と呼ぶ(図4.1，図4.19)．

前弧海盆堆積物は，下位は，付加体や斜面盆地を不整合で覆う海底地すべりや土石流堆積物を基底部とすることが多い．その上位は，海盆の中心部に蓄積したタービダイトや半遠洋性泥質堆積物，さらにそれらを覆ってくる陸棚斜面から陸棚の堆積物(三角州・沿岸・河川など)から構成される．

このようにして付加体は，海溝から斜面，前弧海盆，陸棚へと，付加体自身とその上に堆積物を乗せて，プリズム状に厚さを増しながら，全体として十数

km以上の厚さの地殻を作ってゆく．

(k) 泥ダイアピルと泥火山

南海トラフの前弧海盆では，海底に円形の比高の小さい高まりが認められる．例えば，図4.8に示した地形図においても熊野海盆の海底に数個のはっきりした円形の高まりが見られる．これらは，直径数百mで高さは数十mであり，一般に頂上は平らか，あるいは少し凹みがあるのが特徴である．同様な地形は，種子島沖の琉球海溝陸側斜面にも多数発見されている．

潜水艇の調査や柱状試料の分析の結果などを総合すると，これらの円形の高まりは，泥質のマトリックス中に固結した砂岩や頁岩の破片を多数含む乱雑堆積物(層理などの堆積構造の認められない堆積物：chaotic deposit)からなることがわかった．種子島沖の例では泥質マトリックスに含まれる微化石は第四紀から古第三紀までの時代を示すものの混合からなり，また頁岩も古第三紀までの時代を示す(Ujiie ら，1998)．また，反射法探査記録で見ると，高まりの下部は，周囲の地層に物質が貫入しているような構造を示す．これらのことから，円形の高まりは相当深いところ，おそらく前弧海盆の基盤を成す付加体内部から上昇してきた**泥ダイアピル**(mud diapir)であり，それが海底に噴き出して**泥**

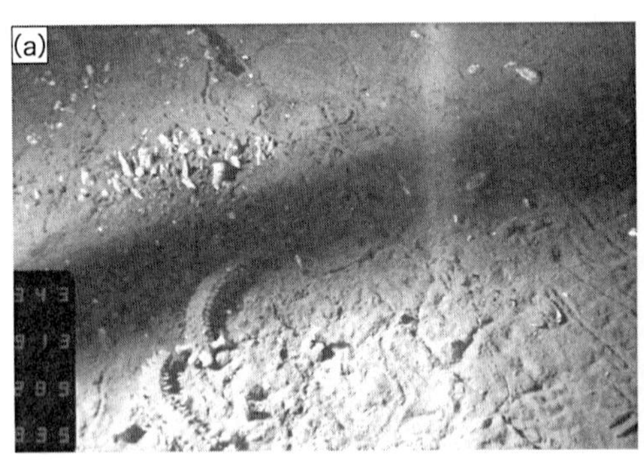

図4.20 南海トラフにおけるメタン湧出にともなう現象．(a)日仏KAIKO計画で発見された天竜海底谷出口付近のシロウリガイのコロニー，(b)遠州灘沖第2渥美海丘の炭酸塩チムニー(しんかい6500による)．芦ら(2004)より．

火山(mud volcano)を形成したと考えられる．泥火山では，炭酸塩岩のクラストやチムニーの存在が知られており(図 4.20(b))，またシロウリガイ群集も認められる．これらはすべてメタンの湧出にともなう現象である．

これらの泥ダイアピルの形成過程については十分にわかっていないが，付加体を切る断層との関連が注目される．もしそれが正しいとすると泥ダイアピル周辺は付加体の深部情報をもたらす貴重なフィールドとなる．

(1) 東南海トラフ付加体の地質

東海沖の東南海トラフは，四国沖とはやや異なった様相を呈している．まず，ここの特徴は，伊豆衝突帯テクトニクス(第6章を参照)の一部に属していることであり，沈み込む側のプレートに衝上断層が発達していることである．この断層によって，四国海盆の海洋地殻から伊豆・小笠原島弧地殻にかけての一部が衝上断層によって断裂しており，この衝上断層運動によって地殻の高まり(銭洲(ぜにす)海嶺)が作られている(図 4.4，図 4.21 参照)．陸側の付加体と銭洲海嶺の間の南海トラフには，場所によって 1500 m の厚さに堆積物が蓄積している．変形フロントは前縁衝上断層からなり，その陸側に大きな上盤背斜が発達し，ここには海側へ傾斜したバックスラストの発達も認められる．その陸側は急斜面でその下部にスラスト(東海スラスト)が認定されており，そのスラストは沈み込んだ基盤の高まりの上に収斂していると推定されている．この基盤の高まりは，銭洲海嶺と同じようなプレート内部の変形によってできた高まりの可能性がある(古銭洲海嶺)(図 4.21)．陸側のより古い付加体(第三紀)内部においては，横ずれ系の活断層が発達しており，付加体の変形が続いている．

付加体の上には前弧海盆の堆積物(相良層群，掛川層群)が蓄積している．この前弧海盆の堆積物には BSR が発達しており，最近の調査によって，掛川層群相当の砂泥互層中の砂層にメタンハイドレートが濃集していることがわかった．また深海の湧水群集が，変形フロントから前弧海盆の海底にかけて広く分布しているのもメタンの湧出と関連している(図 4.20(a)を参照)．

まとめをしてみよう．東南海トラフでは西側の南海トラフとは異なり，プレートの沈み込みにともなう変形が，プレートの境界だけでなく，下盤プレート内部にも及んでおり，また，前弧海盆においても変形が活発である．このこと

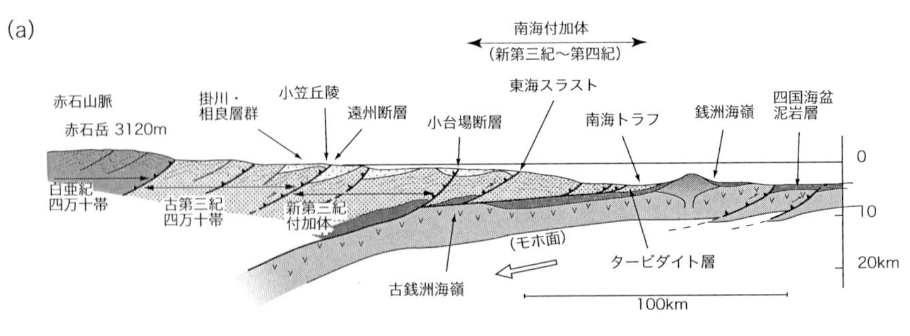

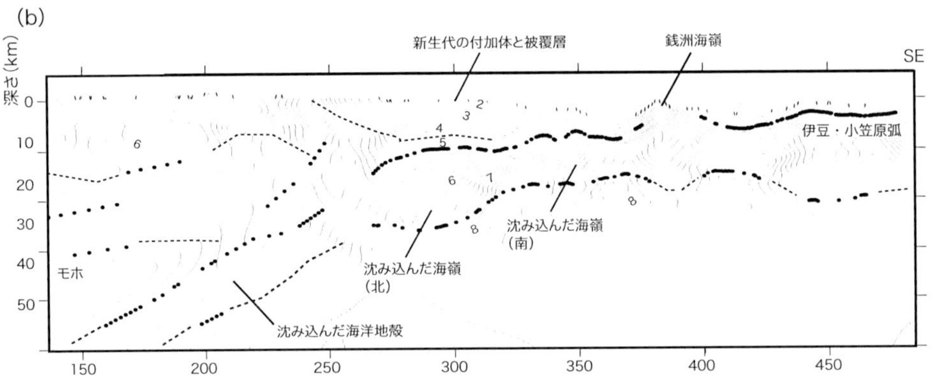

図 4.21 東南海トラフの地質構造と地殻構造の断面．(a)地質模式断面図．トラフの海側に発達した断層によって構造的な高まりである銭洲海嶺が形成されている．したがって，フィリピン海プレートと本州弧の間の変形は，プレート境界だけでなく幾つかの変形帯で分散していると考えられる．著者の原図．(b)屈折法探査によって得られた地殻構造断面．弾性波速度構造を示してある．沈み込んだ海嶺(古銭洲海嶺)が認められる．Kodaira *et al.*(2004)より．断面の位置は図 5.18(a)に示してある．

は，ここが島弧—島弧の衝突帯の影響を強く受けていることを示している．これについてはさらに第 6 章で学ぶ．

(m) 南海トラフにおける巨大地震活動

南海トラフから駿河トラフにかけておこった巨大地震に関しては，過去 1300 年以上にわたって地震歴史記録が残されている．特定のプレート境界についてこのような連続した歴史的な地震活動の様子がわかっているのは，世界的に見ても南海・駿河トラフだけであり，貴重な学術資料となっている．さらに古文書の記録だけでなく，考古遺跡における液状化現象や津波堆積物などからも地震活動の復元がされている．その記録の解析結果は実に興味深いことを教えてくれている．南海トラフ(以下の記述では南海トラフに駿河トラフを含める)の地震活動の特徴をみてみよう(図 4.22)．

1) 古文書の記録に残されているもっとも古い地震は白鳳地震(684 年)である．それ以降，平均 180 年ごとに計 12 回の巨大地震がおこった．これらの地震はいずれも M 7.9 以上の大きさを持ち，多くの場合に津波をともなっている．

2) 12 回の巨大地震の季節分布を見ると 3 月から 7 月にかけては地震がまったくおこっておらず，12 月に 5 回と集中している．

3) 各巨大地震は，南海トラフにおいて 5 つのプレート境界断層の震源域(図 4.22 の A〜E)でくり返しおこっているのが特徴である．各震源域は，100 km×200 km 程度の大きさを持っており，各地震では，各々の領域は単独で破壊されたり，隣と連動したり，また全域で破壊がおこったこともあった．1707 年の宝永地震では，同時に 5 つの震源全域が破壊され，安政地震(1854 年)ではまず東海・東南海域がそして 32 時間おいて南海域が破壊された．

4) 南海域の地震に際しては，室戸岬付近が隆起し，高知市付近が沈降した．

歴史地震の記録から，南海トラフの震源域は，プレート境界のどこでもおきているわけではなく，ある限られた深さの範囲に限定されていることがわかってきた．震源域の範囲は津波や地震波の記録から，どの部分がどのように変位したのかということを見積もってわかってきたことである．南海トラフで震源域は，南海トラフから陸側へ 10〜20 km 進んだ境界付近から始まり，高知市から尾鷲市，浜松市，富士吉田市にいたるあたりを結ぶ線の範囲におこっている．

このように沈み込むプレートの境界では，ある範囲で巨大地震がおこっていることが知られており，その範囲を**プレート境界地震発生帯**(seismogenic zone of subduction plate boundary)と呼んでいる．この範囲の浅い部分を地震発生帯上端(up-dip limit of seismogenic zone)と呼び，深い部分を地震発生帯下端(down-dip limit of seismogenic zone)と呼ぶ．地震発生帯の起源についての仮説は第 1 巻ですでに述べたが，プレート境界の温度に強く依存してい

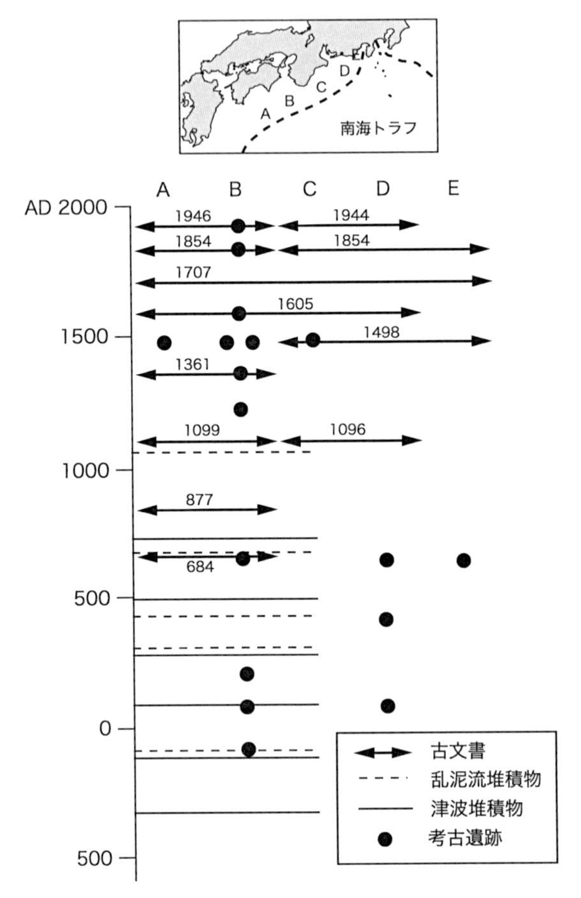

図 4. 22　南海トラフにおける歴史地震の発生と分布．南海トラフ沿いの A〜E 域(上図)がおこした地震の時期を示す．古文書，乱泥流堆積物，津波堆積物，考古遺跡などの証拠をまとめたもの．安藤(1999)，および石橋克彦・佐竹健治「古地震研究によるプレート境界巨大地震の長期予測の問題点 ——日本付近のプレート沈み込み帯を中心として」，地震，第 50 巻別冊(1998)，p. 6．寒川旭『地震考古学』中公新書，1992, p. 53 による．

る．温度から推定される地震発生帯上端(150°C)は海底から5〜10 kmの深度，地震発生帯下端(300°C)が20〜30 kmの深さに相当すると推定できる．この範囲と南海トラフでおこる地震の震源域はだいたい一致している．したがって，地震の発生メカニズムに関してプレート境界の温度，さらに温度と関連した断層岩の物性が重要な役割を果している可能性が指摘できる．地震の発生メカニズムとプレート境界地震発生帯の起源の問題に関しては，総合的な研究が要求されており，その中でも将来の深海掘削の成果が期待されている(第1巻参照)．

4.3 バルバドスおよびカスカディア付加体

いままで，海溝における付加体の成長の例を南海トラフで見てきた．ここで，その他の例を見ながら南海トラフと比べてみよう．これらの中でODP等でよく調べられているのは，バルバドス付加体とカスカディア付加体である．

(a) バルバドス付加体

カリブ海の小アンチル列島は，南アメリカと南極の間に位置するスコシア列島とともに大西洋プレートの沈み込みによって形成された火山弧である．小アンチル列島は，カリビアンプレートに属しており，そこに大西洋プレートが2.5〜4 cm/年ほどの速度で沈み込んでいる．バルバドス島は，火山弧ではなく，その海溝側に発達した前弧隆起帯であり，付加体そのものが海上に顔を出したものである(図4.23)．

バルバドス付加体は大きく南北2つの区域に分けることができる．南バルバドス付加体では，付加体は幅200 kmに発達しており，厚い海溝堆積物が存在する．この堆積物は南米ベネズエラのオリノコ川河口から運ばれた乱泥流によるものである．海溝堆積物は北緯15°付近に位置するティブロン・ライズという高まりによって遮られており，その北側では乱泥流は運ばれておらず，ほとんどが海洋プレートによって移動してきた遠洋性堆積物からなる．ODPなどでよく調べられているのは，ティブロン・ライズの衝突境界に近い北側の付加体領域である．

ここに沈み込む大西洋プレート上の堆積物は，厚さが350 mほどであり，

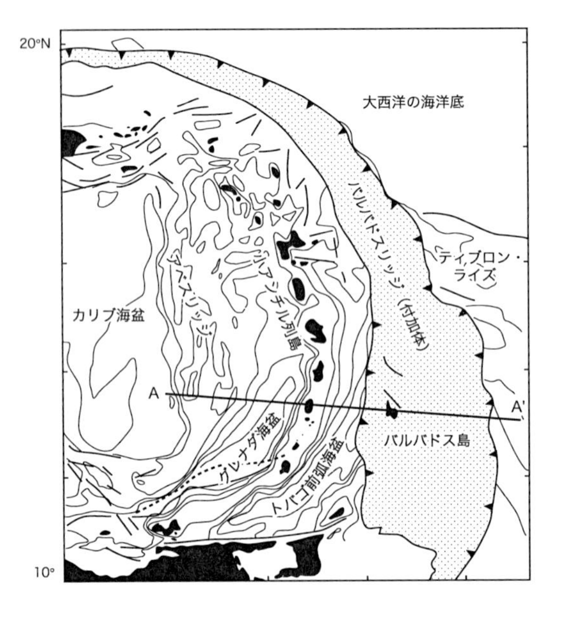

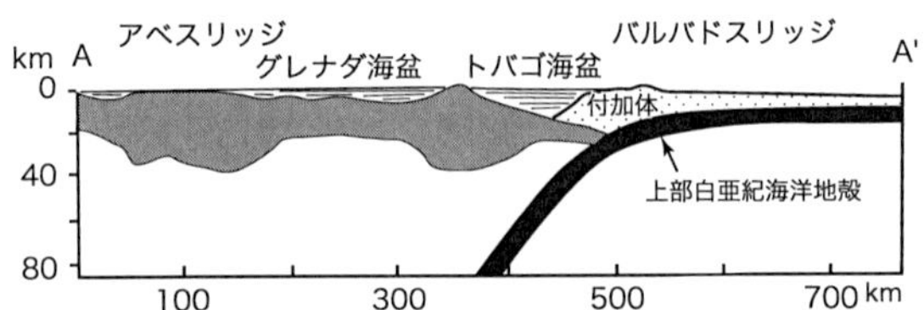

図 4.23 カリブ海のバルバドス付加体の位置と地形．バルバドス島は付加体の一部が島となったものである．バルバドス付加体が南方へ拡大するのは，南米オリノコ川からの多量の堆積物の供給による．Mascle *et al.*(1988) より．

白亜紀後期からのチョーク，泥岩(多量のスメクタイトを含む)，火山灰などからなる．付加体は傾斜(テイパー)の緩いクサビ型をなしているが，内部構造は反射法探査ではほとんど見えない．この点は，南海トラフ付加体構造が陸側へ追跡できることとは対照的である．理由としては，ここの付加体は泥質であり，明瞭な反射面が少ないからである．さらに内部の変形が南海トラフ付加体よりも著しいことがあげられる．ただし，デコルマンは明瞭な反射としてとらえることができる．ここでは，多数の深海掘削がなされているが，その特徴となる結果をいくつかあげよう．

1) デコルマンは，始新世の放散虫を多量に含む泥岩層と一致する．

2) デコルマンに沿って，低い Cl^- 濃度と高いメタン濃度を示す間隙水の異常が認められる．

3) デコルマンには，変形の激しい鱗片状構造をもつ泥岩が発達している．

4) デコルマンを境に帯磁率異方性も上はラグビーボール型，下はアンパン型に変化する．

以上の特徴のいくつかは南海トラフと共通であるが，間隙水の異常は，バルバドス付加体に特有なもので，デコルマンに沿った間隙水の移動が考えられる．また，デコルマンは高い間隙水圧を持っているらしいことが，掘削時の水圧の変化などからも推定されている．

バルバドス付加体では，順序外スラストが付加体の厚化に大きな役割を果たしていることが掘削からわかっている．

以上より，北バルバドス付加体は細粒の遠洋性堆積物からなり，デコルマンは間隙水圧が高く，また付加体内部摩擦も小さい．低角度の付加体斜面はこれによって説明できる．ここではまた，大きなプレート境界地震は知られていないが，このことも付加体の脆弱さとプレート境界の摩擦の小ささに関連していると考えられる．

(b) カスカディア付加体

カスカディア付加体は，北米プレートとファンデフカ・プレートとの沈み込み境界に発達した付加体である．その始まりは始新世からだとされている．地域はカナダ・バンクーバー沖からアメリカ・オレゴン沖の 700 km であり，ファンデフカ・プレートが北東方向に 4.2 cm/年の速度で斜めに沈み込んでいる(図 4.24)．カスカディア付加体は，大きく北側のバンクーバー付加体とオレゴン付加体に大別できる．それぞれについての特徴を以下に述べておこう．

バンクーバー付加体に沈み込むファンデフカ・プレート上の堆積物は 2500 m から 3000 m の厚さである．その大部分は，バンクーバー・チャンネルに源流を発する海底峡谷をつたわって海洋底に作られた海底扇状地(Nitinat fan)によるものである．デコルマンは，タービダイトと思われる層の最下部に発達しており，さらにインブリケーション帯では，デコルマンは付加体と海洋底と

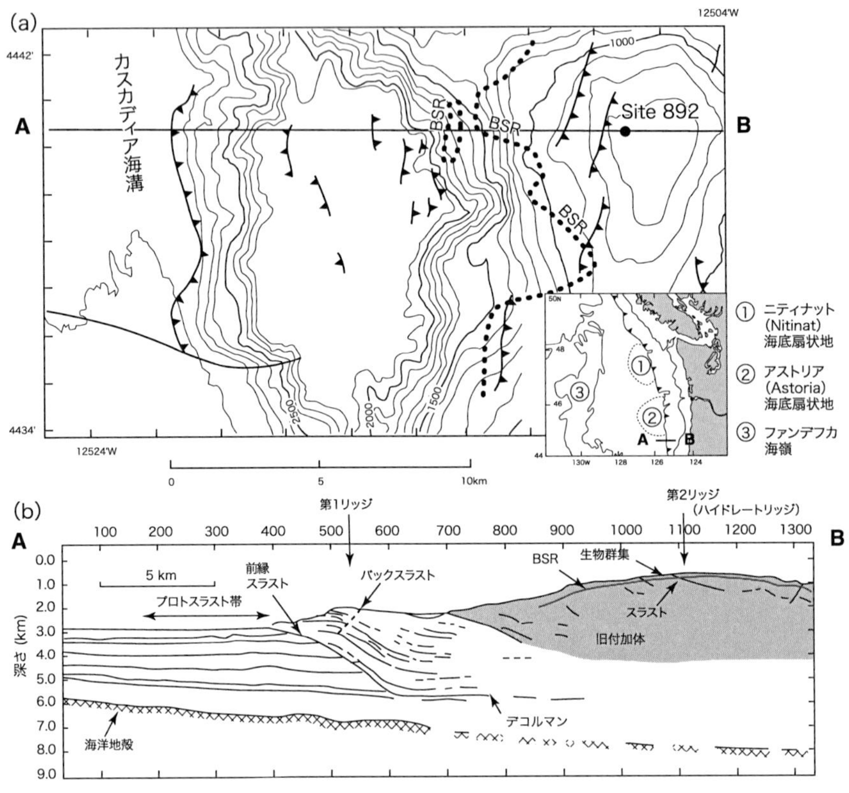

図 4.24　北米太平洋岸のオレゴン州沖合のカスカディア付加体の地形(a)と地質構造断面(b)．カスカディア海溝には厚い堆積物が存在する．また BSR もよく発達し，表層での冷湧水の活動やメタンハイドレートの析出などが認められる．とくにそのような活動の著しい場所はハイドレートリッジと呼ばれる．Westbrook *et al*.(1994) より．

の境界付近にあると推定されている．堆積物が厚い分，スラストの間隔は 5 km ほどあり，それが 3 つ程度発達したところで内部構造が不明瞭となる．また，ここでは前縁スラストには，海側へ傾斜し陸側へスラストの上盤が向かう運動方向を示すもの(バックスラスト)が一部に発達する．

一方，オレゴン付加体では，ファンデフカ・プレートの年代は 9 Ma であり，実に約 4 km の厚さの堆積物が存在する(図 4.24)．この厚い堆積物は海底扇状地(Astoria fan)に堆積したタービダイトを主としている．ここでは，幅約5 km のプロトスラスト帯，その陸側に前縁スラストがあり，幅 10 km の間隔で 2 番目のスラストが発達する．2 番目のスラストの陸側は内部構造が不明瞭となっている．前縁スラストの上盤の作る背斜軸(hunging wall anticline)を第 1 リッジ，2 番目のスラストの陸側の高まりを第 2 リッジとここでは呼んでいる．第 2 リッジは水深が 1000 m 程度であり，ここでは BSR がよく発達している．BSR は断層近くで局所的に浅くなっているのが観察されており，断層に沿ったやや温度の高い間隙水の排水が行なわれていることを示唆している．

種々の調査の結果，海底付近にメタンハイドレートそのものが露出しているところがあり，場所によって海底面で次々とハイドレートが作られては浮き上がっている(章末の文献を参照)．ハイドレートが浮き上がるのは，ハイドレートの中にメタンガスの気泡が閉じ込められており，軽石のような状態にあるからである．また，海底では湧水生物群集や炭酸塩のチムニーやクラストに覆われている場所が見られる．以上のようにメタンハイドレートに関連した現象が第 2 リッジでは広範に認められるので，これをハイドレートリッジと通称している(図 4.24)．

このようにカスカディア付加体は，厚い堆積物の沈み込みによって特徴づけられ，間隔の広い 2 つから 4 つ程度のスラストスライスから構成されるインブリケーション帯を構成している．大量の堆積物の付加による間隙水の排出は，よく発達したメタンハイドレート層を作りだしている．

4.4　四万十帯の地質

いままで，海底の付加体について概観してきた．海底では地質探査や深海掘削，潜水艇調査などによって多くの情報が得られてきた．しかし，付加体の内部，数 km から十数 km の深度での付加体の性質については，海底探査では充分に調べることが困難である．一方，陸上に露出した付加体は，付加体深部で何がおこっているのか知らせてくれる．四万十帯はこのような地層の代表的な例である．

(a) 四万十帯とは

四万十帯は，沖縄諸島から西南日本の太平洋側，走向方向に約 1300 km，幅最大 100 km にわたって分布する砂泥互層を主体とする地層群である(四万十帯の分布については第 6 章参照)．層序学的には，地層は模式地の名前を取って命名される．この地層は四万十川沿いを模式地とし，四万十川層群と呼ばれていた．しかし，四万十川層群およびそれに類似した地層の分布する地帯は広大であるので，一大地質地帯を構成しているという認識から**四万十帯**(Shimanto belt)と呼ばれるようになった．四万十帯は長い間，我が国の地質学者を悩ませてきた．1960 年代まで，地層の研究の多くは化石年代に層序の基礎を置いていた．化石層序にもっとも多く用いられたのが，大型の化石たとえばサンゴ，腕足類，軟体動物化石などであり，小型の化石では有孔虫などの石灰質の化石がほとんどであった．しかるに四万十帯は，これらの大型化石や石灰質微化石にきわめて乏しく，時代の決定が困難であった．また，岩相が単調であり鍵層として追跡できる地層が少なく，かつ地質構造が複雑なために地史の解読が容易ではなかった．

1970 年代になって新たな武器が登場してきた．放散虫化石層序学である．これが他の化石と大きく異なっていたのは，いままで到底化石個体を抽出することが不可能であった硬い岩石からフッ化水素(HF)を使って取りだす方法が発明されたからである．とくに，チャートや珪質頁岩などいままで化石年代を決定することができなかった岩石の時代を決めることが可能となった．この方法がもっとも効果を発揮したのが四万十帯とこの後で述べるジュラ紀の付加体である．放散虫化石層序学の応用によって，四万十帯を構成する岩石の年代がはっきりして，その発達の謎が解明されたのである．

(b) 四万十帯の地質構造

四万十帯は，大きく北帯と南帯に分けることができる(図 4.25)．北帯は白亜紀の地層からなり，南帯は新生代の地層からなる．両者とも主に砂泥互層(タービダイト層)からなり，それにメランジュと呼ばれる混在岩が存在する．また分布は広くないが，二枚貝などを多く産する地層も局所的に存在している．砂泥互層は一般に褶曲と断層によって約 1000 m 程度の厚さの地層がくり返し

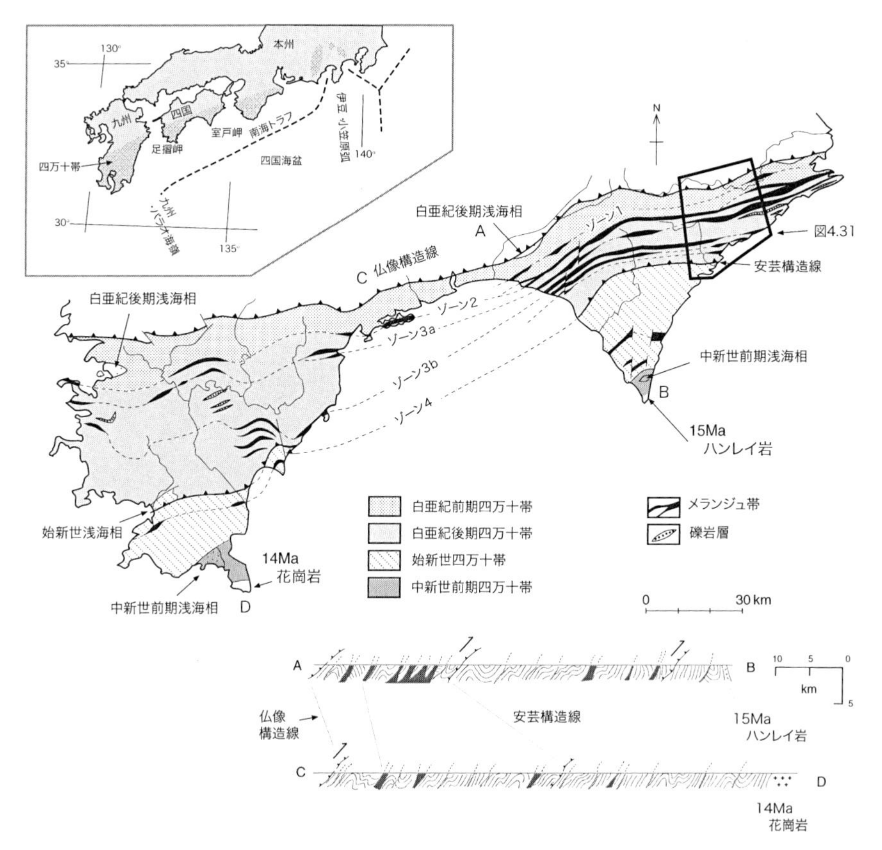

図 4.25 四国四万十帯の分布と地質構造断面．白亜紀のメランジュ帯はゾーンに分けられており，それぞれで海洋プレート物質の内容が異なる．Taira *et al*.(1988) による．

ており，多くの場合に褶曲には軸面へき開をともなっている．

砂岩層は，タービダイトに特有な級化層理などの堆積構造(第1章を参照)を示す．砂岩層の底面には生痕化石がしばしば認められる．これらの生痕化石は，現在では深海底に見られる渦巻状の捕食跡と考えられる *Helmintopsis* や *Spiroraphe* などが多い．また，砂岩層のフルートキャストやリップル葉理などから古流向を解析した例では，主に地層の走向方向に一致した流れが卓越する．また場所によっては厚さ数十 m を越す砂岩層が認められる．厚い砂岩層は，何回かのタービダイトの堆積イベントの集合体であり，おそらく海底チャ

図 **4. 26**　白亜紀四万十帯メランジュ帯を構成する海洋
高知県芸西村の海岸にて．Taira, Byrne and Ashi
ル杖の模様は 10 cm)．(c)多色頁岩(半遠洋性の泥岩)．
ート，C：枕状溶岩．

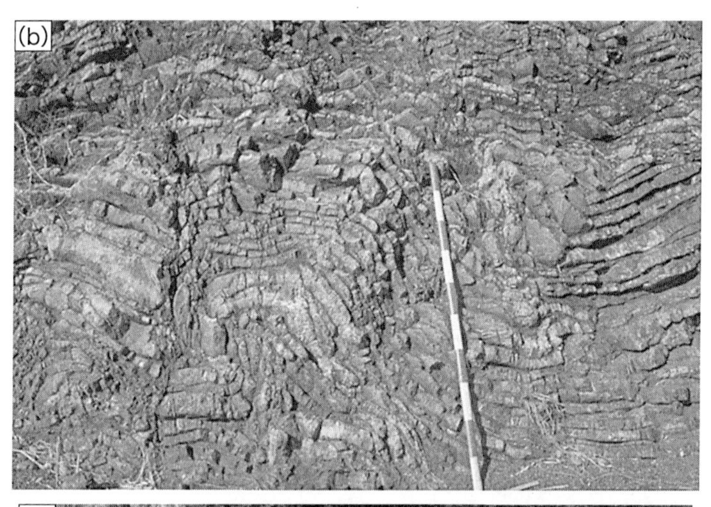

プレート物質の写真．図 4.25 のゾーン 2 に相当する．
(1992)による．(a)枕状溶岩．(b)層状チャート(スケー
(d)構成する岩石の関係．A：多色頁岩，B：層状チャ

ンネルの堆積物と考えられる．このような砂泥互層が分布する地帯を**タービダイト帯**(turbidite belt)と呼ぶ(第1章図1.1も参照)．タービダイト帯の幅は，通常，数kmから10km程度である．ここで地層の走向に垂直な方向での分布を幅として記述したのは，それが実際の厚さではなく何回か断層と褶曲でくり返した1つの構造単元と考えられるからである．その中での地層の実際の厚さは，1〜2km程度と推定される．

メランジュ帯(melange belt)は，せん断作用によって鱗片状に破砕された泥岩マトリックスの中に，枕状溶岩，ナンノプランクトン石灰岩(ナノ石灰岩と略称する)，放散虫チャート，多色頁岩(放散虫と陸源シルトを含む泥岩と酸性火山灰の互層)などの岩体を含んだ混在岩から構成されている(図4.26)．メランジュとは，フランス語でかき混ぜたお菓子であるmélangeから取った用語でさまざまな種類と大きさの岩石を含んだ地層に対して使う．さて，メランジュ帯は通常，幅が数百mから2km程度であり，タービダイト帯と断層で接する．

以上のように，四万十帯の主体はタービダイト帯とメランジュ帯が高角度で傾斜しながら交互にくり返して分布する．この他に一部に貝化石などを多産する浅海相を示す地層も存在する．これらの浅海相は上記の地層を不整合で覆っていたり，断層で接している．

放散虫化石を主体とした化石層序により，北帯は北側に下部白亜系，南側に上部白亜系，南帯は，北側に始新統，南側に漸新-下部中新統が分布していることが明らかにされている．このように全体として南へ若くなる配列をしているのが特徴である．

(c)　メランジュ帯の構成

メランジュ帯は，大きく2つの要素から構成されている．ひとつは基質を構成する鱗片状に破砕された黒灰色の泥岩および細粒砂岩である．もう一つはメランジュ基質の中に含まれるブロックで，これは，菱形を成すものが多く，大きさはさまざまで数mmのものから数十m以上のものも含まれる．メランジュ帯の中でも，もっともよく調べられている高知県の横波(よこなみ)-手結(てい)住吉メランジュについて記述してみよう．

高知県の上部白亜系四万十帯中には，走向方向によく連続するメランジュ帯が知られている．その代表的なものが横波-手結住吉メランジュで，横波半島(高知市西方)と芸西村住吉海岸(高知市東方)にかけて海岸によい露頭が分布する(図4.25のゾーン2)．まず，メランジュ中のブロックから記載しよう．

ブロックは，枕状溶岩，ナノ石灰岩，有孔虫石灰岩，放散虫チャート，赤色頁岩，多色頁岩，砂岩から構成される．枕状溶岩は変質を受けているがMORBの性質を持つものが多い．枕状溶岩の中には空洞が認められることがあり，その空洞がナンノプランクトン化石を含む石灰岩で埋められていることがある．また，ナノ石灰岩のブロックも存在し，そのラミナの中には玄武岩質凝灰岩のラミナも含まれている．これにより，枕状溶岩は，ナンノプランクトン化石が堆積するような場所，すなわちCCD(炭酸塩補償深度：第2章参照)より上で噴出したことがわかる．ナンノプランクトン化石は，白亜紀前期(約130 Ma)を示す．また，浮遊性有孔虫を含む石灰岩の小ブロックも見つかっている．

放散虫チャートは赤色，緑色，黒色などを呈し，時代は白亜紀前期から中期(約130〜90 Ma)を示す．中期のものは，赤色チャートが多く，赤色頁岩と互層する．赤色頁岩は細粒の粘土質岩石で，10〜20ミクロン程度の大きさの石英粒子を含んでいる．赤色頁岩はまれに挟まれる赤色放散虫チャートの薄い層から約90 Ma程度の年代であることがわかる．

多色頁岩は，全体として淡い緑色，赤色，白色からなる互層で，緑色や赤色の部分はシルト質の陸源砕屑粒子(石英や長石など)と放散虫化石，粘土質が混じった泥岩である．一方，白色の岩石は，珪質の岩石であるが，火山灰粒子の原形がまだ残っているのが観察される．多色頁岩の年代は，90〜80 Ma程度である．

以上のブロックを年代順に並べてみると，海洋プレート層序と一致してくることがわかる(図4.27)．これらの岩石について，古地磁気学的な研究が行なわれた．その結果，枕状溶岩，ナノ石灰岩，チャートは赤道域を示すものがあり，チャートから赤色頁岩にかけては中緯度へと移動してくることが読み取れた．すなわち，赤道域の中央海嶺で約130 Maに噴出した海洋底が移動するにしたがって，ナノ石灰岩から放散虫軟泥，赤色粘土，半遠洋性泥岩と火山灰がその上に堆積したことを示している．

期		岩相柱状図	岩相名（厚さ）	石英粒	酸性凝灰岩	堆積環境	古緯度
階	100万年						0° 20° 40° N
カンパニアン	70		砂勝ち砂泥互層（1000m）			海溝 チャンネル性タービダイト	
			泥勝ち砂泥互層 メランジュ基質	＞100		氾濫原タービダイト	
サントニアン コニアシン	80		多色頁岩（100m）	30		半遠洋性泥と酸性凝灰岩	
チュロニアン	90		赤色頁岩（5m）	15		遠洋性粘土	
セノマニアン アルビアン アプチアン バレミアン	100 110 120		（赤色頁岩を含む） 層状チャート（50m） （ナンノ化石を含む）	平均粒子（単位：マイクロメートル）		放散虫軟泥	
オーテリビアン			枕状玄武岩溶岩			海洋底玄武岩	
バランギニアン	130		ナンノ石灰岩（1m）			ナンノプランクトン軟泥	
			枕状玄武岩溶岩			海洋底玄武岩	

図 4.27　白亜紀四万十帯メランジュ帯(ゾーン2)から復元された白亜紀海洋プレート層序．地層の厚さは，メランジュ帯に含まれるブロックの最大の厚さなどから推定した．古地磁気学的研究から求められた古緯度も示してある．図4.2も参照．Taira *et al.*(1988)による．

メランジュ基質についてはどうであろうか．基質は黒灰色の泥岩でありシルト粒子を含む．また，部分的には細粒の砂岩のラミナが見られる．しかし，これらは破砕が著しく，原形をとどめている部分は少ない．基質にも放散虫化石が含まれており，これらは約80〜70 Maを示す．

メランジュ帯と接するタービダイト帯も大部分が80〜70 Maの年代を示す．これらのタービダイト帯の古地磁気から求められる古緯度は現在の緯度とあまり変わらない北緯30度程度を示す．

タービダイト帯は，生痕化石の特徴やほとんど石灰質化石を含まないことから深海に堆積したと考えられる．その堆積環境としては海溝と推定される．メランジュ基質は海溝外縁で堆積したタービダイト細粒相と考えられる．すなわち赤道から移動してきた海洋プレートは約70 Maに海溝に到達し，厚いタービダイト層に覆われたと考えられる(図4.28)．赤道から北緯30度までの最短距離は3000 kmであり，その間の移動にかかった時間は130〜70 Maで約6000万年であるから，その間の移動速度は最小5 cm/年となって，プレートの

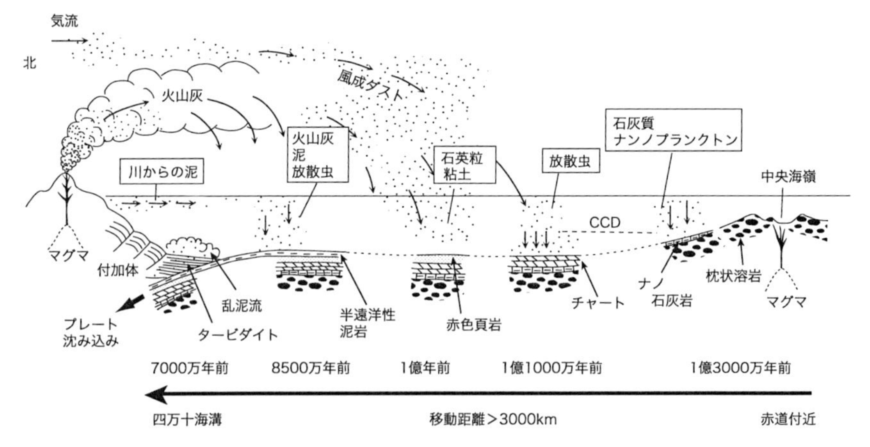

図 4.28 四万十帯における海洋プレートの移動とプレート層序の形成．図 4.27 の層序が海嶺から海溝への海洋プレートの移動でどのように作られるのか示した．平(1991)による．

運動速度のオーダーとよく一致する．このようにして，メランジュの研究から海洋プレートの沈み込みの歴史が明らかになった．

(d) メランジュの岩石構造

横波-手結住吉メランジュの基質とブロックの構造をよく観察してみると規則性のある割れ目やせん断面が発達しているのがわかる．図 4.29 と図 4.30 に示したようにこれは，マイロナイトの S-C 構造(ファブリック)と類似している(第 3 章を参照)．まず，基質中には S 面と類似した葉片状鉱物の配列が見られる．これを斜めに切るようにして C 面と類似したせん断面が認められる．さらにそれを切って R 面(リーデルせん断面)が発達している(図 4.30(d), (e))．このファブリックは単純せん断によるものと考えられ，それにともなった非対称褶曲やブロックの回転などが認められる．さらに，C 面の表面を見てみると，細粒の破砕された粒子が線状に並んでいるのが認められる(図 4.29 のカタクラスティックな線状構造)．これからせん断の方向が判定できた．

以上のようなファブリックからせん断の方向(センス)を計測し，さらに水平に戻してみると四万十帯の走向に対して斜め 45° ほど時計回りの方向で，上盤

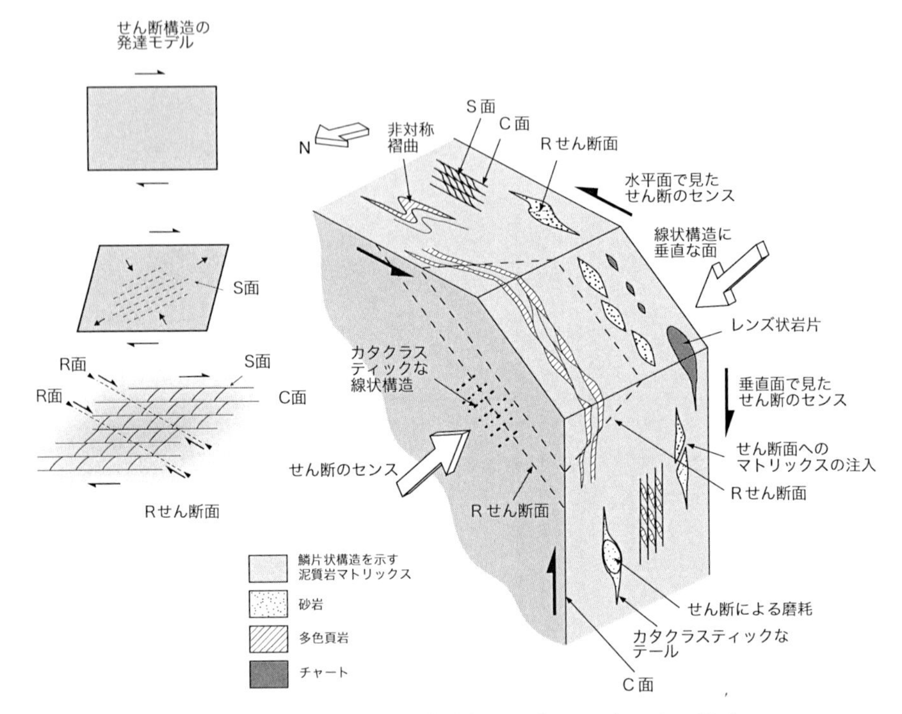

図 4.29 メランジュの内部構造(ファブリック)とその形成過程．メランジュ帯のマトリックスは図 4.30(c),(d),(e)に示すようにS–C 状構造とリーデルせん断構造(R 面)からなる．これにもとづいてせん断のセンスを求めると水平面に関して南側が 45° で下にすべるせん断方向を示す．Taira, Byrne and Ashi (1992)による．

が南へ(これを top to the south sense of shear という)，下盤が北へのせん断方向となる．このせん断方向は横波–手結住吉メランジュ帯全域に共通であり，その規模から判断してプレートの沈み込みによって引きおこされたと考えられる．白亜紀はまだ日本海が拡大していないので，四万十帯は，陸弧の付加体であったはずである．その海溝に対して，海洋プレートが南の方向から斜め 45° に沈み込んできたことが読み取れる．

(e)　メランジュ帯に残された海洋プレートの変遷

以上のようにメランジュ帯には，海洋プレート層序とその運動の歴史が残されている．四万十帯において各メランジュ帯からこのような歴史を読み取ると白亜紀から新生代にかけてのプレート沈み込みの歴史を復元することが可能である．残念ながら，この仕事はまだ充分に行なわれているとはいえない．

しかしながら，これまでのデータをまとめると興味深いパターンが浮かびあがる．四万十帯では一番古いプレートの年代はジュラ紀である．それから南へと横波-手結住吉メランジュを経て，プレートの年代は若くなる．北帯の南に位置する白亜紀最末期のメランジュでは，遠洋性堆積物の量は減って，鉄-マンガン鉱床などの熱水堆積物が卓越する．遠洋性堆積物の年代はまだ充分には決定されていないが白亜紀中期以降である．したがって，沈み込むプレートの年代は明らかに若くなっている．始新世のメランジュでは，同様に遠洋性堆積物の量は少なく多色頁岩の年代とメランジュ基質の年代との区別がつかない．したがって，このときも沈み込むプレートの年代は若かったことになる．

以上から，四万十帯では，白亜紀末と始新世には年代の若い海洋底，おそらくは海嶺そのものが沈み込んだ可能性がある．これについては，当時の地質に大きな影響を与えたはずである．これについては第6章でふれることにしよう．

ここで，重要なことは，付加体には，海洋底の歴史が保存されているということである．現在，地球上で知られているもっとも古い海洋底は約180 Maであるが，それ以前の海洋底は失われてしまった．しかし，付加体にはその記録が残されている．これを読みだすことによって，いままでは，陸地や浅海の記録だけに頼っていた地球の歴史の復元を大きく発展させることが可能である．付加体研究の大きな貢献はここにもある．

(f)　白亜紀の大陸弧の復元

四万十帯が形成されていた当時の弧—海溝系の姿とはどのようなものであったろうか．このような復元を行なうには，当然のことながら同時代の地層の分布や火成活動などについて調べることになる．四万十帯が海溝堆積物を主体としていたなら，当時の浅い海はどの辺にあっただろうか．白亜紀後期の浅海堆積物としては下部白亜系の四万十帯を被覆する愛媛県の宇和島層群があり，ま

(a)

(b)

図 4.30 四万十帯にみられる様々な地質構造．(a)砂岩岩脈．岩脈は厚さ約 40 cm．室戸半島行当岬．始新統室戸層群．(b)砂泥互層にみられる褶曲．スケール杖は 1 m．室戸半島行当岬．始新統室戸層群．(c)メランジュのファブリック．レンズ状の砂岩ブロックを泥質マトリックスがとり囲んでいる．白亜系四万十帯メランジュ帯ゾーン 3a．高知県中土佐町．スケール杖 1 m (目盛り模様は 10 cm)．(d)メランジュのファブリックを示す岩石試料．S-C 構造，リーデルせん断構造(R)が認められる．白亜系四万十帯メランジュ帯ゾーン 3b．高知県窪川町．(e)メランジュのファブリックを示す薄片写真(幅が 2 mm)S-C 構造，リーデルせん断構造(R)が認められる．白亜系四万十帯メランジュ帯ゾーン 3 b．高知県窪川町．Taira, Byrne and Ashi (1992)による．

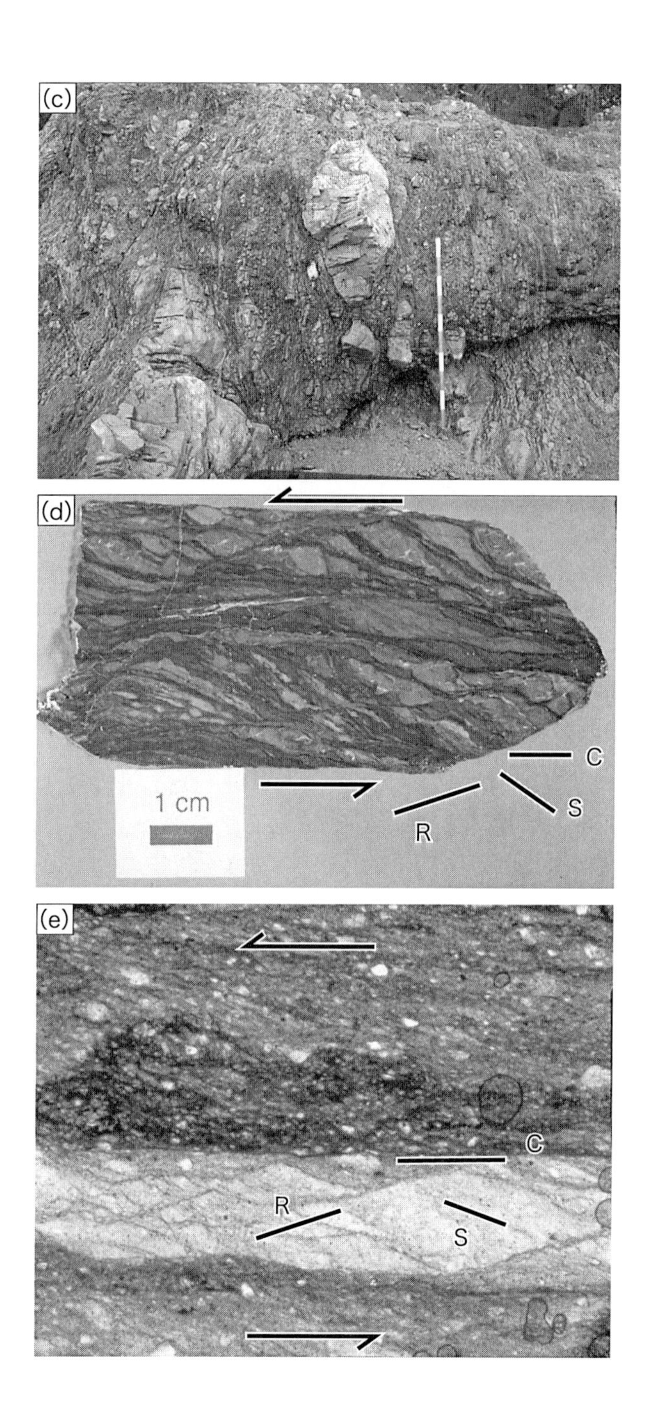
(c)
(d)
1 cm
C
S
R
(e)
C
R
S

た高知県の物部(ものべ)川沿いに分布する地層があり，また中央構造線沿いに和泉(いずみ)層群がある．とくに和泉層群の堆積のパターンと地質構造は興味深い．この地層は次の第5章で取り上げるが，中央構造線の左横ずれ運動によって作られた盆地に堆積したものである．メランジュの構造から，当時の海洋プレートは斜めに沈み込みを行なっていたことを示した．プレートの斜め沈みは，前弧の一部の横ずれ運動の移動を促したと考えられ，和泉層群はこの運動によってできた横ずれ堆積盆を示している．

さらに陸側を見ると，中国地方から中部日本にかけて花崗岩や流紋岩が分布する．流紋岩は火砕流の産物であり，爆発的な噴火をおこす火山弧が存在していたことがわかる．流紋岩層にともなって湖水性の堆積物が見つかっており，雄大な火山やカルデラ湖などを思い浮かべることができる(第6章図6.17を参照)．この火山弧からの火山灰は海洋底に降り積もり，多色頁岩となって四万十帯に付加されてきたのである．

(g)　四万十帯の順序外スラスト

さて，四万十帯はどのようにして海溝付加体から陸地となって隆起したのであろうか．南海トラフやバルバドスでは順序外スラストが付加体の隆起に大きな役割を果たしていると推定された．四万十帯ではどうであろうか．これに対する有力なデータとして近年の古熱構造の研究がある．

地層が受けた熱履歴はさまざまな形で記録される．新しい変成鉱物ができたり，地層の変形の様式が変化したりする．しかし，低温領域(300℃前後まで)の熱履歴は変成鉱物で復元することは難しい．低温領域でとくに有効なのが，**輝炭反射率**(vitrinite reflectance)である．亜炭と石炭の違いは熱履歴による．石炭が輝いているのは，温度が高い状態に長くおかれて，それだけ炭素化が進んでいるからである．この原理を木材破片の化石に応用すると最大の被熱温度を見積もることができる．木片の化石はタービダイト砂岩には，かなりたくさん含まれており，サンプルは充分に整えることができる．

輝炭反射率によると北帯は大きく2つの地帯に分けることができる．2つの地帯の境界には最大履歴被熱で100℃以上の差があり，これによって厚さ数kmのスラストスライスがのし上がって重なった構造と解釈できる(図4.31)．

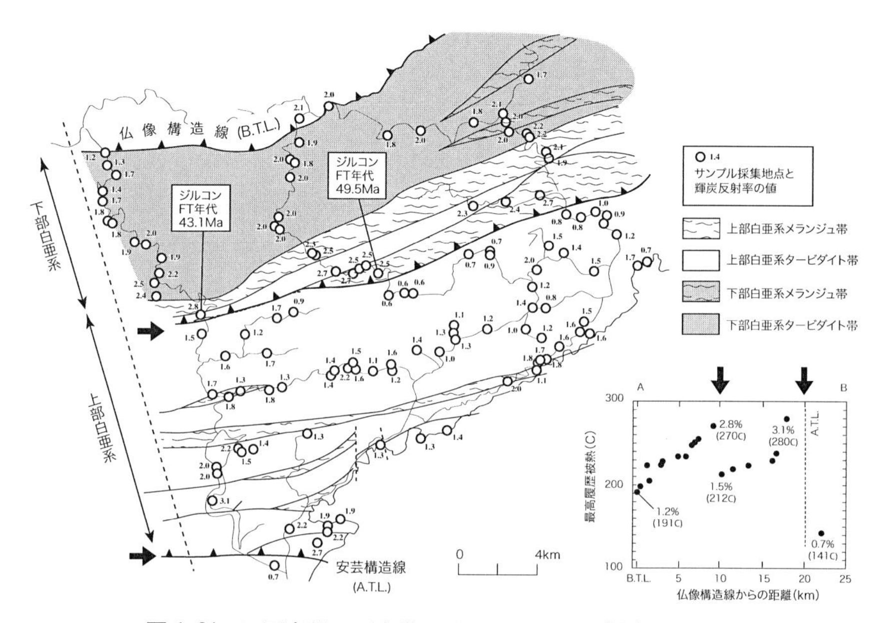

図 4. 31 四国東部四万十帯のビトリナイト反射率から求められた熱構造．図 4. 25 に範囲を示す．A—B は西端の断面を示し，図の西側のデータをプロットしてある．断面図で B. T. L. は仏像構造線，A. T. L. は阿芸構造線．矢印で示した断層に沿って大きな不連続があることに注目．このような断層は図 4. 1 で示したアウト・オブ・シーケンススラストの可能性がある．Ohmori *et al.*(1997) による．ビトリナイト反射率から最高履歴温度の推定は $T_{\max}$(°C)＝172($\log R_0$)＋129 を用いている．

このスラストは，メランジュとタービダイトのくり返し構造を切っており，これらの構造のできた後の断層運動である．したがって，**順序外スラスト**(out of sequence thrust) と認定できる．この断層によって 250°C 程度の温度履歴 (10 km 程度の埋没深度) を経験した付加体を衝上させていることがわかってきた．約 150～300°C の温度では，粘土鉱物の脱水が終了し，新たに石英の充塡や雲母類の形成がおこり，へき開が発達してくる．この温度帯で変成された岩石が，四万十付加体に広くに存在するのは，順序外スラストによって，これらの岩石が一体となって衝上するためだと思われる (図 4. 1 を参照)．

もう一つ熱履歴にとって有力な手段にフィッション・トラック法がある．ジルコンやアパタイトなどの鉱物はウランを多く含み，その放射壊変によって，結晶格子に線状の飛跡傷(**フィッション・トラック**：fission track)ができる．この飛跡傷の密度は鉱物ができてからの年代に比例する．この方法を用いて年代を測定することができる．一般に砂に含まれる個々のジルコン粒子のフィッション・トラック年代を調べてみると，その供給源を反映して，さまざまな年代を示すであろう．しかし，砂岩が200℃以上の熱を被ると，フィッション・トラックは消滅してしまい，温度が下がると再びフィッション・トラックが形成される性質をもつ．すなわち，熱でフィッション・トラック生成年代がリセットされるのである．アパタイトではこの温度は100℃程度である．この方法は，輝炭反射率のように段階的な温度を記録することはできないが，その温度から冷え始めた時間を読み取ることができる利点がある．この方法を四万十帯に応用した田上・長谷部らの研究によると，白亜紀の熱構造を上昇させた衝上断層の運動は始新世(48 Ma頃)にあったことがわかった．また，四万十帯全体は12 Ma頃に全体として隆起したことがわかった．四万十帯の全体隆起の理由についてはよくわかっていない．

(h) メランジュと四万十帯地質構造の成因

海洋プレート物質を含むメランジュはそもそもどのようにしてできたのだろうか．その条件をまず考えてみよう．

1) メランジュは著しいせん断帯であり，地層の原形はほとんど失われている．したがって，せん断の変位は非常に大きい．

2) メランジュの構成物質は分断された海洋底の表層物質と海溝外側斜面に堆積した細粒タービダイトである．また，ブロックにはしばしば巨大なタービダイト層も断片も含まれる．すなわち，メランジュは海溝タービダイトとその下の地層をすべて巻き込んでいる．

3) メランジュ帯とタービダイト帯は交互に断層で接しながらくり返す．

4) 古熱構造を作るような大きな単元のスラストはメランジュ帯とタービダイト帯の交互のくり返しをさらに切っている．

これらを考慮に入れると，メランジュは海洋地殻の表面に達するデコルマンに沿って作られたものであり，それが後にインブリケーションに巻き込まれたものである．図4.1に示したようにデコルマンまで達するデュープレックス構造や順序外スラストのせん断面がもっとも考えやすい．

古熱構造を保持して付加体の上昇に関わるようなずっと後期の構造は，このような初期の順序外スラストをさらに切る後期の順序外スラストによって形成されたのであろう．

近年，このような順序外スラストに関連して，その一部からシュードタキライトと類似した高温融解現象を示す断層岩が坂口らの研究によって発見されている．このことから，順序外スラストには高速せん断，すなわち地震の震源域での破壊を示すような証拠がでてきた．きわめて興味深いことであり，さらなる研究の発展が望まれる．

4.5 日本のジュラ紀付加体

(a) ジュラ紀付加体の地質構成

日本には四万十帯より古い時代の付加体も広く分布する．その代表的な例がジュラ紀の付加体である．ジュラ紀付加体は，外帯では秩父帯に属しているし，内帯では，美濃-丹波帯があり，また東北日本や北海道にも分布する(日本の地質については，第6章を参照)．これらのジュラ紀付加体は，四万十帯と共通点も多いが次の特色がある．

1) ジュラ紀付加体は，タービダイト・メランジュ帯のほかに，比較的連続性のよいチャート・多色頁岩・タービダイトの組み合わせからなるスラスト・シート群を構成することがある．

2) 海山や海台を構成していたと思われる岩体が多く分布する．

ジュラ紀付加体の研究では，放散虫の他に**コノドント化石**(Conodonts)が活躍した．コノドント化石は古生代から三畳紀まで生存した原索動物に類似した生物の一部と考えられているが，どのような生物の化石かは確定していない．しかし，時代決定に有効であり，またチャートなどの硬い岩石からも抽出することができる．これらの化石層序をもとに海洋プレートの歴史を復元すると，石炭紀から二畳紀の枕状溶岩，放散虫チャート，珪質頁岩からなり，これは四万十帯の海洋プレート層序とほとんど一致している．

チャート・多色頁岩・タービダイトの組み合わせからなるスラストシート群は海洋プレート層序の中に発達したデコルマンを使ったインブリケーション構造がそのまま保存されたと考えられる．

ジュラ紀付加体の含まれる石灰岩は，サンゴやフズリナ化石を含み，ブロックあるいはスラスト・シートを構成している．この礁性石灰岩はおそらく海山上の礁コンプレックスを作っていたものであり，海山形成後の巨大地すべりあるいは海溝での海山の崩壊，付加体内部でのせん断作用によって取り込まれたものと思われる．

(b)　西南日本の付加と成長

西南日本の地質断面を見てみよう(第6章図6.16を参照．第1巻図4.18も参照)．西南日本の地殻は，年輪のように既存の地殻のまわりに付加成長してきたことがわかる．このような成長は決して連続したものではないが，おそらく沈み込み帯の形成，タービダイトの供給の事件とともに成長が進んできたと思われる．

火山弧の縁辺における物質の付加は，海溝の後退をうながす．付加体の主要な構成要素は莫大な量のタービダイトである．付加体の成長にともなって沈み込み帯マグマ活動の場も海側へ移動して，付加体は火成岩，とくに花崗岩の貫入を受ける．西南日本のジュラ紀付加体はまさにその例である．したがって，地質の構成要素からみれば，西南日本全体は単純化すると**タービダイト・花崗岩帯**(turbidite-granitoid terrane)と呼ぶことができる．

4.6　コディアック付加体およびフランシスカン帯

四万十帯に類似した地層は世界の各地に存在する．とくに北米ではアラスカからカリフォルニアにかけて，同様な地帯が連続する．ここでは，その例を概観してみよう．

(a)　コディアック付加体

アラスカ半島の付け根付近にコディアック島の付加体は，走向1700 kmに連続するチュガチ・テレーン(Chugach terrane)の一部である．ここで**テレーン**(terrane)とは，類似した地質から構成される地質地帯を指すことばで，わが国の地質地帯の呼び名である「帯(belt)」とほとんど同意語である．

チュガチ・テレーンは規模からいっても四万十帯に相当する．コディアック島では，ジュラ紀の変成岩帯に接して白亜紀のメランジュ，白亜紀末のタービダイト，古第三紀のタービダイトが分布する．このうち，白亜紀末のタービダイト(コディアック層：Kodiak formation)はもっとも広く分布しており，連続性のよい原形を保った部分(coherent unit)と分断され変形の激しい部分(disrupted unit)に区分されている．これは四万十帯では，タービダイト帯とメランジュ帯との区分にほぼ相当するが，コディアック層では海洋プレート起源の岩体の量がきわめて少ない．

コディアック層は，海洋底に堆積した海底扇状地が一挙に付加して形成されたと考えられている．主な変形様式としては，

1) スラストの発達と荷重によって下盤でのブーディン構造と鱗片状構造の形成

2) デュープレックスをともなうアンダー・プレーティングにおけるスラストと褶曲の発達およびスレートへき開の発達

があげられる．

コディアック層においては，堆積の年代(74 Ma)，全体の変形構造を切って貫入している 62 Ma の深成岩から，変形の時期への制限をつけることができる．また，ビトリナイト反射率や流体包有物から 200～250°C の温度と 10 km を越す深さでのアンダー・プレーティングが示される．

(b) フランシスカン帯

北米カリフォルニア，オレゴン，ネバダにかけてのコルディレラ造山帯の西側地帯には，ジュラ紀から白亜紀にかけての火山弧―付加体の地質が認められる(コルディレラ造山帯の構造については第1巻図 4.19 を参照)．それは，シラネバダ深成岩体，グレートバレー層群，フランシスカン層群の組合わせである．シラネバダ深成岩体が当時の火山弧の深部を，グレートバレー層群が前弧海盆，そしてフランシスカン層群が付加体を表している．フランシスカン層群

の分布する地帯を**フランシスカン帯**(Franciscan belt あるいは Franciscan complex)と呼ぶ．ここでは，これらの地質体の概要について見てみよう．

シラネバダ深成岩体は，花崗岩質の**バソリス**(batholith)，岩脈，少量の火山岩類などからなる岩体であり，カリフォルニアでは大部分は 110〜80 Ma の年代を示す．一部にジュラ紀や三畳紀を示すものもあるが，これらは古い火山弧のものと思われる．岩体は花崗閃緑岩がほとんである．ヨセミテ国立公園の見事な景色は，花崗閃緑岩のバソリスを氷河が削剥してできあがった地形である．

グレートバレー層群は，シラネバダ深成岩体の西側に分布する厚い砕屑性堆積物の地層であり，ジュラ紀から古第三紀までの時代を示す．グレートバレー層群は，一部ではシラネバダ深成岩体やそれと関連する深成岩体を不整合で覆うが，最下部のジュラ紀の地層はオフィオライトを不整合で覆う．このオフィオライトは**コーストレンジ・オフィオライト**(Coast Range ophiolite)と呼ばれており，複雑な岩石構成からなり，海洋島弧，海山，背弧海盆などを起源とすると考えられている．グレートバレー層群は，15 km に達する莫大な厚さを持ち，主にタービダイトから構成されている．下部は深海相を示し，上部では発達した海底扇状地群の堆積を示す．砂岩の組成は始めは古い基盤岩からの供給を示し，さらに火山岩片に富んでくることは火山弧の発達を，上部で長石が豊富になることは深成岩体の侵食を示す．

グレートバレー層群の西側にはフランシスカン帯が分布する．この地質体は，砂泥互層，玄武岩，チャート，変成岩などを含む複雑な構造を示し，メランジュ帯が含まれている．全体として見ると，フランシスカン帯は，西へ向かって若くなる傾向があり，東帯(Eastern belt)，中央帯(Central belt)，海岸帯(Coastal belt)に区分できる．東帯は主にジュラ紀後期から白亜紀前期のタービダイトを主とし，中央帯は白亜紀のタービダイトの他にメランジュを多く含み，海岸帯は白亜紀末から古第三紀のタービダイトからなる．東帯はタービダイトの他にチャート，少量の玄武岩を含み，場所により**藍閃石片岩相**(blueschist facies)の変成岩となっている．中央帯のメランジュには，さまざまな大きさのジュラ紀から白亜紀の砕屑岩や枕状溶岩，チャートが鱗片状泥岩の中に混合している．ここでは四万十帯のような明瞭な海洋プレート層序は復元されていない．しかし，この帯のメランジュの中には藍閃石片岩，角閃岩，エクロジャイトなどの変成岩のブロックが含まれている．これらは，160 Ma の年代を示し，明らかに中央帯のメランジュ基質の堆積以前に変成作用を受けたものである．これらの岩石がどのようにしてメランジュの中に取り込まれたのかわかっていない．

以上のようにフランシスカン・コンプレックスは四万十帯に比べてはるかに複雑な構成になっているが，実は，北海道の西帯の地質と類似している．これについては，第6章で述べることにしよう．

4.7　付加体と物質循環

付加体の形成は，地球にとって何をしているのだろうか．プレート発散境界である中央海嶺では，熱水循環が海水の組成，海洋地殻の性質を決める上で大きな役割をはたしていることがわかっている．同様に付加体も一種の化学あるいは微生物反応工場(bioreactor)として見ることが可能である．

付加体中では，間隙水と堆積物中で反応がおこる．このときに主役となるのが微生物であり，メタン生成菌の活躍によって付加体中から多量のメタンが放出される．このメタンの量については，正確な見積もりは難しいが，地球規模の炭素循環に関与する量であることは確かであろう．

付加体は固結し，熱変成を受け，地殻となってゆく．隆起の途中でその多くの部分は侵食されて，再び砕屑粒子となって前弧海盆や海溝へと供給されてゆく．すなわち，物質のリサイクルが何回も行なわれる．この過程で，付加体の化学組成も次第に変化してゆく．

大陸どうしあるいは島弧と大陸の衝突などにおいて，山脈の侵食，大量の砕屑物の供給，付加体の形成が行なわれる．これは物質の再配分システムであると同時に付加体化学工場では，メタンの生成，そして新しい地殻の生成が行なわれる．そして結果的には，地殻の構成要素として重要なタービダイト・花崗岩帯が形成される．

問 題

問題 1 どのような証拠があれば，陸上に露出した地層群が付加体であると同定できるだろうか．証拠を整理してリストアップせよ．巨大海底地すべりの地質体とはどのように区別するかも考えよう．また，付加体の形成は地球史においてどのような意味を持っているだろうか．これは第 3 巻の主要なテーマの一つであるが，本章のまとめとしても考えてみよう．

問題 2 付加体からは間隙流体が排出されている．この流体は断層や地層中の透水層などさまざまな流路を伝って流れ出す．諸君は，この排出過程と流量の定量的な測定の研究に対してどのような研究計画を立てるであろうか．計画書を作ってみよう．

文 献

◎付加体の全容をまとめた本や文献は少ないが，次のものが役に立つ．

Moore, G. F. *et al.*：Data Report：Structural settings of the Leg 190 Muroto transect. In *Proc. ODP, Init. Repts., 190* (Moore, G F., Taira, A., Klaus A. *et al.*)：College Station TXC Ocean Drilling Program, 1-87.

Taira, A., Byrne, B., and Ashi, J.：*Photographic Atlas of an Accretionary Prism-Geologic Structures of the Shimanto Belt, Japan*, University of Tokyo Press/Springer-Verlag, 124 p., 1992.
(写真による四万十帯，南海トラフのガイドブック．)

木村 学：プレート収束帯のテクトニクス学，東京大学出版会，271 p.，2002.

平 朝彦・中村一明(編)：日本列島の形成，岩波書店，1986.
(雑誌科学に掲載された日本列島の地学に関する論文をまとめたもので，四万十帯などの起源に関する初期の記述がある．)

◎構造地質学的なまとめとしては，

Moore, J. C. (ed.)：*Structural Fabric in Deep Sea Drilling Project Cores from Forearcs*, The Geological Soc. America Memoir 166, 160 p., 1986.
(深海掘削のコアを用いた構造地質学的研究の成果がまとめてある．)

Raymond, L. A. (ed.)：*Melanges : their nature, origin, and significance*, The Geol. Soc. America Special Paper 198, 170 p., 1984.

◎南海トラフについては，

DSDP Leg 87, ODP Leg 131, 190, 197 の Shipboard Scientific Party による報告を読まれるとよい．

また，次の文献を参照．

Moore, G. F., Shipley, T. H., Stoffa, P. L., Karig, D. E., Taira, A., Kuramoto, S.,

Tokuyama, H., and Suyehiro, K. : Structure of the Nankai Trough accretionary zone from multichannel seismic reflection data, *J. Geophy. Res.*, 95, B6, 8753-8765, 1990.

Moore, G. F., Taira, A., Klaus, A., *et al.* : New insights into deformation and fluid flow processes in the Nankai Trough accretionary prism : Results of Ocean Drilling Program Leg 190. Geochemistry, Geophysics, Geosystems (Online). Available from the World Wide Web : http://www.agu.org/journals/gc/.

Park, J.-O., Tsuru, T., Koddaira, T., Cummins, P. R., and Kaneda Y. : Splay Fault Branching Along the Nankai Subduction Zone, *Science*, 297, 1157-1160, 2002.

Taira, A. and Niitsuma, N. : Turbidite sedimentation in the Nankai trough as interpreted from magnetic fabric, grain size, and detrital modal analyses. In *Initial Reports of the Deep Sea Drilling Project* (Kagami, H., Karig, D. E., Coulbourn, W. T. *et al.* eds.), U. S. Government Printing Office, 87, 611-632, 1986.

Taira, A., Hill, I., Firth, J. *et al.* : Sediment deformation and hydrogeology of the Nankai Trough accretionary prism : —Synthesis of shipboard results of ODP Leg 131—, *Earth Planet Sci. Letters*, 109, 431-450, 1992.

◎四万十帯に関しては，

平　朝彦・田代正之編：四万十帯の地質学と古生物学（甲藤次郎教授還暦記念論文集），林野弘済会高知支部発行，389 p.，1980.

Ohmori, K. *et al.* : Paleothermal structure of the Shimanto accretionary prism, Shikoku, Japan : Role of an out-of-sequence thrust, *Geology*, 4, 327-330, 1997.

Ogawa, Y., Taniguchi, H. : Origin and emplacement of basaltic rocks in the accretionary complexes in SW Japan, *Ofioliti.*, 14, 177-193, 1989.

Taira, A., Okada, H., Whitaker, J. H. McD., and Smith, A. J. : The Shimanto Belt of Japan : Cretaceous-lower Miocene active-margin sedimentation. In *Trench-forearc Geology* (Loggett, J. K. ed.), The Geological Society of London, Special Publication, 5-26, 1982.

Taira, A., Katto, J., Tashiro, M., Okamura, M., and Kodama, K. : The Shimanto Belt in Shikoku, Japan-evolution of Cretaceous to Miocene accretionary prism. *Modern Geology*, 12, 5-46, 1988.

Underwood, M. B. (ed.) : *Thermal evolution of the Tertiary Shimanto Belt, southwest Japan : an Example of Ridge-Trench Interaction.* The Geological Soc. America Special Paper 273, 172 p., 1993.
(第三系四万十帯および南海トラフの熱構造とテクトニクス.)

◎付加体と流体や物質の循環に関しては，

Tarney, J. *et al.* (eds.) : *The behaviour and influence of fluids in subduction zones.* The Royal Society, London, 418 p., 1991.
(沈み込み帯と流体移動の論文集.)

日仏 KAIKO 計画の成果は，次の特集号を参照.

Fluids in Convergent Margins, *Earth Planetary Science Letters*, v/109, No. 3/4, 1992.

Geology, Geochemistry and Biology of Subduction Zones, *Paleogeography, Paleoclimatology, Paleobiology*, v. 71, no. 1/2, 1989.
倉本真一ほか：南海トラフ付加体の地震発生帯——日米3D調査概要，地学雑誌，109，531-539，2000.
（この巻の地学雑誌は「スラブの水/物質循環」を特集している.）
そのほか，
月刊地球号外32，「プレート沈み込み帯における物質循環」，2001.
がある.

◎南海トラフの巨大地震については，次のまとめがある.
月刊地球号外24，「南海地震」，1999.
月刊地球号外36，「沈み込み帯地震発生帯」，2002.
地学雑誌，110，第4号，2001.

◎付加体の帯磁率異方性の研究は，
Kanamatsu, K., Herroro-Bervera, E., Taira, A., Saito, S., Ashi, J., and Furumoto, A. S.：Magnetic fabric development in the Tertiary accretionary complex in the Boso and Miura Peninsulas of central Japan, *Geophys. Res. Letters*, 23, 471-474, 1996.

問題のヒント

問題1 四万十帯の例をもとに，地層の分布，地質構造，メランジュの構造，ブロックの年代や岩石の種類などを考えてみよう．図2.38に示したような巨大海底地すべりが地層になったとき付加体とどう違うか比較してみよう．

問題2 流量の直接測定の方法，掘削孔をもちいた方法，熱流量の測定などについて思考的に測定装置を考案してみよう．また，それぞれの特徴や問題点なども考えてみよう．文献，とくに日仏KAIKO計画の論文を参考にしてみよう．

5　変動帯の地質とテクトニクス

この章のねらい

この章では，変動帯の地質現象について学ぶ．変動帯では，テクトニクス，火成活動や堆積作用などが複雑に相互作用しながら，地殻を絶え間なく変化させている．この現象について，各地の具体的な例を上げながら見てゆく．変動帯の重要な構成要素である付加体については第4章で取り上げた．したがって，読者は本章と第4章を参照しながら読み進まれるとよい．

5.1　変動帯とプレート境界

(a)　アルプス巡検の旅

山はなぜ高くそびえているのだろうか．そして山の上で海棲生物の化石が見つかるのはどうしてだろうか．このような疑問は，科学的好奇心の原点であり，今日でも地質学の最大の課題の一つを構成している．そこで，この疑問をさらに具体的に体験する旅に出よう．アルプス山脈の地形と地質を概観するために，ミラノからチューリッヒにいたるルートを，鉄道を使って巡検してみよう(図5.1)．

出発点のミラノはポー川の上流域にあり，ロンバルディア平野の西端に位置しており，そこには数千mに達する第三紀—第四紀の砕屑岩層が分布している．まず，疑問がわく．なぜ，ここにこのような厚い地層が堆積したのだろうか．このような疑問を抱きつつ，ミラノから列車にのるとまもなくコモ(Como)湖に到着する．この付近では，数百m以上の標高の山並が見え，礫岩の露頭が見られる．ミラノ盆地の地下を構成していた第三紀の堆積物が変形して山なみをなしている．さらに湖に沿って上がり，ベリンゾナ(Bellinzona)に向かうと石灰岩の断崖が見え始め，山なみも，2000m以上の標高となる．この石灰岩はジュラ紀-トリアス紀のプラットフォーム堆積物であり，いままで見てきた若い時代の砕屑性堆積岩とはまったく性質が異なる．どうしてこのような岩相の急変がおこったのだろうか．

ベリンゾナからクール(Chur)に向かうルートでは，まず，変成岩体が見え始める．また，ライン川—ローヌ川の河谷は直線的な地形を作っているのがわかる．変成岩の露出と，ライン川—ローヌ川の河谷は何か関係があるのだろうか．クールの東方ダボス(Davos)付近では，山頂部には変成岩や片麻岩を主体とする岩石があり，その下位には中生代や古生代の砕屑岩類(主に赤色岩層)や炭酸塩岩プラットフォームやオフィオライトの岩石，さらに白亜紀のタービダイト層(アルプスではflyschと呼んでいる)が認められる．なぜ，山の上部に変成岩が露出しているのであろうか．これは普通みられる地殻の構造(変成岩は地殻の下部にある)と逆ではないか！　またコモ付近の炭酸塩プラットフォ

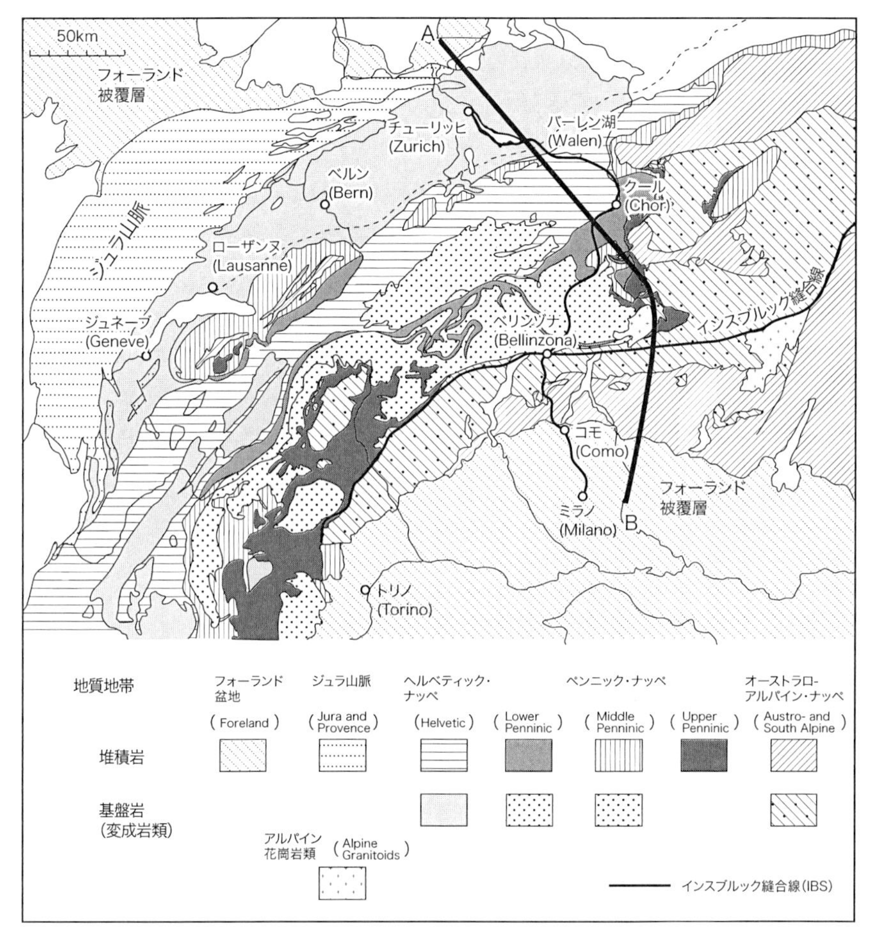

図 5.1 アルプスの地質図．各地質地帯について，基盤岩とそれを被覆する堆積岩に分けて表示してある．ミラノからチューリッヒに至るルートは本文で解説した巡検コース．図 5.20 の断面図の位置も示してある．Escher *et al.* (1993)による．

ームの地層とダボス付近の炭酸塩プラットフォームの岩石は類似している．同じものなのだろうか．

クールからチューリッヒへ向かうと，バーレン(Walen)湖付近では炭酸塩岩とフリッシュの激しく褶曲した様子が認められ，山なみは低くなり，1000 m

程度の標高から急に丘陵地帯へと変化する．丘陵地帯では第三紀の砕屑岩が露出している．リンス(Linth)渓谷付近では，第三紀砕屑岩の上にペルム紀の赤色岩層が衝上断層で接している．この断層を見ると，いままでの疑問の一部が氷解してくる．アルプスに見られる地質構造(変成岩が山の上にある！)は衝上断層による地殻構造の逆転で説明できるのではないだろうか？

アルプス巡検によって，諸君は地球の雄大な営みに感激するであろう．それは，変動帯を理解する重要な手がかりを与えてくれる．

(b)　変動帯の区分

プレートの境界とその周辺域では活発な地質活動が行なわれている．このような場所は総称して**変動帯**(mobile belt)と呼ぶことができる．プレート境界には発散型境界(リフト帯)，収束型境界，および横ずれ境界が存在している．

発散型境界(リフト帯)が大陸内部に生まれると，やがて大陸は分断され**リフト大陸縁辺域**(あるいは非活動的大陸縁辺域：rifted continental margin あるいは passive continental margin)が生じる．発散型境界では大陸分裂に先立ち，地下からのマグマの上昇により隆起，火成活動がおこることがあり，大陸分裂後は侵食・沈降・堆積の場となる．こうして大陸移動がおこるとともに新しい海洋底が誕生する．海底拡大が続行し海底が生産され，やがて冷却するにしたがってリソスフェアの厚さは増して，沈降し，海洋底は深くなる(第1巻参照)．

海底拡大がおこる一方，収束型境界ではプレートの沈み込みや衝突が行なわれる．海溝では，海洋プレートの沈み込みとそれにともなう多くの活動，例えば，著しい地震活動，海溝陸側斜面で堆積物のはぎとりによってできた付加体とメランジュの形成，前弧堆積盆地の形成，地殻変動，「対」型変成作用(沈み込み境界周辺でおこる低温高圧型と火山弧地下でおこる高温低圧型の変成作用のペア)，島弧火成活動などがおこる．また，島弧の陸側ではしばしば縁辺海(背弧海盆)の生成も行なわれる．

海洋プレートの沈み込みが続くと，島弧と島弧や大陸どうしの衝突にいたる．現在の大陸どうしの衝突の典型例はアドリア地塊(地塊とは小規模な大陸地殻の塊をさす．大きさの定義はないがオーストラリアやインドよりは小さいものを指す)とヨーロッパ大陸との衝突境界であるアルプス山脈，インド大陸とアジア大陸の衝突境界であるヒマラヤ山脈である．大陸弧がある時期にはリフト活動をおこして縁海を生じ，またその海底が島弧あるいは大陸側に沈み込むことによって再び縁辺海が閉じることもおこる(島弧と大陸の衝突，たとえば台湾)．

プレート衝突境界では，地質構造の形成，変成作用，火成活動，山脈の隆起，そして厚い堆積体(堆積体とは地層の集まり全体を指す用語である)の蓄積などが進行する場合がある．このような一連のプロセスを**造山運動**(orogeny)と呼び，造山運動のおこったあるいは進行中の場所を**造山帯**(orogenic belt)と呼ぶ．造山帯は変動帯の一部である．

プレートの横ずれ境界においてもプルアパート盆地と厚い堆積体の形成，地震活動などが活発におこっている．

大陸の分裂から始まって大陸の衝突にいたる一連の過程を，プレートテクトニクスの創始者の一人，Tuzo Wilson の名前をとって**ウィルソンサイクル**(Wilson cycle あるいは Wilsonian cycle)と呼ぶことはすでに第1巻で述べた．第1巻では主にこれらの過程の地球ダイナミックスとしての側面を概観したが，本章ではこれら一連の過程における地質現象を学ぶことにしよう．

5.2　変動帯における堆積盆地の形成

変動帯における地質現象を理解し，またその過程を復元して地球の歴史の解読に役立てるには，変動帯の中に形成された堆積盆地の地層記録を検討することが大変有効である．本章と次章で述べる記述の多くは，堆積盆地の記録解読から組み立てられたものである．本書の第2章では堆積環境と地層の構成について述べたが，なぜ地層がある場所に集積するのか，ということについては，簡単にしかふれなかった．図1.3には表層の主な地形と堆積環境の分布について示したが，本節では，まず主要な変動帯に注目して堆積盆地の形成についてまとめておこう．変動帯では，次の3つのタイプの堆積盆地が重要である．それらは，**リフト堆積盆地**(rift basin)，**フォーランド堆積盆地**(foreland basin)，**横ずれ堆積盆地**(strike-slip basin)である(図5.2)．

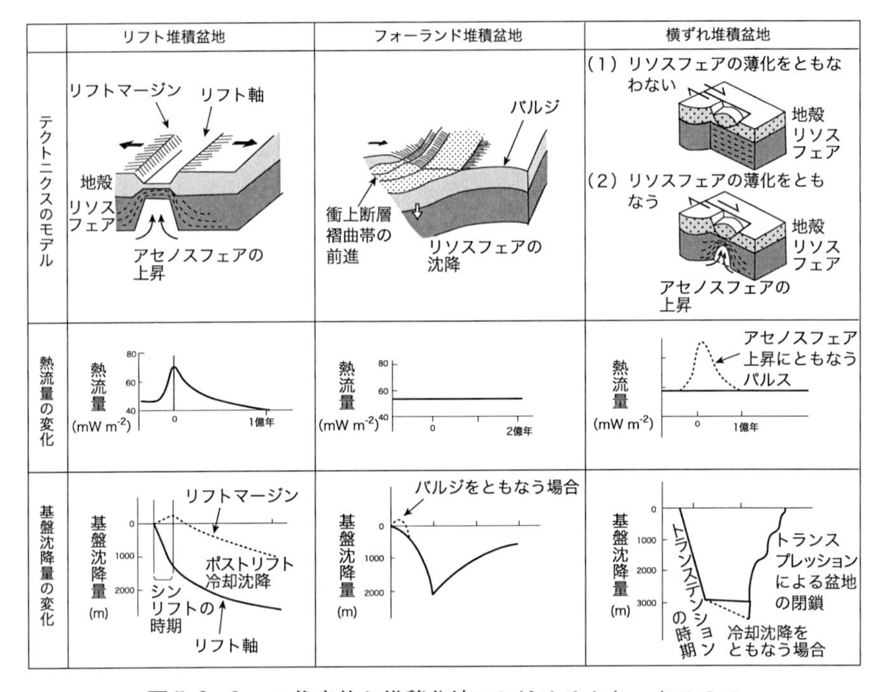

図 5.2 3つの代表的な堆積盆地におけるテクトニクスのモデル，熱流量の変化，基盤沈降量の変化．リフト堆積盆地では多くの場合にアセノスフェアの上昇にともなう熱流量の変化がおこる．Emery and Myers(1996)の Fig. 2. 1 を改編．第1巻も参照．

リフト帯では，引張応力場においてリソスフェアの伸展がおこり，地殻の沈降によって堆積盆地が作られる．この様子を沈降と熱流量の変化から見たのが図 5.2 である．リフト帯では，やがてリソスフェアの薄化にともなってアセノスフェアの上昇がおこるので，沈降とともに熱流量が増加する．リソスフェアの伸展が終了すると，こんどはアセノスフェアが冷却されるので，ゆっくりした**冷却沈降**(thermal subsidence)が継続する．

圧縮応力場において，**衝上断層・褶曲帯**(thrust-fold belt)が形成されている場合には，その前縁において沈降がおこる．これは，衝上断層・褶曲帯の前進にともなったリソスフェアへの荷重のためである．この沈降域をフォーランド(前縁)堆積盆地と呼んでいる．ここでは，アセノスフェアの上昇などの運動はともなわないので熱流量に大きな変化はおこらない．衝上断層・褶曲帯の形成が続いているうちは沈降は継続し，さらに堆積盆地は次第に断層に巻き込まれてゆくが，変動が終了すると，こんどは衝上断層・褶曲帯の侵食がおこるために荷重が取り去られて隆起域に転ずる．

横ずれ変動帯における代表的な堆積盆地に，**プルアパート堆積盆地**(pull-apart basin)がある．プルアパート堆積盆地が形成されるときには，地殻内部だけでおこる場合とリソスフェア全体が巻き込まれる場合がある．後者の場合にはアセノスフェアの上昇にともない火成活動がおこることがある．その場合には熱流量の増加が認められる．沈降は急速におこり，その後に冷却沈降が続く．横ずれ変動帯では，断層系が複雑な運動をくり返すので，プルアパート堆積盆地が横ずれ圧縮応力場(トランス・プレッション・テクトニクス)に置かれるようになり隆起に転ずることがある．横ずれ断層の屈曲にともなう引張応力場と圧縮応力場の出現についてはすでに第3章で述べた．

以下，各変動帯における主要な地質現象についてさらにくわしく見てゆこう．

5.3 大陸内リフト帯の地質

(a) リフト帯の地下構造

リソスフェアが比較的薄い部分で引張力がはたらくと，正断層が発達し，またしばしば火山活動をともなった溝状の低地帯，リフト帯が形成される．リフト帯に発達する正断層の形態については第3章で扱った．リフト帯は数km〜数十km程度の地殻の伸張で形成される．たとえば，バイカルリフトは伸張距離は10km以下と推定されているし，ケニアリフトも8〜10km程度である．一方，リソスフェア全体を巻き込んだ大規模な広域リフト帯では，伸張距離が数百kmにおよぶものもある．

リフト帯では，正断層の発達した軸部は，低地帯となり時に海面より低い高度を示すことがあるが，全体としては，海抜1000m以上の高地となっていることが多い．地震探査によってリフトの地殻構造を調べてみると，まわりの地殻より薄くなっていることがわかる(第1巻を参照)．さらに重力の測定などによって，リソスフェア自体が薄くなっていることが知られており，また，その下のマントル最上部にはしばしば低速度層が存在する．この低速度層の原因としては，中央海嶺と同じくマントルの熱膨張が考えられ，これが高地地形の原因である．

リフト帯の形成と沈降過程は第1次近似としては，リソスフェアの引き伸ばし(純粋せん断)による薄化，アセノスフェアの上昇，そして冷却沈降によって説明できる(第1巻第4章，および図5.2参照)．しかし，さらにくわしい地質構造の形成を説明するためには後述する水平デタッチメントと非対称リフトのモデルが有効である．またリフトにはしばしば火成活動がともなう．ここではまず火成活動の特徴から述べてみよう．

(b) リフトの火成活動

リフト火成活動の特徴は，アルカリ元素，とくにイオン半径の大きいK, Ba, Rbや軽希土類元素，そして揮発性成分とくにCO_2やハロゲン元素に富んでいることである．すなわち液相濃集元素に富んでいる(第1巻参照)．

この特徴は，液相濃集元素に乏しい中央海嶺の岩石とは大変異なる．リフト帯の火成岩の特徴を説明するには，マグマの形成プロセスや分化過程だけに頼るのは困難である．したがって，これは，マグマを供給したマントルそのものに違いがあると考えられている．一般にアセノスフェアは，海洋地殻として玄武岩マグマを供給しつづけているので，これらの液相濃集元素に枯渇(depeleted)していると考えられる．ゆえに，これらの液相濃集元素に富んだ肥沃マントル(enriched mantle あるいは fertile mantle)は，アセノスフェアのさらに下のマントルか大陸地殻直下のマントルかどちらかということになる．マントルトモグラフィーなどの成果によって，現在では，リフト帯の火成岩はアセノスフェアの下のマントル，しかもそのかなり深いところに，マグマのソースがあるのではないかと考えられている．

(c) 大陸内リフトと変成岩コアコンプレックス

大陸内に発達する広域リフト帯の地質構造の一例をみてみよう．北米のネバダ州からニューメキシコ州にかけての一帯にはベースン・アンド・レンジ地域(Basin and Range province)と呼ばれる低地と丘陵のくり返す地帯がある．こ

の一帯は,

1) 地殻の厚さが 25 km ぐらいとまわりにくらべて薄い

2) 地殻熱流量が高い

3) ブーゲー重力異常が大きい

という特徴を持っている.

以上の特徴は熱いマントルの上昇を表している. ベースン・アンド・レンジ地域を形成した引張テクトニクスの時期は, 北部で 50〜55 Ma であるのに対して, 中部では 16 Ma, 南部のリオグランデ・リフト (Rio Grande rift) ではそれよりさらに若く, 全体としては長い時間にわたって継続されてきたことがわかる. 中部ベースン・アンド・レンジ地域では, 地殻の伸張は地殻の厚さの 300〜400% と見積もられており, その量は過去 1600 万年で 250 km に達しているとされる. 伸張は現在でも局所的に集中しておこっており, そこでは 5〜13 mm/年の速度が推定されている.

ベースン・アンド・レンジ地域で重要なのは, **変成岩コアコンプレックス** (metamorphic core complex) の形成である. ベースン・アンド・レンジ地域には, 変成岩の露出地帯が点々と存在することが知られており, その起源は長年謎であった. 変成岩を露出させるには, その上位にある非変成の地殻を除去しなければならない. 地質学においては, 一般に変成岩を露出させるには, 圧縮テクトニクスによって深部から地殻を衝上断層によって持ち上げてくるのが妥当なメカニズムと考えられていた. ところが, ベースン・アンド・レンジ地域は明らかに引張テクトニクスの場にある. このことは従来の衝上断層による上昇という考え方と矛盾していた.

しかし, 1980 年代に Wernicke らによって引張テクトニクスによって地殻深部の層が持ち上がるという考えが提出されて, 地質学に大きな概念の転換がおこった. この考え方にはリソスフェアを切るような水平に近い正断層の役割が導入され, その証拠が続々と見つかってきたのである.

ベースン・アンド・レンジ地域には変成岩コアコンプレックスは 30 あまり認定されており, 一般に周囲より 2 km ほど高いドーム状の構造をなしており, 変成岩の露出は 400 km² ほどの広がりを有している. 変成岩は, 白亜紀以前の変成時期を示し, 第三紀初期〜中期の花崗岩の貫入を受けている場合が多い.

この変成岩地帯は，低角度の断層(引張デタッチメント：extensional detachment)によって，上部に重なった低変成度の地帯(リストリックファンを形成：図 3.18 を参照)と分かたれている．引張デタッチメントは，珪線石(シリマナイト：silimanite)などの高温の変成鉱物や，マイロナイトを含むせん断帯から構成されている，低温の変成作用と変成組織の形成をともなっており，

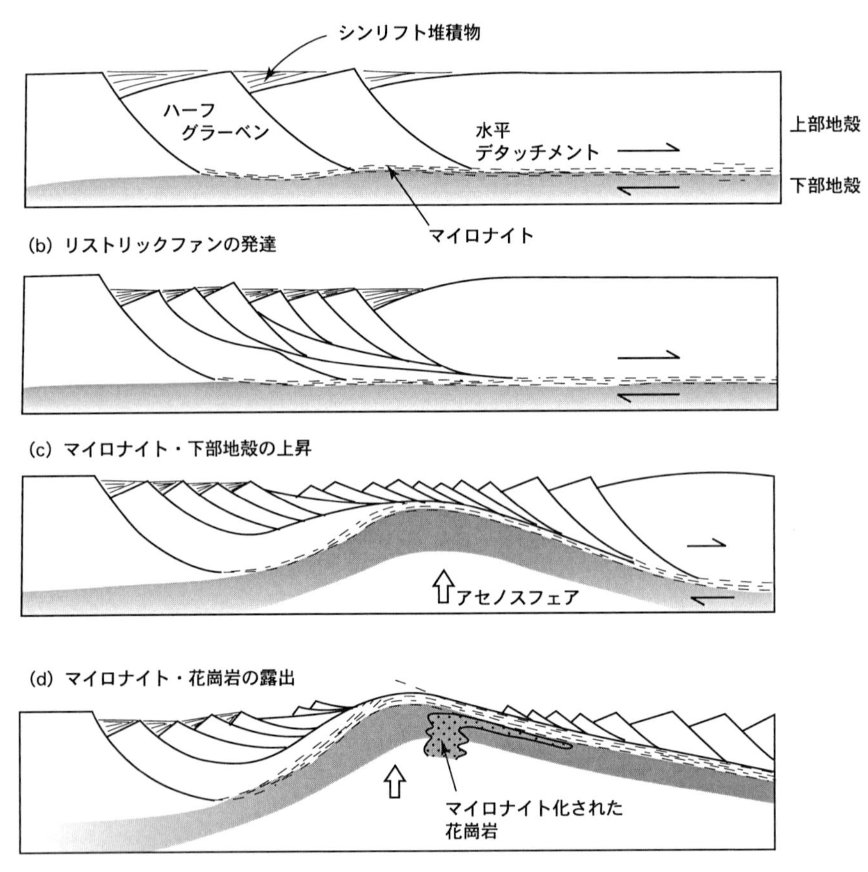

図 5.3 非対称リフトにおける水平デタッチメントの形成とシンリフト堆積物(a)，リストリックファン(b)，下部地殻の上昇(c)，変成岩コアコンプレックスの形成(d)．Lister and Davis(1989)による．

高度の変成岩(地殻の中〜下部相当の岩石)が，深部から上昇してきたことを示す．このような引張デタッチメントの発達は，単純せん断モデルによる非対称リフト帯の形成を引きおこす．

図5.3にはこれらの一連の過程のモデルが示してある．このモデルの特徴は上部地殻と下部地殻の間の脆性-延性境界に発達した水平なデタッチメントをすべり面とした単純せん断が基本となっていることである．このモデルでは，デタッチメントに沿って数十kmもの変位を考える．このとき，荷重の除去とアセノスフェアの上昇によって，中〜下部地殻の隆起がおこる．

(d)　堆積作用

リフトではしばしば次の4段階の地層の発達がみられる．

1)　リフト形成以前の堆積物

2)　リフト形成にともなう扇状地，河川・湖・蒸発岩等の堆積物で正断層の動きに応じて傾斜している

さらに

3)　海底拡大初期と熱的沈降の著しい時期におきた深海性のタービダイト堆積体．傾動している

4)　ゆっくりした沈降期には安定期の陸から供給された砕屑物や炭酸塩岩の堆積体が形成される．しばしば海水準変化に対応したシーケンスを示す．

1)をプレリフト(pre-rift)，2)をシンリフト(syn-rift)，3)を初期ポストリフト(post-rift)，4)を後期ポストリフト堆積体と呼んでいる．

リフト三重点から分裂が始まった場合，その不安定性により3つのアームは共存しえず，1つのアームは不活動となる．このような不活動となったアームを**オラーコジェン**(aulacogene)と呼ぶ．オラーコジェンは初期にリフト型の形態をもち，またリフト三重点の発達はしばしばホットスポットと関連があるので，火成活動をともなうことがある．このため，リフトの形成，火山活動，全体的沈降の3つのステージを通じて堆積作用がおこる．ホットスポットにともなったリフトが分裂をおこさず，途中で活動を止め，さらに長期間にわたり冷却がおこなわれると，三重点のアームを中心として円形の地域が沈降し，**プレート内堆積盆**(intra-plate sedimentary basin)が形成される．パリ盆地やミ

シガン盆地などはこの例である.

(e) 大陸分裂のメカニズム

大陸の分裂機構とその原動力の解明は, 地球科学の大きな問題の一つである. 現在, これには大きく2つの考えがある. 一つは大陸はマントル対流(プルーム活動を含む)によって引き裂かれるというものである. もう一つは, プレート運動の結果として, 大陸内部に引張力がはたらいて分裂がおこるとする考えである. 前者を**能動的リフト形成**(active rifting process), 後者を**受動的リフト形成**(passive rifitng process)と呼ぶことがある.

近年, 地震探査の発展の結果, 大陸縁辺に**SDR**(Seaward Dipping Reflectors : **海側傾斜反射面**)の発達する場所が多く知られるようになった. 国際深海掘削計画(ODP)の研究により, SDR は主に陸上から浅海域で噴出した玄武岩の溶岩流が厚く積み重なったものであることがわかった. 現在, SDR を示す大陸縁辺は, 台地玄武岩域や海台などとともに**巨大火成岩区域(LIPs** : large igneous provinces)としてまとめられている. パンゲアの分裂縁辺域の約4割ほどが巨大火成岩区域をともなっている. このような火成活動をともなう大陸縁辺部は**火山性大陸縁**(volcanic margin)と呼ばれている.

北大西洋火山性縁辺域は次の特徴を示す. 北大西洋をはさむ大陸の両側すなわちスカンジナビア半島, イギリスそして反対側のグリーンランドには, 大陸縁辺に第三紀の厚い火山岩層の存在が知られている(図5.4(a)). このうちグリーンランドやイギリスとアイルランドでは陸上に玄武岩の溶岩や貫入岩体の分布が知られている. また大陸斜面域ではSDRがよく発達しており, 5 km以上の厚さを持っている(図5.4(c)). このSDRはODPの掘削によって玄武岩の溶岩流であることが証明された. 大西洋の拡大を閉じてやると北大西洋はアイスランド・ホットスポットを起源とする巨大火成岩岩石区を形成していたことがわかる(図5.4(b)). このアイスランド・ホットスポットに関連した大陸分裂の経緯は, 次のようである.

1) 全体の隆起(不整合の形成)と陸上での台地玄武岩の噴火
2) リフトの形成開始と玄武岩組成のMORBタイプへの変化
3) 急速な沈降と引き続く海洋底拡大の開始

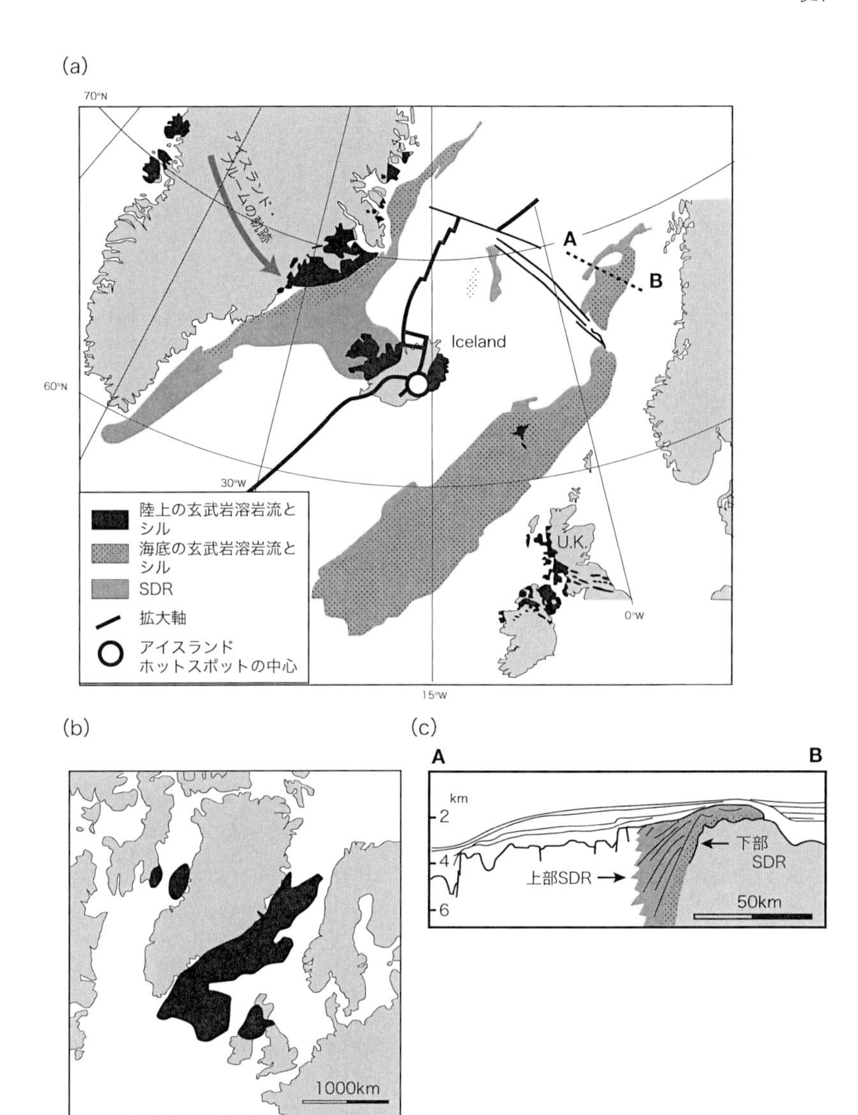

図 5.4 北大西洋の火山性大陸縁辺とアイスランド・ホットスポット．(a)アイスランド・ホットスポット，北大西洋の火山性大陸縁辺，大西洋拡大軸の位置．SDR は海側傾斜反射面の分布する場所を示す．A—B は(c)の断面の位置．(b)大西洋を閉じたときの溶岩流の分布域．(c)SDR を示す溶岩層の構造の断面．ノルウェー沖の A—B 断面．Larsen(2002)による．

以上の分裂経過は，マントル上昇流にともなう大陸リソスフェアの持ち上がり(ドーミング)による隆起，リフティングによるリソスフェアの薄化，さらに引き続いての火成活動が同時に進行したように見える．このことより大陸分裂の様式として次のようなモデルを考えることができる．

1)　大陸の下でマントルの大規模上昇流(プルーム)が生じる．

2)　プルームの頭(キノコ)の部分の到達によってまず隆起がおこり，さらに大陸リソスフェアは薄くなり，台地玄武岩が噴出し，リフト帯が形成される．

3)　大陸は分裂し，海洋底は拡大する．プルームの尾(キノコの茎)の活動によりホットスポットが形成される．

以上はマントル上昇流による能動的なリフトモデルである．

一方，大陸の分裂には火成活動をほとんどともなわないものもある．その場合はまず大陸リソスフェアの伸張がおこり，やがて海洋底拡大に移行する．このような様式で形成された大陸縁辺は**非火山性大陸縁**(non-volcanic margin)と呼ばれる．このプロセスを重視する考え方では大陸の分裂や中央海嶺の形成，そしてホットスポットの活動のほとんどはプレート運動の再編成時におこるものであり，巨大火成岩区域の形成は，プレート運動によってリソスフェアが機械的に引き伸ばされ，薄くなった部分にアセノスフェアが漏れだしたものであるとする．大陸の分裂の原動力としてプレートの運動，すなわちスラブ沈み込みの力を主とした全体の力学的なバランスを重視している．これが受動的リフトモデルである．

北大西洋火山性大陸縁辺の南に位置するイベリア半島，およびそれと海洋底拡大前に対応していた北米のニューファンドランドの大陸縁辺では，陸上および海底においても大陸分裂にともなう火成活動の証拠が発見されていない．また SDR に相当する地質構造も知られていない．両大陸縁ではリフト帯に特徴的なハーフグラーベンの構造がよく発達している．ODP による掘削の結果，海側のいくつかの高まりはペリドタイトから構成されていることがわかった．この縁辺では次のような様式で分裂が進行したと考えられている．

1)　プレート運動にともなって大陸にリフト帯が形成される．このリフト帯は直前の隆起(ドーミング)をともなわず，リソスフェアの薄化にともなって沈降帯を生じる．

2)　リフト帯の中でとくにリソスフェアの薄くなったところでは，時にリソスフェアのマントルが顔を出す．マントルの露出には変成岩コアコンプレックスと同様に引張デタッチメントの役割が考えられる．

3)　リソスフェアが分裂し，海洋底拡大が始まる．

以上2つのモデルを地質学的に検証するには，初期の台地玄武岩の活動が，リフト形成の前におこっているかどうか(マントル上昇流による能動的リフトモデルでは火成活動が先におこる)が重要となる．すなわち，分裂が先か，ホットスポットが先か，ということである．

しかし，この両者，すなわち火山性大陸縁辺と非火山性大陸縁辺の形成は，別々に独立して進行するわけではない．大西洋の拡大においても両者は相前後して進行している(ただし正確な時代関係はよくわかっていない)．すなわち，大陸の分裂には両方のプロセスが相互作用をしているように見える．このことを念頭においてゴンドワナ大陸の分裂を見てみよう．

(f)　ゴンドワナ大陸のフラグメンテーションとホットスポット

最新の復元に従うと，ゴンドワナ大陸の分裂に関して次のような経緯が編年できる(図5.5)．

1)　ゴンドワナ大陸の分裂は160 Maには始まっており，南アフリカのカルー(Karoo)台地玄武岩などの活動があった．

2)　160～120 Ma頃，南米，アフリカ，インド・マダガスカル，南極，オーストラリアの間で分裂が進行し，一部で海洋底拡大がおこった．ケルゲレン，マリオンのホットスポット位置と120 Maのゴンドワナ大陸の復元を重ねてみると両ホットスポットをつなぐようにインドと南極の間が分裂をおこしているように見える．その延長はオーストラリアと南極の間につながるが，そこにはホットスポットは存在していない．

3)　その後インドと南極は急速に分裂し海洋底が拡大した．一方，オーストラリアと南極の間の分裂はゆっくり進行した．

4)　リユニオンのホットスポットは65 Ma頃，おそらくインドとセイシェルの分裂にともなって形成され，その初期の活動の結果がデカン玄武岩台地(Deccan trap)である．

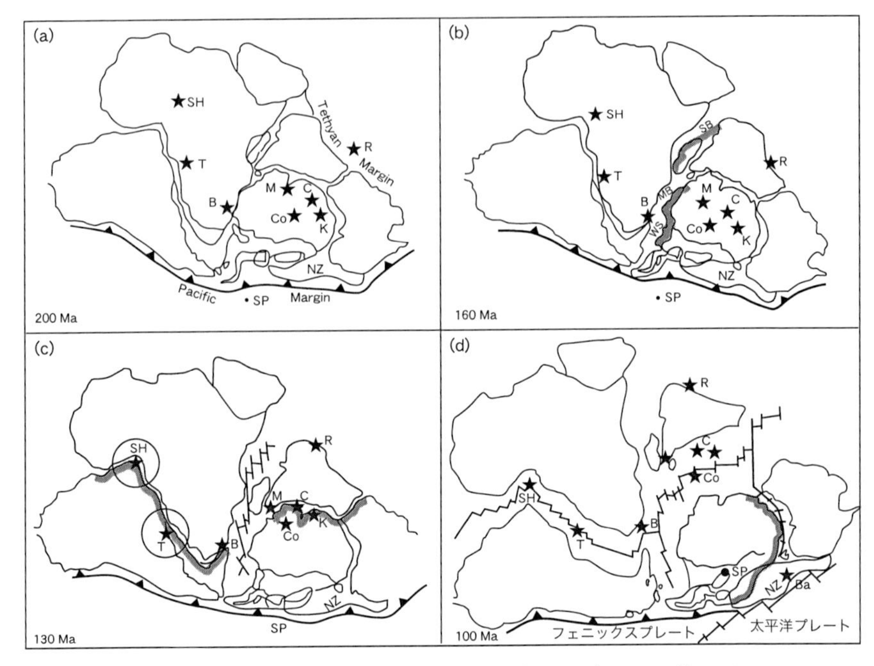

図 5.5 ゴンドワナ大陸の分裂(活動時期をグレーの帯で示した)とホットスポット(星印). ホットスポット —— Ba : Balleny, B : Bouvet, C : Crozet, Co : Conrad, K : Kerguelen, M : Marion, R : Reunion, SH : St. Helena, T : Tristan. 地名 —— MB : Mozambique basin, NZ : New Zealand, SB : Somali basin, SP : South Pole(南極), WS : proto-Weddell Sea(古ウェッデル海). (a) 200 Ma : ゴンドワナ大陸とホットスポットの位置. (b) 160 Ma : アフリカ東縁の分裂がおこった. これは多くが非火山性である. (c) 130 Ma : 大西洋とインドの分裂がおこった. ホットスポットをつなぐような火山性大陸縁辺が発達した. (d) 100 Ma : オーストラリアの分裂がおこった. 非火山性である. Storey (1995) による.

現在のケルゲレン海台の下には，下部マントルまでとどく低速度領域がトモグラフィーによって見える．このことから判断して，ケルゲレン海台にはマントルプルームが関与している可能性が高い．

以上からすると，ゴンドワナ大陸の分裂にはマントルプルームが関与していた．これより，次のような大陸分裂様式が想定できる．

1) 160 Ma 頃からマントルプルームの断続的な活動が始まった．これが大陸分裂の原動力である．

2) プルームの一部は洪水玄武岩を引きおこし，大陸リソスフェアを薄化させた．

3) プルームの一部はいくつかのホットスポット群となり噴出した．ホットスポットの間を結ぶように大陸は分裂し，急速に海洋底の拡大がおこった．

4) ホットスポットが形成されなかったところでは，その後大陸は主に受動的に伸張し，非火山性大陸縁辺が発達した．

この考えでは，大陸リソスフェアはプルームの活動とホットスポットの形成によりミシン目を開けたような状態になる(火山性大陸縁辺の形成)．その後は，ミシン目をつなぐように大陸リソスフェアがテクトニックに伸張分断され，大陸分裂が進行する(非火山性大陸縁辺の形成)．ゴンドワナ大陸の分裂分離(fragmentation)はマントル上昇流をきっかけとして，能動型と受動型が連動しながら拡大していったと考えられる．

5.4 中央海嶺の地質

地球においてもっとも顕著で巨大な地形は，全長6万 km に及ぶ中央海嶺系であろう．そこは海洋地殻が誕生する場所であるとともに，地球内部からの熱を定常的に放出する場所を構成している．

近年の海底地形探査技術や潜水艇調査などによって中央海嶺の地質とテクトニクスについての理解が大きく進んだ．また，深海掘削によってコスタリカ沖の海洋地殻に深さ 2111 m のボーリングがなされ，海洋地殻上部の岩石が採取され岩石学的な研究が進展した．

(a) 海嶺のタイプと拡大速度

中央海嶺は全体としてみると 1000 km から 4000 km の幅で周囲の海底より 2〜3 km の緩慢な高まりをなしている．そこでは活発な火山活動が展開され，海洋地殻が新たに形成され，またマグマと海水が反応して熱水が循環している．

また地震活動も頻繁におきている．

中央海嶺の地形と地質を支配するもっとも大きな要因は拡大速度である．拡大速度は1～15 cm/年程度の幅をもっており，大きく1～5 cm/年の**低速拡大海嶺**(slow spreading ridge：例えば大西洋中央海嶺やインド洋の中央海嶺)と5 cm/年以上の**高速拡大海嶺**(fast spreading ridge：例えば大部分の東太平洋海膨)に区分できる(図5.6，図5.7)．

低速拡大海嶺では，幅30～50 km，深さ1500～3000 mの顕著な中軸谷が発達しているのが特徴であり，その周囲では断層崖が認められる(図5.7(b))．一方，高速拡大海嶺では，中軸谷はほとんど発達せずに，拡大軸は海嶺の頂上と一致する(図5.6(a)，図5.7(a))．このような地形の特徴の違いは，中央海嶺下のマントルの構造が重要な役割を果たしている．

中央海嶺周辺でフリーエア重力異常を測定すると，全体としてその値はほぼゼロでアイソスタシーが成り立っていることがわかる．ただし，拡大軸付近には正の重力異常がみられ，ここでは地形が持ち上げられていることがわかる．このように重力異常からみると中央海嶺は拡大速度にかかわらず共通した特徴をもち，拡大軸付近の下に密度の小さい部分があり，地形が隆起していることがわかる．大西洋中央海嶺の重力のモデリングによれば，中央海嶺下に密度差0.04 (t/m^3)の軽い部分が200 km下まで伸びていることが想定されている．このような低い密度のマントルは主に中央海嶺下マントル物質の熱膨張によるものと推定され，マントルの温度の上昇が想定される．その結果，中央海嶺は，高まりとなっていると考えられている．

東太平洋海膨では地震探査により拡大軸直下1.2～2.5 kmで明瞭な反射面がとらえられた．これは著しい音響インピーダンスの逆転コントラストを表現しており，おそらく流体の存在が示唆され，マグマチェンバーの上部をとらえたと解釈された．この反射面は海嶺に直交する方向で幅2～8 kmの分布を示し，また海嶺の軸方向に沿っては調査域の60％で反射面をとらえることができた．さらに地震波トモグラフィーの観測では50％以上のメルトを含む部分(マグマチェンバー本体)は数百mの厚さと4 km程度の幅をもっているにすぎず，周囲の低速度部分は高温であるがメルトの少ない岩石によって構成されていることがわかってきた．

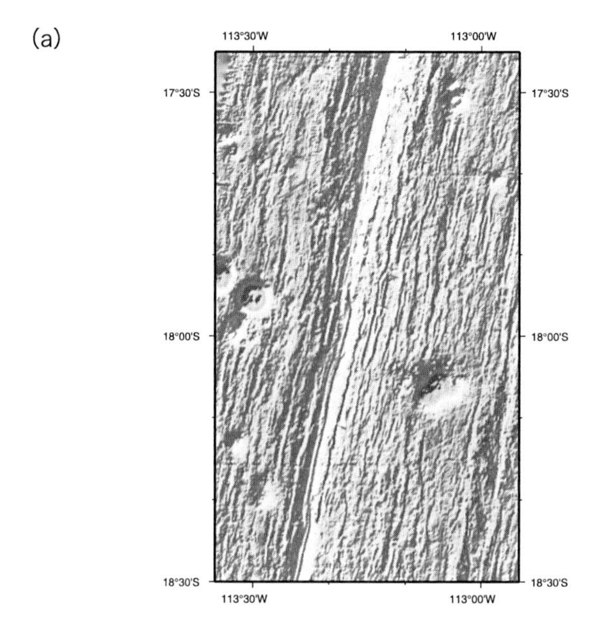

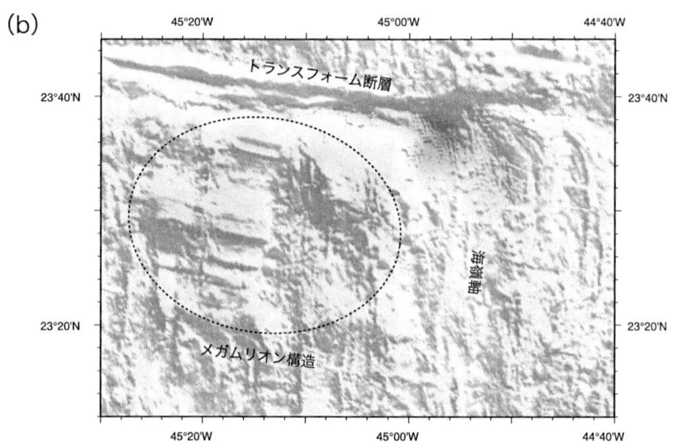

図 5.6 2つのタイプの海嶺の地形．(a)高速拡大海嶺．東太平洋海膨 17°30′S から 18°30′S まで．中軸部と周辺の断層は直線的で対称形をなし，中軸谷の発達が悪い．(b)低速拡大海嶺(非対称リフト型)の地形．大西洋中央海嶺の 23°30′N 付近．この付近には海溝軸に直交する方向に発達して起伏をもつ地帯が存在し，これをメガムリオン構造と呼んでいる．その成因についてはよくわかっていない．沖野郷子氏作成．

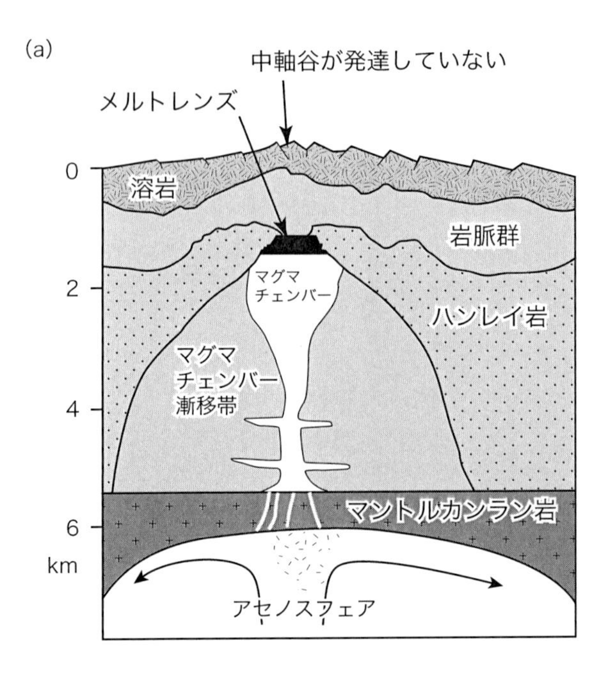
(a)
中軸谷が発達していない
メルトレンズ
0
溶岩
岩脈群
2
マグマ
チェンバー
ハンレイ岩
マグマ
チェンバー
漸移帯
4
マントルカンラン岩
6
km
アセノスフェア

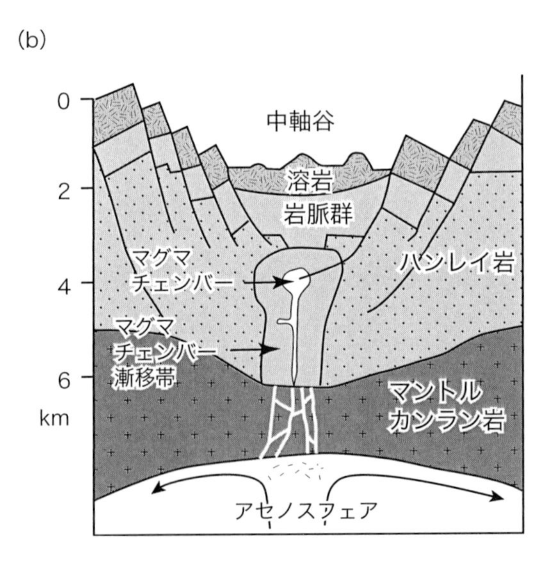
(b)
0
中軸谷
溶岩
2
岩脈群
マグマ
チェンバー
ハンレイ岩
4
マグマ
チェンバー
漸移帯
6
マントル
カンラン岩
km
アセノスフェア

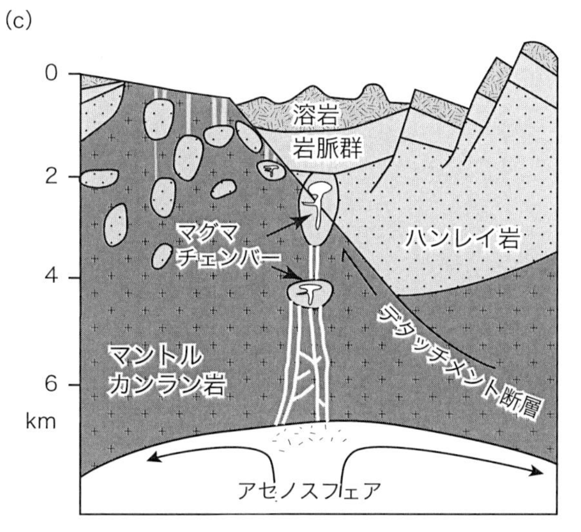

図 5.7 海嶺の推定内部構造．(a)高速拡大海嶺では大きなマグマチェンバーが存在し，ハンレイ岩，平行岩脈群，溶岩と重なる海洋地殻層序が形成される．中軸谷が発達していない．表層の地形は図 5.6(a)のようになる．(b)低速拡大海嶺ではマグマチェンバーが小さく，リフト構造がよく発達し，中軸谷が大きい．(c)低速拡大海嶺では，非対称的なリフト構造が発達する場合がある．この場合にはマントルカンラン岩が海底に顔を出し，また，その中にハンレイ岩が貫入していると推定できる．図 5.6(b)で見たメガムリオン構造は，カンラン岩体の上部に発達していると推定される．Pearce(2002)による．また Cannat *et al.* (1995)を参照．

一方，低速拡大海嶺の例である大西洋中央海嶺ではこのような発達したマグマチェンバーの存在を示唆するような反射面はとらえられていない(図5.7)．また低速度マントルの部分も限られた分布を示す事から東太平洋海膨のような大きさのマグマチェンバーは存在せず，小規模のものしか存在しないと考えられている．

(b) 海嶺軸の不連続性

近年のマルチナロービーム測深やサイドスキャンソナーなどによる詳細な海底地形のイメージングにより，中央海嶺の地形の特徴が明らかにされてきた．そのもっとも顕著な発見は，トランスフォーム断層によって連結されていない不連続な拡大軸の存在である．これには大きく見て2つのタイプがある．一つは**進行リフト**(プロパゲイティング・リフト：propagating rift)であり，もう一つは**重複拡大軸**(オーバーラッピング拡大軸：overlapping spreading cen-

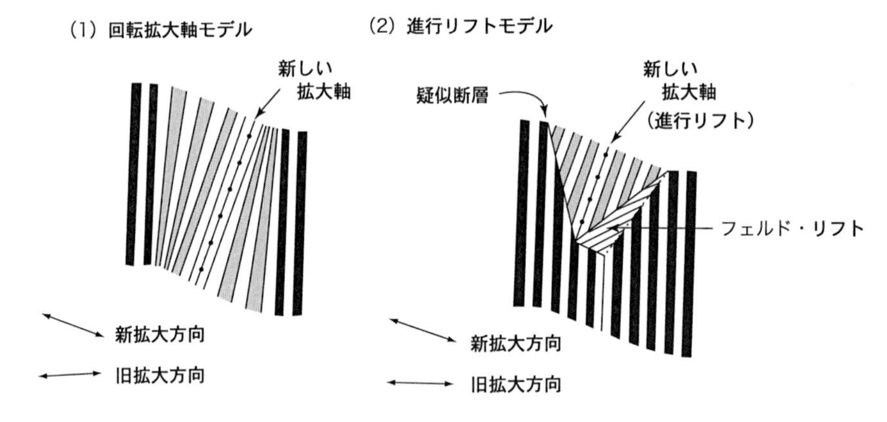

図5.8 中央海嶺における拡大方向の変化とそれにともなう構造．(a)拡大方向の変形にともなう構造．Hey(1977)より．(1)は連続した拡大方向の変化にともなう構造(回転拡大軸モデル)，(2)は不連続な変形にともなう構造(進行リフトモデル)．(b)重複拡大軸のモデル．2つの拡大軸の接合プロセスを示す．MacDonald and Fox(1983)より．(c)東太平洋中央海膨の重複海嶺軸におけるローテイティングブロックを示す地形図．この状態は，(b)の(3)に相当する．沖野郷子氏作成．

ter)である(図5.8).

海嶺の拡大方向は必ずしも一定とはかぎらない．例えば北西太平洋の磁気縞模様によれば過去5回にわたって拡大方向を変化させている．では拡大方向の変化は拡大軸においてはどのように調整するのだろうか．これには2つのモデルがある(図5.8(a))．

1)　回転拡大軸モデル

2)　進行リフトモデル

である．

回転拡大軸モデルでは拡大軸両側の拡大速度は非対称となり，拡大軸は次第に回転しながらプレートの運動を変化させる．一方，進行リフトモデルでは古いプレートを新しい拡大軸が食い破って進行するモデルである．進行は何段階かのステップを踏むので放棄された**フェイルド・リフト**(failed rift)が残され，また進行中のリフトと古い海洋底の間には，断層で食い違ったような磁気縞模

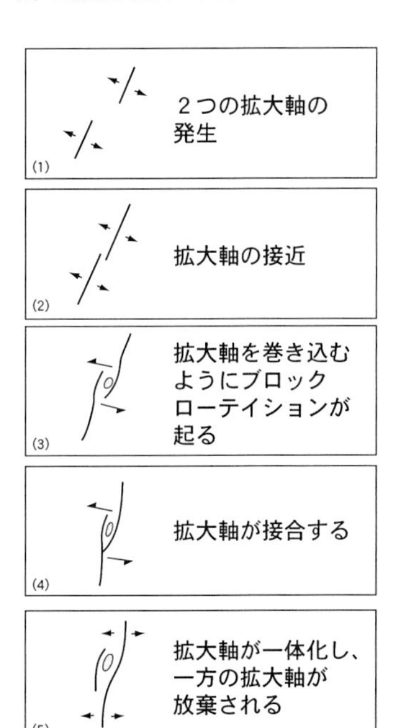

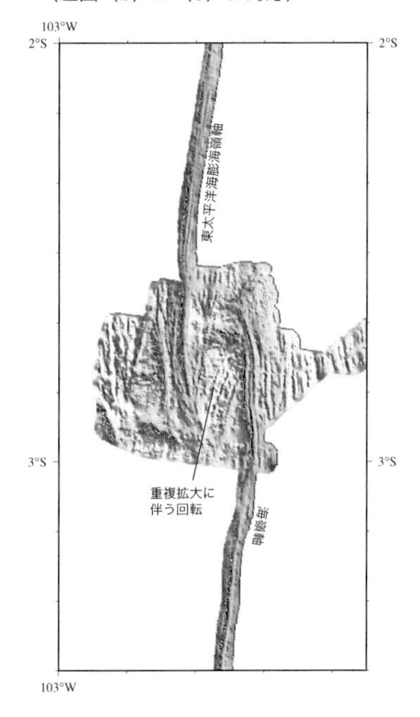

様の不連続線が生じる．これを**疑似断層**(**シュードフォールト**：pseudo fault)とよぶ．これは異なった年代の海洋底の境界であって，実際に両側の海洋底が変位するような断層活動の結果ではないので「疑似」と呼ぶのである．進行リフトモデルでは，拡大方向の変化にともなって海洋底に多数の進行リフトが発生し，ついにはトランスフォーム断層で境された拡大軸へと発達する．進行リフトは実際，太平洋-ファラロンプレート境界やガラパゴス海嶺で発生しており，拡大方向の変換様式としてもっとも頻繁に見られることが判明した．

高速拡大海嶺の拡大軸と平行な方向への地形の変化を見てみると面白いことに気が付く(図5.6(b))．まず300〜500 kmのインターバルでの波高1000 m程度の起伏が認められる．これはアセノスフェアの上昇流に対応していると考えられる．つぎに50〜300 kmのオーダーで拡大軸が並列し重複している様子がとらえられた．これをオーバーラッピング拡大軸と呼ぶ(図5.8(b),(c))．オーバーラッピング拡大軸は高速拡大海嶺に特徴的に認められるもので，2つの拡大軸の間の距離(オフセット)は通常15 km以内である．またその間ではリソスフェアは大変薄く脆弱なためトランスフォーム断層は発達しない．オーバーラッピング拡大軸は，重なりが十分発達するとその間に挟まれたブロックの回転がおこり，さらに一方が他方と連結して連続した拡大軸となり重複部の一つは放棄される．

これらの拡大軸のオーバーラップや不連続のほとんどは，拡大軸下のマグマ供給量の変動によって引きおこされると考えられている．

(c)　海洋地殻の生成

海洋地殻が実際どのような構造をしているのか実地に検証された例はない．これから述べることは，主に

1)　海洋底のボーリング結果
2)　地震波による速度構造の解析
3)　オフィオライトの研究

にもとづいている．

一般に受け入れられている高速拡大軸における海洋地殻の生成過程は図5.7(a)に示したようなものである．このモデルでは，熱いアセノスフェアが上昇

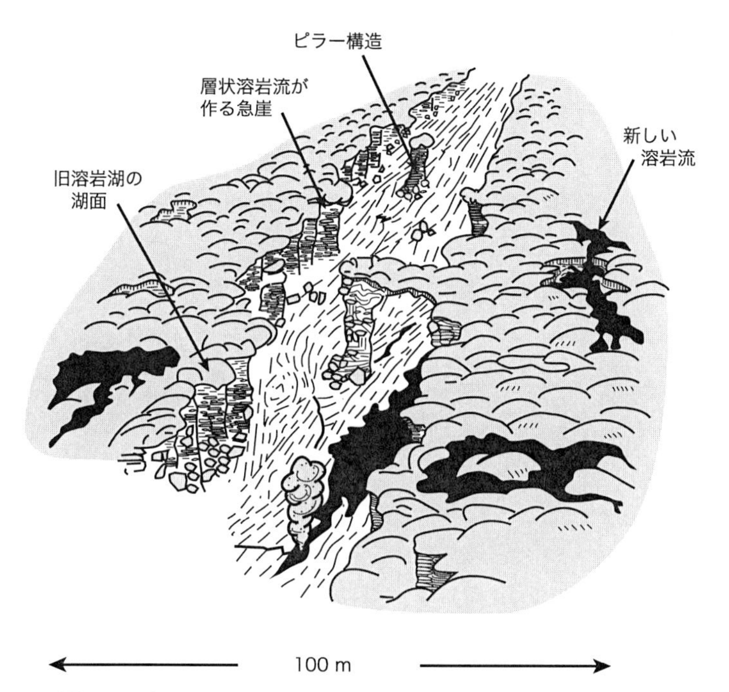

図 5.9 東太平洋海膨の 9°N の海嶺軸部の火山活動の様子を示す図．表面は枕状溶岩で覆われているが，細長い窪地では溶岩の柱が立ち上がり，また，柱や周囲の壁には溶岩の層状の模様が認められた．この窪地は，おそらく大きな溶岩トンネルあるいは溶岩湖で，溶岩面の低下とともに層状の模様がついたと考えられる．柱状の構造(ピラー構造)は溶岩の下部から海水や水蒸気が吹き上がった抜け穴であり，その周囲が固まったためにできたと推定されている．このように高速拡大の中軸部では，火山活動がきわめて活発である．Perfit and Chadwick (1998) による．

してきた結果，断熱膨張により部分溶融した物質がそれから分離して，マグマだまりを作る．このマグマだまりから，岩脈が貫入し，さらにそれが海底で噴出して溶岩となる．中央海嶺では，枕状溶岩，シート状溶岩，水砕岩などが海底に見られ，また，断層崖ではこれらが崩れて崖錐を作っている．また，溶岩トンネルや，溶岩湖の存在や熱水活動を示す証拠が見つかっている(図 5.9)．中央海嶺の火山活動は活発であり，時に大量の溶岩を流す活動がおこっているらしい．中央海嶺の玄武岩は一般に液相濃集元素に枯渇しており，これを**MORB**(Mid Oceanic Ridge Basalt)と呼んでいる．

溶岩層の下位にある**平行岩脈群**(sheeted dyke complex)については，**冷却縁**(チルドマージン：chilled margin)をもった岩脈が次の岩脈によって次々と貫入されるために，片側だけ冷却縁を持つ岩脈が中央海嶺の両側に発達するようになる．

マグマチェンバーのなかでは，最初に析出した鉱物であるオリビンとクロムスピネルが沈降・集積して，下部に**ダナイト**(dunite)の層を作る．さらに温度が下がると，輝石が晶出して**ペリドタイト集積岩**(**キュムレート**：cumulate)を作り，さらに上部では輝石の集中したパイロキシナイト(pyroxenite)ができる．そして斜長石が析出しはじめるとオリビンハンレイ岩(olivine gabbro)が作られ，しばしば，ペリドタイト集積岩やパイロキシナイトと互層する．これを層状ハンレイ岩(layered gabbro)と呼ぶ．この段階でも，残ったマグマ液は多量にあって，それが比較的狭い温度範囲で均質な**ハンレイ岩**(gabbro)を形成する．残りの液から小量の斜長石と石英からなる斜長石花崗岩(plagio-granite)がポケット状の小岩体を作る．

最下部のダナイト，ペリドタイト，パイロキシナイトなどの超塩基性岩集積岩は，マントルペリドタイトと同じ程度のP波速度をもっているので，屈折波探査では区別がつかない．したがって，モホ面を超塩基性岩集積岩と層状ハンレイ岩の境におく**地震学的モホ**(seismic Moho)と，マントルペリドタイトと超塩基性岩集積岩の境におく**岩石学的モホ**(petrologic Moho)に区分することがある．中央海嶺から離れるに従って超塩基性岩集積岩およびマントル最上部ペリドタイトは，熱水の影響を受けて蛇紋岩化され地震波速度が低下する．このために，十分に変質を受けた海洋地殻において地震学的モホは，さらにこの蛇紋岩層の下にあるとも推定されている．熱水作用による玄武岩の変質については，第1巻でまとめてあるので参照してほしい．

低速拡大海嶺においては，しばしば蛇紋岩が海底からドレッジや掘削によって採取されている．低速度拡大海嶺においては大陸内リフト帯の非対称構造と同様に低角正断層によってマントルが露出する場合があると考えられる(図5.7(c)を参照)．すなわち，低速拡大海嶺においては，テクトニクスの作用が海洋地殻の性質に大きな役割を果たしている．また非対称構造を示す海嶺においては下盤側に畝(うね)状の地形があらわれることがあり，これをメガ・ムリオン(mega mullion：ムリオンについては第3章を参照．成因は異なるが形状の類似性でそう呼ぶ)と呼んでいる(図5.6(c)を参照)．低速度拡大軸では火山地形も高速度拡大軸と異なる．大量の溶岩が広く噴出している高速拡大軸に対して低速拡大軸では溶岩の噴出は局所的であり，例えば大西洋中央海嶺の23°N付近では800 mの直径をもち，60 mの高さにそびえる枕状溶岩の山が作られており，それらは正断層で切られている．海洋地殻を作るマグマチェンバーの深さはマントルの岩石が溶融する温度圧力条件であるマントルソリダス(ソリダスについては第1巻参照)で決まる．現在の地球では，その条件は，地球全体でそれほど変わらない．したがって，海洋地殻の厚さはどこでもあまり変化がない．しかし，地球初期には，地球の熱的状態が異なるのでこの厚さは変わってくることが予想される．すなわち，もしマントル温度が高いと，マグマチェンバーが大きくなり，海洋地殻が厚くなる．このことは地球テクトニクスの変遷を考える上で重要となる．

海洋地殻は地球表面で最大の面積に広がる岩石圏を構成しており，その性質を知ることは地球を理解することに直結している．しかるに上で述べた海洋地殻の性質は，まだモデルの段階であり，十分な実証がなされていない．海洋地殻を掘り抜くボーリングを行なうことがぜひとも必要である．

5.5 横ずれ断層帯の地質

プレートとプレートがすれちがうところはトランスフォーム断層と呼ばれる．また，中央アジアのアルチンターク断層のように，プレート境界とは認められないものの延長1000 kmを越す横ずれ断層も存在する．日本の中央構造線も顕著な横ずれ断層である．このような大規模な横ずれ断層は総称して**トランスカレント断層**(transcurrent fault)と呼ばれている．ここでは，横ずれ断層にともなうさまざまな地質現象について見てゆこう．

(a)　トランスフォーム断層と断裂帯

プレートテクトニクスによればトランスフォーム断層はプレート運動の回転と平行な方向に配置しており(第1巻参照)，地震活動が活発である．トランスフォーム断層は海嶺と海嶺の間に発達するが，その延長部は断層をはさんでプレートの運動方向が一致しているので地震活動などの変動は少ない．しかし延長部ではそれをはさんで海洋底の年令が異なるので両側で海底の深さが異なる地形としてはっきり認識できる．これを**断裂帯**(fracture zone)とよぶ．

トランスフォーム断層にともなう地形で特徴的なのが，断層と平行に走る**トランスヴァース・リッジ**(transverse ridge)と呼ばれる高まりである．トランスヴァースリッジは時に隣接する海嶺より高くそびえ，その頂上から断裂帯の底まで6 kmもの高低差となる．これは海洋地殻の厚さそのものに匹敵するので，海洋地殻の構成を研究するための調査が行なわれている．

トランスヴァース・リッジの成因については，これが火山活動によるものでないことは，地形やドレッジの試料より明らかである．リッジの成因としてはトランスフォーム断層沿いに発生する圧縮力による隆起運動(プレッシャーリッジ：図3.24を参照)があげられる．拡大方向の変換はトランスフォーム断層に沿って圧縮力や引張力を発生させる場合があるからである．

トランスフォーム断層系において，断層の方向と拡大の方向が一致せず，より引張応用場が卓越すると，トランスフォーム断層は短いリッジとの組合わせに変化する．その典型例がカリフォルニア湾のトランスフォーム断層と海嶺の組み合わせである．このようなトランスフォーム断層系では，トランスフォーム断層中にも火成活動が行なわれており，マグマが洩れだしているので**洩れ型トランスフォーム断層**(リーキー・トランスフォーム断層：leaky transform fault)とよぶ．

(b)　大陸の横ずれ断層系

大陸地殻を横切るトランスフォーム断層の例としては，サンアンドレアス断層，トルコのアナトリア断層，ニュージーランドのアルパイン断層，死海断層などがある．大陸の横ずれ断層系は，海洋プレートと異なって大変複雑な分布や形態を示す．これは，大陸が形成されたときの弱線など既存の複雑な構造を反映するからである．したがって，変形している地域も広範囲におよぶことが多い．

サンアンドレアス断層系を例にとると，この断層系は漸新世から活動を始め，全体として 1500 km の変位があると推定されている．サンアンドレアス断層は，この断層系のもっとも主要な断層であり，全長 1200 km にわたって連続している．しかし，それ自体の変位は 300 km 程度であるので，残りの 1200 km 程度は，付随する断層系全体の変位でまかなわれている．

横ずれ断層系においては，時に厚い堆積盆地が形成される．例えば，死海(Dead Sea)やカリフォルニアのサンフランシスコ湾などの**プルアパート盆地**(pull-apart basin)がある(図 3.24 と図 5.2 参照)．プルアパート盆地では，局所的に厚い堆積物が蓄積され，盆地の成長によってリソスフェアが薄くなると，時には盆地の内部で火成活動がおこる．断層近傍にて扇状地が発達し，盆地内に湖が発達し，全体として層厚数千 m に及ぶ礫岩，河川堆積物や湖成層などが認められる．

横ずれ断層系においては，引張応力によって形成された凹地が，一定方向に移動することがある．そこでは，堆積の中心が次第に移動してゆく．図 5.10(b)にはそのような例を示してある．主横ずれ断層の屈曲にともない，トランス・テンションのはたらくところでは，地殻内部の水平デタッチメント断層の発達によってハーフグラーベン系が作られている．ハーフグラーベンをともなう凹地の延長部には，トランス・プレッションがはたらきプレッシャー・リッジが発達している．凹地への堆積物の供給はプレッシャー・リッジの作る山地から行なわれると考えられるので，軸方向(横ずれ断層系と平行)の堆積物の供給方向が卓越する．地層はシンリフト堆積物のように傾動してゆくが，傾動方向は堆積物の供給を示す古流向(例えば乱泥流の流向)と逆になる．さらに屈曲が変化し，トランス・プレッション・テクトニクスによって堆積盆地が閉鎖する場合には雁行状の褶曲が発達してくる(図 5.10(c))．

わが国では中央構造線に沿って発達した上部白亜系和泉層群が奇妙な地層の分布を示すことが知られている(図 5.10(a))．和泉層群は和歌山県から四国にかけて分布し，次の特徴を持つ．

1)　中央構造線沿いに細長く 500 km(幅 30 km)にわたって分布している．

(a)

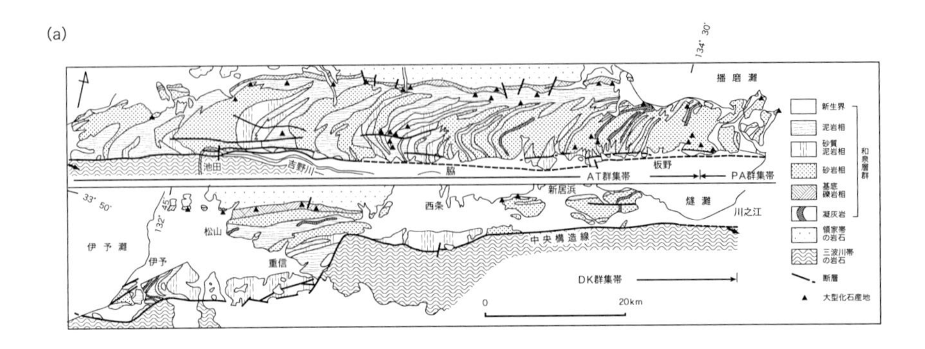

(b)

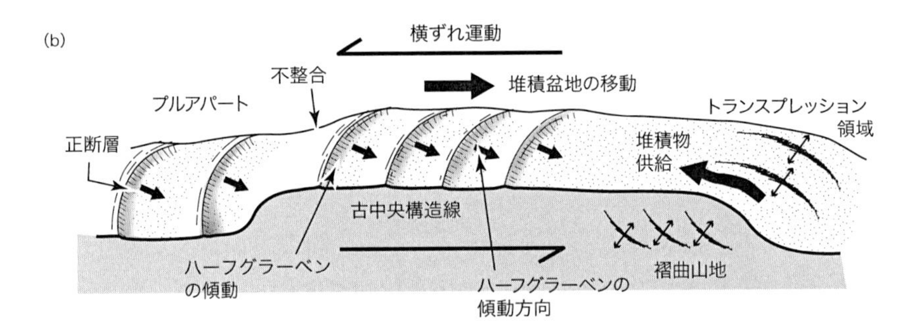

(c)

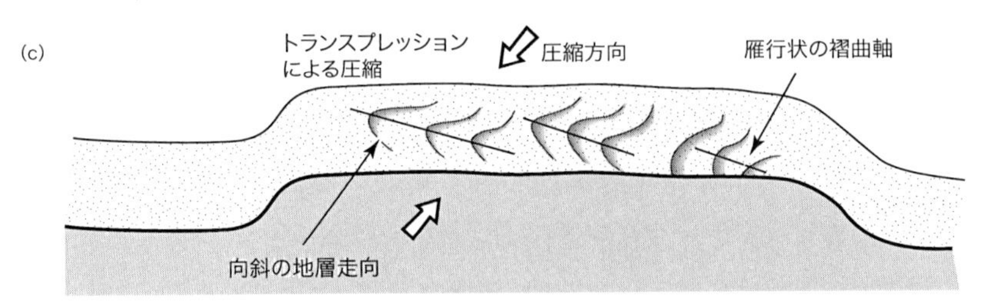

図 5.10　中央構造線沿いに発達した白亜紀和泉層群の地質構造とそのテクトニクスの解釈．(a)和泉層群は東に傾斜した向斜構造を主体として，雁行状の褶曲軸を持つ．南側の中央構造線とは断層で接するが北側の基盤岩(主に白亜紀の花崗岩類)とは不整合で接する．古流向は東より西方向である．『日本の地質』「四国地方」より(第 6 章の文献参照)．(b)和泉層群堆積時のテクトニクスモデル．トランスプレッションの地域から堆積物が供給される．第 3 章の図 3.23 も参照．(c)和泉層群が閉鎖し褶曲が形成される．白亜紀西南日本の様子は第 6 章を参照．

2)　全体として西から東へと傾斜しているが，東西方向に軸をもつ雁行状の褶曲を構成する．褶曲軸は中央構造線に収れんする．

3)　古流向は東から西への軸流が卓越する．

中軸部にはタービダイトが発達しており，北縁では花崗岩などの基盤を不整合で覆い，またカキ礁などの浅海性の地層が分布する．西から東への地層の傾斜を簡単に説明するには，例えば三角州が西から東へとプログラデーションすると説明できる．しかし，古流向は反対方向である．したがってこれは海盆の中心が西から東へ移動しつつ，さらに地層堆積後に東へ傾動し，その後褶曲したことになる．このような堆積および構造形態は図5.10(b), (c)の横ずれ断層モデルでよく説明できる．

和泉層群から推定される当時の中央構造線の運動は左横ずれであり，これは当時の四万十帯形成時のプレート斜め沈み込みによる左横ずれ運動に対応している(第4章と第6章を参照)．

5.6　火山弧-海溝系の地質

プレート収束境界においては，海溝-火山弧の形成，背弧海盆の誕生と消滅，島弧や大陸などの相互の衝突など，きわめて活発な変動がおこる．ここでは，火山弧とそれに関連した地域の地質とテクトニクスについてまず述べ，さらに衝突帯の地質の概容について述べてゆこう．

(a)　火山弧-海溝系の地形

プレート沈み込み帯は，海溝-火山弧の平行配列で特徴づけられる．この火山列は，しばしば弧状をなして存在するので**火山弧**(volcanic arc)とよばれる．火山弧は，大きく島列となっている**島弧**(island arc)と，大陸の縁辺の一部となっている**陸弧**あるいは**大陸弧**(continental arc)にわけることができる．日本列島やアリューシャン列島は島弧であり，アンデスは陸弧である(第1巻も参照)．

図5.11に青ヶ島周辺における伊豆・小笠原島弧-海溝を横切る地震探査の記録が示してある．また図5.12(a), (b)には日本海溝の地形と断面を示す．これ

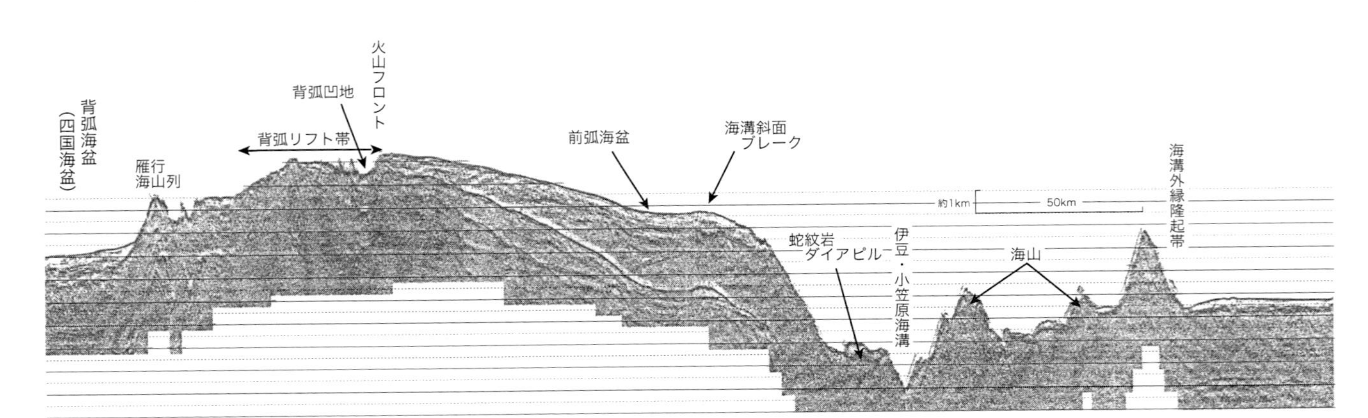

図 5.11　伊豆・小笠原島弧(青ケ島北方)の反射法地震波探査断面．海溝から島弧全体を概観できる．太平洋プレート側には海山が存在し，海溝陸側斜面の下部に蛇紋岩ダイアピル，広い前弧海盆，火山フロントとそのすぐ背後に発達する背弧リフト帯，そして四国海盆(背弧海盆)である．太平洋プレートと四国海盆では年代が違うので海底の水深が異なることも容易にわかる．平・篠原・倉本(1992)による．

らを参照しながら島弧-海溝系の地形構成要素を解説しよう．

まず，海溝の海側には，**海溝外縁隆起帯**(trench outer buldge)が発達する．これは，比高 500 m 程度で，海溝から 120〜150 km 程度外側にまで存在し，沈み込むプレートの曲がりによって引張応力場が発達するためにできる．海溝は通常深さ 6000 m 以上の溝のような地形を指す．海溝の深さは沈み込む海洋プレートの年代に依存しているが，また海溝が堆積物によってどれだけ埋め立てられているかにもよる．

最近，日本海溝の外縁隆起帯から数百万年前を示すたいへん若い火山岩が採取され，この付近での火成活動が示唆された(Hirano *et al*., 2001)．その成因については十分理解されていないが，リソスフェアの曲げや正断層の発達との関連が注目される．

海溝の陸側斜面は，さまざまな地形を示す．日本海溝では，階段状の段差がいくつかあり，また，陸側斜面の急崖には崖錐やガリーが形成されており，侵食が活発であることを示している．伊豆・小笠原海溝では，比較的連続的な急崖となっている．伊豆・小笠原海溝やマリアナ海溝の海溝陸側斜面下部には，直径 10〜20 km ほどの山が連続しているのが見られる．これは，**蛇紋岩ダイアピル**(serpentinite diapir，これについては，後述する)である(図 5.11)．南海トラフでは，陸側斜面の傾斜は緩く付加体を作る衝上断層と褶曲の構造を反映した波状の起伏をもつ地形をなしている(第 4 章を参照．図 5.12(b)に日本海溝との比較を示す)．

海溝陸側斜面と火山弧の間には，しばしば隆起帯が存在し，その隆起帯と火山弧の間に**前弧海盆**(forearc basin)が存在する．この隆起帯が弧状の地形をなしている場合にはそれを**非火山性外弧**(non-volcanic arc)と呼ぶことがある．第 4 章で述べたバルバドス島はその例である．また隆起帯としての形状があまり明瞭でなく，急峻な海溝外側斜面と前弧の緩斜面の間の傾斜の急変域である場合には，**海溝斜面ブレーク**(trench-slope break)と呼んでいる．外弧の成因として，後に述べる付加作用による隆起があげられる．前弧海盆の成因としては，外弧の隆起によるせき止め作用，あるいは後に述べるプレート沈み込みによる前弧基底の侵食による沈降をあげることができる．

火山弧は，海洋地殻あるいは既存の大陸性地殻(付加体を含む)を基盤として，

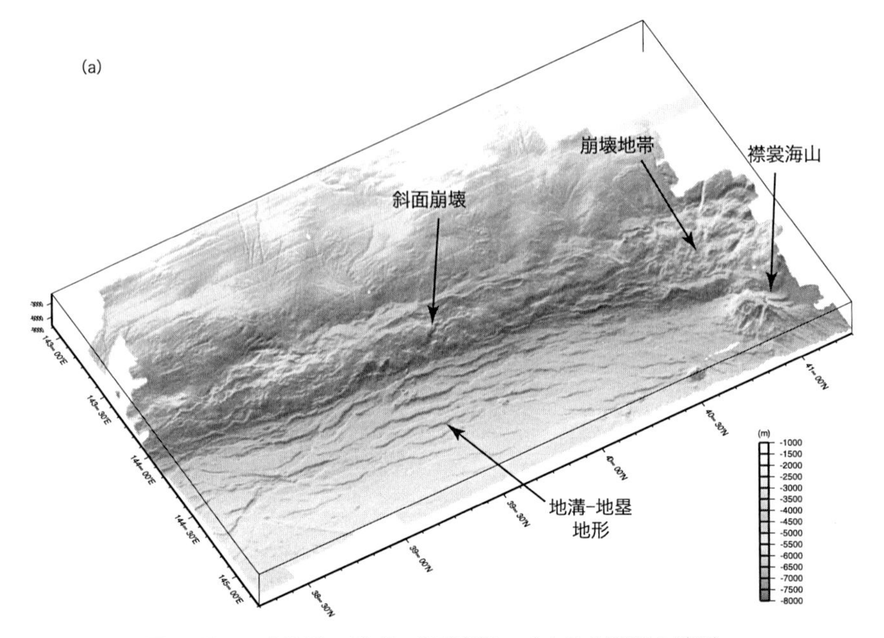

図 5. 12 日本海溝の地形と地質構造．(a)日本海溝の地形．太平洋プレートの海溝斜面には，外縁隆起帯で形成された地溝-地塁地形が発達している．これにプレート形成時の断層が重複している．海溝陸側斜面は急崖をなす下部とスムースな地形を示す上部斜面に区分できる．下部斜面では斜面の崩壊が著しい．また，襟裳海山が衝突している付近では，大規模な崩壊地形が観察できる．佐々木智之氏作成．

火成活動によって形成された地形をなす．火山弧の背後には，時に新しく形成された海盆，**背弧海盆**(backarc basin)が認められる．

このような島弧-海溝系の地形は，重力の異常とよく対応している．アウターバルジは，正の異常，海溝から陸側斜面は負の異常と対応している．この重力異常は，リソスフェアのダイナミック(あるいはフレクシャル)アイソスタシー(第1巻を参照)を示しており，バルジはリソスフェアの曲げを，海溝から陸側斜面はプレートの押し下げをしめしている．

(b)

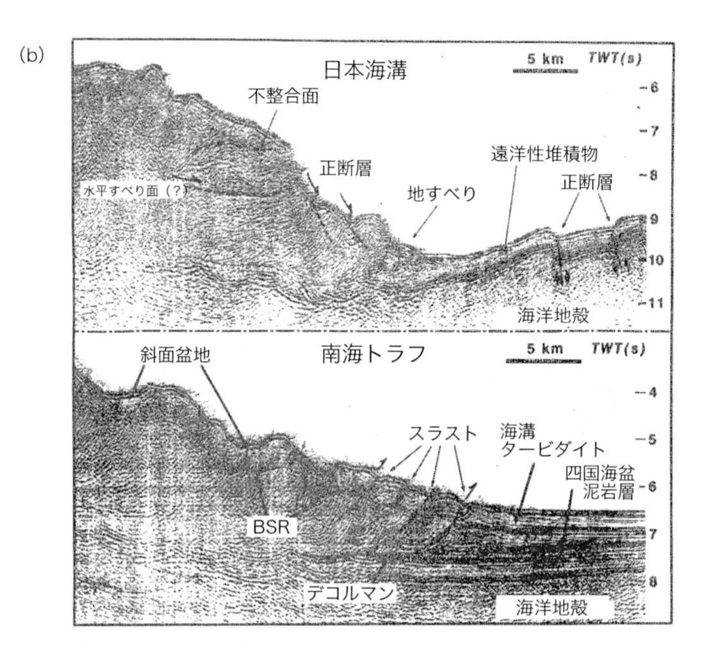

(b)反射法地震波探査断面で比較した日本海溝と南海トラフ．日本海溝(上図)では，下部斜面が正断層によって断ち切られており，海溝に堆積物が少ない．海溝外縁隆起帯での正断層地形が著しい．一方，南海トラフの特徴についてはすでに第4章で述べたが，日本海溝とのコントラストが明瞭である．TWT(s)は往復走時(秒)．Taira *et al.* (1990)による．

(b) 前弧域の地質

前弧域では多様性に富んだ地質現象が認められる．前弧域は，大きく侵食型と付加型に区分することができる．侵食型とは，プレートの沈み込みによって前弧域が侵食され，侵食された物質はプレートとともにマントルへと運び込まれるので全体が沈降している状態を指す．付加型とは，プレートの運んできた堆積物が上盤側に付け加わって前弧域が肥大し，隆起している状態を指す．

侵食型前弧域

代表的な例として日本海溝前弧域を取り上げよう．日本海溝は水深が7000 m以上であり，陸側斜面は階段状の急崖をなしている(図5.12)．日本海溝に沈み込む海洋プレート(太平洋プレート)は白亜紀の年代のもので，厚さ約500 m の遠洋性堆積物が被覆している．太平洋プレートには海溝外縁隆起帯において正断層群が発達し，地塁地溝状の地形を形成する．海溝では堆積物の蓄積は局所的にのみ発達しており，主にタービダイトや地すべり堆積物などからなる．三陸はるか沖地震のときに，日本海溝に設置されたセジメント・トラップのフラックスが急に増えたことはすでに第4章で述べた．

海溝陸側斜面の最下部には崖錐堆積物が蓄積している．潜水艇による調査から褶曲した地層の新鮮な露頭が認められ，崖の崩壊が常時おこっていることがわかる．さらに地震探査の記録でみると，陸側斜面では地層の連続が立ち切られており，大規模な侵食を受けたことが読み取れる(図5.12(b))．深海掘削計画の結果，八戸沖の陸側斜面は，中新世前期には石炭を含む三角州の堆積環境を示すが，その後は沈降を続け，沖合の堆積環境を示す珪藻質の泥岩などが蓄積した．八戸沖の陸側斜面は中新世前期から3000 m 以上の沈降を続けてきたと推定される．このような沈降は，前弧が徐々に侵食されていった結果であると考えられる．

地震探査の記録をみると，地塁の形がそのまま陸側斜面下へともぐり込んでいる様子がわかる(図5.12(b))．地溝の一部を海底地すべりやタービダイトが埋めていることが考えられる．沈み込みが続くとデコルマンはまず遠洋性堆積物の上面に発達していると推定できる．遠洋性堆積物の透水率は小さいので，陸側斜面を構成する地層からの荷重によって遠洋性堆積物は高間隙水圧となり，すべり面としての役割をはたすと考えられる．また間隙水圧の上昇は上盤を構成する地質体の破砕(**水圧破砕**：hydraulic fracturing)をうながす．このようにしてデコルマン面の下位にある斜面の崩壊堆積物と破砕された物質が深くへと運ばれてゆく．この堆積物の行方についてはよくわかってはいない．ただし，堆積物が上盤の下部へと多量にアンダー・プレーティングしてきたことはないと考えられる．というのも，前述したように東北日本弧は中期中新世以降沈降傾向にあり，アンダー・プレーティングによって地殻の厚化がおこってきたとは考えにくいからである．そうすると上盤プレートの物質は，マントルへと運搬されることになる．海洋プレートの沈み込みによって陸側斜面の物質が運び去られることを，**沈み込み侵食**(subduction erosion)と称する．堆積物がマントルへ入り込んでゆくことは**堆積物沈み込み**(sediment subduction)と呼ぶ．沈み込み侵食は，地球表層の物質をマントルへ逆流させることになるので，地球の物質循環に大きな役割を果たしていると考えられる．このことについては，第3巻で扱う．

付加型前弧

付加型前弧についてはすでに第4章でくわしく扱ったので，ここではまとめだけをしておく．

付加体が形成されると前弧域は次第に海側へと成長して行き，隆起がおこり，その内側(陸側)で前弧海盆が発達する．例としては，南海トラフの陸側の一連の海盆，熊野・室戸・土佐・日向海盆がこれに相当する．付加体はその前縁における堆積物のはぎ取り，そしてやや深部でアンダー・プレーティングがおこる．さらに順序外スラストの活動によって付加体が重なる．このようにして付加体は次第に厚くなり，外弧が隆起し，前弧海盆が形成される．付加が継続されると，付加体および前弧海盆を含む地質体が隆起してくる．例えば，四国や紀伊半島に分布する四万十帯は，白亜紀から第三紀の付加体と同時代の斜面海盆や前弧海盆の堆積物からなる地質体である．また，日本列島の土台となる基盤岩の多くは，古生代から中生代にかけて作られた同様な地質体であることがわかっている．付加体は，地殻の形成において重要な役割を果たしており，また造山帯の主要構成要素である．

また，付加体が発達する前弧域では，しばしば大規模な泥火山や泥ダイアピルが発達する．海溝堆積物などが変形をおこすとき，とくに衝上断層が含水率の大きい堆積物の上にのし上がると，下盤の間隙水圧が上昇し，時には海底へ泥質物が上昇し噴出することがある．また付加体全体を切断するような断層(とくに横ずれ断層)に沿って付加体深部からの物質が噴き出してくることがある．深部からの物質の上昇にはメタンガスや間隙水が主要な役割を果たしている．泥火山はそれを構成する泥物質の内部摩擦係数は小さいので平坦な山を作るが，さらに泥質物が噴出した分(とくに間隙水圧が減少して)，地層が陥没して凹地になることが多い．大規模な泥火山群は，インドネシアや地中海で知られており，日本周辺では熊野海盆や種子島沖の琉球海溝前弧域に存在する(第4章参照)．

侵食型前弧と付加型前弧を分ける要因は何であろうか．付加型前弧の発達は海溝にタービダイトなど多量の堆積物が存在する場合に多い．一方，侵食型前弧は海洋プレートに地溝・地塁が発達していたり，海山が衝突していたりするときに発達する．また前弧側の基盤の性質も重要と考えられる．例えば前弧側の基盤が透水率の低い岩石から構成されている場合には，沈み込み境界断層の間隙水圧が上昇し，堆積物沈み込みが容易になることも考えられる．

蛇紋岩ダイアピル

伊豆・小笠原島弧やマリアナ島弧の前弧域には，直径5〜10 km程度の海山列が存在する．これは，火山弧よりははるかに海溝側にあって，とくに伊豆・小笠原島弧では，海溝陸側斜面の下部に見られる(図5.11，図5.13)．これら海山からはドレッジや深海掘削によって，変形した蛇紋岩とその中に含まれる玄武岩質あるいは超塩基性岩石質の変成岩ブロックが見つかった．変成岩の中には，低温高圧の変成作用を表す藍閃石片岩(glaucophane schist あるいは blueschist)が含まれており，これが沈み込み帯の地下深所(10 km以上の深さ)から上昇してきたものであることが推定できる．伊豆・小笠原島弧やマリアナ島弧の前弧域は地殻が薄く(10 km程度)，また海溝が7〜10 kmの水深がある．すなわち，マントル物質は海溝陸側斜面のすぐ下に存在しており，それが海洋プレートの運び込む水によって蛇紋岩化し，浮力を増して上昇し，その際に周辺の岩石を捕獲してきたものと考えられる．

蛇紋岩ダイアピルは，沈み込み帯深部からの手紙を運んでくるエレベーターのようなものであり，重要な研究対象となる．

(c)　火山弧

沈み込み帯では，火山列ができあがり，それが連なって火山弧ができる．沈み込み帯にともなう火山弧の形成は，上盤が大陸地殻の場合と海洋地殻の場合の両方でおこる．大陸地殻の場合には，背弧海盆のあるなしで陸弧と島弧に分けられるが，海洋地殻に火山弧が形成された場合には，つねに島弧となる．これを**海洋性島弧**(oceanic island arc)と呼んでいる．沈み込み帯でのマグマ形成については第1巻で学んだが，ここでは表層の地質の例として島弧の発達の様子がよく保存されている伊豆・小笠原火山弧について見てみる．

伊豆・小笠原島弧の原形は，約4500万年前に誕生し，その後2600万年前まで成長を続けた．約2600万〜1500万年前の間，四国海盆の拡大により分裂し，現在の島弧と九州・パラオ海嶺に分かれた．北部伊豆・小笠原島弧で行なわれた海洋地質学・地球物理学探査の結果(Suyehiro *et al*., 1996)によると，ここ

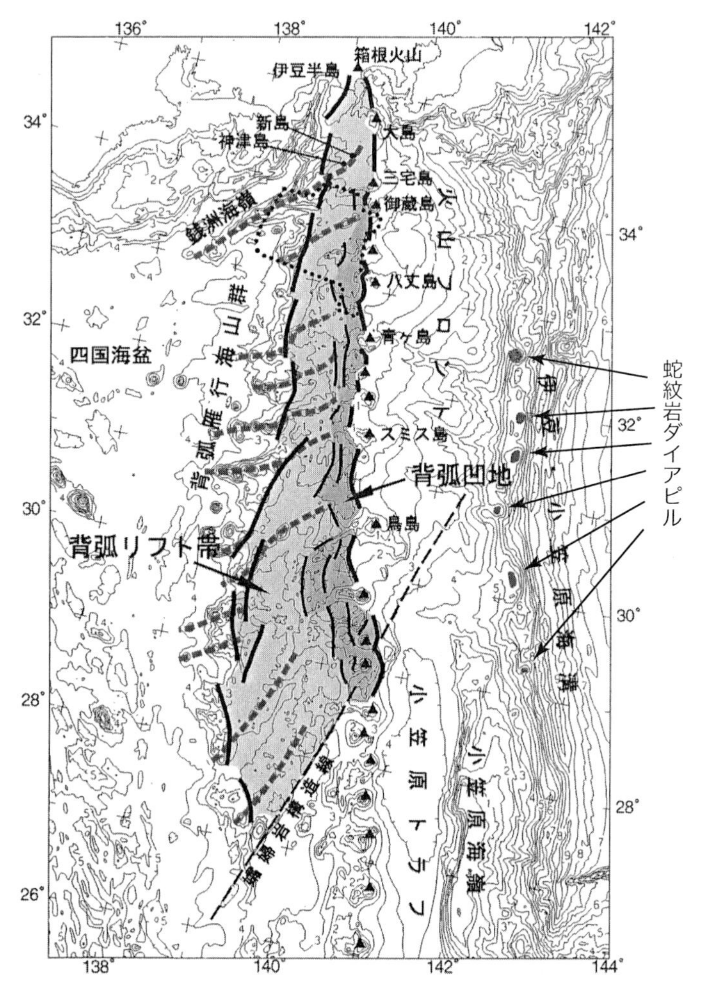

図5.13 伊豆・小笠原島弧の地形要素．海溝陸側斜面の下部には蛇紋岩ダイアピル，火山フロント，背弧リフトの中軸(背弧凹地)，背弧リフト帯，背弧雁行海山列，四国海盆からなる．図5.11を参照．森田ら(2000)による．

では，島弧は約 450 km の幅をもち，地殻の厚さは 20 km である．

前弧海盆には，厚い堆積物が蓄積しており，深海掘削の結果，漸新世からの火山砕屑性タービダイトが顕著に認められた．4500 万年前頃の火成活動は Mg に富んだ特異な火成岩，**ボニナイト**(bonitite：斑晶がほとんどない)で特徴づけられる．Mg は第 1 巻で述べたようにマントルに溜まる性質をもった元素である．そのため通常のマントル部分溶融から形成されるマグマには Mg は少ない．ボニナイトは，マントルが水を多く含んだ状態で多量に溶けたときにできる岩石で，沈み込みの開始時の火成活動に特有の性質と解釈されている．この時代の古い火山体は，小笠原諸島に分布している．現在の火山フロントはいわゆる伊豆七島の属する火山列で，多くはカルデラを有する安山岩質の火山体(直径 20 km 程度)が 10〜20 km 程度の間隔で存在する(図 5.13)．海底の火山としては明神礁が有名である．これらの火山からは大量の軽石が噴出し，周囲を埋めている．また火山体の侵食物は前弧から海底峡谷をつたわって，海溝へと供給されている．

火山フロントの背弧側の歴史を見てみよう．火山フロントのすぐ背後には，正断層で区切られた凹地(背弧凹地)が存在し，正断層に沿って単成火山列が多数存在する．背弧凹地は約 200 万年前から作られたことが国際深海掘削計画の研究からわかっている．単成火山は大部分が差し渡し 500 m ほどの円形の玄武岩質スコリア火山丘をなす．その一部には，デイサイトあるいは流紋岩質のものも見られる．背弧凹地を含んだ正断層構造帯(背弧リフト帯)はさらに幅広く分布しており，幅 50〜80 km ほどある．背弧リフト帯の西側には雁行状に並んだ比較的侵食された火山体が存在する(図 5.13)．この火山列からは 15〜5 Ma の年代が得られている．

残念ながら以上のような火山弧の発達史を明快に説明する理論はまだできていないが，伊豆・小笠原島弧は複数の火山列の発達とテクトニクスの複合した歴史によって形成されたことがわかる．

(d)　背弧海盆

西太平洋では，島弧に対して海溝とは反対側(背弧側)に海盆(backarc basin)が形成されている．背弧海盆の代表的例として，マリアナ・トラフと四

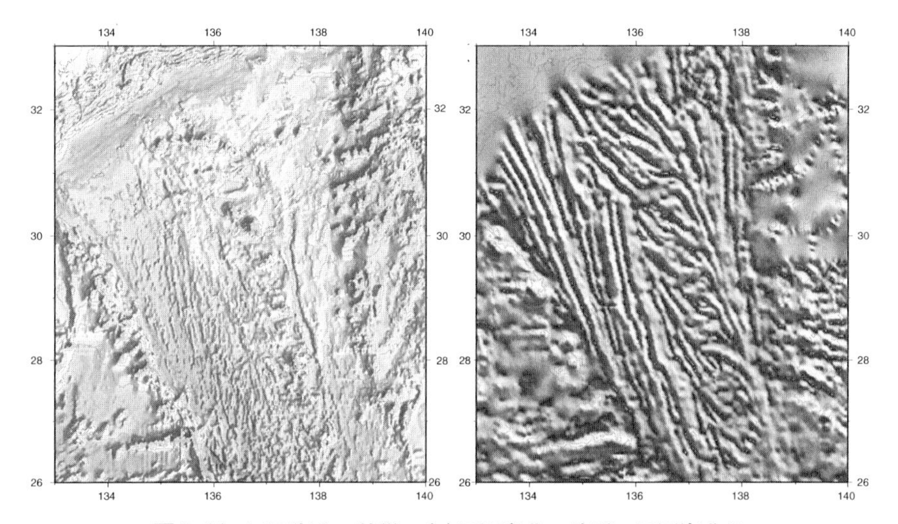

図 5.14 四国海盆の特徴．(a)四国海盆の地形．四国海盆は伊豆・小笠原島弧と九州パラオ海嶺に囲まれた三味線のバチ状の形をしており，中央に紀南海山列がある．紀南海山列は東西や北西—南東方向に個別の列を成した特異な地形をしている．(b)地磁気縞模様．四国海盆は 3 回の拡大軸の変化を示す複雑な拡大テクトニクスによって形成された．沖野郷子氏作成．また Okino *et al*.(1994)，Okino *et al*.(1999)を参照．

国海盆の歴史を見てみよう．

マリアナ・トラフはマリアナ島弧の西側に拡大中の背弧海盆である．現在の拡大軸は，島弧側に遍在しており，拡大軸が何回か移動したと推定される．マリアナ・トラフの北部では，島弧のリフティングから海洋底の拡大までが連続しておこっている．マリアナ・トラフ北端では島弧地殻内にリフト凹地が存在し，リフト地形は非対称の構造を示す．リフト域と海洋底拡大域との間は東南東-西北西方向の断層崖で境されている．この境界をはさんで重力，地磁気の性質に差異があり，南側は海洋底拡大に特有の性質を有する．地磁気縞模様の年代測定により，マリアナ・トラフは中央部より拡大を始めたことが推定されている．

四国海盆の拡大史は，海洋底の磁気縞模様と深海掘削計画の結果を合わせて復元することができる(図 5.14)．四国海盆は，約 26Ma から拡大が始まった．その前にマリアナ・トラフで見たようなリフティングの段階があったことが推定されている．海洋底拡大は 3 つのフェーズでおこった．まず，リフティングが終了した 26 Ma から 23 Ma までに N 70°E 方向の拡大がおこった．このときの拡大速度は 2〜4 cm/年であった．23 Ma から 19 Ma までは東西方向への拡大が速度 4.5 cm/年でおこり，最後には 2 cm/年に落ちた．19 Ma になって拡大方向は大きく変わり，反時計回りに，40° 回転した．拡大は 2〜3 cm/年で，15 Ma には拡大は終了し，その後に紀南海山列が形成された(時代ははっきりしない)．このように一般に背弧海盆は，拡大軸が不安定であり，複雑な拡大の歴史を示すことが多い．

四国海盆，パレスベラ海盆の水深は通常の海洋底の冷却深度より深い．この理由は，よくわかっていない．

背弧海盆では，島弧のリフティングおよびその後の海洋底拡大によって形成されたものではなく，既存の海洋底として存在していたものも含まれる．例えばベーリング海は白亜紀の海洋底からなっており，ベーリング島弧の火山活動は第三紀からなので主要な火山弧の形成は既存のベーリング海盆に太平洋のプレートが沈み込むことによっておこなわれた．このような海洋底は捕獲海盆(trapped basin)と呼んでいる．

5.7 衝突テクトニクス

プレート収束境界では，さまざまな形状や厚さの地殻が衝突してくる．海洋底には，地形的な高まりが存在することが知られている．これらの高まりは，形や大きさ，成因などによって，**海山**(seamount)，**海台**(oceanic plateau あるいは rise)，**放棄島弧**あるいは**古島弧**(remnant arc)と呼ばれる．また，収束境界に移動してくるものには，活動的な島弧さらに大陸もある．厚い地殻が衝突してくる場合と，通常の 6 km 程度の厚さを有する海洋地殻の沈み込む場合とは大きく異なるテクトニクスの現象が出現する．このような現象を総称して**衝突テクトニクス**(collision tectonics)と呼ぶ．

衝突テクトニクスでは，衝突するリソスフェアの浮力の問題が重要となる．

これについては第1巻で取り上げた．すなわち，アセノスフェアより軽いリソスフェアは基本的には沈み込み難く，表層に残るという考えである．本節では，その原理を基本として，まず海山，海台，そして島弧の衝突についてそれぞれ見てゆこう．

(a)　海山の衝突

太平洋中部の海底地形を見てみると実に多数の円すい形の海山，あるいはそれらが連なった海山群が認められる．これらの多くは白亜紀の前期に南太平洋においてマントルプルームから形成された海底火山と考えられている．頂上に石灰礁を持っているものが多く，白亜紀の中期に礁の成長が止まり，海山が水没して現在は**平頂海山**(guyot)となっている．その一部は日本海溝に達しており，海山の衝突によって引きおこされる地質現象がよく観察される．

日本海溝に衝突しようとしている海山に第一鹿島海山と襟裳海山がある．第一鹿島海山は，海溝に到達してまさに沈み込もうとしている(図5.15(a))．この海山は差し渡しが約20 kmで，海底面からの比高が3000 mであり，富士山クラスの山である．ここでは，海山は外縁隆起帯で発達した正断層に切られており，その落差は500 mに達する．正断層で切られた海山の西半分は，日本海溝の陸側斜面に衝突し，一部は沈み込んでいる．このために陸側斜面が盛り上がっているのが認められる．この海山からは白亜紀の浅海性石灰岩が採取されており，また潜水艇による調査では，陸側斜面と沈み込む海山との境界では，石灰岩が破砕されている様子が観察された．

襟裳海山も同様な白亜紀の海山であり，ここでは海山の裾野が海溝に差し掛かかっている(図5.15(b))．この周辺にはいくつかの特徴ある地形が認められる．一つは，北側の隣接した陸側斜面にみられる湾入した地形で著しい急崖をなしている．潜水艇による観察では，この急崖は著しく変形した地層が露出していた．またこの湾入した地形の周囲では，強い磁気異常が観測される．一般に海山は玄武岩の溶岩からなるために強く磁化しており，その周辺では磁気異常が観測されるのが普通である．湾入地形を示す陸側斜面下に磁気異常が確認できることは，その中に海山が潜り込んでいる可能性を示す．一方，襟裳海山の南側に隣接した陸側斜面は傾斜が緩く，日本海溝に特有な階段状の地形が認

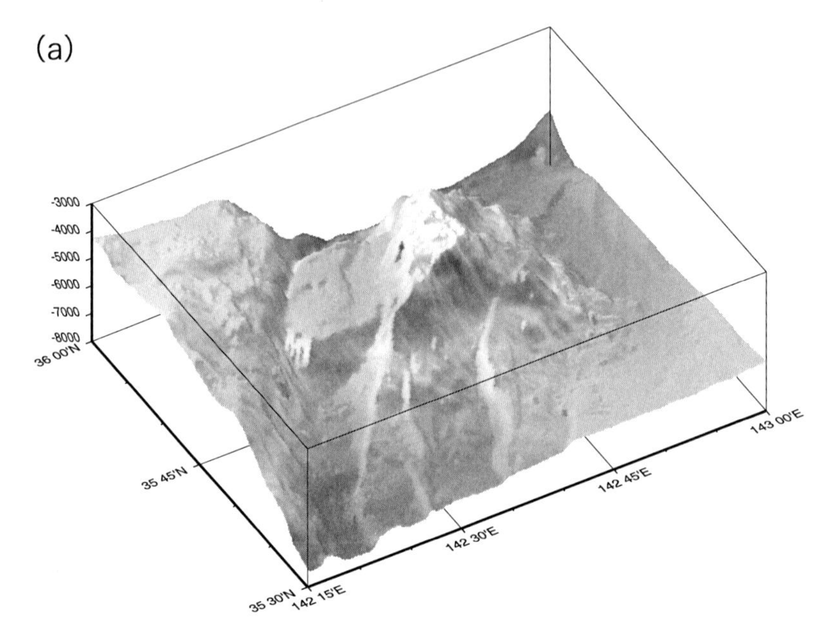

図5. 15　日本海溝に沈み込む海山．(a)第一鹿島海山．
る正断層で切られており，海溝陸側斜面が衝突で持ち

められない．この部分は巨大な海底地すべりの地形と推定できる(図 5.12 を参照)．そこで，全体として次の地形発達のシナリオが考えられる．

襟裳海山は海山列の一部であり，この付近では過去にもいくつかの海山が衝突した．海山は衝突によって陸側斜面を持ち上げ，押し込み，さらに潜り込んで湾入地形を作った．湾入地形は傾斜が急なために不安定であり，やがて大崩壊をおこした．崩壊は 40 km×30 km もの範囲に及ぶ．このような崩壊物は海溝表面の地溝地形を埋め立てて，沈み込み帯深くへ持ち込まれる．すなわち，海山の衝突は，陸側斜面の崩壊を誘発し，沈み込み侵食を活発にすることになる．海山の衝突によってできた湾入地形を**インデンテーション地形**(indentation topography)と呼んでいる．

第 4 章で学んだ南海トラフの地形について再検討してみよう．図 4.4 を見ると，室戸半島沖の陸側斜面には，湾入地形が存在する．この地形の海側，すなわち四国海盆では，紀南海山列が存在しており，南海トラフにおける少なくと

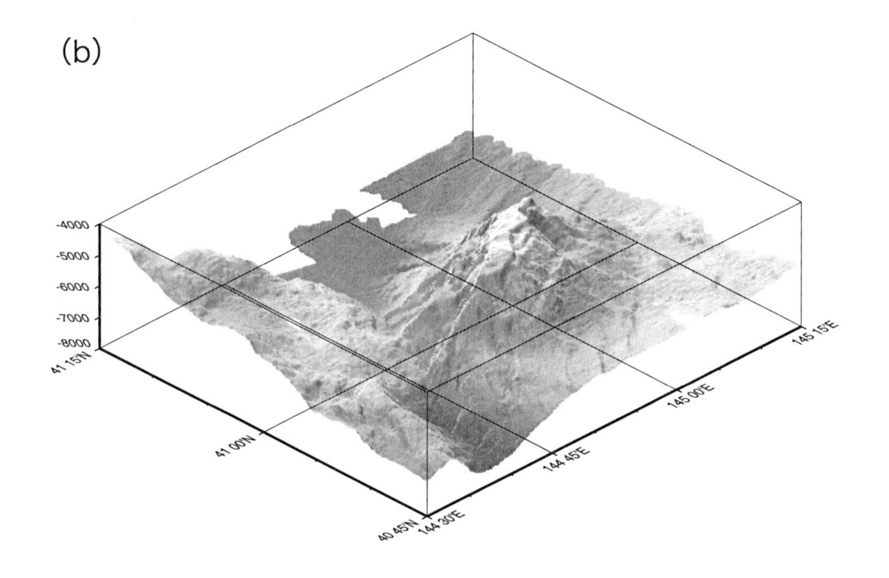

(b)襟裳海山．いずれの海山も海溝外縁隆起帯に発達す
上げられている．佐々木智之氏作成．

も数百万年間の沈み込みの歴史(第6章を参照)を考えると，海山の衝突は十分に考えられる．実際，近年の屈折法地震波探査の記録を見るとこの湾入地形とその陸側の高まり(土佐バエと呼ばれる)の下に海山が沈み込んでいるのが発見されている(図5.16)．図4.21で示した古銭洲海嶺の沈み込みも同様な現象である．

このような現象は各地で知られており，中米海溝や地中海リッジ(中央海嶺のリッジではなく，付加体の高まりをこう呼んでいる)でも見事なインデンテーション地形が報告されている．以上のように，海山は陸側斜面の先端部を見るかぎりでは，大部分は沈み込んでしまう．

(b) 海台の衝突

海台は，海山より大きく，一般に表面が平らで堆積物に覆われている高まりを指す．海台の起源として，次のものが考えられる．

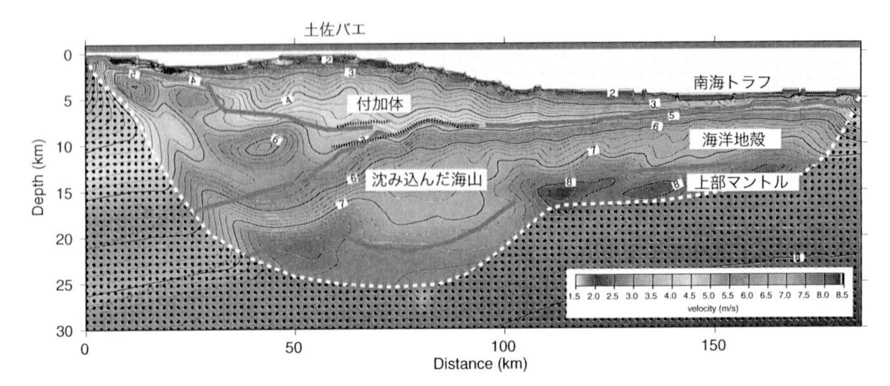

図 5.16　室戸沖土佐バエを横切る南海トラフ付加体の屈折法地震波断面．土佐バエの下に厚さ約 15 km の海洋性地殻が認められ，紀南海山列の一部が沈み込んだと考えられる．Kodaira *et al.*(2000).

1)　大陸のリフティングに続く海洋底拡大のときに残された大陸の破片．この例としてはニュージーランドのロードハウ海台やバハマ堆がある．

2)　大陸のリフティングに続く海洋底拡大のときに，大陸地殻の一部に火成岩が貫入し噴出してできたもの．火山性大陸縁辺の断片と呼ぶことができる．ケルゲレン海台の一部はこのような複合した起源のものと思われる．

3)　海洋底で多量の火成岩(主に玄武岩質岩石)が貫入，噴出して大きな台地地形を作ったもの．太平洋のオントンジャワ海台やシャツキー海台がこれに相当する．

現在，地球表層で見られる最大の海台はオントンジャワ海台である．この海台の衝突現象についてみてみよう．

オントンジャワ海台は，最大の差し渡しが 2000 km で，その面積は，日本の 5 倍に匹敵し，地殻の厚さは 35〜40 km に達する．この海台の主要部は約 120 Ma に形成され，約 90 Ma にも活動があったことが知られている．オントンジャワ海台は，ソロモン島弧と衝突しており，衝突の境界は北ソロモン海溝に位置している．北ソロモン海溝には明らかに和達―ベニオフ面が存在しており，南側のサンクリストバル海溝からの沈み込みとともにソロモン島弧は，両側からの沈み込みを受けている．北ソロモン海溝からその外側(北側)のオント

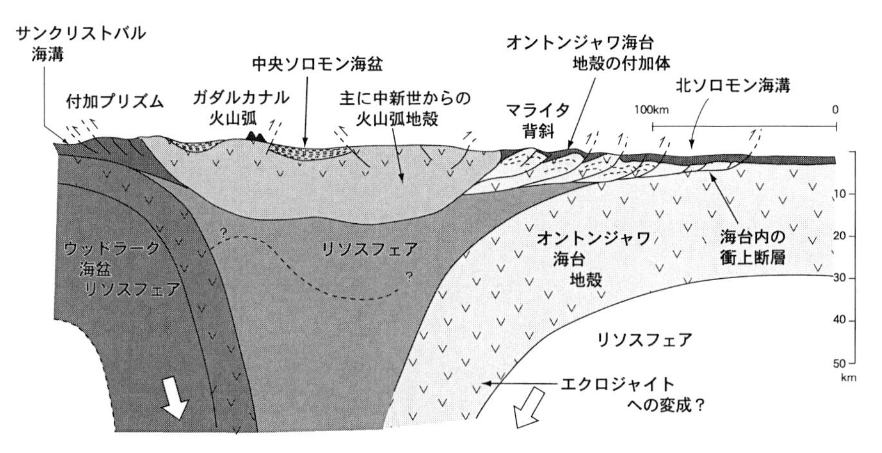

図 5.17　オントンジャワ海台のソロモン島弧への衝突．オントンジャワ海台は厚さ 30 km 以上の地殻を有している．ソロモン島弧へ衝突し，上部数 km の厚さの地殻を付加体として残しながら，大部分は沈み込んでいると考えられる．巨大海台の沈み込み帯での運命は，重要な問題である．平・清川(1998)，Phiney *et al*.(1999) を主として作図．

ンジャワ海台地殻内部に，衝上断層の存在が認められている．この衝上断層は，西では，海台の表層部を隆起させており，活動が西へと，延長していることがわかる．

この衝上断層帯を陸側(南側)へと見てみると，衝上断層に巻き込まれた海台地殻の一部がマライタ(Malaita)島，サンタ・イザベル(St. Izabelle)島に露出していることが知られている．マライタ島の玄武岩層は，5〜6 km の厚さのスラストシートをなしている．このスラストシートの厚さは，地震探査で認められた海台内の衝上断層の上盤の厚さと同程度である．したがって，オントンジャワ海台とソロモン島弧との衝突で，海台地殻の最上部がはぎ取られ付加体が形成されている．では，海台の本体はどうなるのだろうか．

図 5.17 に断面図を示した．塩基性地殻は，40〜70 km の深さでは，エクロジャイトに変成され，その密度は 3.5 となるので，通常のマントルの密度 3.35 より十分大きくなり沈み込んでしまう(第 1 巻を参照)．すなわち，巨大な海台地殻の下部は，エクロジャイト変成作用を受けると重くなって落下することが

表 5.1　日本における古生代石灰岩分布域の石灰岩と玄武岩の露出面積比．石灰石鉱業協会(1983)の地質図より著者作成．

石灰岩の分布域や鉱山	岩体の分布範囲	石灰岩と玄武岩の露出面積比率		石灰岩の時代	周辺砕屑岩の時代(付加の時代)
		石灰岩	玄武岩		
1 秋吉台(山口県)	20 km	90%	10%	石炭紀	ペルム紀
2 帝釈台(広島県)	15 km	>95%	<5%	石炭紀	ペルム紀
3 葛生(栃木県)	12 km	70%	30%	ペルム紀	ジュラ紀
4 武甲山(埼玉県)	7 km	60%	40%	ペルム紀	ジュラ紀
5 舟伏山(岐阜県)	15 km	70%	30%	ペルム紀	ジュラ紀
6 藤原(三重県)	10 km	80%	20%	ペルム紀	ジュラ紀
7 伊吹山(岐阜県)	10 km	70%	30%	ペルム紀	ジュラ紀
8 宝谷(岐阜県)	6 km	20%	80%	ペルム紀	ジュラ紀
9 鳥形山(高知県)	5 km	90%	10%	ペルム紀	ジュラ紀

推定され，このときに地殻最上部だけが付加され表層に残存すると考えられる．ただし，海台の下部は，誕生当時はおそらくグラニュライト相の変成岩であって，それが，衝突・沈み込み帯でエクロジャイトに変化するには，水の供給と長い時間が必要(数百万年以上)だとされている．すなわち，海台は沈み込み帯に到達すると，しばらくは浮力体として挙動するが，やがて先端のスラブからの脱水の影響を受けて，次第にエクロジャイトに変成され，やがて重くなって落下すると考えられる．

マライタ背斜を作る付加体の体積とオントンジャワ海台のはぎ取らた地殻の厚さを比較すると，約 100 km の海台沈み込みが推定できる．これは北ソロモン海溝から続く深発地震面の長さとほぼ一致する．

以上のことより，玄武岩性の地殻で構成される海山や海台は，その大部分が沈み込んでしまい，表層の付加体としては最上部のみが残されると考えることができる．このことは，陸上に分布する付加体の中に含まれる海山や海台と思われる岩体の構成からも推定できる．表 5.1 には日本の陸上付加体に含まれる海山や海台起原の石灰岩と玄武岩の露出面積比を示してある．いずれの岩体においても海洋底の海山や海台に比べて，石灰岩の比率が大きくなっている．このことは，おそらく大部分の玄武岩体は沈み込んでしまい，石灰岩を含むごく上部だけが付加されたことを示している．

(c) 島弧と島弧の衝突

プレートの運動を長い時間で見れば，プレート収束境界では島弧や大陸を巻き込んだ衝突テクトニクスが必ず発生する．島弧と島弧の衝突の一例が，伊豆・小笠原島弧が本州島弧に衝突している伊豆衝突帯のテクトニクスである(図5.18)．ここでは，櫛形(くしがた)，巨摩(こま)，丹沢，伊豆などの山地に変質した海底火山起源の地質帯が分布する．櫛形，巨摩の地帯は約1500万年前，丹沢は800万年前，伊豆は約150万年前に衝突付加された伊豆・小笠原島弧の地殻のスラスト・スライスであり，付加された各々の地殻の厚さについては十分なデータはないが，一番厚いと思われる丹沢で10〜15 km と推定される．

丹沢層群は，玄武岩質あるいは安山岩質の溶岩と水冷破砕岩，そして石英安山岩や流紋岩質の貫入岩や凝灰岩からなり，また，それらが再堆積した火山性のタービダイトやそれに挟まれる泥岩などからなる．その下部には丹沢山地の中央部に露出するトーナライト(Na 分に富む花崗岩質岩石)が貫入している．泥岩からナンノ化石が産出し，中新統とされる．

これらの衝突地帯を構成するスラスト・スライスの境界部は，トラフ底を埋積した陸源堆積物で境されている．粗粒堆積体は，衝突境界付近では扇状三角州をなし，それがさらに粗粒海底扇状地，さらに海底チャンネルを通じて海溝につながっていたと考えられる．伊豆の衝突境界付近では足柄層群が堆積した．足柄層群は約5000 m の層厚をもち，下位より4つの堆積相に区分できる．それらは，

1) 半遠洋性泥岩相
2) 粗粒海底扇状地相
3) 泥質な斜面堆積相
4) 極粗粒扇状三角州堆積相

である．4)の堆積相は塩沢礫岩と名付けられており，3000 m を越す厚さを持つ(塩沢礫岩については第2章でも紹介してある)．この礫岩は，衝突テクトニクスにともなって，山地の隆起，侵食が激しくおこったことを示す．半遠洋性泥岩相は伊豆・小笠原島弧がプレート境界トラフに接近してきたときに堆積し

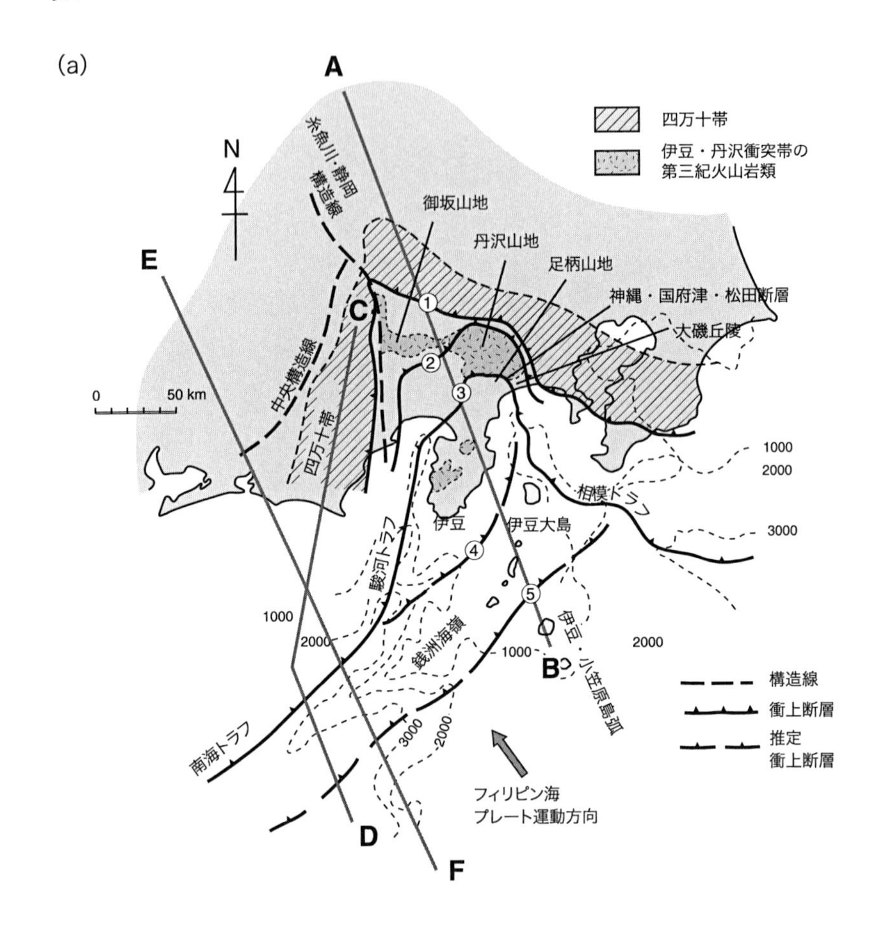

たものであり，トラフに差しかかると海底扇状地を構成するタービダイトが堆積し，その上に扇状三角州のプロデルタ相(泥質な斜面堆積相)と礫岩層が堆積した．

伊豆・小笠原弧の衝突帯の発達は次のように考えることができよう．

四国海盆の拡大によって九州パラオ海嶺と分離した古伊豆・小笠原島弧は，1500万年前には本州と接するようになった．以後，フィリピン海プレートの沈み込みによって伊豆・小笠原弧が衝突してきた．伊豆・小笠原弧自体は決して一様な地形をもっているのではなく，火山帯の集合した隆起部(火山地塊)と比較的火山が未発達の低地帯部よりなる．火山地塊が衝突してくると衝突境界

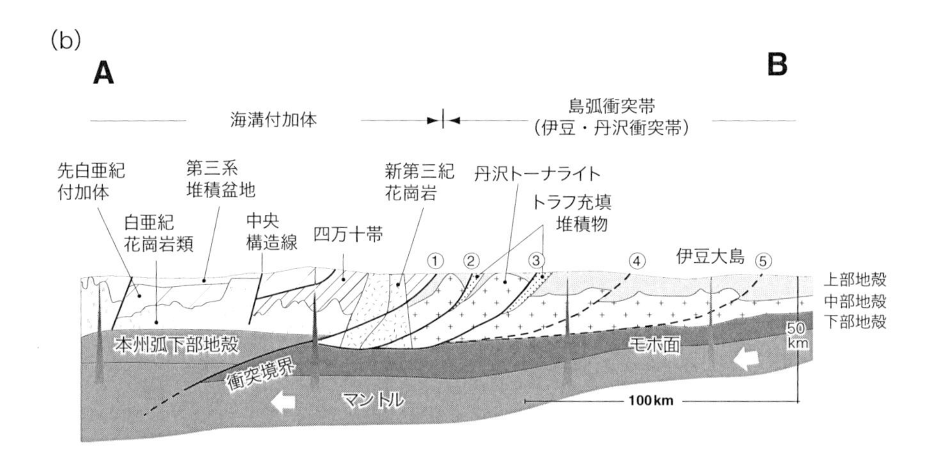

図 5.18　伊豆衝突帯の地質構造．(a)は衝突帯の簡略した地質図．四万十帯が屈曲しているのがわかる．(b) A—B の断面図．伊豆・小笠原島弧の地殻がインブリケーションして地殻付加体を作っている．丸数字は衝突境界の位置を示す．現在は③であり，④と⑤に移動しつつある．Taira *et al.* (1992)による．(a)における C—D は図 4.21(a)，E—F は図 4.21(b)の断面位置を示す．

は隆起し，火山地塊の海側に新たに衝上断層が生じる．この衝上断層帯は衝突した火山地塊をはぎ取る役目を果たす．衝突した火山地塊ともともとのトラフとの間は，粗粒海底扇状地から扇状三角州にかけての堆積体で急速に充填され，それは以前に衝突した火山地塊とにサンドウィッチされる．このようにして，衝上断層にはさまれた火山地塊と粗粒堆積帯のくり返しからなる地質体が形成される．

伊豆・小笠原島弧の衝突にともなって，衝突境界であるトラフが段階的に後退して，いまの相模トラフや駿河トラフとなった．この過程は，現在も進行中であり，伊豆半島の南には銭洲海嶺があり，これは，衝上断層が現在の南海・

駿河トラフの南に発生したために持ち上がった構造地形である．やがて，銭洲海嶺も本州に付加されることになる．実際，東南海トラフでは付加体の下に強い磁気異常が認められ，また屈折法探査から古い銭洲海嶺の沈み込みが確認されている(図 4.21(b)を参照)．

(d) 島弧と大陸縁辺の衝突テクトニクス

島弧と大陸が衝突する場合はどうであろうか．衝突テクトニクスにおいては，沈み込んでくるプレート(下盤)がどのようなものであるか，ということが重要な要因となる．下盤が島弧地殻であり，上盤が大陸的地殻である場合には，さきに述べた伊豆・小笠原島弧と本州の衝突がよい例となる．というのも本州は伊豆・小笠原島弧に比べて十分に地殻が厚いからである．では，大陸が下盤で，島弧が上盤であったらどうであろうか．この例は台湾において観察される．

台湾は九州ほどの大きさの島であるが，4000 m 級の高山がそびえ立つ(図 5.19)．台湾は西のユーラシアプレートと東のフィリピン海プレートに挟まれた境界部に位置し，南シナ海のリフト大陸縁辺とルソン島弧との衝突により，衝上断層帯が形成され，その一部が急激に上昇して山岳となった．衝突は 5.5 Ma から衝突がはじまり，山脈が上昇し始めたのはわずか 3 Ma とされている．

ルソン島弧には，西から東へと南シナ海の海洋底がマニラ海溝で沈み込んでいる．南シナ海は，中国大陸の一部が分裂してできた縁辺海である．さて，マニラ海溝を北へとたどってゆくと，台湾の南へと到達する(図 5.19(a), (b))．ここでは，南シナ海の海洋底は中国大陸とのリフト大陸縁と移行しており，その大陸縁とルソン島弧が衝突している．大陸縁を被覆している厚い堆積物が，島弧に押し戻されるように西側へ向けて衝上断層によってのし上げている．

台湾の地質は西から東に 6 つに分けられる．

1)　海岸平野帯

2)　西山麓帯(西翼丘陵帯)

3)　中央スレート帯

4)　変成基盤岩帯

5)　中軸渓谷(longitudinal valley)帯

6)　海岸山脈帯

である．海岸平野帯は，第四紀の河川などの堆積物からなり地形的にも水平で変形していない．衝上断層帯の前縁では，積み重なったスラストスライスの荷重で下盤側はたわんで沈降する．海岸平野帯は図 5.2 で述べた**フォーランド(前縁)盆地**(foreland basin)にほかならない．前縁盆地では山から侵食された堆積物が蓄積し，それがさらに衝上断層に巻き込まれてゆく．西山麓帯は弱～中変成を受けた漸新世～鮮新世からなる浅海性堆積物からなり，部分的に石灰岩や玄武岩質火山砕屑岩を含んでいる．構造は西に向かう運動方向を示す褶曲・断層が卓越している．本帯に分布する鮮新世の厚い礫岩層はルソン島弧の衝突開始を物語っている．中央スレート帯は始新世から中期中新世初期の大陸棚堆積物からなり，これらは西側の南シナ海のリフティング時(始新世)に形成されたハーフグラーベンに堆積したものを主体としている．変成基盤岩帯(大南澳コンプレックス：Tananao complex)は大理石(二畳紀)や片岩，花崗岩質片麻岩(後期白亜紀に貫入)，角閃岩体(軟玉は宝石として有名)を含み，いずれも第三紀以前の年代を示す．変成度は緑色片岩相から角閃石相で，衝突によって中国大陸の地殻の一部がめくれ上がったものである．中軸渓谷帯は衝突境界とされるところで，N 20 E 方向に 200 km 直線的にのびる低地帯からなる．海岸山脈帯は中軸渓谷帯の東側に分布し，ルソン島弧本体とそれが衝突時に堆積したと考えられる鮮新世-完新世の衝突由来の**乱雑堆積物**(Lichi mélange)からなる．

台湾のテクトニクスは現在もまことに活発である．1999 年 9 月 12 日，台湾中部の西山麓帯にあたる場所で M 7 クラスの地震が発生し，2400 名以上の犠牲者が出た(集々地震)．この地震は震源の深さが 10 km であり，前縁断層(車籠捕断層)がデコルマンに収れんするところでおこったと推定されている(第 3 章を参照)．

台湾では，以上述べたような圧縮テクトニクスだけでなく，引張テクトニクスも活動的である．台湾北東端に宜蘭という町がある．ここは台湾東海岸では唯一大きな平野が開けたところであり，30 km 近く砂浜が続く．また 10 km ほど沖合には亀山島と呼ばれる安山岩の火山島があり，そこでは海底温泉が噴出し，硫黄のために海面が変色している．

地質図を見てみると，宜蘭では中央スレート帯と始新世の雪山砂岩層(西翼

(a)

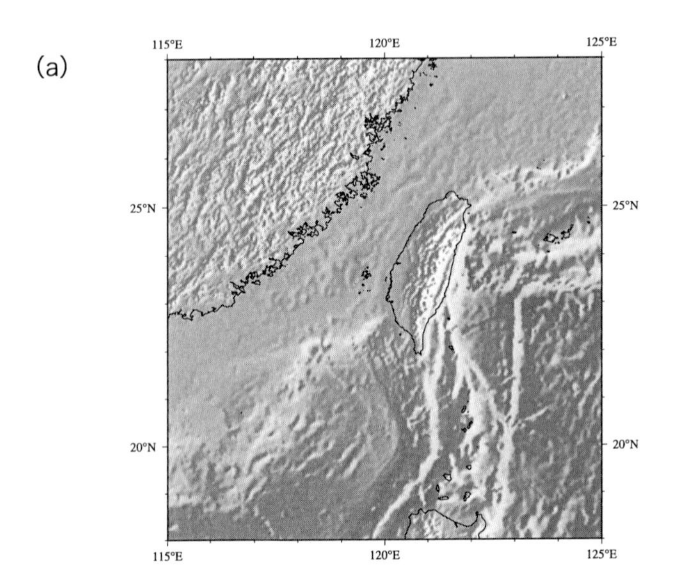

(b)

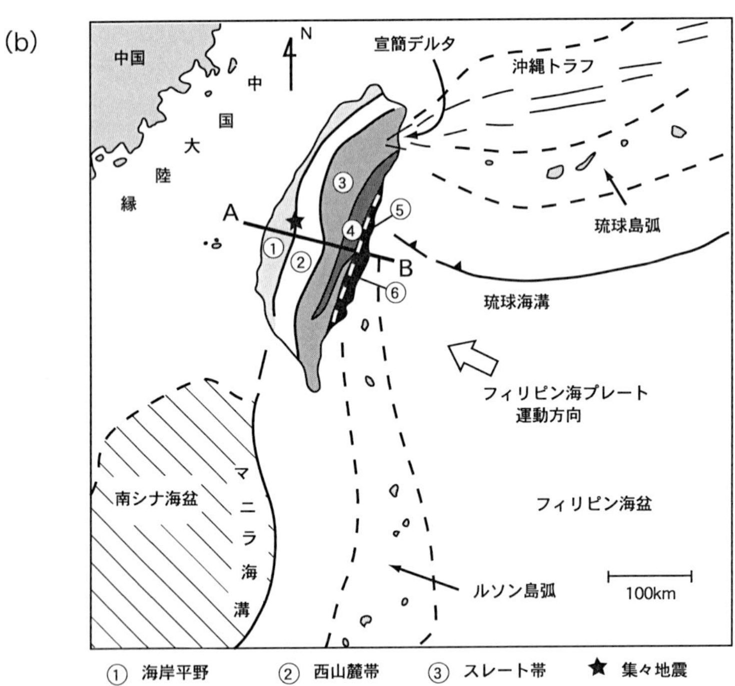

① 海岸平野　② 西山麓帯　③ スレート帯　★ 集々地震
④ 変成基盤岩帯　⑤ 中軸渓谷　⑥ 海岸山脈

(c)

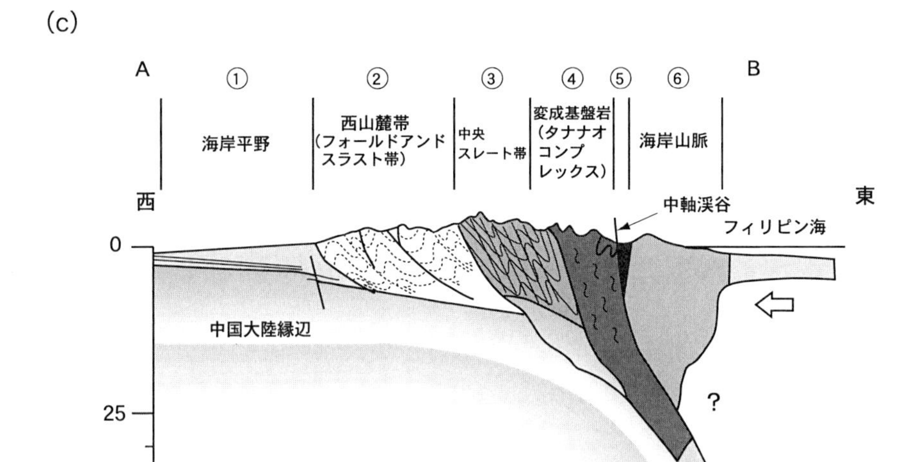

図 5. 19　台湾の地形とテクトニクス．(a)台湾周辺の地形．(b)テクトニクス．A—B は断面の位置を示す．星印は集々地震の震源．各地質地帯の説明は図の下に示す．(c)地質断面．海岸山脈はルソン島弧であり，それが中国大陸縁辺部に衝突し，縁辺部の基盤と堆積岩が大陸側へと押しもどされている．平・清川(1998)より．

丘陵帯)の境界をなす断層谷に沿って流れる河川が海岸へと流出し，扇状三角州を作っていることがわかる．それでは，なぜ，ここに扇状三角州が作られているのだろうか．この扇状三角州の南側はほぼ東西方向にのびる丘陵と接しており，地質図では，この東西方向の地形は，中央スレート帯の走向と斜交している．さらに海底地形を見てみると，この東西方向の地形は沖縄トラフから続くリフト地形の西端に位置することがわかる(図 5. 19(a), (b)を参照)．沖縄トラフ西端では，ほぼ南北方向の引張がおきており，東西方向へのびるリフト軸部の火山地形と正断層の構造が知られている．この延長に亀山島があり，そして宜蘭扇状三角州が形成されている．台湾では，島弧—大陸の衝突テクトニクスと背弧海盆のリフティングが会合している．

以上のように台湾では大陸縁辺と島弧の衝突により，大陸基盤を巻き込んで衝上断層帯を主体とする変動帯が現在形成されつつある．この台湾にみられる地質構造は，後に述べる多くの造山帯でも普遍的に認められる．

5.8　造山帯の地質とテクトニクス

以上，プレートテクトニクスにともなうさまざまの変動帯のテクトニクスと地質について述べてきた．これらの変動帯は，ウィルソンサイクルにおいては最終的に大規模な島弧と大陸の衝突，大陸と大陸の衝突に巻き込まれて造山帯を形成し大陸地殻を再構成する．この過程においてはリフト帯の形成と大陸の分裂，海洋底の誕生と消滅，そして島弧や大陸の衝突などがおこり，再びリフト帯の形成が開始される．アルプス—ヒマラヤ造山帯においてその過程を見てみよう．

(a)　アルプス造山帯

アルプス造山帯といった場合には，とらえ方によって大きく地域の広がりが変わってくる．その主体となるのは，もちろんアルプス山脈であるが，地中海全体そしてモロッコのアトラス山脈をも含んだ一大変動帯と見なすこともできる．ここでは，アルプス山脈を中心に解説をしよう．この章の最初に述べたミラノからチューリッヒへの巡検も思いだしながら述べてゆこう．

アルプス山脈の主体をなすのは，リフト帯の形成にともなってできた堆積岩と基盤岩を巻き込んだ激しい衝上断層・褶曲帯(スラスト・アンド・フォールド帯)である．図5.1と図5.20を見てみよう．インスブルック縫合線(Insbruck suture zone)を境に，北側のヨーロッパ地帯と南側のアフリカ-アドリア地帯が衝突している．**縫合線**(suture zone)とは，異なった起源を持つ地質体が，海洋底の消失にともなって衝突した場合に，その境をなす構造線を指す．インスブルック縫合線は，ミラノ—チューリッヒのルートではベリンゾナ付近を通過しており，横ずれ断層帯となっている．しかし，横ずれ成分は10 km程度とされている．

ミラノからコモ湖にかけて分布する砕屑岩は，南側へ衝上してくる地質帯の

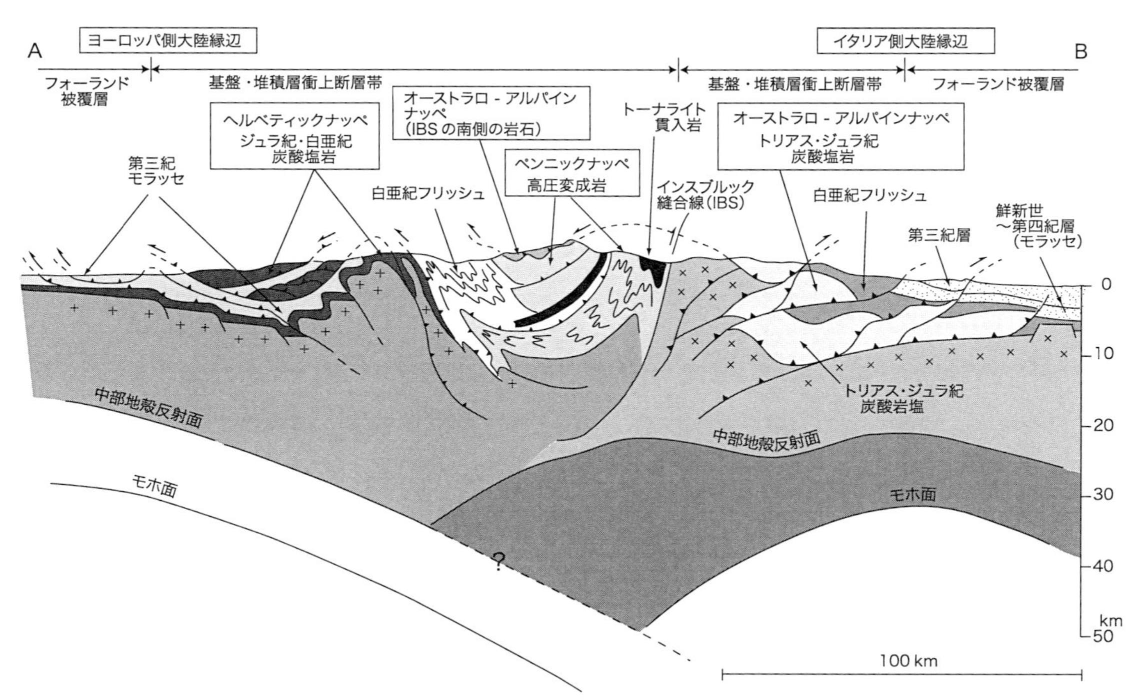

図 5.20 アルプス造山帯の地質断面．断面の位置を図 5.1 に示した．インスブルック縫合線がイタリア(アドリア)側とヨーロッパ側の衝突境界であるが，ヨーロッパ側にアドリア側の岩体がスラストシートとなってのし上がっている．これがオーストラロ-アルパインナッペである．山脈の両側にはフォーランド盆地が形成されている．平・清川(1998)より．Pfiffner(1992)と Schmid *et al*.(1996) を改変した図．

前縁でその荷重によって沈降した前縁盆地(アルプスではそこで堆積した地層を**モラッセ**：molasse と呼んでいる)で堆積したものである．コモ湖南で見られた山並は，漸新世から始新世のモラッセ堆積物が衝上断層によってのし上げたものである．コモ湖からベリンゾナにかけての石灰岩はアドリアプレート側の大陸縁辺プラットフォームを覆っていたものである．ベリンゾナ付近では，さらにアドリア側の変成岩が分布する．これらはオーストラロ・アルパインナッペと呼ばれる．

インスブルック縫合線の北は，主に，ヨーロッパ側を作っていた地層が，衝上断層で積み重なったものである．構造的に最上部には，ペンニックナッペを形成している基盤岩類がくるが，これは，変成岩や片麻岩を主体とする．この基盤岩類ナッペの下位には，ヨーロッパ側の大陸縁辺を作っていた砕屑岩類や炭酸塩岩プラットフォームやオフィオライトの岩石，さらに白亜紀のフリッシュがやはり衝上断層帯を成している(ヘルベティックナッペ)．

アドリア側を作っていた基盤岩や炭酸塩岩の一部(北側のオーストラロ・アルパインナッペ)は，ヨーロッパ側にも衝上している．この関係はツェルマット付近でよく観察できる．マッターホルン，モンテローザの山塊を作っているのは，モンテローザデッケ(デッケとナッペは同じ意味で，ドイツではデッケが，スイスではナッペがよく使われる)であり，これはアドリア側の基盤変成岩からなる．その下部には，オフィオライトや石灰岩などが認められ，さらに北側では，ヨーロッパ側の基盤変成岩が認められる．

ツェルマットから北，ローヌ河谷の北のロイカバード(Leucabad)では，主にトリアス紀からジュラ紀の炭酸塩岩がナップをなしている．これらのナッペ群は，始新世の砕屑岩を巻き込んでおり，さらにこの砕屑岩の下部の不整合面では，炭酸塩岩が侵食された古カルスト地形が認められ，その中には，砕屑物の充填堆積物が認められる．これらのことは，ヨーロッパ側の衝上断層運動は，始新世以降におこったことを示している．

さきに述べたクールからチューリッヒへ向かうルートで見られた一連の衝上断層褶曲帯は，北側へとのしあげる構造を示している．チューリッヒ付近では丘陵と湖からなるモラッセの構造地形をなしている．その北では，再びモラッセとその下の主にジュラ紀の炭酸塩岩を巻き込んだ衝上断層帯が発達してくる．

この衝上断層帯は，西へと連続し，フランス側ではジュラ山脈(ジュラ紀の模式地)となる．この衝上断層帯は，モラッセ盆地の形成後に，さらにその外側に向けて衝上断層帯が発達したものである．

アルプス造山運動の始まりは，1.8億年前のパンゲアの分裂に始まる．パンゲアの分裂から，ローラシアとゴンドワナが誕生し，ヨーロッパとアフリカ・アドリアの間に，ピーモント海という海盆が開けた．この海はテーチス海の西端にあたる．この海の大きさについてはよくわかっていないが，古地磁気学的な証拠から100～500 km程度と考えられている．

この海をはさんで，ヨーロッパ側の大陸縁辺は，蒸発岩から始まり，火山岩そして，断層ブロックの高まりの上には炭酸塩堆積物(炭酸塩岩プラットフォーム)が蓄積した．また，アドリア側もまた同様な炭酸塩が堆積した．蒸発岩は，この造山帯では，デコルマンとして重要な役割を果たすことになる．

白亜紀になってピーモント海が，アドリアプレートの下に沈み込み始めた(図5.21(a)を参照)．海洋底は消滅し，大陸縁辺どうしが衝突を始めて，原アルプス帯ができあがった．これは，火山をともなわないプレート沈み込み帯であり，隆起帯を形成し，その侵食により残りの海盆にはタービダイト(**フリッシュ**：flyschと呼ぶ)が堆積を始めた．フリッシュはヨーロッパ側のアルプス前縁帯にとくに発達している．このことは，フリッシュが衝上断層帯の前進にともなう荷重によって沈降した地帯(前縁盆地に相当するが，海が進入して水深が深いので**フォーディープ**：foredeepと呼んでいる)に堆積したことをさしている．

始新世になって，南北方向さらに後の北西－南東方向の短縮により，ヨーロッパ側，アドリア側の両方にスラスト帯が発達し，大陸を作っていた地殻の深部が露出し始め，アルプスの原形ができあがった．さらに，中新世になって，とくに中央スイスアルプスでは，大規模なバックスラスト運動がおこった．これは，ヨーロッパとアドリアの両側に衝上していた地質体が全体としてアドリア側に向かって衝上してきた．この原因については，深部反射地震波探査などの結果により，アドリア側の下部地殻が，ヨーロッパ側の下部地殻の上に侵入したためであると考えられる．

前縁盆地における粗粒砕屑性堆積物モラッセは，アルプス造山運動の最終時

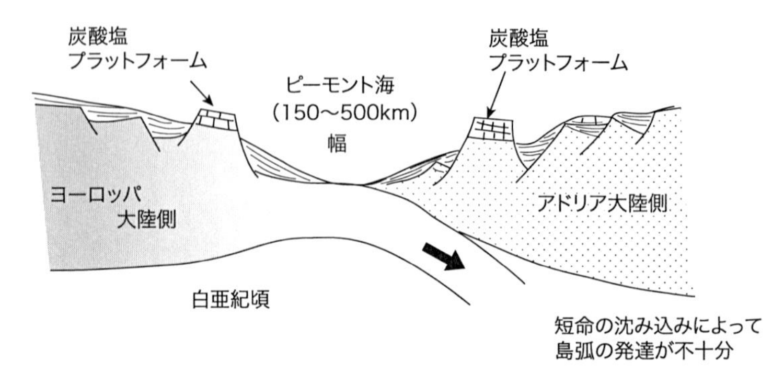

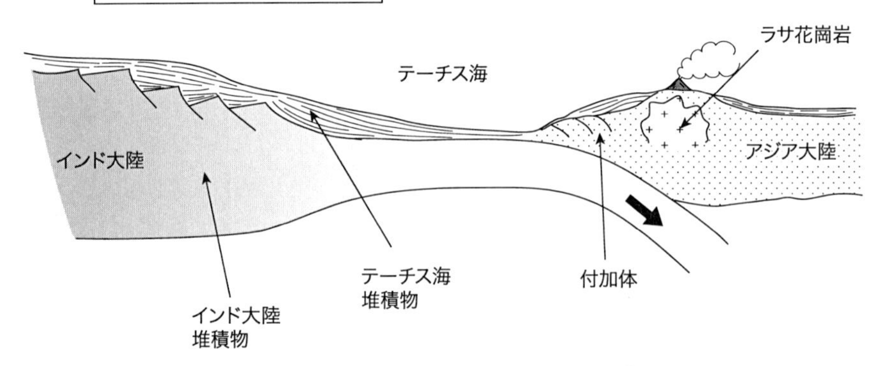

図 5.21 アルプス造山帯(a)とヒマラヤ造山帯(b)における衝突テクトニクス以前の地質断面の模式図．アルプスでは典型的な島弧は発達しなかった．

期を示すものである．

このように，アルプス造山帯は，リフト帯の形成後に，小規模な海洋底の形成と消滅によってリフト縁辺域どうしが衝突をおこしたものである(図 5.21(a))．地質構造は，大部分が堆積岩・基盤岩を巻き込んだ衝上断層帯からなっており，付加体の形成や海洋地殻(オフィオライト)の付加は少量であり，また火山弧の発達もほとんどない．すなわち海洋底は火山弧を形成するほどに十分な深さと時間をもって沈み込んでいなかったことを示している.

(b) ヒマラヤ造山帯

世界の屋根,ヒマラヤ山脈はアジア大陸とインド大陸の衝突によって生じた一大山脈である.近年,この山脈の形成史についても多くの知見が得られてきた.ヒマラヤ山脈の形成は中生代のゴンドワナ大陸の分裂にともなって作られた大陸塊が,東アジアの大陸の周辺に作られていた島弧-海溝系に次々と衝突してきた一連の過程でおこった出来事である.

中生代にチベット高原の南には付加体および火山弧を構成する火山岩や花崗岩が分布し,北方へのプレート沈み込み帯が存在した(図 5.21(b)を参照).第三紀になるとインド大陸が衝突してきた.これがヒマラヤ造山運動の始まりである.ヒマラヤ山脈は,250〜350 km の幅をもち,3000 km の延長をもつ.その構成は比較的単純で,インドの衝突以前,北側に発達した沈み込み帯に対して,インド側に発達していたリフト大陸縁辺の堆積体が衝突に巻き込まれたものである.沈み込む側(下盤)が大陸で,沈み込まれる側(上盤)が火山弧であるという点で,この様式は台湾と同じである.ただし,台湾では火山弧は島弧であるのに対して,ヒマラヤでは大陸弧であった.

地質図と断面図(図 5.22)を見みよう.インド側には,砕屑性の堆積物が前縁盆地に堆積している.現在でもヒマラヤは 0.5〜4 mm/年で隆起しているので,その結果,激しい侵食にさらされており,堆積物は前縁盆地だけでなく,インド洋の海底にも巨大扇状地を作っている.

前縁盆地の堆積物は衝上断層帯に巻き込まれて低い山地を作っている.これをサブヒマラヤ(Sub Himalayas)と呼んでいる.サブヒマラヤには第三紀からの厚い堆積層(**シワリク層群**:Siwalik group)が露出している.サブヒマラヤの北側に位置するレッサーヒマラヤ(Lesser Himalayas)は 1500〜3000 m 級の山々からなり,サブヒマラヤの上に**主境界断層**(Main Boundary Thrust:MBT)によって衝上している.この衝上運動は現在も活動的で,地震の発震機構の解析によると,北側へ傾斜した低角度の断層の存在が推定できる.レッサーヒマラヤは先カンブリア時代から中生代にかけての低変成の堆積岩を主体としており,もともとは,インド大陸の上を被覆した地層の一部である.

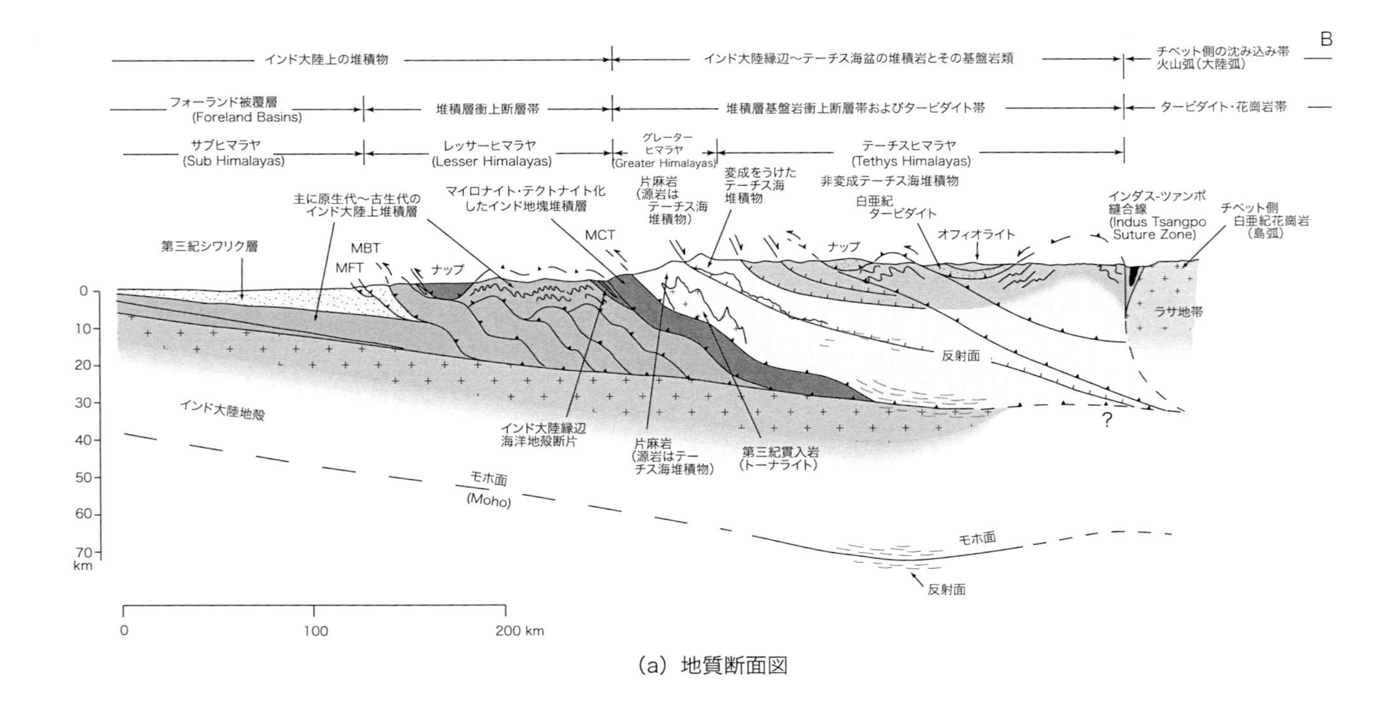
B
インド大陸上の堆積物
インド大陸縁辺～テーチス海盆の堆積岩とその基盤岩類
チベット側の沈み込み帯
火山弧（大陸弧）
フォーランド被覆層
(Foreland Basins)
堆積層衝上断層帯
堆積層基盤岩衝上断層帯およびタービダイト帯
タービダイト・花崗岩帯
サブヒマラヤ
(Sub Himalayas)
レッサーヒマラヤ
(Lesser Himalayas)
グレーター
ヒマラヤ
(Greater Himalayas)
テーチスヒマラヤ
(Tethys Himalayas)
主に原生代～古生代の
インド大陸上堆積層
マイロナイト・テクトナイト化
したインド地塊堆積層
片麻岩
（源岩は
テーチス海
堆積物）
変成をうけた
テーチス海
堆積物
非変成テーチス海堆積物
白亜紀
タービダイト
インダス-ツァンポ
縫合線
(Indus Tsangpo
Suture Zone)
チベット側
白亜紀花崗岩
（島弧）
第三紀シワリク層
MBT
MFT
ナップ
MCT
ナップ
オフィオライト
ラサ地帯
反射面
?
インド大陸地殻
インド大陸縁辺
海洋地殻断片
片麻岩
（源岩はテー
チス海堆積物）
第三紀貫入岩
（トーナライト）
モホ面
(Moho)
モホ面
反射面
0
10
20
30
40
50
60
70
km
0
100
200 km

（a）地質断面図

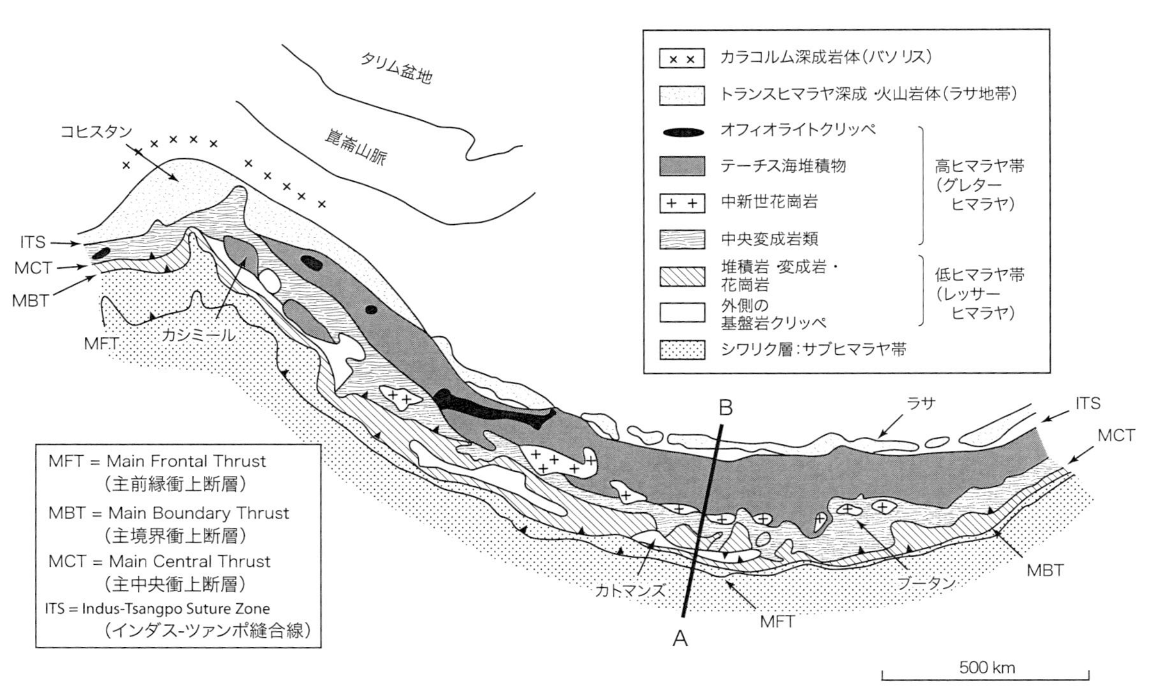

(b) 地質図

図 5.22 ヒマラヤ造山帯の地質図と地質断面図．ヒマラヤ山脈では，チベット側の火山弧地質帯にテーチス海の堆積物やインド大陸縁辺の堆積物が衝突し，インド大陸に向かって各地質帯がのし上がり構造を示す．これは形の上では台湾と同じ構造であるが，インドのプレートはチベット側へと深く沈み込んでいると推定されている．地質図は Windley (1995)，断面図は平・清川 (1998) による．

レッサーヒマラヤの堆積岩は，グレーターヒマラヤ(Greater Himalayas)の高度変成岩に構造的に覆われており，その境界は**主中央断層**(Main Central Thrust：MCT)と呼ばれている．高度変成岩はグレーターヒマラヤの下部を作っており，その上にテーチス堆積物が衝上している(テーチスヒマラヤ)．テーチス堆積物とは，もともとインド大陸の北側縁辺から海洋底にかけて堆積していたリフト大陸縁辺の堆積物を指す．これは，トリアス紀から古第三紀にかけて堆積した砕屑岩や炭酸塩岩からなる．レッサーヒマラヤの上には，グレーターヒマラヤあるいはMCT境界部付近の高度変成岩や変形岩がナッペとして乗っている．また，グレーターヒマラヤには，中新世の花崗岩が貫入している．この花崗岩は，下部地殻の溶融によってできたと考えられる．

インダス-ツアンポ縫合線(Indus-Zampo Suture Zone)は，南側のインド地殻およびその大陸縁辺起源の岩石と，北側のチベットの岩石を分かつ構造線である．この構造線に沿って，高角度の断層とオフィオライト，藍閃石片岩，グラニュライトなどを産する．チベット側の岩石は，古生代から中生代の付加体からなり，これを白亜紀から始新世の花崗岩バソリスが貫入している．このバソリスは，チベット側がインド衝突以前は，アンデスタイプの大陸弧からなる沈み込み境界であったことをしめしている．この沈み込み境界は，より西側では，島弧に変化しており(コヒスタン島弧)，約1億年前の衝突でサンドウィッチされている．白亜紀の付加体やオフィオライトは，ナッペとしてテーチスヒマラヤの上に衝上している．

近年，テーチスヒマラヤとグレーターヒマラヤの境界は，低角度の正断層であることがわかってきた．ヒマラヤでは，山脈の上昇とそれにともなう引張テクトニクスの活動が同時におこっていることが明らかになった．その原因としては，山脈の急上昇が重力的な不安定を生じて，内部流動による重力崩壊を想定する考えもある．これがさらに進行すると山脈は崩壊し，ベースン・アンド・レンジ地域に見られるような変成岩コンプレックスからなる正断層変動帯へと変化するかもしれない．

インドの衝突は，アジアの変形を引きおこしている．横ずれ断層による運動そして，山西地溝帯やバイカル地溝帯に見られる正断層運動である．これらはいずれも，インドの衝突によって引きおこされた突入から逃れるように，大陸

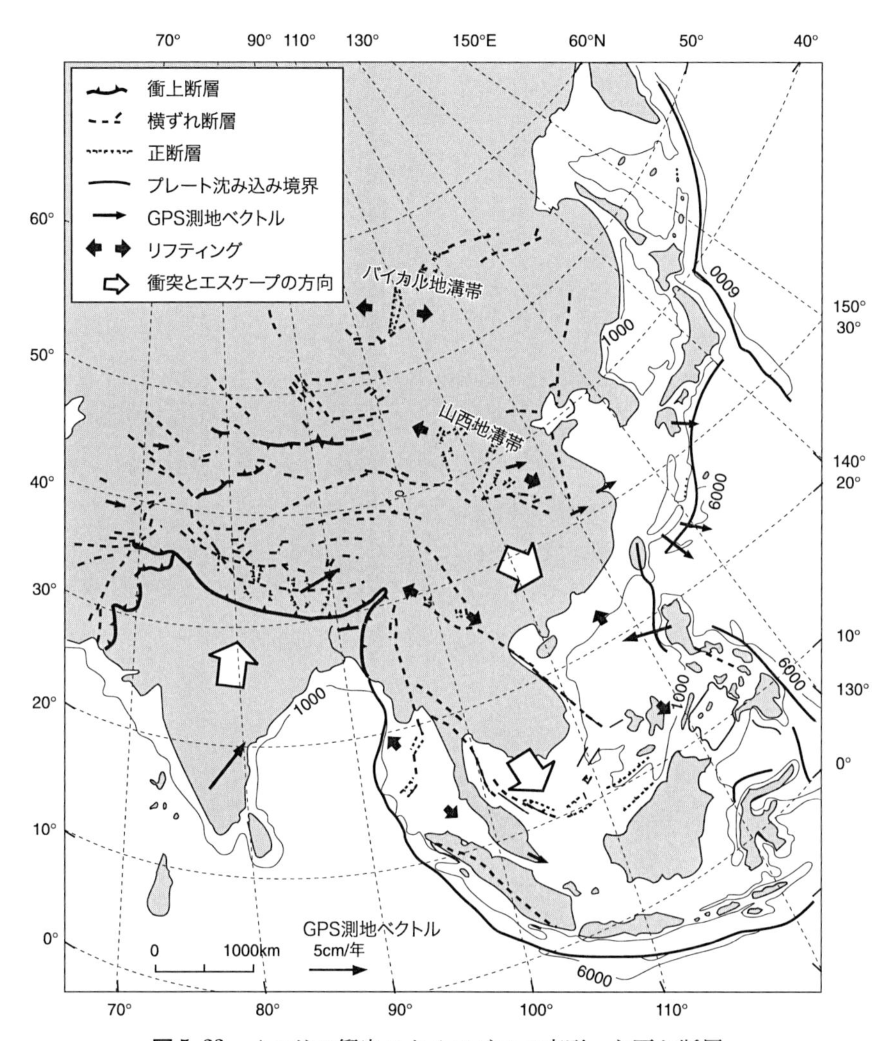

図 5.23　インドの衝突によるアジアの変形．主要な断層，構造地形の他に最近の GPS 測位データを示す．インドの衝突により，インドシナ，中国は押し出されるように南東に移動している．Tapponier *et al.*(1982) による．GPS データは Kato (2003) による．

は変形していると推定されている(図 5.23)．たとえば，インドシナ半島や南中国は南東へ押し出されるような(逃げるような)運動をしている．これを，**エスケープテクトニクス**(escape tectonics)とよんでいる．図 5.23 には近年のアジアにおける GPS 観測データも示してある．このデータはインドの衝突によるエスケープテクトニクスを実証している．南シナ海やアンダマン海の形成は，このような横ずれ運動とエスケープテクトニクスによって生じたリフト帯から発達した海洋底拡大によるとする考えもある．

ヒマラヤ山脈から侵食された堆積物は，インド洋の海洋底にベンガル海底扇状地を作って厚く堆積している．その厚さは場所によって 10 km を越える．またベンガル三角州から 3000 km も続くような海底チャンネルを作っている．その一部は激しい蛇行をしており，河川と同様な三日月湖状の放棄チャンネル跡も認められる．ベンガル海底扇状地のチャンネルについては第 2 章において解説した．ベンガル海底扇状地の一部はすでに付加体としてミャンマーに露出しており，また，西側のインダス海底扇状地もまた，パキスタンに付加体を作っている．これらは，地上最大級の大陸と海洋を結ぶ物質循環システムを構成している．

ベンガル海底扇状地とシワリク層を含む前縁盆地には 3×10^6 km^3 の堆積物があると推定されている．もし，この堆積物が過去 2000 万年間にヒマラヤ山脈からすべて供給されたとすると，ヒマラヤ山脈での侵食量は単位面積あたり 950 m/100 万年となる．これはほぼ年間 1 mm 程度の侵食量となり日本列島における侵食量と比べて決して多いものではない．わが国の中部地方の山岳地帯では年間 10 mm 程度に達するところもある．このようなマスバランスの計算から次のような類推を得ることができる．

1)　わが国の山岳地帯の一部で見積もられている侵食速度年間 10 mm 程度に比べると，ヒマラヤ山脈の年間 1 mm はいかにも小さい．ヒマラヤ山脈はパルス状に隆起したことも推定できる．

2)　1000 m/100 万年の侵食量は 2000 万年では 20 km の量になるので，それを補うためには地殻の厚化が造山運動には必要である．

正確な堆積量の変動の見積もりは，ヒマラヤ山脈の隆起にともなってどれくらいの地殻が削剥されたのかを知る 1 つの手がかりとなるが，まだ十分なデータが蓄積されていない．ベンガルやインダス海底扇状地の深部深海掘削の達成が待たれる．

問　題

問題1　図は東アフリカ，アラビア海，紅海，死海にいたる地域の地形図である．この図をもとに他のデータも加えてこの地域のテクトニクスを考察せよ．また，アフリカ大地溝帯の地形，地質，テクトニクスについて文献などで調べてリポートを作ってみよう．

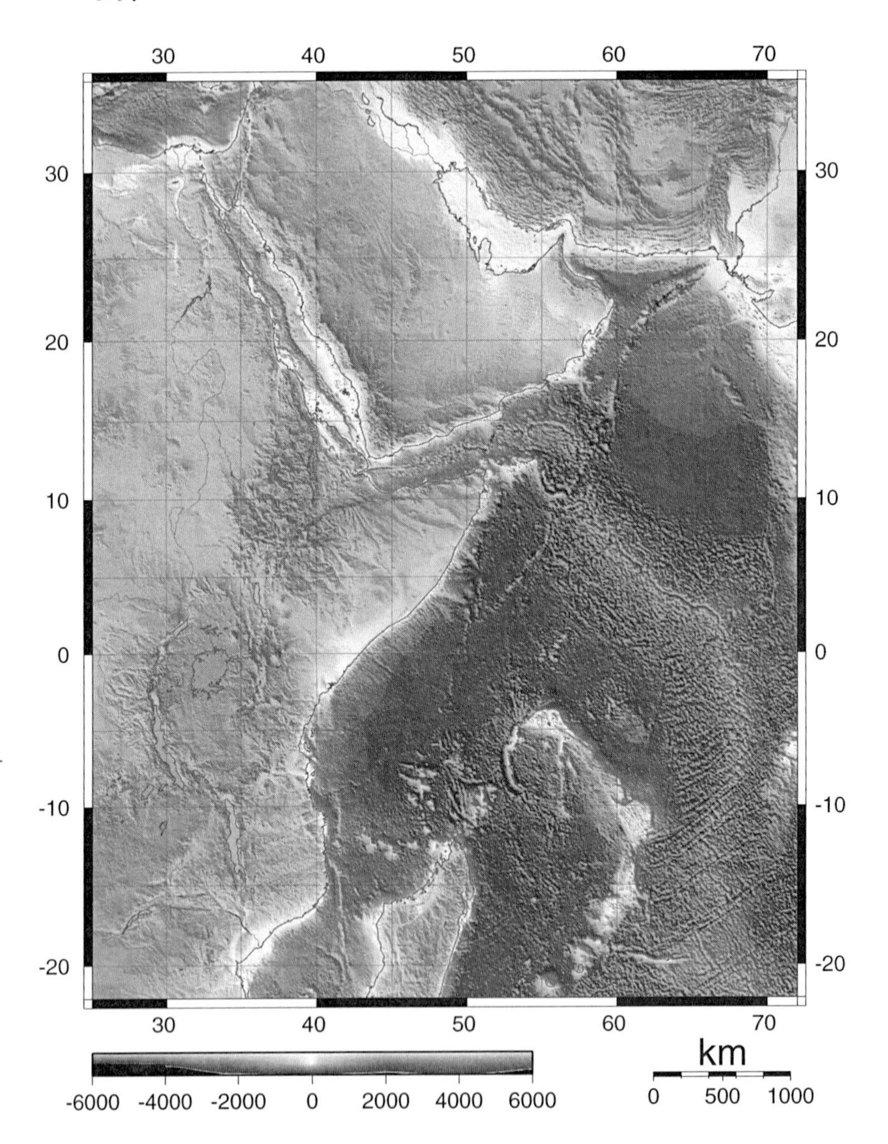

問題2　オフィオライト(ophiolite)について調べてみよう．文献やマップなどからオフィオライトの起源やテクトニクスについて考察してみよう．

文献

◎テクトニクスに関しての一般的な教科書としては，

木村　学：プレート収束帯のテクトニクス学，東京大学出版会，271 p., 2002.
(プレート収束帯テクトニクスについて論じた世界でも稀な著作．第I部ではテクトニクスの簡潔なまとめがあり役に立つ．)

瀬野徹三：プレートテクトニクスの基礎，朝倉書店，190 p., 1995.

瀬野徹三：続プレートテクトニクスの基礎，朝倉書店，162 p., 2001.
(以上は変動帯の地質などについて記述している本ではないが，それを考える基礎として役に立つ．続編では日本列島の応力場が論じられている．)

杉村　新：グローバルテクトニクス，東京大学出版会，250 p., 1987.
(この名著については第1巻でも取り上げた．)

高橋正樹：島弧・マグマ・テクトニクス，東京大学出版会，322 p., 2000.
(本巻では，変動帯における火成活動の役割については十分に述べていないが，補足の意味でこの本を参照されるとよい．)

Hancock, P. L. (ed.)：*Continental Deformation*, Pergamon Press, 421 p., 1994.

Keary, P. and Vine, F. J.：*Global Tectonics*, Blackwell Sci. Pub., 320 p., 1990.

◎変動帯の地質に関しては

Lister, G. S. and Davis, G. A.：The origin of metamorphic core complexes and detachment faults formed during Tertiary continental extension in the northern Colorado River region, U.S.A, *J. Struct. Geol.*, 11, 65-94, 1989.

平　朝彦・徐　垣・鹿園直建・広井美邦・木村　学：地殻の進化(岩波講座地球惑星科学9)，岩波書店，283 p., 1997.
(第5章において変動帯の地質がまとめられている．)

平　朝彦・阿部　豊・川上紳一・清川昌一・有馬真・田近英一・箕浦幸治：地球進化論(岩波講座地球惑星科学13)，岩波書店，527 p., 1998.
(「第3章 造山帯と大陸の成長」「第4章 火成作用の変遷と大陸地殻の進化」がとくに関連する．また多くの文献も挙げてあるので参考にしてほしい．)

Dewey, J. F. and Bird, J. M.：Mountain belts and the new global tectonics, *J. Geophys. Res.*, 75, 2625-2647, 1970.
(いまでは古典ともなった変動帯のプレートテクトニクスを用いた形成論．)

◎リフト帯の形成に関しては，

Larsen, H. C.：Investigations of rifted margins, *JOIDES Journal*, 28, No. 1 (Special

Issue), 85-90, 2002.
Wernicke, B.：Cenozoic extensional tectonics of the U.S. Cordillera. In *The Cordilleran Orogen：Conterminous US* (Burchfiel, B. C., Lipmann, P. W., Zoback, M. L. eds.), The Geology of North America, v. G-3, The Geological Society of America, 553-581, 1992.

◎中央海嶺の地質過程については，

Cannat, M. *et al.*：Thin crust, ultramaficexposures, and rugged faulting patterns at the Mid-AtlanticRidge (22°-24°N), *Geology*, 23, 42-49, 1995.
Hey, R. N.：A new class of psuedofaults and theirbeariong on plate tectonics：a propagating rift model, *Earth Planet. Sci. Letter*, 37, 321-325, 1977.
MacDonald, K. C. and Fox, P. J.：Overlapping spreading centers：new accretion geometry on the East Pacific Rise, *Nature*, 302, 55-58, 1983.
MacDonald, K. C. *et al.*：A new view of the mid-oceanic ridge from the behaviour of ridge? axis discontinuities, *Nature*, 335, 217-225, 1988.
Pearce, J.：The oceanic lithosphere, *JOIDES Journal*, 28, No. 1 (Special Issue), 61-66, 2002.
海野　進：海洋地殻深度掘削の成果と課題，地学雑誌，112, 650-667, 2003.
（この巻の地学雑誌には海洋底の岩石学的構造がまとめてある.）

◎洪水玄武岩，海台や海山については，

Campbell, I. H. and Griffiths, R. W.：Implications of mantle plume structure for the evoluton of flood basalts, *Earth Planet. Sci. Lett.*, 99, 79-93, 1990.
Coffin, M. F. and Eldholm, O.：Large igneious provinces：crustal structure, dimensions, and external consequences, *Review of Geophysics*, 32, 1-36, 1994.

◎島弧-海溝系については，

Dickinson, W. R. and Seely, D. R.：Structure and stratigraphy of forearc regions, *American Association of Petroleum Geologists Bulletin*, 63, 2-31, 1979.
Eiler, J. (ed.)：*Inside the Subduction Factory*, Geophysica Monograph 138, AGU, 311 p., 2003.
Hirano, N., Kawamura, K., Hattori, M., Saito, K., and Ogawa, Y.：A newtype of Intra-plate volcanism; young alkali-basalts discovered from the subducting Pacific Plate, northern Japan Trench, *Geophys. Res. Letter*, 28, 2719-2722, 2001.
Okino, K., Shimakawa, Y., and Nagaoka, S.：Evolution of the Shikoku Basin, *J. Geomag. Geoelectr.*, 46, 463-479, 1994.
Okino, K., Ohara, Y., Kasuga, S., and Kato, Y.：The Philippine Sea：New survey results reveal the structure and the history of the marginal basins, *Geophysical Research Letters*, 26, 2287-2290, 1999.
Stern, R. J., Fouch, M. J., and Klemperer, S. L.：An Overview of the Izu-Bonin-Mariana subduction factory. In *Inside the Subduction Factory* (Eiler, J., ed.), Geophysical Monograph Series 138, AGU, 175-222, 2003.

Taira, A., Ashi, J., Kuramoto, S., Soh, W., Nishiyama, E., Tokuyama, H., Fujioka, K., and Suyehiro K.：Accretion versus Erosion in Forearc Tectonics—A Case Study from the Nankai Trough and the Japan Trench. In *Proceedings of the First International Conference on Asian Marine Geology* (Pinxian, W. *et al*. eds.), China Ocean Press, 39-53, 1990.

平　朝彦・篠原雅尚・倉本真一：北部伊豆・小笠原"島弧-海溝系", 科学, 62, 335-336, 1992.

Taylor, N. and Natland, J. (ed.)：*Active margins andmarginabasins of the Western Pacific*, Geophysical Monograph 88, AGU, 1995.

上田誠也・杉村　新：弧状列島, 岩波書店, 156p., 1970.
（島弧の地球科学を総合的に論じた古典的な名著.）

◎沈み込みと衝突テクトニクスについては,

Biq, C.：Collision, Taiwan style, *Mem. Geol. Soc. China*, 4, 91-102, 1981.

Cloos, M.：Lithospheric buoyancy and collisional orogenesis：subduction of oceanic plateaus, continental margins, island arcs, spreading ridges, and seamounts, *Geol. Soc. Am. Bull*., 105, 715-737, 1993.

Kodaira, S., Takahashi, N., Nakanishi, A., Miura, S., and Kaneda, Y.：Subducted Seamount Imaged in the Rupture Zone of the 1946 Nankaido Earthquake, *Science*, 289, 104-106, 2000.

Phinney, E. J. *et al*.：Sequence stratigraphy and structure of the southwestern Ontong Java Plateau adjacent to the Northern Solomon trench and Solomon Islands, *Jour. Geophysical Research*, 104, 20449-20466, 1999.

Von Huene, R. and Scholl, D. W.：Observations at convergent margins concerning sediment subduction, subduction erosion, and the growth of continental crust, *Rev. Geophys*., 29, 279-316, 1991.

Yamazaki, T. and Okamura, Y.：Subducting seamounts and deformation of overriding forearc wedges around Japan, *Tectonophysics*, 169, 207-229, 1989.

◎北アメリカの地質に関しては,

Bally, A. W. (ed.)：The Geology of North America：An Overview, *The Geology of North America, A*, The Geological Society of America, 618 p., 1989.

Burchfiel, B. C., Lipmann, P. W., Zoback, M. L. (eds.)：The Cordilleran Orogen：Conterminous US, *The Geology of North America, G-3*, The Geological Society of America, 724 p., 1992.

Hatcher, R. D. Jr., Thomas, W. A., and Viele, G. W.：The Appalachian-Ouachita Orogen in the United States, *The Geology of North America, F-2*, The Geological Society of America, 767 p., 1989.

◎ヒマラヤの地質とテクトニクスについては,

Burchfiel B. C. and Royden L. H.：North-south extension within the convergent Himalayan region, *Geology*, 13, 679-682, 1985.

Gannser, A.：Geology of the Himalayas, Wiley, 289 p., 1964.

Windley, B. F.：Metamorphism and tectonics of the Himalayas, *J. Geol. Soc. Lond.*, 140, 849-866, 1983.

◎アジアのテクトニクスについては,

Molnar, P. and Tapponnier, P.：Cenozoic tectonics of Asia：effect of a continental collision, *Science*, 189, 419-426, 1975.

◎アルプスのテクトニクスについては,

Pfiffner, O. A.：Alpine orogeny. In *A Continent Revealed*：*The European Geotraverse* (Blundell, D. *et al*. eds.), Cambridge University Press, 180-190, 1992.

問題のヒント

問題1 テクトニクスの考察にはどのようなデータが必要か，まず考えてみよう．震央の分布と震源解，火山の分布，重力異常，地磁気異常，GPS 測地データがあると相当のことがいえる．これらのデータを集めてみよう．

問題2 オフィオライトの起源には海洋地殻説と島弧地殻説とが対立している．この両者について比較表を作ってみよう．

6 日本列島の発達史

この章のねらい

第４章で日本列島に分布する付加体の地質学について述べた．第５章では変動帯のテクトニクスについて解説した．その中で，日本列島の例については個々のプロセスとして取り扱った．ここでは，日本列島全体を変動帯としてとらえ，日本列島の地質の発達が造山帯の形成を考える上でどのような意味をもっているのか，大陸地殻の進化を理解する上でどのような意義があるのかについて概観しよう．

6.1　日本列島の地質構成

まず，地質全体を眺めることから始めよう．日本列島の地質は大きく 2 つの要素に分けることができる．それは，列島の基盤を作ってきた，あるいは作りつつある地質体と，それを被覆した堆積岩や火山岩そしてそれらに貫入した火成岩である．基盤を作っている地質体とは，ほとんどが付加体であり，被覆している堆積岩の大部分は新第三紀以降のものである．南海トラフでは付加体が形成しつつあることはすでに第 4 章で述べた．火成岩は，白亜紀-古第三紀の花崗岩類と新第三紀以降の火山岩を主体とする．

このような地質の発達史を見ると，テクトニクスの上から大きく 3 つの時期に分けるのが妥当である．それは，

1)　東西圧縮テクトニクスの時代(最近 300 万年間)
2)　島弧-海溝系の時代(2200 万～300 万年前)
3)　大陸縁辺での沈み込み帯の時代(2200 万年前より以前)

である．ここでは，この順序で時代を遡りながら発達をたどってゆくことにする．

6.2　東西圧縮テクトニクスの時代(最近 300 万年間)

(a)　GPS 観測データ

まず近年に急速に整備された国土地理院の GPS 観測データによるごく最近の地殻変動を見てみよう．これについては第 1 巻，さらに本巻の第 3 章でも取り上げたが，ここでは図 3.25 と図 3.26 を日本列島全体のテクトニクスを考える視点から見直してみよう．読者は，これまでの記述も参考にしてほしい．

GPS 観測からは，すでに述べたように各観測点の速度ベクトルが得られる．図 3.25 のデータはユーラシアプレートを基準点としている．太平洋プレート，フィリピン海プレートの沈み込みの影響を受ける太平洋沿岸域では，海洋プレートの沈み込みに引きずられた上盤プレートが，概ね西北西方向へ数 cm/年の運動を示す．この速度は内陸部では，次第に小さくなる．日本列島において，

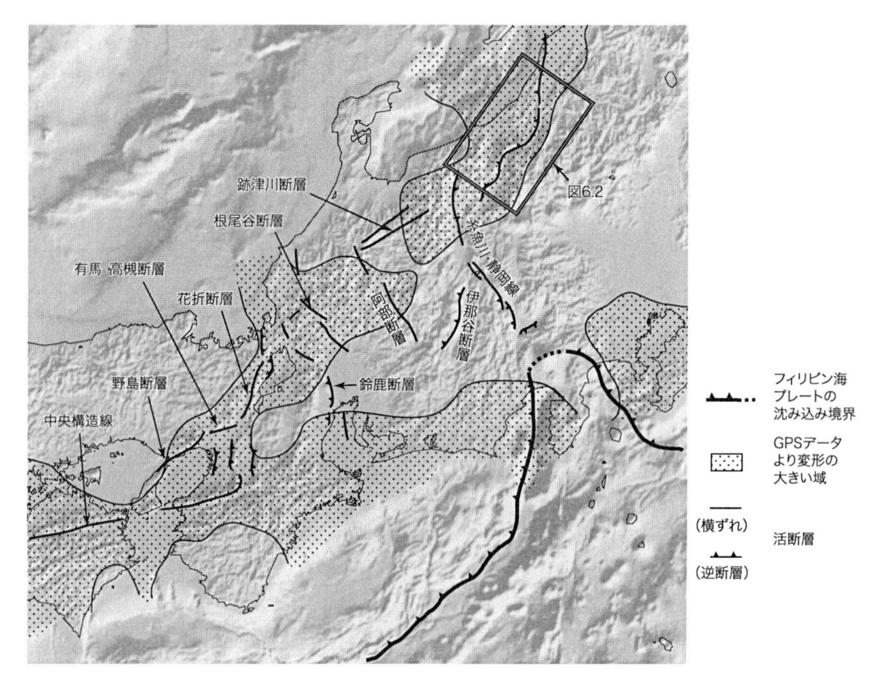

図 6.1 中部日本の活構造．活断層，GPS 測位から求められた変形の集中している地域，プレートの沈み込み境界を示した．信濃川河谷，松本盆地，跡津川断層，琵琶湖周辺，六甲山地と野島断層，中央構造線と連続した変形集中地帯が存在する．平(2002)による．

この速度場はプレート境界における地震活動の影響を大きく受ける．そこで，最近の大きな地震後の運動(after schock movement)がある場所は補正すると，プレートの押し込みによる地震間弾性変形(inter-seismic deformation)を主体とする速度場が得られる．この変形の何％かは，第3章で述べたように地質構造を作るような変形として蓄積されると考えられる．しかしこのような変形を短期間の GPS 観測から検出するのは難しい．したがって，地質構造を作るような変形プロセスの推定には，さまざまな時間スケールでの変形を比較する方法が有効である．

GPS 観測で見た中部日本の変形集中帯は 2 つの地域に分布している(図 6.1)．一つは，伊豆半島の北側の一帯であり，もう一つは北信越から飛騨，近

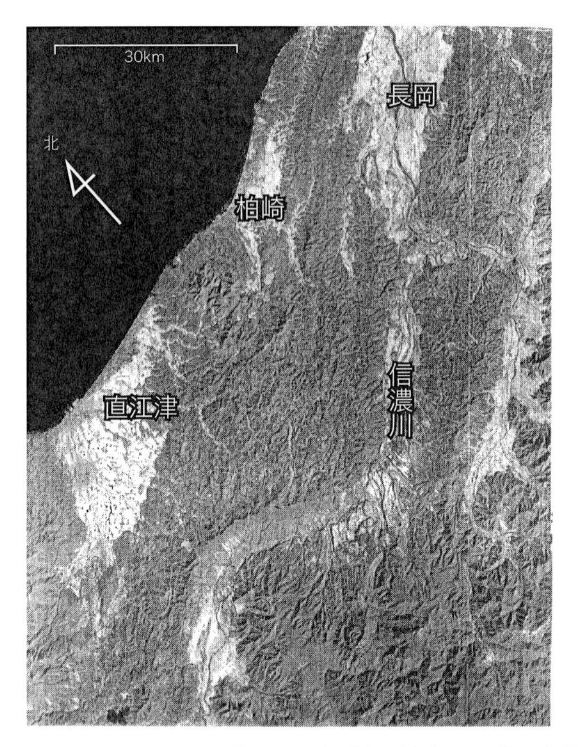

図 6.2　ランドサット画像にみる信濃川河谷沿いの第四紀褶曲地形．ここでは第四紀の魚沼層群が褶曲と断層に巻き込まれている．阪神コンサルタント提供．

畿中部にいたる一帯である．伊豆半島の北側には国府津-松田-神縄断層などの活断層が知られており，また地質学的にもここはフィリピン海プレートに属する伊豆・小笠原島弧と本州弧の衝突境界と認定されており，プレート境界とGPS 観測から求められる変形域とはほぼ一致する．

もう一つの変形地帯はどうであろうか．まず，新潟から見てゆこう．新潟平野の下には日本海拡大のときに形成された地溝が存在しており，第三紀から第四紀の厚い堆積物が蓄積している．この地溝の縁辺では活断層が発達しており，地層が褶曲している．さらにこのような活断層系の延長で 1964 年の新潟地震がおきている．したがって，ここは第四紀から歪が集中している．さらに北への延長を見てみると日本海東縁部の変動帯へと連続している．新潟から西へは，東頸城丘陵の褶曲地帯が連続する．ここでは第四紀の魚沼層群が激しく褶曲している(図6.2)．

その西への延長は，糸魚川-静岡構造線と接しており，東頸城丘陵の褶曲地帯は南へと屈曲している．糸魚川-静岡構造線の西に位置する飛驒山脈は第四紀の隆起が大変大きいところである．さらにGPS観測から求められる変形の大きい地帯を西にたどると跡津川断層にいたる．跡津川断層はわが国でも第1級の右横ずれ活断層であり，過去に大きな地震をおこしている．この延長は，金剛-花折構造線，高槻-有馬-淡路構造線(野島断層はその一部)へと続き，中央構造線へと連続する．

以上見てきたように，中部日本の北側を通る変形集中地帯は，第四系の褶曲地帯や活断層帯と一致している．さらに，GPS観測の速度ベクトルを見てみると，これらの地層の褶曲地帯や活断層帯の北西側では，ベクトルは東向きであり，その他の地域の西向きとは逆であることがわかる(図3.25と図3.26参照)．これらのことを総合すると中部・近畿日本では，新潟から神戸に至る東西圧縮の強変形地帯が想定できる．この強変形地帯は，最近では新潟-神戸構造帯と呼ばれている(Sagiya ら，2000)．

(b) 東北日本の変形

東北日本のGPS観測データについてはすでに第3章で述べた．第四紀の構造はGPS観測から示唆される東西方向の短縮テクトニクスと一致している．東北日本には東西圧縮応力場によって形成された活動的な逆断層やそれにともなう褶曲がよく発達している．東西圧縮応力場によって，日本海形成時のリフト帯を作っていた正断層が逆断層に転じ，それにともないリフト堆積盆地が褶曲山脈となって隆起した．このように正断層構造帯が逆断層構造帯に逆転することを**インバージョン・テクトニクス**(inversion tectonics)と呼んでいる．

東北日本では，第三紀の日本海拡大によって，主に北東-南西方向に配列した幾条かのリフト構造が形成された．その中で大きなものは，現在の脊梁山脈の下や，出羽丘陵，新潟，山形沖，秋田の油田地帯に存在するものである．リフト構造の発達によって，東北日本の地殻は引き伸ばされ，大部分が水没していたと考えられる．現在認められる東西圧縮の応力場が発達したのは，3〜2

Ma からである．このことは，火成岩の岩脈の方向，南北走行の逆断層の活動開始，粗粒堆積物の蓄積の開始が示す脊梁山地の隆起の開始などによって知ることができる．

新潟から秋田沖そして奥尻島にかけてＭ７クラスの地震の発生が認められている(図 6.3)．また震源域周辺には，第四紀の活断層や褶曲構造が存在している．したがって，日本海東縁(あるいは東北日本弧の西縁)では，地震活動が活発であり，幅数十 km 以上にわたって第四紀の変動が認められる．この一帯を日本海東縁変動帯と呼ぶことができる(図 6.3)．日本海東縁変動帯の形成も東北日本の東西圧縮の始まりとほぼ同じ時期である．例えば，奥尻海嶺の隆起は深海掘削の結果により 2 Ma と推定されている(章末の問題を参照)．同様に広域的な日本海東縁の音響層序の検討により，約 3 Ma から東西圧縮の変動が始まったと考えられる．この変動は，東北日本弧と同じく，正断層構造が逆断層をともなう褶曲帯に転じたものである．このようにして見ると東北日本島弧内部の変動と日本海東縁の変動とは同じ性質のもので，ほぼ同じ時期に始まったことがわかる．

日本海東縁変動帯の南西への延長は，新潟-神戸構造帯へと連続していると考えられる．そこで近畿から中国，四国のテクトニクスの歴史を眺めてみよう．琵琶湖周辺のテクトニクスも鮮新世後期から第四紀にかけて活発となった．例えば，近畿地方の代表的な地層群である古琵琶湖層群や大阪層群の堆積も鮮新世後期に始まった(図 6.9 を参照)．これらの堆積盆は，断層に囲まれた隆起丘陵の間に発達したものであり，明らかに現在認められるテクトニクスの開始を物語っている．

中央構造線の運動も，それに沿った堆積盆地の発達によってモニターすることができる．まず，四国においては，吉野川沿いに土柱(どちゅう)層群などの鮮新世後期から第四紀の河川性の地層が発達し，現在は河床から 100 m 以上の高さの山腹に張り付くように分布している．また，愛媛では同様な地層として岡本層，郡中層などが知られている．それ以前には，同様な地層は知られていないので，四国において中央構造線は 3～2 Ma から活動を開始したことがわかる．東海地方では，伊勢湾・名古屋堆積盆地は 4 Ma 頃から沈降し，第四紀以降に沈降量が増大したことが知られている．この盆地の形成は伊勢湾西縁の鈴鹿逆断

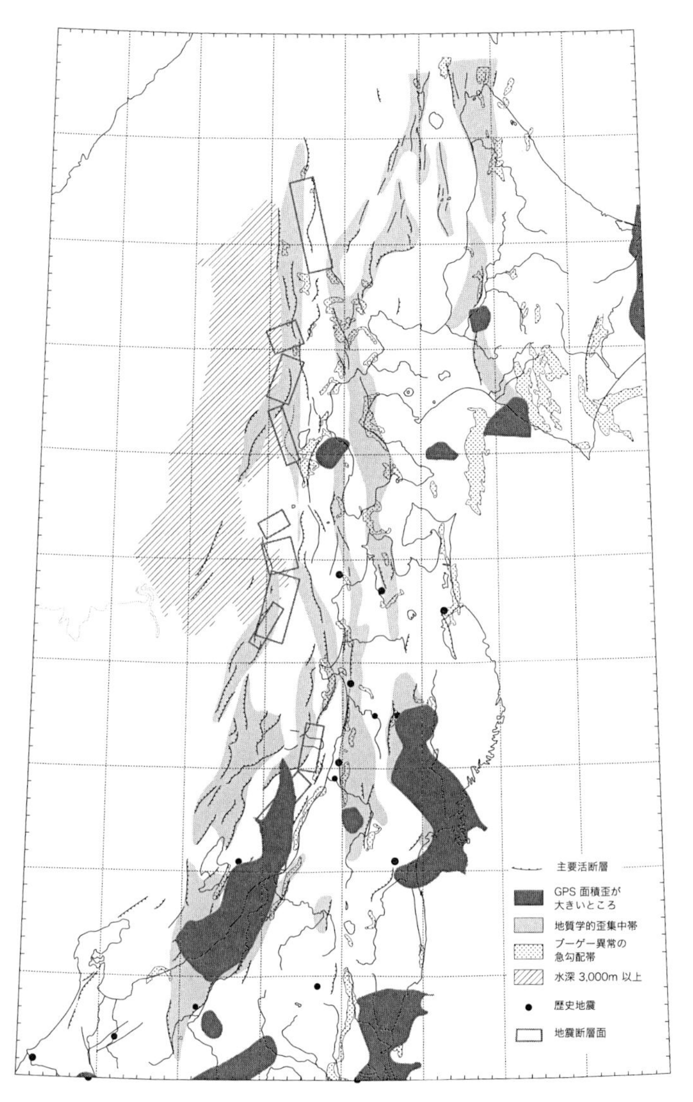

図 6.3 東北日本のネオテクトニクス．GPS 測位から求められた変位の集中している地域，活断層の分布，第四紀の褶曲の分布域，ブーゲー異常が急変化をする地帯，歴史地震，日本海での主要地震の地震断層面を示す．東北日本と日本海東縁では，これらの変形集中を示す指標のほとんどが一致して，帯状の分布を示す．大竹・平・太田編(2002)による．

層の活動によるものであり，明らかに東西圧縮テクトニクスの影響を示している．

中央構造線のさらに東への延長部については，鮮新世後期から第四紀にかけての活動は顕著ではない．一方，伊那盆地には，第四紀からの堆積物が数百mの厚さで蓄積しているので，中央構造線ではなく，西伊那断層が活動の中心となっていたことがわかる．

中央構造線の西への延長は，愛媛から別府湾へと続いている．延長部は，瀬戸内海(伊予灘)で雁行状の割れ目を作っており，横ずれ成分の大きい引張場(トランステンション領域)となり，別府-島原構造帯(あるいは別府-島原地溝帯とも呼ぶ)へと続いている．

別府-島原構造帯の形成は約6 Maから発達したとされている．この間，激しい火山活動の時期をへて，第四紀から，さらにリフト構造の発達が新しい段階に入った．別府-島原構造帯の初期の発達時期は，沖縄トラフの第一段階の発達時期とほぼ同じであり，両者が深い関係にあることが読み取れる．

(c)　海域のテクトニクス

次に，海域のテクトニクスについて見てみる．海域では，陸上と比較して情報の精度は落ちる．しかし，一方，海域では堆積物が連続して蓄積している場所が多く，また地震波探査など広域の地質構造記録が得られるという利点がある．最近まとめられた海域の活断層の分布や音響層序などから次のことが指摘できる．

東北日本前弧域では，約2500 m付近まで海底の地形はきわめてスムーズであり，日本海溝陸側斜面では斜面崩壊に起因した起伏が認められる(図6.4)．前弧での第四紀堆積物の厚さは一部の沿岸部を除き一般に薄く100 m程度であり，分布は一様で集中した堆積の行なわれている場所(局所的な堆積盆地の形成)は認められない．また東北日本前弧域には海底峡谷などの集中した侵食地形も見られない．これらのことから，東北日本前弧では，第四紀以降内部変形がほとんどおこっておらず，地形起伏が少なく，堆積が一様に行なわれてきたためと考えられる．このことは，上で述べたその他の地域で認められる2〜3 Maの変動開始がここでは認められないことを示す．もし，2〜3 Maから

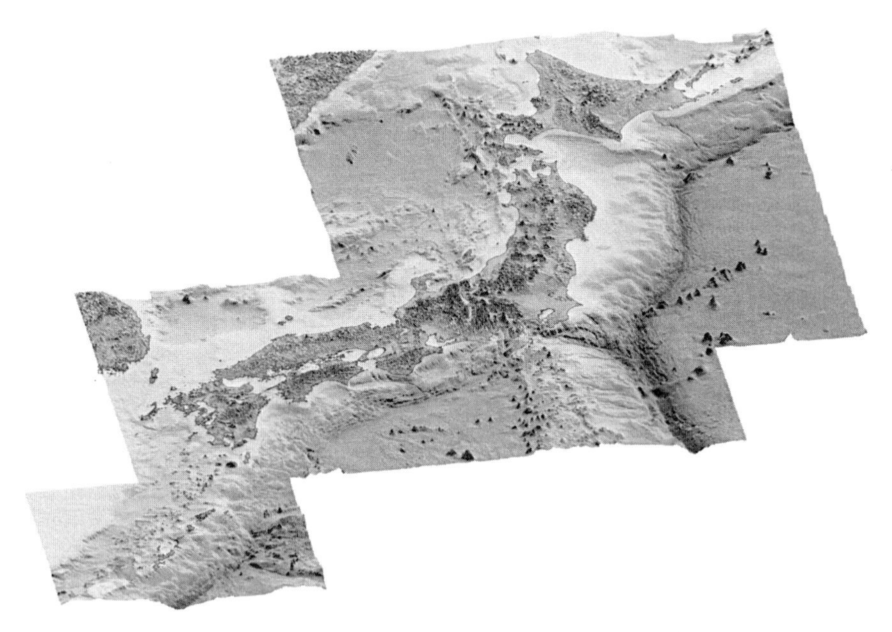

図 6.4　日本周辺の地形．この地形図を眺めると日本列島のテクトニクスについて多くのことが学べるし，また，新しい発想も生まれるだろう．

の東西圧縮で代表される変動が太平洋プレートの挙動の変化に大きく依存しているなら，前弧域のテクトニクスに大きな変化が期待できる．しかし，そのような兆候は認められないので，このことから 2〜3 Ma からの変動は太平洋プレートとは深い関係にないと考えられる．

西南日本前弧域では，第四紀から大きな変動がおこった．現在，西南日本の前弧は，熊野，室戸，土佐などの海盆(前弧海盆)と紀伊半島，室戸半島，足摺岬(幡多半島)など海盆に突き出た半島からなる地形を構成している(図 6.5)．室戸半島には第三紀―第四紀境界(1.8 Ma)を含む海成層である登(のぼり)層が分布している．この地層に含まれる底生有孔虫群集は，堆積深度を約 500〜1000 m の堆積深度(古水深)を示している．室戸半島は第四紀から少なくとも 500 m は隆起していることになる．

室戸半島の先端はさらに延びて前弧海盆の海溝側の隆起帯へとつながっている．このような構造は，他の半島でも認められ，Sugiyama (1992) はこれを各

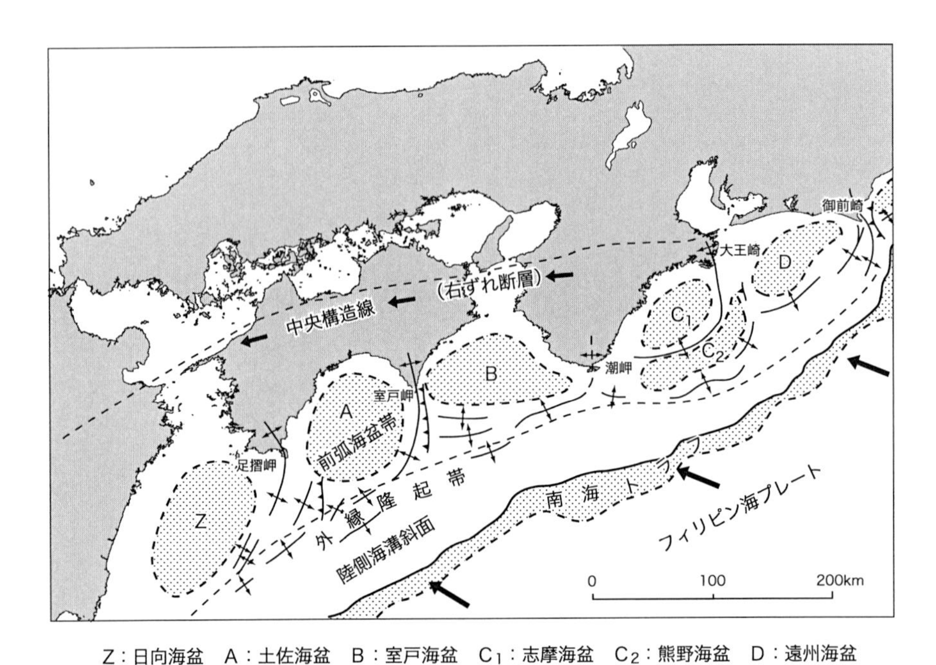

図 6.5　西南日本のネオテクトニクスと前弧海盆の形成．この考えでは南海トラフの前弧海盆域では東西性の圧縮が卓越しており，それが外縁隆起帯の南北性の圧縮に漸移している．このために大王崎，潮岬，室戸岬，足摺岬からの屈曲した隆起軸を形成している．Sugiyama (1994) より．

半島の東側に発達する南北走行の逆断層，あるいは南北性の褶曲によるものであると考えた．中央構造線と南海トラフに囲まれた地帯を南海スリバー (Nankai sliver) と呼んでマイクロプレートとする考え方がある．これは，現在の南海トラフではフィリピン海プレートの斜め沈み込みによって，南海スリバーが南西方向へ移動しているとする考えである．各半島の東側に発達する南北走行の逆断層や褶曲の存在は，南海スリバー内部では，東西方向の圧縮がはたらいていることを示す．このような東西圧縮応力は，スリバー内部でおこる地震によっても確認されている．前弧海盆の音響層序の研究から南海スリバーの内部の変形もまた第四紀におこったことがすでに指摘されている．以上から西南日本前弧は，東北日本の前弧とは異なり，3〜2 Ma 変動に巻き込まれていることがわかる.

山陰沖では，他の地域と異なることがおこっている．ここでは，陸上から海底にかけて宍道褶曲帯とよばれる地質構造が認められる．褶曲構造は東北東—西南西の走向を示し，北北西-南南東の方向の圧縮を示す．陸上の地質や海底の掘削孔のデータから，この褶曲は8〜7 Maに形成されたことが示される．この褶曲は，日本海東縁変動帯と同じくインバージョン・テクトニクスの様式を示すが，6 Maに変動は終わり，それ以降には，顕著な地質構造の形成時期は認められない．このことは，第四紀の変動が，この地域には大きな影響を及ぼさなかったことを示している.

沖縄トラフの拡大が何時から始まったのか，議論のあるところであるが，2段階での拡大が有力な考えとなっている．それは，中新世後期から鮮新世前期のリフティングによって島尻(しまじり)層群を堆積させ，第四紀のリフティングによって現在の拡大がおこったとするものである．Park *et al.*(1998)は，南部沖縄トラフの拡大が1 Ma頃から活発になったことを示している．このように沖縄トラフでもまた，テクトニクスの活発化が第四紀におこった.

(d) ネオテクトニクスのまとめ

以上をまとめてみよう(図6.6).

ここで3〜2 Maから始まった変動を**ネオテクトニクス**(neotectonics)と呼ぶことにしよう．ネオテクトニクス変動は北西北海道から新潟にかけての日本海東縁，東北日本弧内部，中部・近畿日本，中国地方内部の一部，中央構造線，別府-島原地溝帯，沖縄トラフ，西南日本前弧域におよぶことがわかる．このうち，日本海東縁，新潟-神戸構造線，四国の中央構造線，別府-島原地溝帯，沖縄トラフにいたる一帯を図6.6では陰をかけて示してある．GPS観測データをみると，この一連の地帯の北西側では，GPSのベクトルは東向きの速度場を示す．したがってこの北西側の部分は一つのプレートに属すると考えることが可能であり，それを**アムールプレート**(Amurian plate)と呼んでいる．推定されるアムールプレートの形は図6.7に示してあり，GPS観測のデータよりユーラシアプレートに対してアムールプレートが数cm/年で東方へ移動していると推定できる.

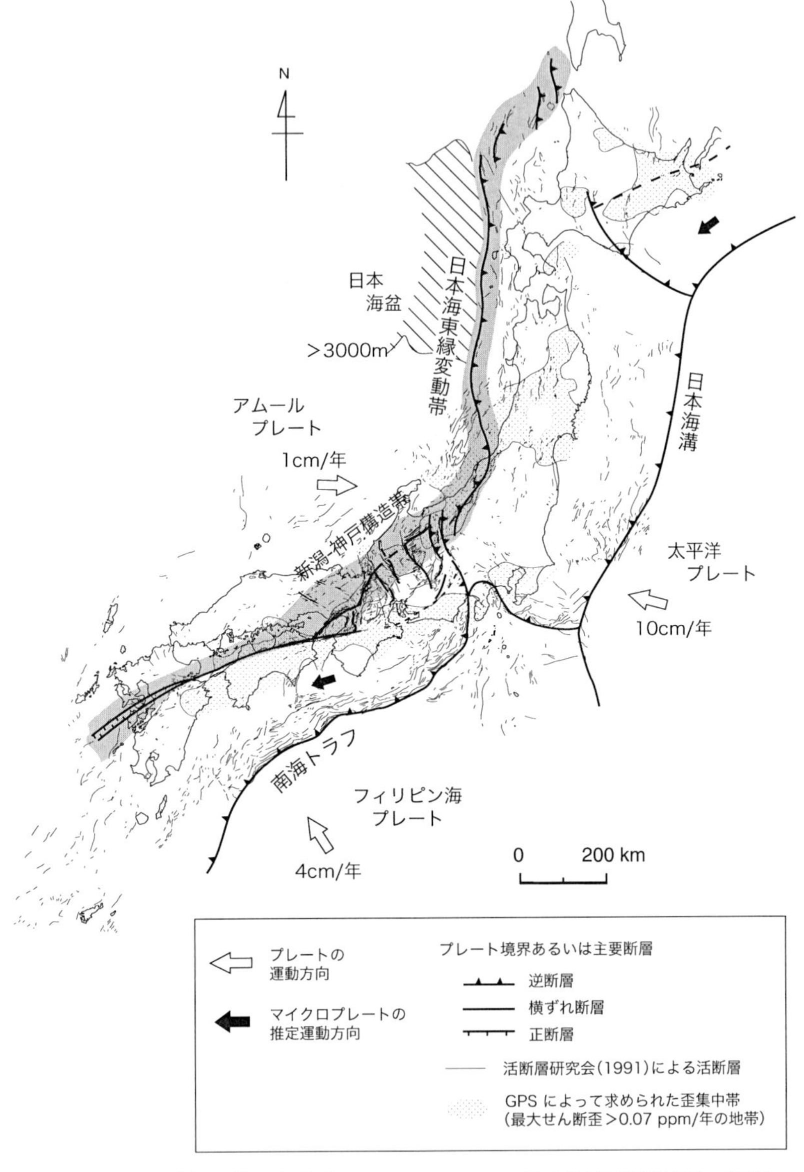

図 6.6 日本列島の第四紀後半のテクトニクス．日本海東縁変動帯，新潟-神戸構造帯，中央構造線，別府島原構造帯がアムールプレートとその他の部分との境界となっている．平(2002)より．

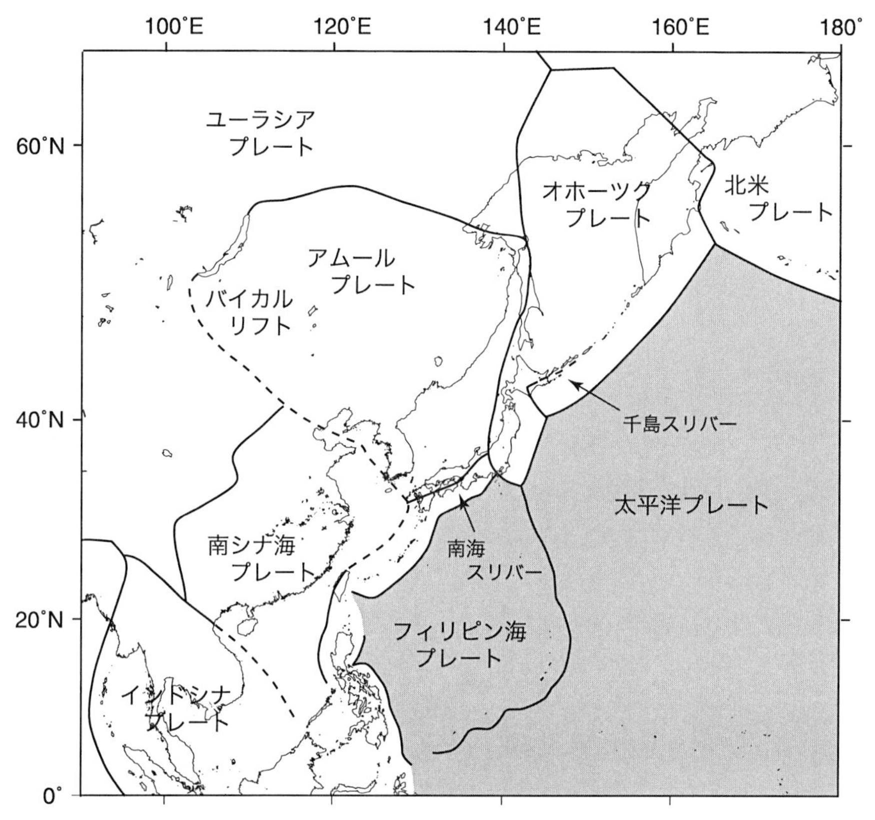

図 6.7　東アジアのプレート境界．千島スリバー，南海スリバーも加えてある．Wei and Seno (1996) を改変．

日本海拡大以降，太平洋プレートは中新世中期から北海道・東北日本に沈み込んでおり，フィリピン海プレートにおいてもほぼ同時期には伊豆・小笠原弧が衝突を開始しており，8〜7 Ma には沈み込みを本格的に再開している．したがって，海洋プレートの沈み込みのみで，ネオテクトニクスを説明することは難しい．

過去 300 万年間のネオテクトニクス変動の原因は，アムールプレートの東方への移動が 3〜2 Ma から開始されたと考えるのがもっとも妥当と考えられる．この東進は，日本海東縁で圧縮変形帯を形成，中部日本では変形が集中し中央構造線を境にして右横ずれ運動をおこした．

ただし，西南日本前弧域の変形および南海スリバーの西への運動は，アムールプレートの東進だけでは説明が難しい．というのは，アムールプレートの運動は中央構造線で解消されていて前弧側には伝達されていない可能性が高いからである．

そこで，考えられるのが，フィリピン海プレート側の要因である．これには2つの考えが成り立つ．一つは，フィリピン海プレートの運動方向の変化である．もう一つは伊豆衝突帯の影響である．フィリピン海プレートの運動方向変化は，当初の北への運動方向が，3〜2 Ma に北西に変化したというものである．しかし，これについては，はっきりした証拠がない．

伊豆衝突帯では 15 Ma の初期の衝突，8 Ma 以降の第2次の衝突を経て，1.5 Ma から伊豆の衝突がおこっている．この間に南海スリバーとその延長域では，別府-島原地溝帯から沖縄トラフにかけての 8〜6 Ma のリフティング，2 Ma 以降の変形，とくに 1 Ma 以降の沖縄トラフの活発な拡大がおこっている．まず，8 Ma 以降のフィリピン海プレートの北北西方向への沈み込みと伊豆衝突帯での丹沢衝突のイベントによって南海スリバーの西進の第1フェーズがおこった．これが沖縄トラフの 8〜6 Ma のリフティングを引きおこした．さらに 1.5 Ma 以降に伊豆の衝突・付加によって南海スリバーの西への押し出しが本格化したと考えてよい．

以上のことにより，日本列島のネオテクトニクスには，3〜2 Ma に開始されてアムールプレートの東進と伊豆衝突帯のイベントがもっとも重要な役割を果たしていることがわかる．ただし，誤解をまねかないように述べておくが，このネオテクトニクス変動も太平洋プレートとフィリピン海プレートの沈み込みという基本的な場でのできごとであることを認識すべきである．

6.3　日本海の形成と新第三紀の地史(2200 万〜300 万年前)

(a)　日本海

日本列島と大陸の間には背弧海盆である日本海が開けている．日本海の海底は大きくは，北側の深い日本海盆と南側の比較的浅い大和海盆，対馬海盆そして中央に位置する高まりである大和堆から構成されている．日本海盆には，そ

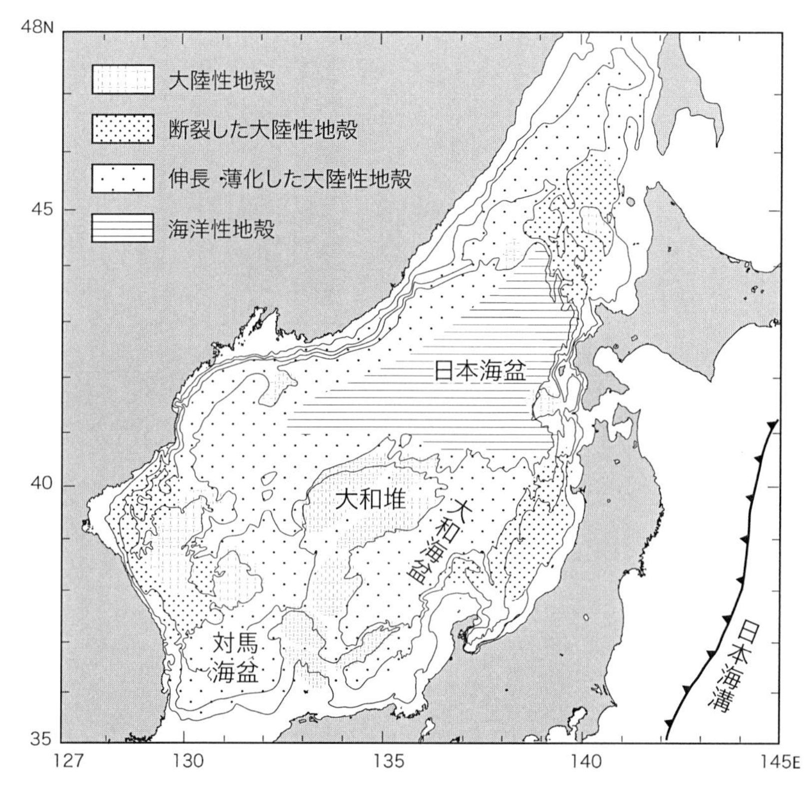

図 6. 8　日本海の地殻の性質．三角形をした海洋地殻の部分が日本海盆．中央の大和堆は大陸地殻である．Tamaki (1995) による．

れほど明瞭ではないが，磁気縞模様が存在し，また屈折法地震探査は海洋性地殻の存在を示している．一方，大和海盆と対馬海盆は 15 km 程度の厚さの地殻を有しており，海洋と大陸の中間的な性質の地殻から構成される (図 6. 8)．大和堆は大陸地殻からなり，白亜紀の花崗岩などが採取されている．

深海掘削の結果などから，日本海は 22 Ma 頃からリフティングを開始したと推定されるが，まだ，確実な証拠は得られていない．

(b)　グリーンタフ

日本海沿岸の地方には**グリーンタフ** (green tuff) と呼ばれる緑色に変質した

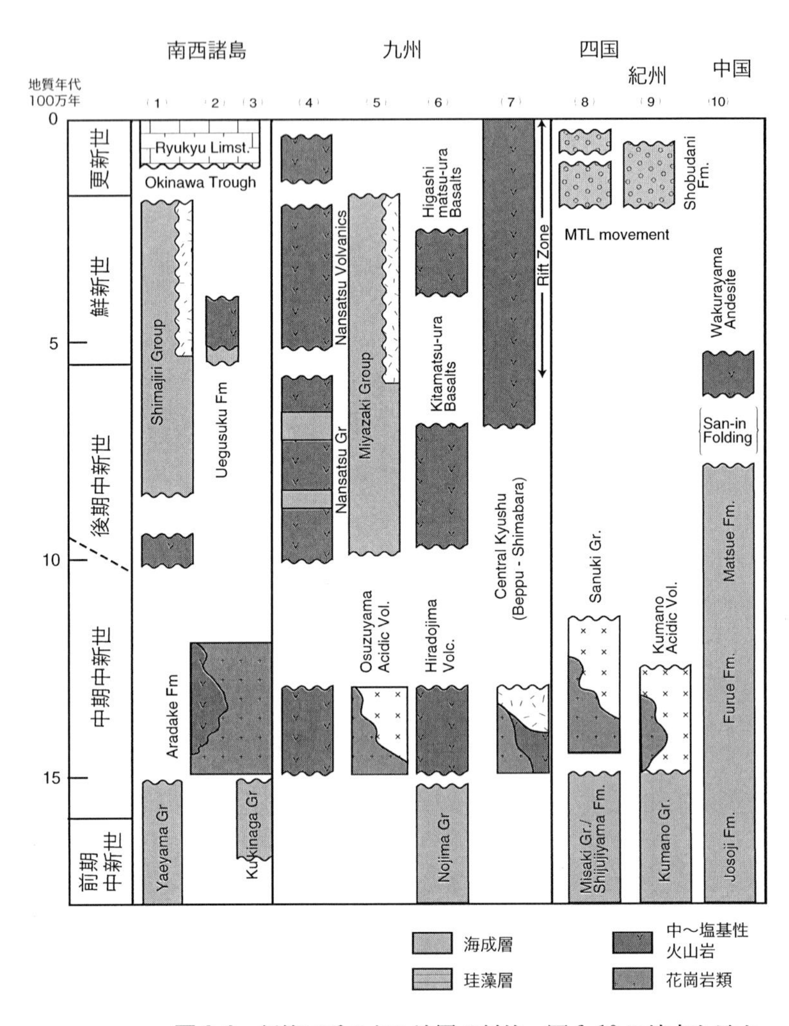

図 6.9 新第三系の主な地層の対比．図 6.10 に地点を示す．
了した時期であり(グリーンタフの堆積の終了)，また西南
前弧海盆の地層が堆積し始め，7 Ma頃から西南日本では
(宍道褶曲帯)．東北日本，北海道では場所によってタービ
積物が蓄積し，ネオテクトニクスの時代となった．日本列
『日本の地質(全 9 巻)』にもとづき編集．

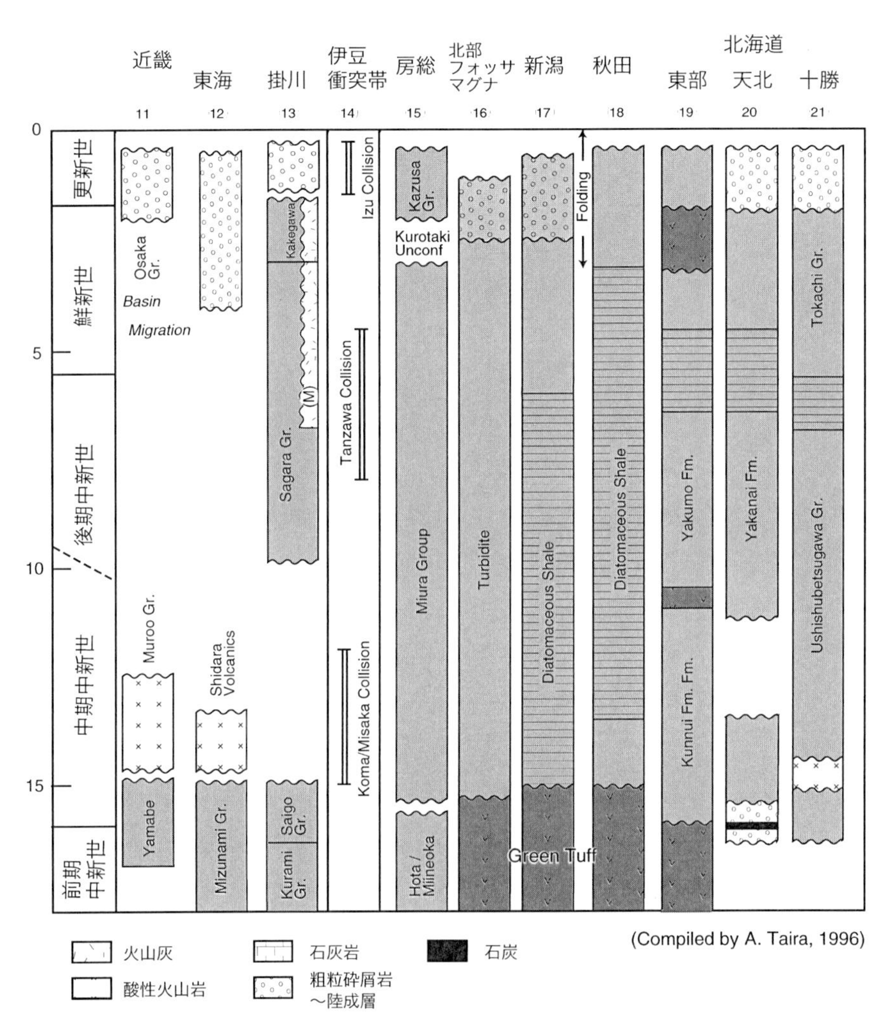

約15 Maに各地で不整合がある．これは日本海の拡大が終
日本では一斉に火成活動がおこった．10 Maから西南日本
島弧火山活動が始まった．また，山陰で褶曲構造ができた
ダイトや珪藻の堆積が続いた．3 Ma頃より各地で粗粒な堆
島東西圧縮の時代が到来したのである．鹿野ら(1991)および

図 6. 10　日本周辺域の主な堆積盆地．新生代の堆積物が厚く集積している場所を示す．丸数字は図 6. 9 の柱状図の地点を示す．日本の石油・天然ガス資源編集委員会(1992)より編集．

玄武岩やデーサイト・流紋岩質の凝灰岩や溶岩が分布している．この火山岩類の多くは 20〜15 Ma 頃に海底で噴出したものである．その下位に阿仁合(あにあい)層と呼ばれる植物化石を産出する湖成層がある．この湖成層の堆積の始まりは，大陸地殻にリフト帯が形成され始めた時期を示しており，日本海形成の始まりの時期を表していると考えられる．すなわち，阿仁合層はシンリフトの堆積物に相当する．図 6.9 と図 6.10 にはグリーンタフを含め日本列島の第三紀の地層の層序と分布についてまとめてある．また図 6.11 には第三紀の発達史を示した．図 6.12 には主なテクトニクスのイベントを表にした．

日本海の形成の様式については，諸説があるが，主なものとしては，観音開き説とプルアパート説とがある．観音開き説は主に古地磁気学のデータにもとづくもので，西南日本が約 45° 時計回りに，東北日本が約 30° 反時計回りに回転し，日本海の拡大が行なわれたというものである．一方，プルアパート説は，西南日本がほぼそのままの形で南へ移動する様式で，このときには東北日本の西縁には大きな横ずれ断層が必要となる．この問題については決着がついていない．

日本海がリフト発生から海洋底の拡大を行なったのは約 22〜15 Ma であり，その間に東北日本では大規模な海底噴火が行なわれ，グリーンタフが堆積し，また地溝—地塁地形が発達した．地溝の中の海底火山では熱水鉱床ができ，後の黒鉱鉱床となった．グリーンタフは場所によって 2000 m 以上の厚さを持ち，その下部は緑色片岩相に変成されている．その後，グリーンタフの上には貧酸素環境の海底において有機質の泥岩が堆積し，その一部は石油の母岩となった．いわゆる北部フォッサマグナと呼ばれる長野・新潟西部では，タービダイトの堆積が中新世中期から始まったが，その他の海域では珪藻を主とする細粒堆積物の堆積が続いた．テクトニクスの面では日本海縁辺は，山陰沖を除いては，約 3 Ma からのインバージョンの開始まで静穏であった．

(c)　伊豆・小笠原島弧

日本海のリフティングより約 500 万年さかのぼり，約 2600 万年前から古伊豆・小笠原島弧がリフティングをおこし，九州・パラオ海嶺と伊豆・小笠原島弧に分裂し，四国海盆が形成された(第 5 章を参照)．その後の四国海盆を含む

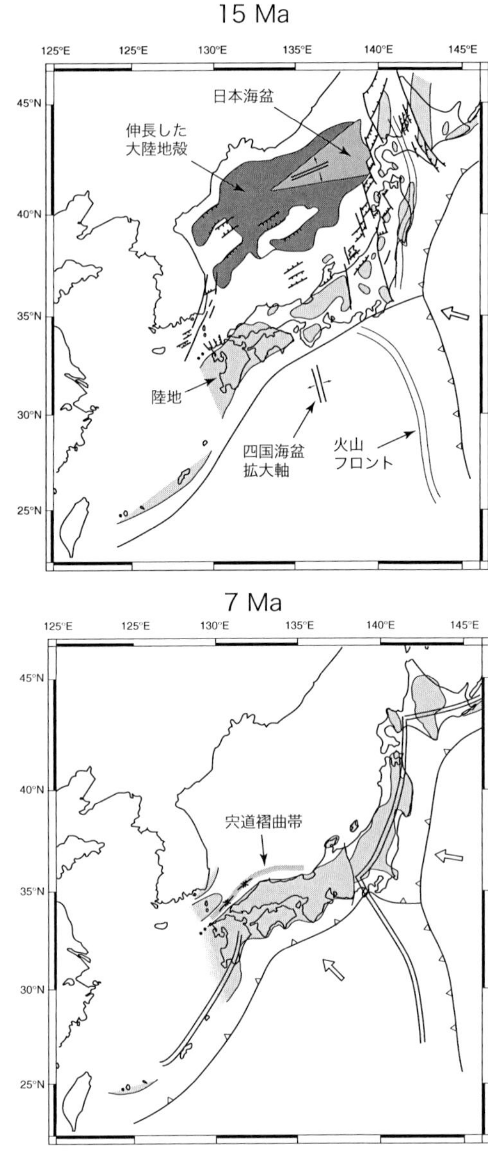

図 6.11 第三紀における日本列島発達史．15 Ma：日本海の拡大の終了と
は南西諸島付近から沈み込みを開始し，西南日本前弧域では堆積盆ができ
Ma：フィリピン海プレートは南海トラフでも沈み込みを開始し，宍道褶
動帯が形成され，列島の東西圧縮が顕著になった．沖縄トラフの形成が始

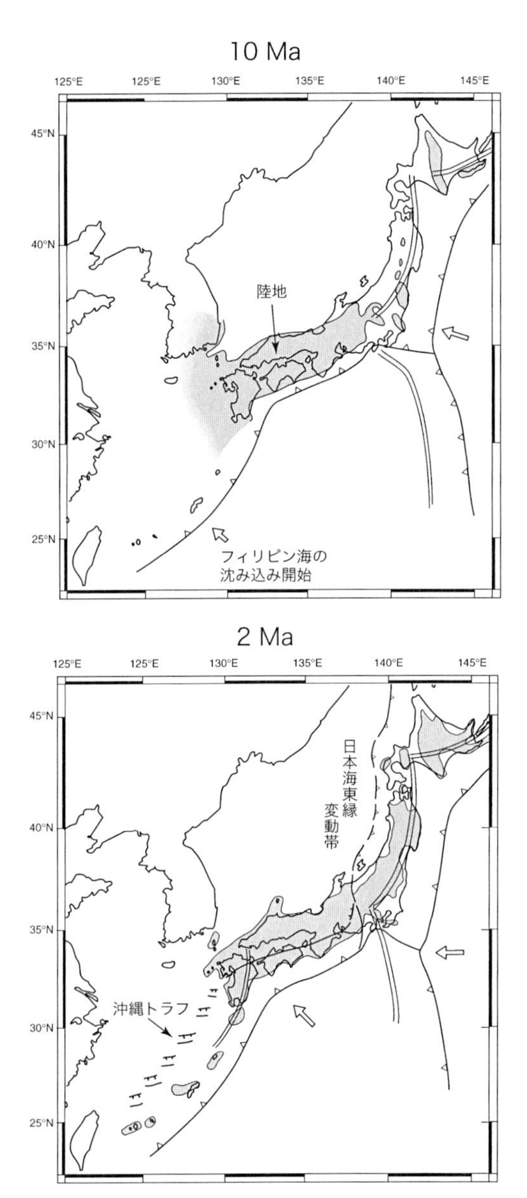

四国海盆の拡大．東北日本は水没している．10 Ma：フィリピン海プレート
始めた．東北日本ではまだ多くの場所で珪藻質泥岩が堆積している．7
曲帯が形成された．2 Ma：アムールプレートの東進によって日本海東縁変
まった．鹿野ら(1991)を改変．

地質時代(数字は100万年)	バイカルリフト	東北日本	伊豆衝突帯	西南日本	九州 琉球	フィリピン海溝	台湾・マニラ海溝
更新世 1.8 鮮新世 5 後期中新世 10 中期中新世 15 前期中新世 20	リフティングの活発化 リフティングの開始(30〜35Ma)	日本海東縁のインバージョン 島弧の隆起 海面下の島弧 日本海拡大	伊豆衝突 丹沢衝突 巨摩 御坂衝突	東海 近畿の盆地形成 フィリピン海プレート北北西への沈み込み 宍道褶曲帯 遅い沈み込み 四国海盆の拡大	沖縄トラフ(フェーズ2) 別府 島原リフト 沖縄トラフ(フェーズ1) 島弧火成活動	フィリピン海溝 ?	台湾衝突 マニラ海溝沈み込み

図 6.12 第三紀における日本を取り巻く地域のテクトニクスのイベント．フィリピン海溝での沈み込みの開始ははっきりと確定されていないが，図 6.11 に示した 10 Ma の沈み込みとの関連を検証する必要がある．台湾の衝突は沖縄トラフの現在の拡大とも関係しているはずである．バイカルのリフティングの活発化はアムールプレートの運動と関連している．Zonenshain and Savostin (1981)，Hall *et al.* (1995) を主として編集．

フィリピン海プレートの沈み込みの歴史には不明な点が多い．その歴史をモニターする重要な場所が，伊豆・丹沢衝突帯と関東の構造であると考えられている．その理由について述べよう．

三波帯，四万十帯などの構造を東海地方から関東地方に追跡してゆくと，大きく「ハの字」に屈曲しているのが認められる．その中心に伊豆・丹沢衝突帯が位置する．「ハの字」屈曲の形成時期については，古地磁気学が応用できる．屈曲以前の地層は残留磁化の磁極の方向が回転しているのに対して，屈曲以後の地層は残留磁化が磁極の方向と一致する．研究の結果，回転はほぼ15 Ma頃におこったことがわかった．また，伊豆・丹沢衝突帯の地質の研究では，衝突に巻き込まれている堆積物の年代などから15 Maには櫛形山地などの伊豆・小笠原島弧の一部の衝突がおこったと考えられる．このようにしてみると，伊豆・小笠原島弧は，15 Maには現在の位置に到達しており，すでに衝突を開始したことがわかる．その後の歴史であるが，この衝突帯では，堆積物の供給は続いており，衝突が停止したことはなかったとの見解がある(青池，1999)．ただし，その歴史の中でも9〜8 Ma, 5 Ma, 1.5 Maに衝突境界の主要衝上断層が南へと転移するイベントがあった．

(d)　フィリピン海プレートの挙動

一方，西南日本の歴史は連続したフィリピン海プレートの沈み込みを示唆していない．プレートの沈み込みは島弧火成活動を引きおこすはずである．西南日本では17 Ma〜13 Ma頃に一斉に火成活動がおこった(図6.9を参照)．これは高知県の足摺岬，香川県の屋島，紀伊半島の南部など幅広い地域でおこった．この成因については，よくわかっていないが四国海盆の拡大にともなうアセノスフェアの熱異常，あるいはそれにともなった四国海盆海嶺の沈み込みによるものと考えられている．

さて，この火成活動の後には，九州北部などでの小規模なアルカリ玄武岩の活動以外は，火山フロントを作るような活動は知られていない．島弧火山活動の証拠として沖縄の島尻層群や南九州の宮崎層群などの火山灰量を見てみると6〜5 Maから多くなるといわれている．四国海盆では，火山灰は6 Ma頃から多くなり，第四紀には多数認められる．別府-島原地溝帯の火成活動は7 Ma頃からとされる．したがって，フィリピン海プレートの沈み込みによって琉球から九州にかけて島弧火成活動が活発になったのは，7 Maぐらいからと思われる．このことはフィリピン海プレートが島弧火成活動をおこす深さ(100 km程度)まで到達していたことを示す．また，山陰沖では8 Maに圧縮テクトニクスがおこり，褶曲と逆断層が形成された(宍道褶曲帯)．これらのことより，

8 Ma 頃からフィリピン海プレートの沈み込みが始まり，西南日本背弧側の褶曲をおこし，7 Ma 頃には十分な深さまで到達したとの解釈が成り立つ．

ところで，西南日本陸域では 15 Ma から 10 Ma までは地層の堆積がほとんど知られていない．一方，四国海盆では，外帯起源と推定されるタービダイトの堆積が 15 Ma からはじまり，7 Ma ころで終了している(第 4 章を参照)．したがって，この間に西南日本，とくに外帯は侵食域にあって，四国海盆へ広くタービダイトを供給していたと考えられる．前弧に位置する宮崎層群や東海地方の相良層群の堆積は 10 Ma 頃から始まっている．8〜7 Ma にかけて西南日本の太平洋側では，プレート沈み込みにともなう付加体の形成によって海溝陸側斜面が隆起し閉鎖的な前弧海盆が発達して，四国海盆への供給が少なくなったと考えられる．

これらを総合すると，15 Ma に伊豆衝突帯が形成され始めたが，その後は南海トラフでは沈み込みはあったとしてもゆっくりしたものだったらしい．この間，外帯は侵食域で四国海盆にタービダイトが堆積した．9〜8 Ma には伊豆衝突帯で衝突イベントがあり，また西南日本ではフィリピン海プレートの沈み込みが活発となり，西南日本の山陰側で圧縮テクトニクスがおこった．同時に四国海盆のタービダイトが付加されて，外縁隆起帯が作られ前弧海盆が作られた．7 Ma にはプレートの沈み込みが深部到達し，島弧火成活動が活発になったことがわかる．

そして，3〜2 Ma のアムールプレートの東進によるネオテクトニクスの開始と同時に大量の堆積物の付加が南海トラフでおこり，室戸沖では付加体は約 60 km 海側へと成長した．

(e) 北海道のテクトニクス

千島島弧には，太平洋プレートが斜め方向に沈み込んでいる．このために前弧の一部が西方に移動していると考えられる(Kimura, 1986)．千島前弧スリバーの西端は，日高山脈に衝突しており，山脈の隆起を引きおこした．日高山脈の西麓は，衝上断層褶曲帯を形成しており，地震活動を含め活発な地殻の変形がおこっている(図 6.13)．日高山脈西麓の衝上断層褶曲帯は第三紀から活動し，2 つの重要な地質構造の形成に関与した．

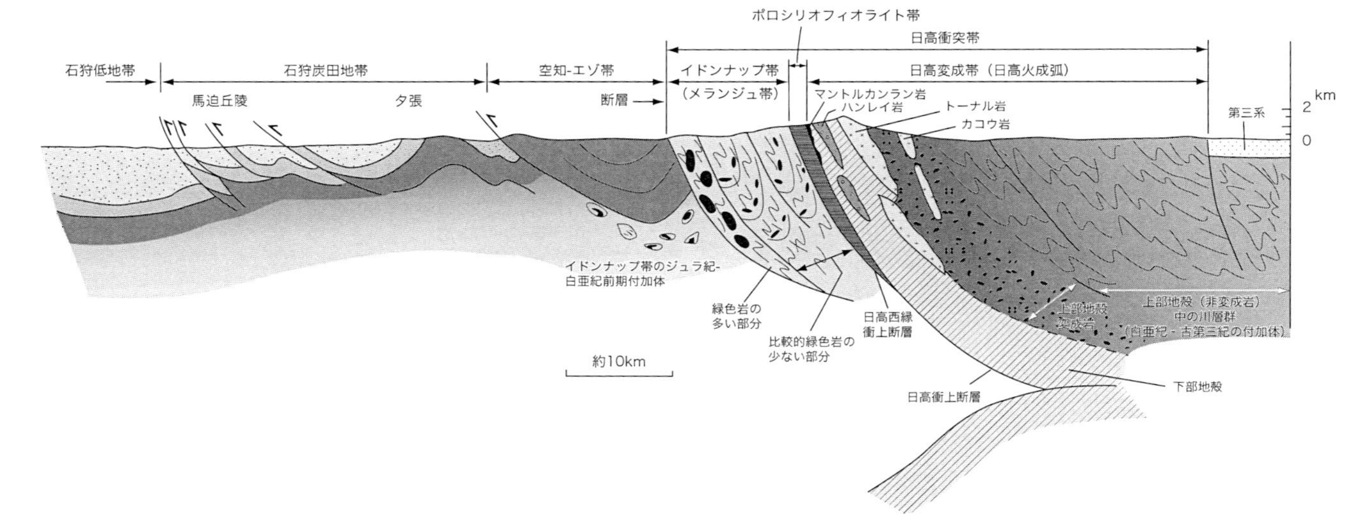

図 6.13　北海道中軸部の地質断面．日高衝突帯では下部地殻がめくれ上がっているが，その下部は分離（フレーキング）しているらしい．白亜紀付加体（イドンナップ帯）や白亜紀海盆（蝦夷層群）は西側へ衝上し，石狩炭田，石狩低地帯と続くフォーランド盆地を作っている．伊藤ら（1998）と『日本の地質』「北海道」より編集．

1) 日高山脈中軸の変成岩帯の隆起

2) 石狩前縁盆地の形成

である．前者は，島弧の中部—下部地殻に相当するグラニュライト・片麻岩地帯の隆起であり，後者には石炭層を含む厚い堆積物の蓄積であった．近年の日高山脈の地震探査によって地殻構造の様子がわかってきた．それによると，千島スリバーは北海道西部(東北日本の延長である)の地殻と衝突し，図 6.13 に示すように下部地殻の中を境に上下に分かれているらしい．日高山脈にグラニュライトなどの高度変成岩が露出しているのは，このような地殻規模のテクトニクスのためと考えられる．

6.4 大陸縁辺沈み込み帯の時代(2200 万年前より以前)

(a) 四万十帯と白亜紀—古第三紀のテクトニクス

日本海拡大以前の白亜紀—古第三紀にかけての日本は，大陸の一部をなす陸弧であった．そのときにおこった最大の地質事件は，四万十帯の付加である．四万十帯についてはすでに第 4 章でくわしく述べたので，ここでは全体のテクトニクスについて概説しよう．

図 6.14 には被覆層をはがした日本列島の基盤地質の構造を示した．日本列島では，他の多くの変動帯でも同じように，基盤は帯状に分布する地質地帯からなるので，このような構造分布を地帯構造と呼んでいる．さらに図 6.15 には花崗岩の分布，図 6.16 には日本列島の地質断面図を示した．

四万十帯と同時代の付加体は北海道に認められる．それは日高山脈の西側のイドンナップ帯と東側にある日高・常呂帯である．これらの岩相や時代構成は四万十帯と類似しているが，イドンナップ帯では付加体は西から東へ，日高・常呂帯では付加体は東から西へと若くなる構造を示している．すなわち，これらの付加体は，もともとは別な場所にあったものが衝突していることを示す．日高・常呂帯はオホーツク・プレートの一部であり，それが第三紀に衝突し日高山脈を形成したと考えられている．

イドンナップ帯の西側には白亜紀の前弧海盆である蝦夷(えぞ)層群が存在する．蝦夷層群はアンモナイトを多産するので有名であり，厚い砕屑性堆積物からなる．

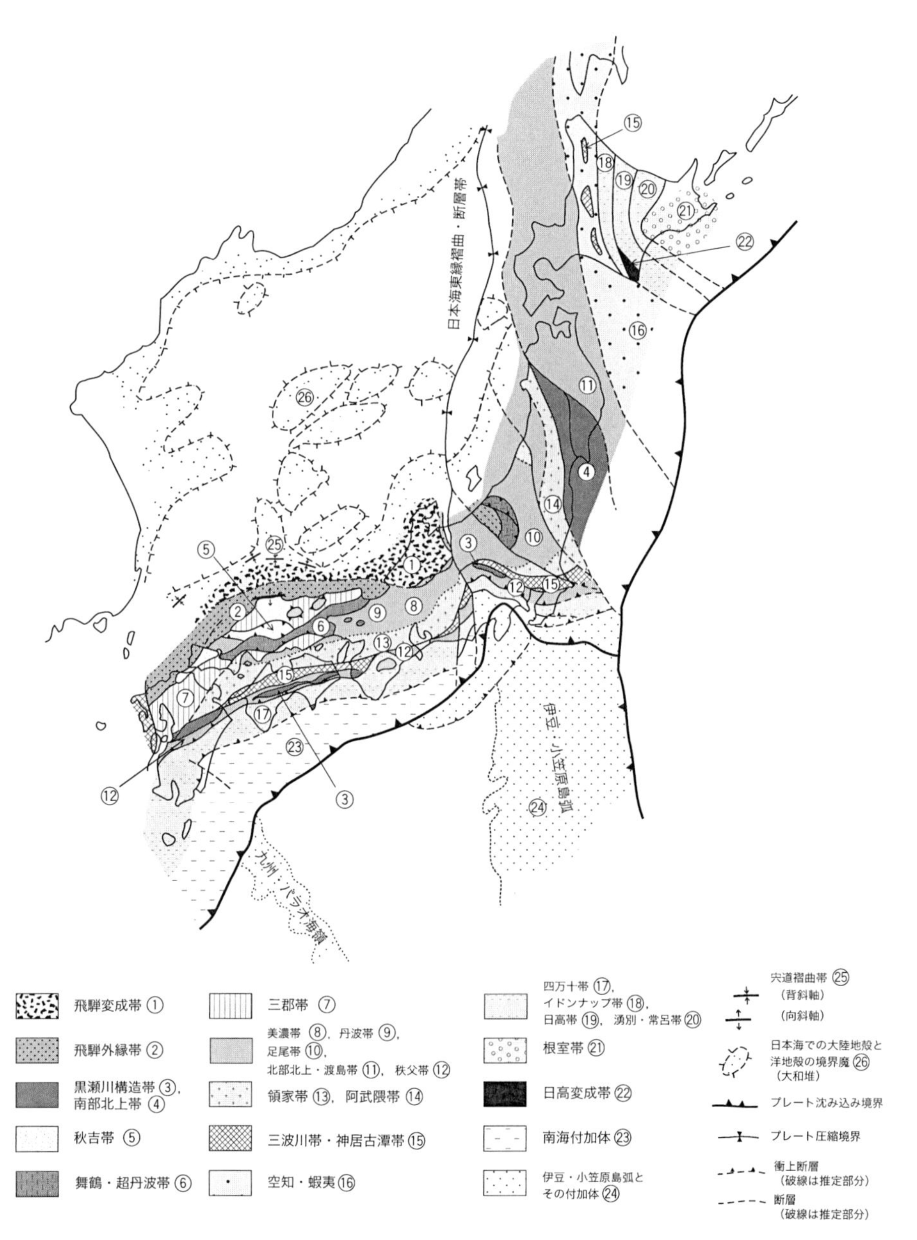

図 6.14　日本列島の基盤地帯構造図．地帯の名称は図下に示す．各地帯の説明は本文を参照．Taira (2001) より．

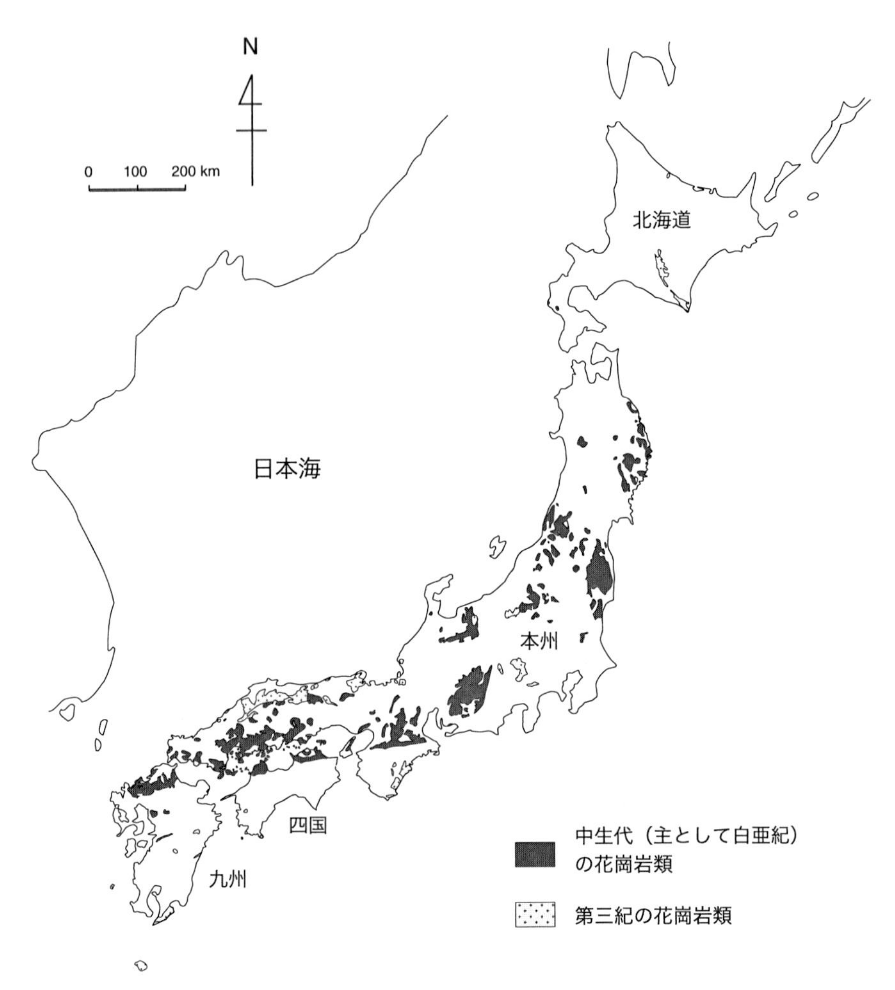

図 6.15 日本列島の花崗岩類の分布．中央構造線の南に白亜紀の花崗岩が存在しないこと，同様に北海道に白亜紀の花崗岩が存在しないことが注目される．地質調査所編(1992)による．

蝦夷層群は，海台と思われる海洋地殻を含む付加体である空知(そらち)層群の上に重なり，その全体が，神威古潭(かむいこたん)変成岩の上に衝上している．この地質地帯の構成はグレートバレー層群，コーストレンジ・オフィオライトおよびフランシスカン帯からなるカリフォルニアの地質構成と類似している．これらはすべてもともとは東へ向かう衝上断層の運動方向を示すが，日高衝突帯の西への衝上運動で

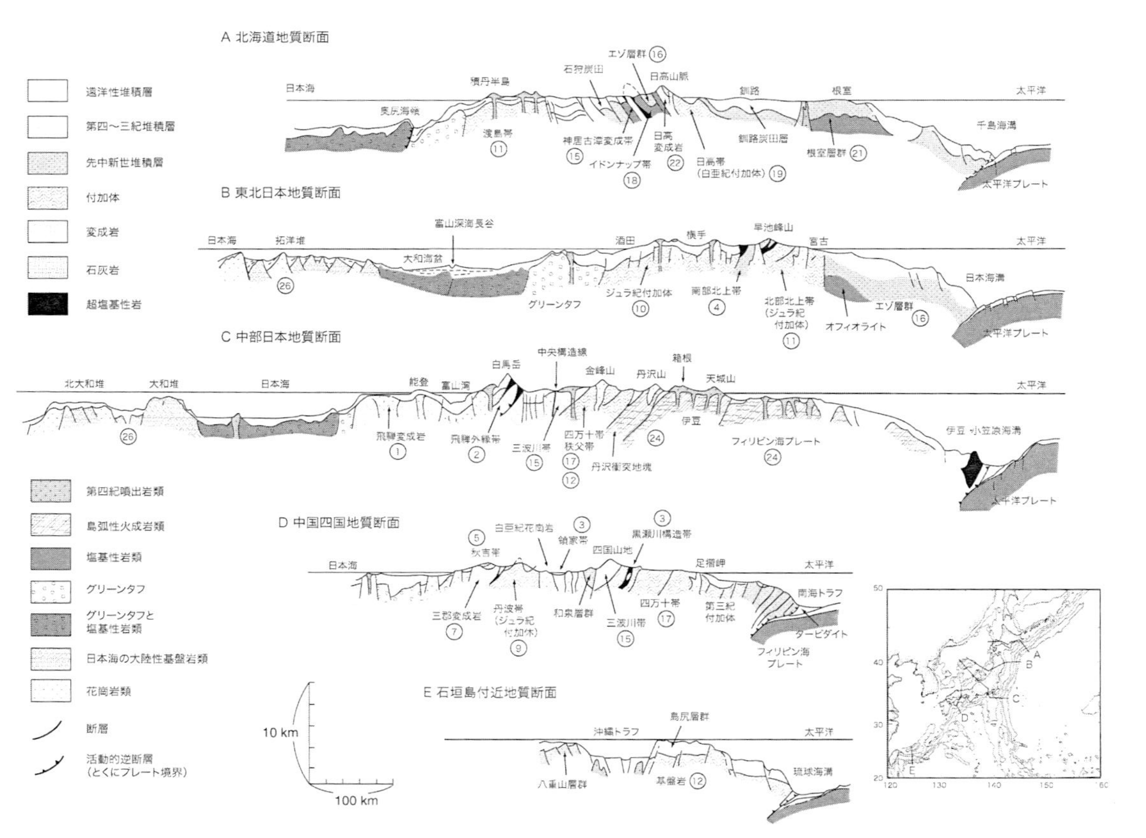

図 6.16 日本列島の地質断面．断面図の位置も示した．図中の番号は，図 6.14 に示した地帯構造の分類に対応している．平・中村編(1986)による．

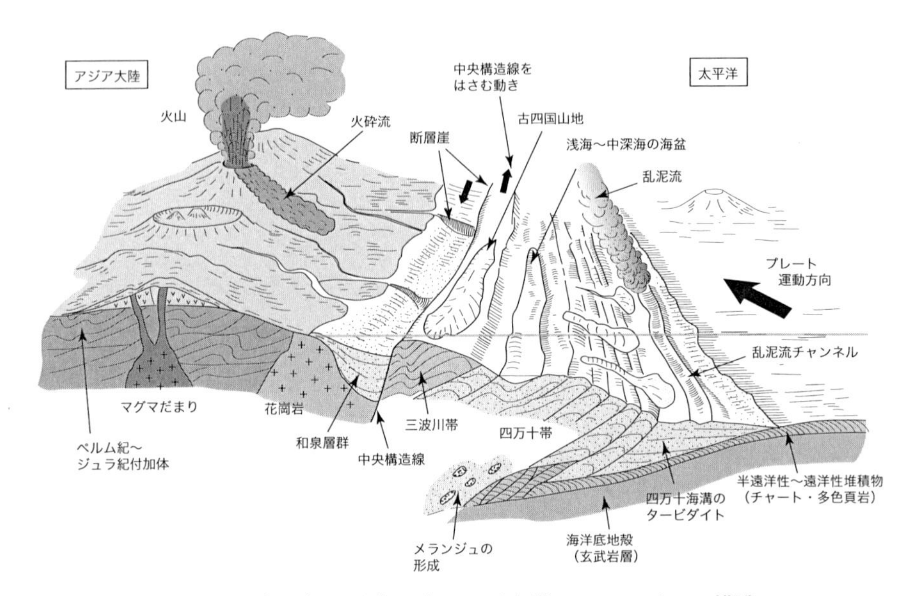

図 6.17 白亜紀の西南日本．四万十帯のメランジュの構造より推定されるプレート(当時で約 3000 万年の年齢をもつ)の斜め沈み込みにより，中央構造線は左横ずれ運動をおこしており，和泉層群が堆積．白亜紀の流紋岩の起源となる激しい火砕流をともなう火山活動があった．平(1991)より．

めくりあがって再編成されている．

白亜紀には，前章でも述べたように，日本は大陸弧の一部であり，南中国からシホテアリンへと連なる大きな沈み込み帯の一部であった．この大陸弧では広域にわたって花崗岩の貫入があった．

白亜紀の西南日本ではプレートの斜め沈み込みで付加体からなる前弧域が左横ずれ運動をおこし，和泉層群が堆積し，また火山弧では大規模な火砕流活動や花崗岩マグマが貫入した(図 6.17)．

(b) 白亜紀以前の付加体と古期岩類

この時代にも，日本を構成する地質体は大陸の縁辺で形成された．二畳(ペルム)紀には，秋吉台を作る石炭紀の石灰岩(その他に広島の帯釈台など)を頂

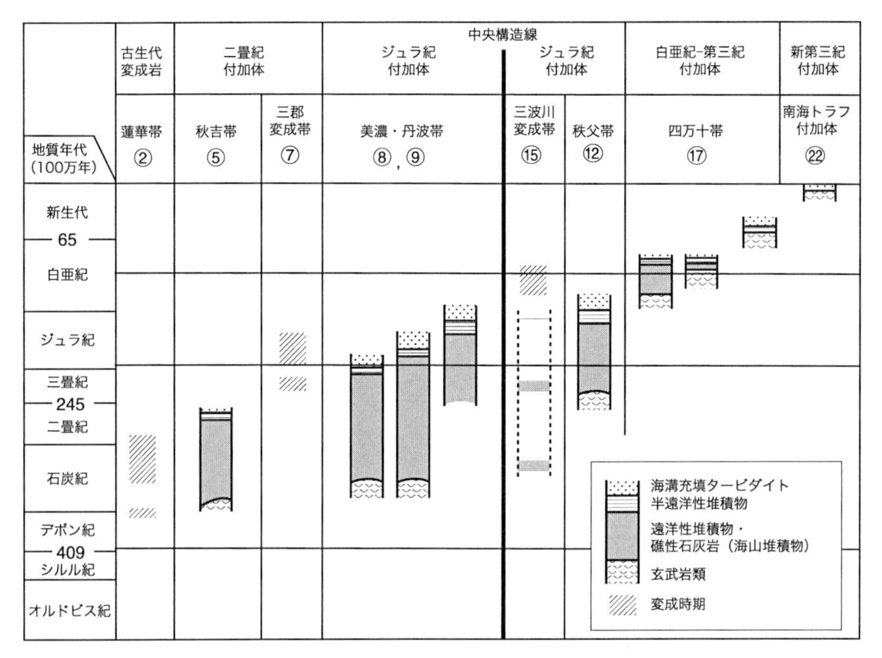

図 6.18 西南日本付加体の海洋プレート層序．二畳紀，ジュラ紀の付加体には石灰岩が多く含まれる(第5章の表5.1参照)．これらは海山起源の礁性堆積物であり，当時，古太平洋にプルーム起源の海山が多数作られたことを示唆する．Isozaki(1996)，Taira(2001)より．

く海山が付加してきたし(海洋プレート層序の復元を図6.18に示した)，ジュラ紀には，第4章で述べたように広い範囲で付加体が作られた．当時の火山弧の下部にあった花崗岩類は，広く東アジアに分布している．

このような付加体の他に，ここでひとまとめにして「古期岩類」と呼ぶものが存在する．これらの岩石は，南部北上山地，阿武隈山地，岐阜県周辺(飛騨外縁帯)，四国・九州(黒瀬川構造帯)などに分布する．古期岩類は，オルドビスからシルル紀のオフィオライト，堆積岩(クサリサンゴなどの化石を産する石灰岩を含む)，凝灰岩，花崗岩や変成岩さらにデボン紀の材木化石を産する堆積岩，二畳紀や三畳紀の石灰岩，砂岩，泥岩，二畳紀の変成岩などである．これらの岩石は一般に非常に複雑な産状を示す．ただし，南部北上山地では，ある程度の層序が保たれている．

ジュラ紀と二畳紀の付加体は，中央構造線を挟んで内帯と外帯に2列存在する．また，古期岩類も2列(黒瀬川帯と飛騨外縁帯)存在する．この成因としては，大きく2つの考え方がある．一つは大きな横ずれ運動の提唱である．東アジアには，中国のタンルー断層，シホテアリン中央断層などの白亜紀初期に活動した断層が多く存在する．中央構造線や黒瀬川帯もこのような横ずれ断層の一部であり，それに沿って大陸の一部や衝突してきた小大陸などが破片として取り残されたという考えである．また，横ずれ運動にともなった低角断層によって配列を説明する考えも出されている．一方，これらはすべて衝上断層で重なったものであるとする考え方もある．すなわち，外帯のジュラ紀と二畳紀の付加体そして古期岩類はナップということになる．いずれの考えに従っても，これらの古期岩体は，付加体の成因とは関係がなく，横ずれ断層あるいは衝上断層(さらに衝上断層と横ずれ断層の複合も考えられる)によって付加体と接していることになる．

最近，黒瀬川構造帯に沿って明瞭な磁気異常が存在することがわかってきた．磁気異常には貫入岩体の存在をしめす磁気ダイポール(NSの両極のペアを示す)を持つものがあり，地表では蛇紋岩体の産出と対比される．磁気ダイポールの性質からこの蛇紋岩体は地下10 km以上の深さにあると推定される(木戸ゆかり氏私信)．このような深さにおける蛇紋岩の存在は，黒瀬川構造帯に沿って深部に達する断層の存在が想定される．これは，横ずれ断層説に有力な証拠となるがさらなる研究が待たれる．

(c)　パンサラサ海と環太平洋造山帯

石炭紀から二畳紀にかけて超大陸パンゲアが存在したことが，ほぼ確実と考えられている．それ以前に約10〜7億年前(原生代末)にも超大陸(**ロディニア大陸：**Rodinia supercontinent)が存在したらしい(第3巻参照)．この超大陸が分裂して太平洋の前身であるパンサラサ海が誕生した(図6.19)．そのときに中朝地塊と揚子地塊が分裂して，それらがさらにシベリア大陸の周辺に集合してきた．このときの超大陸の分裂にともなった海洋底，堆積岩などが中朝地塊と揚子地塊の大陸縁辺を形成しており，その衝突にともなって日本列島の古

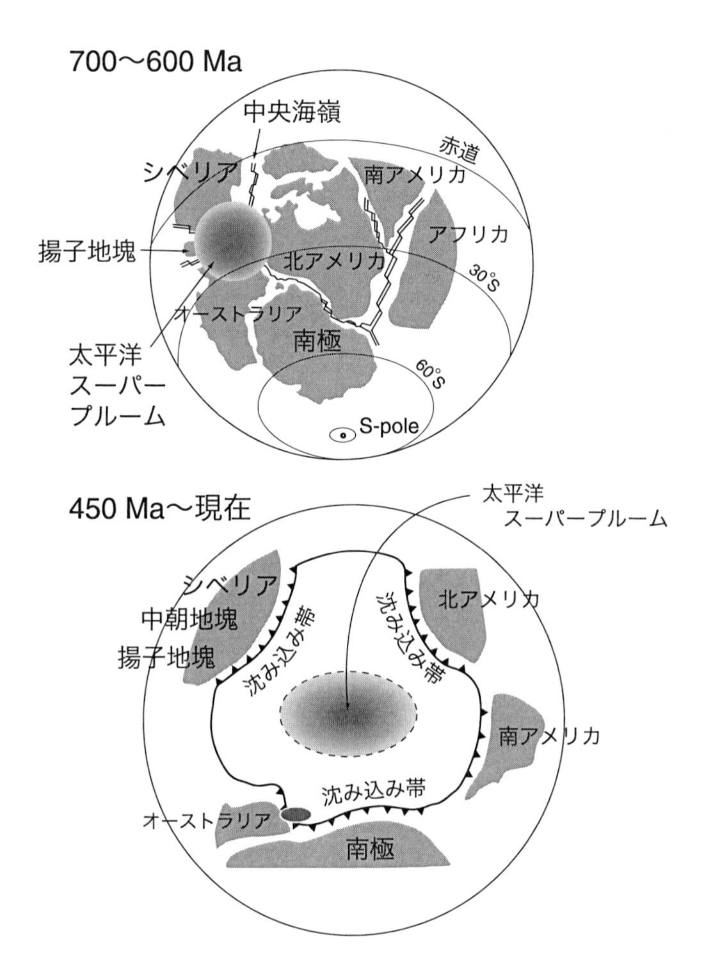

図 6.19 太平洋のテクトニクスの概略．700〜600 Ma：スーパープルームの活動と原生代におけるロディニア大陸の分裂．日本列島の古い岩石，例えば南部北上地帯などはこの分裂にともなった大陸縁辺で堆積したものかもしれない．450 Ma〜現在：スーパープルームの活動と太平洋の形成そして環太平洋沈み込み帯の活動．Maruyama *et al*. (1997)，磯﨑(2000)より．

期岩類が形成されたとする考えが丸山茂徳・磯﨑行雄氏らによって出されている(章末文献参照)．二畳紀からジュラ紀の付加体はこの大陸縁辺で付加された(図 6.20)．

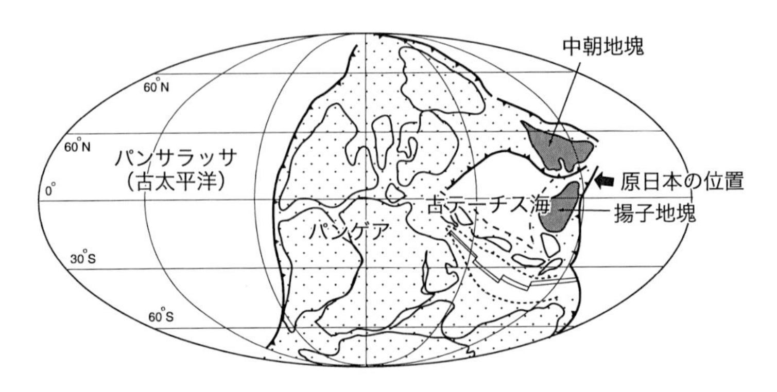

(a) 二畳紀末期, 255 Ma 頃

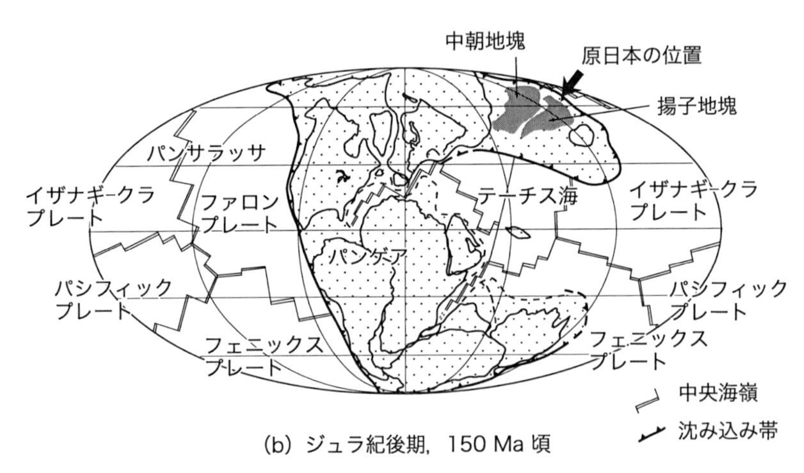

(b) ジュラ紀後期, 150 Ma 頃

図 6.20 二畳紀末(a), ジュラ紀後期(b)における大陸の配置と日本列島を構成する付加体を形成した沈み込み帯の位置(原日本の位置). この間に多くの海山が衝突してきた. これは太平洋スーパープルーム起源かもしれない. Murayama *et al*.(1997)より.

以上の考えは憶測に富んだものであるが, 超大陸と超海洋の誕生に結び付けて, 日本列島の初期の歴史を説明しており魅力的である.

6.5　日本列島と大陸地殻

上記のような日本列島の地質構成はグローバルな視点から見るとどのような意義を持っているのだろうか．日本列島の地質を岩石の構成から単純化してみよう．それは，

1)　火山岩(グリーンストーン)・花崗岩帯
2)　タービダイト・花崗岩帯
3)　堆積岩・基盤岩衝上断層褶曲帯
4)　グラニュライト・片麻岩帯
5)　被覆岩・貫入岩

にまとめられる．以下これらについて簡単におさらいしよう．

(a)　火山岩(グリーンストーン)・花崗岩帯

伊豆・丹沢衝突帯では，緑泥石(chrolite)などよって緑色に変色した主に塩基性の火成岩(グリーンストーン)とそれに貫入したトーナライトが衝上断層帯を成している．したがって，この地帯は，火山岩(グリーンストーン)・花崗岩帯と呼ぶことができる．

この地質帯と類似した大陸地殻が広大に存在しており，とくに先カンブリア時代の代表的な地質構成要素となっている．一般にグリーンストーン・花崗岩帯とは，太古代(Archean：始生代とも呼ぶがここでは，次の地質時代である原生代と区別しやすいので太古代を採用)，とくに36億年から25億年前の時代に作られた，塩基性・超塩基性岩および珪長質の火山岩・火山砕屑岩を主体とし，それにチャート・縞状鉄鉱層さらに砕屑性の堆積岩とそれに貫入したあるいは断層によって接する花崗岩類の岩体からなる地質体を指す．

先カンブリア時代を代表する地質帯といわれているグリーンストーン・花崗岩帯と類似した地質帯は顕生代の造山帯にも多量に存在する．例えば，北米コルディレラ造山帯の西側部分を構成する地帯は，主に中生代の玄武岩，安山岩などの火山岩類そして花崗岩類バソリス群からなり，広大な一種のグリーンストーン・花崗岩帯を構成している．グリーンストーン・花崗岩帯の成因として

は島弧どうしあるいは島弧と大陸の衝突とそれと同時または引き続いておこった花崗岩類の貫入を考えることができる．

(b) タービダイト・花崗岩帯

西南日本や中部日本，関東地方，北部北上山地の広い範囲にわたって褶曲したタービダイト層(付加体)とそれに貫入した花崗岩からなる地質体が分布する．これは，タービダイト・花崗岩帯と呼ぶことができる．

同様なタービダイト・花崗岩帯は，太古代から顕生代まで，多くの造山帯に見られる．例えば，原生代始めのカナダ・スペリオル地帯には幅 20〜50 km 程度のタービダイト・花崗岩帯がグリーンストーン・花崗岩帯にサンドイッチされるように出現する．これは，全体として，変成された単調な砂岩泥岩互層，および片麻岩質岩石からなり，タービダイトに特徴的な種々の堆積構造がよく観察できる．

顕生代の例としては，東アジアの造山帯があげられる．シベリア地塊の周囲を取り巻く地帯には，古生代末から中生代にかけて形成されたグリーンストーン・花崗岩帯とタービダイト・花崗岩帯からなる地質帯が広く分布する(バヤンカラ・チベット地帯)．

カムチャッカ，沿海州，日本，南中国へ続く地帯は主に古生代末から第三紀にかけて形成されたタービダイト・花崗岩帯からなっている．この地帯は，中朝大陸と揚子大陸の縁辺への沈み込み帯で形成されたものである．このようなタービダイト・花崗岩帯は，海溝付加体の成長とそれに貫入した花崗岩類から形成されており，日本列島はその代表的な例である．

(c) 堆積岩・基盤岩衝上断層褶曲帯

日本海東縁変動帯では，日本海の形成にともなったリフト帯，および島弧の縁辺に堆積した厚い地層がインバージョン・テクトニクスにともなって衝上断層褶曲帯(スラスト・アンド・フォールド帯)に巻き込まれている．

アルプス造山帯で見たように，多くの造山帯には，しばしば数 km 以上の厚さの砕屑性堆積岩(礫岩，砂岩，泥岩)や石灰岩の地層がスラストシートをなして，基盤岩の上にのし上がって，巨大な地質帯を構成していることがある．

さらにこれらの上に，オフィオライトのコンプレックスがのし上がっている場合も見られる．また，このような衝上断層帯には，一部にその基盤を構成していたと考えられる変成岩などがさらに巻き込まれている場合がある．これらを含めて堆積岩・基盤岩衝上断層帯(あるいは単に衝上断層褶曲帯，basement involved sedimentary thrust-fold belt)と呼ぶ．

堆積岩・基盤岩衝上断層褶曲帯は，原生代以降の造山帯のほとんどで普遍的に認められる．一般的には，この地質帯は，大陸縁辺(とくにリフト帯)に堆積した浅海–深海の堆積岩やプラットフォーム炭酸塩岩(例えばババマ堆のようなもの)が，大陸と大陸，あるいは大陸と島弧の衝突もしくは，地殻の短縮にともなって，もともとの大陸の上に押しもどされるように衝上してきたものである．この衝上運動には数百 km の移動と，また大陸を構成していた基盤岩そのものが巻き込まれることがあり，幅数百 km，走向方向に数千 km 連続する巨大な変形地帯を構成する．

現在，このような堆積岩・基盤岩衝上断層帯が形成し始めている場所として，台湾衝突帯がある．また，日本海東縁変動帯において日本海の沈み込みが進行すれば，日本列島はアジア大陸と衝突して，大規模な堆積岩・基盤岩衝上断層帯が形成されるだろう．

(d)　グラニュライト・片麻岩帯

日高山脈では，第三紀のグラニュライト・片麻岩帯が分布する．これは千島弧の衝突による衝上断層によって島弧地殻の下部がのし上がったものと考えられる．

上部大陸地殻には，しばしば，下部地殻レベルの温度・圧力で変成作用を受けた岩石であるグラニュライトや片麻岩から構成される地帯が認められる．グラニュライト・片麻岩帯は，とくに先カンブリア時代の造山帯に普遍的に分布し，グリーンストーン・花崗岩帯のさらに深部が衝上断層などで露出したと推定される．

また，最近のコルジレラ造山帯の研究は，グラニュライト・片麻岩帯には，造山帯の引張テクトニクスにともなって，変成された部分が露出したもの(変成岩コアコンプレックス)があることを示した．造山帯の進化においての引張テクトニクスの重要性は，多くの地帯で認められるようになってきた．

以上のように，グラニュライト・片麻岩帯は，造山運動にともなって下部地殻に相当する地殻深部が衝上断層あるいは低角度正断層をともなって露出したものである．

(e) 堆積盆地と被覆岩層

上部大陸地殻には以上に述べてきた地質帯のほか，それらを覆う地層が分布する地帯がある．その起源としては，

1) 造山帯の縁辺に発達する前縁堆積盆地の地層
2) リフト帯やオラーコジェン，プルアパート盆地などに堆積した地層
3) 海進によって大陸を広く覆った地層
4) 種々の火山活動によって噴出あるいは堆積した溶岩や火山砕屑岩類など，とくに洪水玄武岩(flood basalt)などの巨大火成岩岩石区

などがある．

造山帯の両側には，前縁堆積盆地がよく発達する．これらは時に 8～10 km におよぶ堆積物が蓄積している．日本列島では日高山地の西縁によく発達した前縁盆地(石狩前縁盆地)が存在する．そこでは第三紀の石炭層から第四紀の地層が厚く堆積している．

巨大火成岩岩石区を構成する玄武岩マグマ(多くの場合にマントルプルームと関係している)は，広大な地域に溶岩体や放射岩脈を形成するだけでなく，おそらく，マグマが地殻の下にはりついてゆくプロセスによる地殻の厚化にも重要な役割を果たしていることが考えられる．

(f) 大陸地殻の進化

太古代の地殻は主にグリーンストーン・花崗岩帯とグラニュライト・片麻岩帯からなる．タービダイト・花崗岩地帯が，地殻の構成要素として重要となったのは 25 億年以降であり，堆積岩・基盤岩衝上断層褶曲帯が発達してくるのは，20 億年以降である．このことは，初期の大陸が島弧，海洋地殻，海台などの玄武岩質地殻の寄せ集めとそれを貫く Na に富んだ花崗岩類によって構成されていることを示す．この花崗岩は玄武岩地殻の再溶融によってできたと考

えられる．

大陸が大きくなると，島弧と大陸，大陸と大陸の衝突が始まり，山脈が形成され，付加体が作られるようになった．タービダイト・花崗岩帯の形成である．さらに大陸の分裂がおこり，リフト大陸縁辺に多量の堆積物が蓄積し，それが衝突に巻き込まれるようになると堆積岩・基盤岩衝上断層褶曲帯が作られるようになった．このように造山帯の構成要素は地球史とともに変遷してきた．第3巻では，これらを含めて，地球の歴史について学んでいく．本章によって，日本列島の地質が地球史の解読にとってきわめて重要な意義を持っていることを認識してほしい．

問 題

問題 1 図には北海道南西沖奥尻海嶺を横切る反射法地震波プロファイルと国際深海掘削計画(ODP)による掘削結果が示してある．このデータをもとに奥尻海嶺の隆起時期と日本東縁部のテクトニクスについてまとめよ．

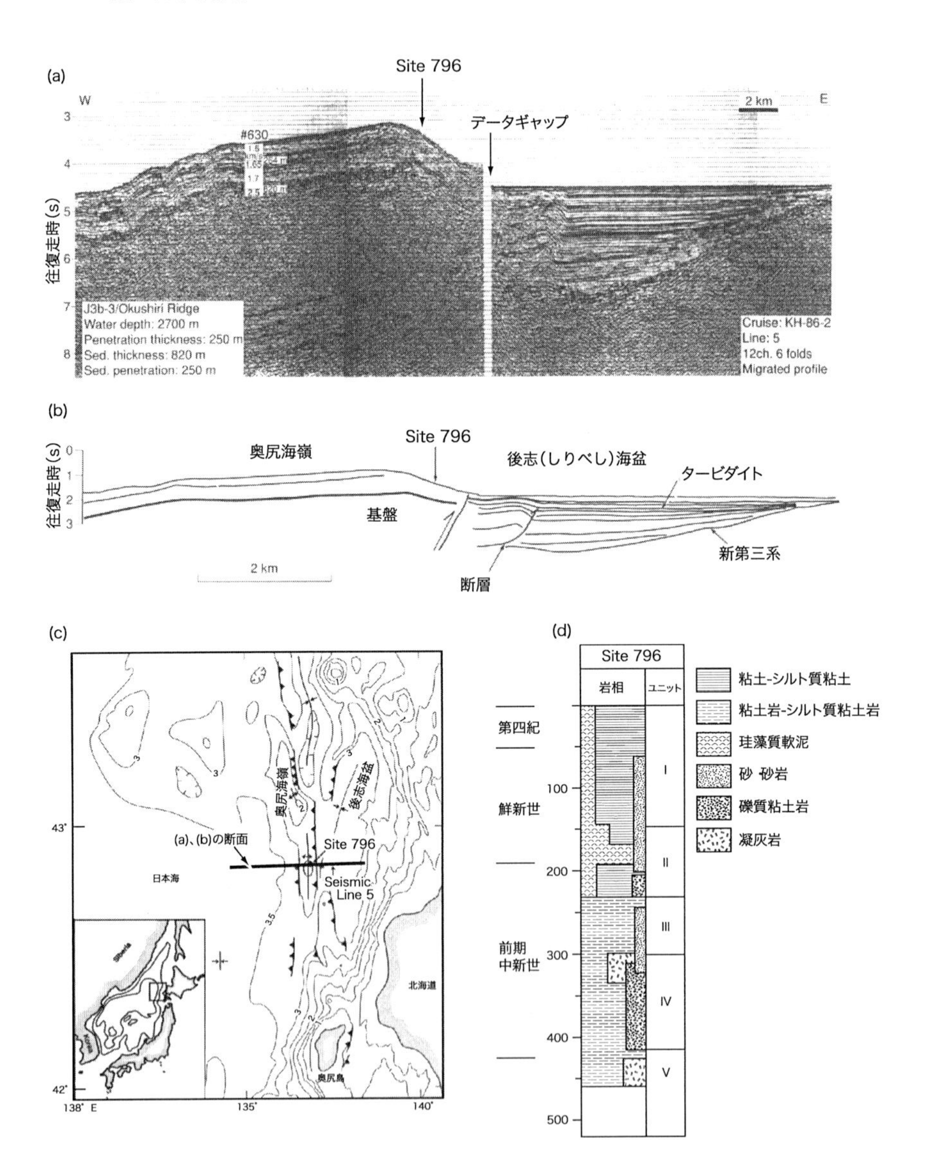

問題2　四国と中国地方の中〜古生代の地質について調べてみよう．各地帯の構成岩石，地質年代，変成作用などを表にしてまとめてみよう．図6.18を参照して地質構造発達史を考えてみよう．

文　献

◎日本列島の地質全体に関して入門的な本としては，
日本地質学会：日本の地質学100年，706 p., 1993.
（日本の地質研究の発展がまとめてある.）
斎藤靖二：日本列島の生い立ちを読む（自然景観の読み方8），岩波書店，153p., 1992.
（身近な風景に秘められた日本列島の歴史を解説している.）
白尾元理写真，小疇　尚・斎藤靖二解説：グラフィック 日本列島の20億年，岩波書店，198 p., 2001.
（すばらしい写真が掲載されている.）
平　朝彦・中村一明（編）：日本列島の形成，岩波書店，414p., 1986.
（雑誌『科学』に掲載された日本列島の地学に関する論文をまとめたもの．1980年初頭の日本列島形成論の大変化を読み取ることができる.）
平　朝彦：日本列島の誕生，岩波新書，206 p., 1990.
（付加体の起源を中心に日本列島の歴史を新たに組み直した.）

◎データ集としては，
地質調査所編：日本の地質アトラス，朝倉書店（22枚図），1992.
日本列島の地質編集委員会編：コンピュータグラフィックス日本列島の地質（理科年表読本），139 p., 1996.
海底地形のデータは，
浅田　昭：日本周辺の500 m メッシュ海底地形データとビジュアル編集プログラム，海底調査技術，12, 21-33, 2000.

◎日本列島のネオテクトニクスに関しては，
藤田和夫：変動する日本列島，岩波新書，228p., 1985.
貝塚爽平：日本列島の地形，岩波新書，243p., 1977.
大竹政和・平　朝彦・太田陽子編：日本列島東縁の活断層と地震テクトニクス，東京大学出版会，201 p., 2002.

◎日本列島の発達史を簡潔にまとめた論文としては，
Barnes, G.：*Origin of the Japanese Islands : The New "Big Picture"*, Nichibunken Japan Review, 15, 3-50, 2003.
（地質学研究者ではなく，日本文化の研究者がまとめたものである．外国の研究者にはこのような大きな視点に立つ人がいる．われわれも見習う必要がある．）
磯﨑行雄：日本列島の起源，進化，そして未来——大陸成長の基本パターンを解読する，科学，70, 133-145, 2000.
磯﨑行雄・丸山茂徳：日本におけるプレート造山論の歴史と日本列島の新しい地体構造区分，地学雑誌，100, 175-184, 1991.
Isozaki, Y.：Anatomy and genesis of a subduction related orogen：A new view of geotectonic subdivision and evolution of the Japanese Islands, *The Island Arc*, 5, 3：289-320, 1996.
Maruyama, S., Isozaki, Y., Kimura, G., and Terabayashi, M.：Paleogeographic maps of the Japanese Islands：Plate tectonics synthesis from 750 Ma to the present, *The Island Arc*, 6：121-142, 1997.
（以上の論文では，ロディニア超大陸の分裂，太平洋の誕生にさかのぼって日本列島の起源を推測している視点が新しい．）
Taira, A., Saito, Y., and Hashimoto, M.：The role of oblique subduction and strike-slip tectonics in the evolution of Japan. In *Geodynamics of the Western Pacific-Indonesian Region*, (Hilde, T. W. C., Uyeda, S. eds.), Washington, D. C.：American Geophysical Union. Geodynamics Series 11, 303-316, 1983.
Taira, A., Tokuyama, H., and Soh, W.：Accretion tectonics and evolution of Japan. In *The Evolution of the Pacific Ocean Margins* (Ben-Avrham, Z. ed.), Oxford University Press, 100-123, 1989.
（以上の論文では付加体の形成を中心に日本列島の起源を論じた．）
Taira, A.：*Tectonic evolution of the Japanese island arc system*, Annual Rev. Earth Planet. Sci., 29, 109-134, 2001.
（最近の総合的なレビュー．）
Uyeda, S. and Miyashiro, A.：Plate tectonics and the Japanese islands, *Geological Society of America Bulletin*, 85, 1159-1170, 1974.
（日本列島の起源をプレートテクトニクスによって解釈したもっとも初期の論文の一つ．）

◎日本の地質を系統的に集大成した文献としては，
日本の地質全9巻(「北海道地方」，「東北地方」，「関東地方」，「中部地方 I, II」，「近畿地方」，「中国地方」，「四国地方」，「九州地方」)，共立出版，1990-1992.
がある．また，
勘米良亀齢・橋本光男・松田時彦編：日本の地質(岩波講座地球科学 15)，岩波書店，387p., 1980.
はいまでも役に立つ．

◎第四紀のテクトニクスについては次の文献が参考となる．
地質調査所活断層研究グループ：近畿三角帯における活断層調査——主要活断層の活動履歴と地震危険度，第四紀研究，39, 289-301, 2000.
Fukao, Y. and Furumoto, M.：Mechanism of large earthquakes along the eastern margin of the Japan Sea, *Tectonophysics*, 25, 247-266, 1975.

原山　智：飛驒山脈の多段階隆起とテクトニクスの変遷，月刊地球，21, 603-607, 1999.
Hasegawa, A., Yamamoto, N., Umino, N., Miura, S., Horiuchi, D., Zhao, D., and Sato, H.：Seismic activity and deformation process of the crust within the overriding plate in the northeastern Japan subduction zone, *Tectonophysics*, 319, 225-239, 2001.
鎌田浩毅・小玉一人：火山構造性陥没地としての豊肥火山地域とその形成テクトニクス——西南日本弧・琉球弧会合部におけるフィリピン海プレートの斜め沈み込み開始が引き越した3現象，地質学論集，N. 41, 129-148, 1993.
Kimura, G.：Oblique subduction and collision：Forearc tectonics of the Kuril arc, *Geology*, 14, 404-407, 1986.
中村一明：日本海東縁新生海溝の可能性，地震研究所彙報，58, 711-722, 1983.
岡村真ほか：別府湾北西部の海底活断層——浅海底活断層調査の新手法とその成果，地質学論集，No. 40, 65-74, 1993.
岡村行信：四国沖の海底地質構造と西南日本外帯の第四紀地殻変動，地質学雑誌，96, 223-237, 1990.
Okamura, Y., Watanabe, M., Morijiri, R., and Satoh, M.：Rifting and basin inversion in the eastern margin of the Japan Sea, *The Island Arc*, 4, 166-181, 1995.
Park, J.-O., Tokuyama, H., Shinohara, M., Suyehiro, K., and Taira, A.：Seismic record of tectonic evolution and backarc rifting in the southern Ryukyu island arc system, *Tectonophysics*, 294, 21-42, 1998.
Sagiya, T., Miyazaki, S., and Tada, T.：Continuous GPS array and present-day crustal deformation of Japan, *Pure and Applied Geophysics*, 157, 2302-2322, 2000.
Sugiyama, Y.：Neotectonics of southwest Japan due to the right oblique subduction of the Philippine Sea plate, *Geofisica Internasional*, 33, 53-76, 1994.
Tamaki, K. and Honza, E.：Incipient subduction and obduction along the eastern margin of Japan Sea, *Tectonophysics*, 119, 381-406, 1985.
Zonenshain, L. P. and Savostin, L. A.：Geodynamics of the Baikai rift zone and plate tectonics of Asia, *Tectonophysics*, 76, 1-45, 1981.

◎新生代の日本列島に関しては，

青池　寛：伊豆衝突帯の構造発達，神奈川博物館調査研報(自然)，9, 113-151, 1999.
鹿野和彦・加藤碩一・柳沢幸雄・吉田史郎：日本の新生界層序と地史，地質調査所報告，No. 274, 114 p., 1991.
Komatsu, M., Osanai, Y., Toyoshima, T., and Miyashita, S.：Evolution of the Hidaka metamorphic belt, northern Japan. In *Evolution of Metamorphic Belts* (Daly, J. S., Cliff, R. A., Yardley B. W. D. eds.), Geological Soc. London Special Publication 43, 487-493, 1989.
日本の石油・天然ガス資源編集委員会編：日本の石油・天然ガス資源(改訂版)，天然ガス鉱業会・大陸棚石油開発協会，520 p., 1992.
Niitsuma, N.：Collision tectonics in the Southern Fossa Magna, Central Japan, *Modern Geology*, 14：3-18, 1989.
Otofuji, Y.：Large tectonic movement of the Japan Arc in late Cenozoic times

inferred from paleomagnetism：Review and synthesis, *The Island Arc*, 5, 229-249, 1996.
Sato, H.：The relationship between late Ceonozoic tectonic events and stress field and basin developments in northeast Japan, *J. Geophys. Res*., 99, 22261-22274, 1994.
Tamaki, K.：Opening tectonics of the Japan Sea. In *Backarc basins; tectonics and magmatism* (Taylor, B. ed.), Plenum Press, 407-420, 1995.

◎中生代以前に関しては，
Ichikawa, K., Mizutani, S., Hara, S., and Yao, A., (eds.)：*Pre-Cretaceous Terranes of Japan-Publication of IGCP Projct No. 224*, Osaka City University.
Kimura, G., Sakakibara, M., and Okamura, M.：Plumes in central Panthalassa：Deductions from accreted oceanic fragments in Japan, *Tectonics*, 13, 4, 905-916, 1994.
木村克己・小嶋　智・佐野弘好・中江　訓編：ジュラ紀付加体の起源と形成過程，地質学論集，日本地質学会，221 p., 2000.
Maruyama, S.：The Kurosegawa melange zone in the Ino district to the north of Kochi City, central Shikoku, *J. Geol. Soc. Japan*, 87：569-583, 1981.
Sano, Y. and Kanmera, K.：Paleogeographic reconstruction of accreted oceanic rocks, Akiyoshi, SW Japan, *Geology*, 16, 600-603, 1988.
石灰石鉱業協会地質委員会編：日本の石灰岩，石灰石鉱業協会，503 p., 1983.
Taira, A. and Tashiro, M. (eds.)：*Historical biogeography and plate tectonic evolution of Japan and eastern Aisa*, Terra Scientific Pub. Co., 221 p., 1987.
Taira, A., Tokuyama, H., and Soh, W.：Accretion tectonics and evolution of Japan. In *The Evolution of the Pacific Ocean Margins* (Ben-Avrham, Z. ed.), Oxford University Press, 100-123, 1989.
高木秀雄・武田賢治編：古領家帯と黒瀬川帯の構成要素と改変過程，地質学論集 56，日本地質学会，256 p., 2000.

問題のヒント

問題 1　後志（しりべし）海盆には成層した反射がよく認められる．これはタービダイトである．Site 796 での砂岩層の分布が鍵である．地震探査記録を自ら解釈してみよう．また，ODPLeg127 (Japan Sea) の文献を読んでみよう．大竹・平・太田編 (2002) に日本海東縁のテクトニクスのまとめがある．本章の 6.1 節はこれを基礎としているので，同時に通読してみよう．さらに隆起イベントを地質学的に証明するにはどのような方法があるか考察を進めてみよう．

問題 2　図 6.18 をさらに詳しくしてみよう．例えば，付加体の上に重なる浅海の地層の年代や花崗岩，火山岩などの年代を入れてみよう．また，夜久野オフィオライトなど，本文では取り上げなかった地帯についても調べてみよう．各地帯の関係（断層，不整合）なども工夫して表示してみよう．

索　引

カ　行

サ　行

タ 行

ナ　行

ハ　行

マ　行

ヤ　行

ラ　行

ワ　行

■岩波オンデマンドブックス■

地質学 2
地層の解読

2004年7月29日　第1刷発行
2011年7月5日　第6刷発行
2017年8月9日　オンデマンド版発行

著　者　平 朝彦（たいら あさひこ）

発行者　岡本 厚

発行所　株式会社 岩波書店
〒101-8002 東京都千代田区一ツ橋2-5-5
電話案内 03-5210-4000
http://www.iwanami.co.jp/

印刷／製本・法令印刷

ISBN 978-4-00-730653-2　Printed in Japan

ISBN978-4-00-730653-2

C3344 ¥6900E

9784007306532

定価(本体 6900 円 + 税)